祝贺陈嘉庚先生创办厦门大学百年华诞

祝贺厦门大学化学学科创建 100 周年

作 者 简 介

周朝晖，厦门大学化学化工学院教授，固体表面物理化学国家重点实验室和醇醚酯化工清洁生产国家工程实验室研究员。主要研究领域为配位催化和酶催化，特别是酶催化活性中心的化学模拟。他先后在香港中文大学化学系、瑞士苏黎世联邦理工学院工业技术研究所、美国劳伦斯伯克利国家实验室物理生物学部和加利福尼亚大学戴维斯分校应用科学系访问研究，并在美国伯克利的先进光源(ALS)实验室和日本的8 GeV超级光子环(SPring-8)的同步辐射中心参加过同步辐射能谱学实验。曾获1999年度中国化学会青年化学奖；作为第五完成人获1995年度国家教委科技进步奖一等奖和1996年度国家自然科学奖三等奖；正式发表论文和专利200篇，论文被引用2000次。

王宏欣，先后为美国劳伦斯伯克利国家实验室、加利福尼亚大学戴维斯分校研究员，从事生物分子同步辐射能谱学方面的研究28年。他先后在美、日、法、加等国的十个同步辐射中心、三十条光束线上工作过；运用的辐射范围为红外至65 keV的高能X-射线，涵盖硬、软X-射线吸收能谱、磁圆二色谱、荧光能谱、散射能谱等各种先进的同步辐射能谱学方法和相关的多种实验技术，并从2004年起专门从事核共振振动散射能谱学和X-射线振动散射能谱学方面的研究工作。对生物分子的研究工作主要集中于铁硫蛋白、氢化酶、固氮酶、光合作用酶等含锰、铁、镍、钴、铜、钒和钼等过渡族金属的蛋白、酶和它们的模型配位化合物。共发表科学论文103篇，论文共被引用1800余次，其中9篇的单篇被引次数超过75次，最高的4篇被引次数超过100次。

同步辐射中的振动散射能谱学
——原理及其在生物化学研究中的应用

Vibrational Scattering Spectroscopies with Synchrotron Radiation
Principle and Applications in Biochemical Sciences

周朝晖　王宏欣　著

科学出版社

北京

内 容 简 介

本书介绍了两种先进的同步辐射振动散射能谱学方法和它们在生物大分子研究中的应用。全书突出所涉各学科之间的交叉性和综合性，以帮助读者从原理上完整理解这些先进的谱学方法可以解决什么样的生物化学问题这样一个总体概念，并由此鼓励广泛的科研合作。取材上注重先进性、综合性和实用性，少理论、少公式、多图表，力求深入浅出、通俗易懂。

本书可供正在或将要从事同步辐射研究，并具有普通物理和普通化学基础的各专业、多层次的科研人员学习参考。

图书在版编目 (CIP) 数据

同步辐射中的振动散射能谱学: 原理及其在生物化学研究中的应用/周朝晖，王宏欣著. —北京：科学出版社，2022.6
ISBN 978-7-03-072432-8

Ⅰ.①同⋯ Ⅱ.①周⋯ ②王⋯ Ⅲ.①同步辐射–能谱–研究 Ⅳ.①TL501

中国版本图书馆 CIP 数据核字（2022）第 094387 号

责任编辑：钱 俊 田轶静／责任校对：彭珍珍
责任印制：吴兆东／封面设计：无极书装

科学出版社 出版
北京东黄城根北街 16 号
邮政编码：100717
http://www.sciencep.com
北京中科印刷有限公司 印刷
科学出版社发行 各地新华书店经销
*
2022 年 6 月第 一 版 开本：720 × 1000 B5
2022 年 6 月第一次印刷 印张：25 1/4
字数：485 000
定价：168.00 元
（如有印装质量问题，我社负责调换）

序

　　大科学装置的建设和水平是一个国家科技发展程度的重要标志。同步辐射装置是一种先进的多学科交叉的高端大科学研究设施, 作为独特的宽光谱高亮度光源, 同步辐射光源提供了其他光源所无法比拟的优势。截至 2021 年, 全世界共有 60 多个同步辐射装置 (包括自由电子激光装置) 正在运转, 分布在 24 个国家和地区。随着上海同步辐射光源的全面运行、新的北京先进光源的建设和多学科联合科研工作的开展, 我国在建设国际先进水平的大型科学实验装置方面已具备了高水平的技术和集成与创新的能力, 进入国际先进行列。

　　同步辐射振动散射能谱学作为一种新兴的分析技术, 它一方面利用了振动光谱可以表征无机和有机、无定形和结晶样品的特点; 另一方面充分发挥了同步辐射高亮度、高空间分辨率的特性和 X-射线可以表征样品本体信息的优势。因此在对小样品及其区域的表征上具有传统振动光谱无法比拟的优势。经过三十多年的发展, 同步辐射振动散射能谱技术已经被广泛地应用于研究生物酶催化活性中心等多种化学分析领域, 并取得了丰硕的研究成果。

　　该书侧重介绍同步辐射光源在生物化学领域中的巨大作用, 它是曾在劳伦斯伯克利国家实验室担任研究员的王宏欣和厦门大学固体表面物理化学重点实验室周朝晖教授合作撰写的一本专著。全书共 11 章, 前四章比较全面系统地介绍了同步辐射、X-射线能谱学、X-射线振动散射能谱学和核共振振动散射能谱学的基础知识; 第 5 和第 6 章介绍生物化学、配位化学和振动谱学的基础概念; 第 7~10 章总结了最近几年同步辐射振动散射能谱学在固氮酶、氢酶方面的研究和应用进展。作者从同步辐射的基础出发, 覆盖实验物理学到生物学、化学等交叉科学, 从原理上较为完整地对振动散射理论基础作了介绍, 并列举了核共振振动散射方法在生物分子研究中的各种应用。这对充分利用国内外已有或将要建成的这类先进的大型科学装置, 将生物化学的研究推进到一个崭新的、更高的层次具有重要的作用。在选材上，该书平衡兼顾先进性、综述性和实用性，本着多叙述、少理论、多图表、少公式的原则，力求深入浅出、通俗易懂。它可以作为相关科研人员，尤其是初入同步辐射研究的化学和生物工作者的重要学习参考书，特此推荐。

田中群

2022 年 5 月于厦门大学

前　言

　　21 世纪以来，生物科学和与之直接相关的可再生能源科学蓬勃发展，应用技术的开发也方兴未艾。在相对滞后的机理研究方面，利用尽可能先进的现代物理学手段来探索、研究、表征生物体系，特别是研究、表征生物活性中心的局部结构和信息更是成为一股潮流。从元素层面上看，生物体主要是由氢、碳、氧、氮、磷、硫六种元素组成的，然而含量甚微的铁、镍、铜、钼等一系列金属元素往往处于生物分子的反应活性中心，具有十分关键的生物学和化学功能，是生物化学和生物能谱学研究的重点。由于具有对于元素的甄别性，X-射线能谱学一直是研究复杂生物分子中微量金属元素的首选工具之一。然而，传统的实验室 X-射线管光源存在着光源强度低、发散度大、单色性差等不足，无法满足研究复杂生物分子样品之微量元素中心的需要。

　　由大型科学设施产生的同步辐射光源具有强度高、亮度高、准直性高、光子能量高和能量可以在大范围内连续选调等一系列突出的优越性，是人们研究微量元素，尤其是生物大分子中的微量元素的理想光源。截至 2021 年，全世界有 60 多个同步辐射装置 (包括自由电子激光装置) 正在运转，分布于 24 个国家和地区。目前，除非洲以外，世界上的每个大洲都拥有同步辐射装置。在一些国家，更是一国多台，同步辐射对于包括生物大分子在内的复杂系统的研究已经相当广泛和深入。随着上海同步辐射光源工程的全面完成、新的北京高能同步辐射光源的开工建设和多学科联合科研工作的逐步开展，我国在这方面的研究进步也很快。

　　运用同步辐射对生物大分子进行研究涉及多学科、多技术领域，比如：现代实验物理学决定光束线、探测器和能谱方法的选择这些总体技术路线问题；生物学和生物化学研究生物样品的培养、提取、纯化、样品反应中间态的萃取和保持以及同位素标记等问题；生物无机化学研究中生物体系的模型配位化合物的合成；核电子学指导对微弱 X-射线信号的探测、提取和实验控制，保证能谱学的测量工作能够顺利进行；理论化学指导对图谱数据的深入解读和进一步实验研究的指导。另外，辅助的实验设备还需要能够解决包括超高真空、深冷温度、样品运送等一系列的工程技术问题。各行各业的专业问题其实可以由多个单位进行分工合作，无须大而全。但是每个研究团队中至少有一名科研人员能够较为全面地了解上述综合知识，这已成为在新形势下能够顺利开展多单位间、甚至多国间联合研究的关键。本书注意综合阐述学科之间的联系，特别注意介绍现代物理学方法和要探索的生物化学问题之间的联系，引导更多的各专业读者加入到以同步辐射为中心的跨学科、跨单位的综合性研究中来，希望为培养大量各层次的跨学科人才尽一点微薄的力量。

本书将沿着同步辐射光源、X-射线能谱学、X-射线振动散射能谱学和核共振振动散射能谱学的基础知识 (前 4 章) → 研究问题相关的生物化学、配位化学和振动谱学 (第 5、6 章) → 谱学在生物化学研究中的应用实例 (第 7~10 章) → 前景展望 (第 11 章) 的思路顺序来展开，介绍以第三代高能同步辐射为光源的、目前最先进的两种同步辐射振动散射能谱学方法：X-射线振动散射能谱学和核共振振动散射能谱学 (后者也简称核振散射谱学)。从振动散射能谱学的独特视角，认识同步辐射在生物化学研究中的应用。本书将这些先进的谱学方法和对生物大分子内的微量金属中心的研究有机地联系起来，揭示这些金属中心的结构和推测它们在生命活动中的作用机理。核振散射谱学的生物学应用要明显多于第一种振动谱学方法，因此是我们介绍的重点。另一方面，尽管目前在研究生物样品方面尚有局限，我们还是保留了对 X-射线振动散射谱学的介绍。这首先是由于它是理解同步辐射振动散射的起点；其次是它具有测量任何元素和同位素的能力，因此在将来有可能存在更广的应用范围。相比之下，核振散射只能测量存在穆斯堡尔效应的同位素。

本书的主体内容在物理学上属于 X-射线能谱学的范围，实验技术涉及核电子学；在化学方面属于生物无机化学、结构化学和生物化学的范围。我们讨论的应用体系包含单铁蛋白、铁硫蛋白、肌红蛋白、固氮酶和氢酶等一系列金属蛋白或金属酶和它们的模型配位化合物。本书强调这些学科的交叉性和综合性：通过本书，读者可以得到这些先进的能谱学方法可以解答什么样的生物化学问题，以及如何解答这些问题的基本思路。在主体素材的选取上，我们平衡兼顾其代表性、先进性和实用性。考虑到不同专业的读者的阅读需求，我们本着多叙述、少理论、多图表、少公式的原则，力求深入浅出、通俗易懂。此外，本书还包括了少量类似于教科书的关于同步辐射原理、量子力学、晶格振动、生物化学、配位化学、探测技术等基础知识的章节。安排这些章节的目的是为非专业读者设立阅读本书的必要台阶，让他们无须翻阅其他教科书就可以较好地理解本书介绍的主体内容。我们对这些非主体内容的介绍多采用极简的讲述方式，其内容既不是该学科全面的综述，也不一定包含了其中最重要的内容，而仅仅是一些最容易理解和最有说服力的例子或内容而已。各章结尾介绍的参考资料也同样是从同步辐射谱学用户的角度来选取的，只是为了协助读者阅读本书，它们不一定概括所介绍的谱学方法或应用系统中的全部或最重要的文献。

本书供寻求拓展现代物理谱学方法应用方面的同步辐射工作者和希望进行同步辐射能谱学研究的化学和生物化学工作者阅读使用，并欢迎其他具有普通物理和普通化学基础的理工科各专业的高校教师、研究生和准备从事同步辐射研究的其他科研人员和工程师们学习参考。此外，书中各种引用的最新的生物酶研究成果可供从事生物化学和结构化学研究的科技人员参考。由于我们水平有限，成稿时间也仓促，疏漏之处在所难免，敬请读者批评指正，不胜感激。

作者首先向当代 X-射线生物谱学的开创者之一、美国加利福尼亚大学戴维斯分校和劳伦斯伯克利国家实验室先进光源教授、加利福尼亚大学荣誉退休教授史蒂夫·克莱默 (Stephen P. Cramer) 先生表示衷心感谢；向几十年来曾经协助过同步辐射谱学测量、提供过化学和生物学样品、进行过合作研究、合作发表论文和曾经允许引用能谱数据或图表的科学家们表示衷心感谢；向为本书专门创作多幅手绘示意图的王瀚 (Mr. Albert Wang, Berkeley City College) 表示衷心感谢；向从事文本校对的金婉婷、邓兰和陈曦表示衷心感谢；同时衷心感谢固体表面物理化学国家重点实验室、厦门大学化学化工学院、醇醚酯化工清洁生产国家工程实验室的领导和同事始终如一的支持。

最后，我们对资助本书出版的厦门大学研究生教材项目和国家自然科学基金 (项目号：22179110, 21773196；项目负责人：周朝晖) 表示衷心感谢，向参与评审本书的何建华、胡天斗、万惠霖先生表示衷心感谢，向出版本书的科学出版社和热心服务于这项工作的钱俊先生表示衷心感谢，向一直鼓励和支持我们写作和科研探索的作者家人表示衷心感谢！

作　者

2022 年 3 月

目　　录

第 1 章　同步辐射：知微知彰的现代光源

开篇之前，让我们先一起来读一个通俗故事：在一个昏暗的晚上，一条大路通向远方，一个小孩在唯一的一盏街灯下一遍又一遍地寻找着什么。

一位好心的路人问道："小朋友，你在找什么啊？"

小孩答道："我在找我的钥匙。"

路人又问："你确定是在这里丢的吗？"

小孩又答："我不确定。但，这是我唯一看得见的地方，我只能在这里找。"

试想，如果沿街都有街灯，或者那个小孩有个手电筒，他便可扩大搜索范围，并最终找到钥匙。

这个故事告诉人们：要完成任何一件事情，包括找钥匙，也包括研究科学问题，其先进的条件和手段必不可少，这正如古语所说："工欲善其事，必先利其器。"(《论语・卫灵公》)。

光源一向是人类观察和研究自然现象必不可少的基础，也是任何光谱学或能谱学问题的起点。作为一种最先进的现代光源，同步辐射为科学和技术中的诸多领域提供了不可替代的工具和平台。截至 2020 年初，全世界共有 60 多台运转的同步辐射装置，分布于 20 多个国家和地区，还有很多装置正处于建设、筹建或者升级换代当中。同步辐射装置的建设和发展水平甚至可以作为衡量某一国家整体科技发展程度的重要标志之一。

1.1　同步辐射：第四代人造光源

众所周知：狭义上的光或者说可见光只是整个电磁波辐射范围中的一个很窄的波段；反过来，从远红外到伽马射线的整个电磁波的全频范围也可以被称为广义上的光。在古代，除了微弱的火光之外，太阳带来的自然光是人类使用的主要光源。人类在光学仪器上的每一次重大发现都对科技和人类生活的整体进步产生过巨大的推动作用，比如眼镜、望远镜和显微镜等无一不是如此。但它们在当时也还是只能利用自然光。从图 1.1 得知：只有少量紫外线、可见光、近红外线和无线电波等少数几个波段的电磁波可以顺利透过大气层，最终大量地到达地球表面。这就大大限制了人们对于光的种类选择，而且夜晚没有阳光，月光则过于微弱。

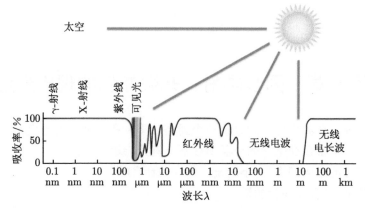

图 1.1　大气对于各波段电磁波辐射的吸收率。其中，吸收率很小的辐射得以顺利穿过大气层，到达地球的表面，如无线电波、可见光等

1854~1879 年，亨利·戈培尔、约瑟夫·威尔森·斯旺、托马斯·爱迪生等共同发明了世界上第一种白炽灯，第一次完成了照亮宏观世界的伟大功业。从此，被称为第一代人造光源的白炽灯走入人类的日常生活。因为它主要被用于照明，白炽灯的能谱范围主要是在 380~780 nm 的可见光波段。

1895 年，伦琴发现的 X-射线，加上后来劳厄发现的 X-射线晶体衍射，布拉格描述的 X-射线衍射规律，凯·西格班提出的 X-射线能谱学概念等，共同奠定了实验室 X-射线管成为第二代人造光源的理论和实验基础。伦琴于 1901 年获得诺贝尔物理学奖，其他人也在其后的几十年间先后获得了诺尔奖。与白炽灯相比，X-射线管除了光亮度略有提高外，主要在于它的光子频率波段十分不同：它的波长可短到 0.01~1 nm。因此，它的出现使人们第一次能够看到用肉眼无法直接观察到的微观世界，包括物体的内部结构、微观空间、能量空间等。

1960 年左右，激光器作为第三代人造光源走上历史舞台。它的频谱范围多数还是以可见光为中心，涵盖从近红外线到紫外线的区间，如波长为 193~1350 nm。近几年来，由于技术的不断进步，如 30 μm 波长的远红外光学参量振荡器 (OPO) 和如 115 nm 的真空紫外激光器也陆续问世。激光器具有方向性、准直性、位相相干性、波长单色性、偏振性和高强度、高亮度等许许多多突出的优点。这些特殊的优点使得人们照亮世界的方式第一次发生了从全面照亮所观察世界这一粗犷的模式向定向、定点、定时、定能量 (单色) 照亮所观察世界的精细模式转移。至今，激光器在工业、国防、信息、医疗、科研、艺术等广泛的领域中发挥着十分重要的作用。当然，光子能量在 X-射线能量波段的实验室激光器还没有出现。

同步辐射 (Synchrotron Radiation) 是由速度接近光速 $(v \to c)$ 的高能带电粒子 (通常为电子) 在磁场中沿环形轨道运动而产生的电磁辐射。因此，它也是一种人造光源。因为它在同步加速器上被首次观察到，人们称这种电磁辐射为同步加速器辐射，中文简称为同步辐射。同步辐射虽然仅具有有限的位相相干性，但它具有高准直性、可单色化、偏振性、超高强度、超高亮度等激光光源具备的主要特征。因此，同步辐射在某种程度上可以算是一种包含 X-射线波段的准激光器，而且是上百台的大功率激光器在同时工作。它第一次让人们可以精准、可选择地利用 X-射线来观察微观世界。除此之外，它的能量范围涵盖从远红外开始到伽马 (γ) 射线的全频波段，并且可以在一个较大的范围内连续可调、可单色化。因此，同步辐射被誉为继白炽灯、实验室 X-射线管和实验室激光器之后，又一次对人类文明带来革命性推动作用的第四代人造光源。目前，它已经在基础科学、应用科学和工艺学等诸多领域得到了广泛的应用，真正成为一种知微知彰的现代光源。

除此之外，自然界中其实也有天然的同步辐射现象，蟹状星云中的天体辐射就是一例。蟹状星云的前身是天文史上最负盛名的"中国超新星"：公元 1054 年农历五月二十六黎明之前，在北宋都城开封之东有一位"不速之客"在天关星附近突然闪亮登场。它的亮度超过了天空中所有的星辰，甚至月亮；该星可见时间长达 643 日。按照爱因斯坦的相对论：一颗大质量恒星会在它的核燃料耗尽，向外的热压力消失之时，突然塌陷，引发猛烈的大爆炸，成就走向死亡前的最后壮举。在大爆炸之后，蟹状星云的中心化为一颗致密的中子星。人们发现它有一个强烈的辐射源，但中子星并没有恒星那样的核聚变反应，它哪来的辐射呢？苏联科学家雪可夫斯基于 1953 年首次将蟹状星云的辐射解释为同步加速辐射。他认为：带电粒子会绕着具有数百万高斯磁场的超强磁力线而做圆周运动，并随着磁场强度的增强而加速，发出同步辐射。后来实验观测到蟹状星云的辐射具有偏振性，而且具有从红外到伽马射线的全频辐射，因而认定其辐射为同步辐射。

1.2 同步辐射的主要特性

同步辐射是一种大型的科学设施，其环线周长短的有百米左右，长的则在 2000 m 以上。一个第三代的同步辐射环的建设费用，至少要在一亿美元，十分昂贵，比如：德国的 Petra-III 是在原有的 Petra-II 环上改造而成的，但其改造费用仍然高达 2.25 亿欧元 (2018 年)。那么，人们究竟为什么要运用同步辐射光源这个大型、精密、复杂和昂贵的科学仪器设施呢？它具备哪些独特的优点呢？基本上，除了不具备严格意义上的位相相干性以外，它具有激光器其他的主要优点，让我们来一一认识如下。

高强度和高亮度：任何同步辐射光源的强度比最强的 X-射线管的特征谱线强度至少要高若干个数量级。亮度的严格定义为单位面积上、单位立体角内、0.1% 的能带宽度内的辐射强度，也就是光子数/(s·mm²·mrad²·0.1% 带宽)：在同样的射线强度下，人们可以通过聚焦来获得更高的亮度。第三代同步辐射光源产生的 X-射线亮度至少相当于实验室 X-射线管强度的 10^{12} 倍，已经超过太阳或激光器亮度的几个数量级。过去用实验室 X-射线机拍摄一幅简单晶体的缺陷照片，通常需要几个星期的感光时间，而现在用第三代同步辐射光源只需要不足一秒钟就可以完成。从 1960 年出现实验室旋转阳极 X-射线管开始算起，X-射线的亮度随时间呈几何级数增长的规律大约是：其亮度每 12 个月就可以翻一番，超过了计算机芯片集成密度每 18 个月增加一倍的摩尔增长速度。

空间上的高准直度：第三代同步辐射的空间范围集中在以电子运动切线方向为中心的一个很窄的圆锥空间角内，圆锥轴线与电子轨道相切，张角非常小，几乎成了很细小的平行光束，堪与激光媲美。这可以满足显微术中定点测量的要求。

能量上的单色性：同步辐射的能量范围首先由同步环种类大致界定，通过插入件进行初步选择，并运用束线上的单色器进行精确调谐和输出。这种在很宽的频谱范围内能进行单色选择的光源可以满足人们在能谱学中精确测量特定能级间跃迁的要求。

时间上的窄脉冲：电子在环形轨道中的分布不是连续的，是一簇一簇的电子在做回旋运动，因而其输出的射线具有特定的时间结构：呈现脉冲输出。现代同步辐射脉冲的时间宽度多在皮秒 (ps) 量级，而脉冲与脉冲之间的时间间隔在纳秒 (ns) 到微秒 (µs) 量级不等。比如：SPring-8(8GeV 的超级光子环) 有几种运行模式，其电子簇间的时间间隔分别为 23.6 ns (模式 A)、51.1 ns (模式 B)、145.5 ns (模式 C) 和 684.3 ns(D 模式) 等 (D 模式的具体数据在不同的实验周期可能有所不同)。而个别时候运转的 H 模式的电子簇之间的时间间隔甚至接近 1.5 µs。

同时，一系列物理、化学、生物作用的具体时间尺度大致如下：

分子内的振动最快可以到飞秒 (fs) 量级；

凝聚态有序-无序转变是皮秒到微秒 (ps→ µs) 量级；

酶之间的相互作用多为毫秒 (ms) 量级，较慢；

蛋白-蛋白相互作用、质子或电子的迁移、金属-配体的配位过程等大致为皮秒到毫秒 (ps → ms) 量级；

应用最广泛的 ^{57}Fe 穆斯堡尔核的 e^{-1} 衰变期为 143 ns。

同步辐射射线具有的一系列时间结构正好能够对这些过程进行有效的研究：如化学反应过程、生命过程、材料结构变化过程和环境污染的微观过程等。通过与激光脉冲的相互作用，同步辐射脉冲的时间宽度还可从皮秒量级再度被切割压缩到飞秒 (fs) 量级。

高偏振度：同步辐射射线具有线偏振和圆偏振性，可以用来研究样品中特定参数的取向问题或诸如磁圆二色谱等特殊能谱学。从偏转磁铁处在电子运行轨道平面上引出的同步辐射是完全的水平线偏振射线；从电子轨道平面上方得到的是左旋椭圆偏振射线；而从电子轨道平面下方得到的是右旋椭圆偏振射线，如图 1.2 所示。这就是从前人们在弯铁光束线上进行磁圆二色谱学研究时取得椭圆偏振射线的基本方法。那时，实验者通过调节单色器之前的第一反射镜的上下位置至最大输出强度的 ~20% 处，可获得 ~80% 的椭圆偏振射线。现在在第三代同步辐射环上，可以从特殊设计的波荡器上得到任意和几乎纯的偏振状态的 X-射线，比如，人们可以得到几乎 100% 的圆偏振辐射，同时又保持几乎 100% 的强度。

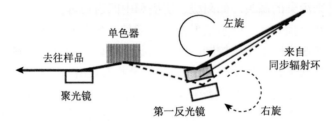

图 1.2 从弯铁处引出的左、右旋椭圆偏振 X-射线的原理示意图

除此之外，同步辐射还具备一些激光器不具备的特殊优越性。

宽波段：同步辐射的波长覆盖面很大，具有从远红外、可见光、紫外线直到伽马射线的能量范围内的连续光谱，并且能根据使用者的需要来提取、获得特定波长的光波或射线。我们知道：人们观测自然现象时，必须使用其波长比被测对象的尺寸更短 (或至少相当) 的光源。图 1.3 给出了一些不同波段电磁波的波长范围和它们能够测量的对象。例如，波长较长的无线电波只能用于观测山体、大楼等

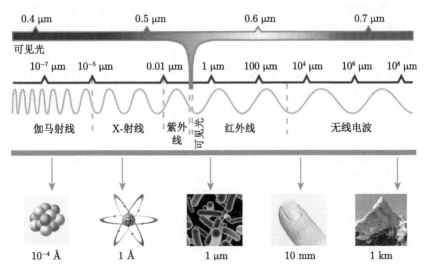

图 1.3 各波段电磁波辐射的名称，波长和宜于观察之物体的尺寸

庞然大物；红外线或可见光显微镜可以探测细胞；X-射线可以研究分子或晶体结构，而要研究原子内部的结构则必须使用波长更短的伽马射线。同步辐射十分宽阔的能量范围为人们提供了十分广泛的应用范围。在生物科学或生命科学方面，同步辐射可以用来观测细胞、细菌、病毒、蛋白质、晶体分子结构，甚至原子内部结构等从大到小的一系列物质的结构。

高纯净性：同步辐射是在超高真空中产生的，是非常纯净的辐射，在储存环中没有任何外来污染的源头，如阳极、阴极和中间窗口等。

可定量性和可预知性：同步辐射的光子通量、角分布和能谱分布等均可在理论上精确计算和在实验上精确控制，因此它甚至可以作为辐射计量的标准计量光源之一。这在从真空紫外到软 X-射线的低能段尤为突出。

总之，同步辐射是包括 X-射线在内的、具有高强度、高亮度和其他一系列优越性的全频辐射，而且它在空间、时间、能量、偏振性等方面可以进行精确的选择，从而可以精准地研究所观察的微观世界。

1.3 同步辐射的工作原理

1.3.1 同步辐射的基本原理

那么，同步辐射是如何产生的呢？根据电动力学理论：自由电子等带电粒子在做加速运动时，就一定会发出电磁辐射。加速度最低者发射无线电波、微波等低频电波；加速度略高一些的则发射出红外线、可见光、紫外线；加速度最高者发射 X-射线或伽马射线。也就是说：加速度越大，辐射光子的能量就越高。

加速运动可以包括加速和减速等。比如，如果高速直线运动的电子与靶材料发生碰撞而骤然减速，就会产生 X-射线管中的连续谱。它是一种韧致辐射，又称刹车辐射。韧致辐射的强度与靶材料原子核电荷的平方成正比，与带电粒子质量的平方成反比，因此电子的韧致辐射远远高于重粒子产生的韧致辐射。韧致辐射一般没有偏振性，其辐射方向也为全空间的各个方向。

加速当然也包括方向加速，即不断改变速度方向的曲线运动。同步辐射就是让电子在圆形轨道上不断拐弯，而由这一方向加速度产生的沿圆周轨道切线方向的电磁波辐射。

那么，怎样才能使电子不断转弯，维持圆周运动呢？运用磁场是最方便的方法。我们让左手的拇指、食指和中指处于相互垂直的方向，并且让中指指向电流方向，也就是与电子运动相反的方向；食指沿着磁场方向，即 S→N 的方向；则拇指指向就是磁力在电子上作用的方向，如图 1.4(a) 所示。三者之间的这一关系就是普通物理学中的左手定则。这样，处于一个下 S 上 N 的磁场 B 中的电子

将不断向圆心转弯 (图 1.4(b))，形成和保持圆周运动，这就是回旋加速器的基本原理。

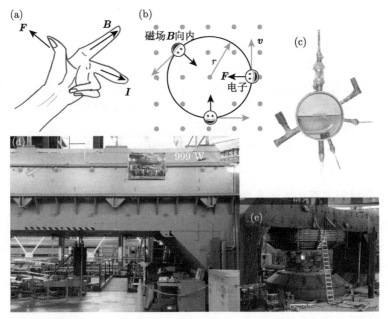

图 1.4 (a) 有关电流方向 **I**、磁场方向 **B** 和电子受力方向 **F** 的左手定则；(b) 电子在磁场中转弯概念示意图；(c) 美国劳伦斯伯克利国家实验室最早制备的 125 mm 直径的加速器装置；(d) 20 世纪 40 年代建设的 184 in① 加速器外架遗址；(e) 建设时，184 in 加速器磁体的照片。照片 (c)、(d)、(e) 来自网络

　　最早的加速器都是用于加速和研究高能粒子的粒子加速器，尺寸也较小，如美国劳伦斯伯克利国家实验室制造的世界上第一个回旋加速器的直径只有大约 125 mm，周长不足 0.50 m，如图 1.4(c) 所示。这样，整个粒子加速轨道可以置于一对大面积的磁体之间；后来直径约 4.7 m 的回旋加速器也保留了这样的整体性磁体结构。这个 4.7 m 直径的回旋加速器的结构外架还原样保留在劳伦斯伯克利国家实验室的 ALS 穹顶下，留作纪念，如图 1.4(d) 所示 (图中照片只显示了部分结构)。图 1.4(e) 显示了 4.7 m 回旋加速器建设时的整体电磁体结构。随着加速能量的不断提高，加速器的直径和周长也随之增大，这样的整体结构就无法维持了。到了用于加速电子而产生同步辐射的电子加速器时代，其加速环直径已经相当大，它们只能采用多边形的管线来大体上实现环形加速，即让电子在加速环上的某些地方通过磁铁转弯，而在其他地方保持直行。这样，同步辐射环实际上是由若干直线段及若干转弯小段组成的多边形环，但其直观外形多数还是十分

---

① 1 in=2.54 cm。

接近一个圆环。这有点像祖冲之当年用多边形来近似计算圆周率一样。当然，由于电荷正负相反，用于电子加速器和用于正粒子加速器的磁场方向应该是正好相反的。

同步辐射具有较为集中的辐射方向，辐射最强的方向基本上沿着电子飞行的切线方向。以不很严格但十分形象的语言来描述一下，就好像：转动中的雨伞边缘上甩出的水珠沿其切线方向飞行一样。当然，我们引用这一例子只是给非专业读者一个能形象了解同步辐射引出方向的图形，而这两种情况除了形象上的类似之外，在物理原理上则无任何相关之处。读者必须认识到：雨伞上旋转和甩出的均为水珠本身，而电子加速器上旋转的是电子，引出的是射线能量，两者的本质非常不同。

同步辐射的线偏振方向与电子加速度方向相同，即沿着电子加速环的直径方向，也就是在垂直于引出光束的水平方向上。

1.3.2   同步辐射装置的性能参数

与无线电的偶极子发射情形相对应，同步加速器辐射也有辐射功率、辐射角分布、辐射频率等基本参数。请注意，我们这里介绍的参数是指整体同步辐射环的辐射参数，而不是具体光束线的辐射参数。

当粒子在以接近光速的速度做圆周运动时，同步辐射的参数指标必须按爱因斯坦相对论来进行计算，或在经典力学计算之后，运用相对论进行修正。因此，我们会在以下的许多公式中看到一些与光速 c 有关的相对论修正项。另一方面，由于此处电子运行空间很大，加速电子辐射的一级参数无须通过量子力学计算或修正。

基本参数之一：电子加速能量。在同步辐射环中的电子运动速度很高，接近光束，人们因此不能运用经典力学理论来计算，而必须运用相对论理论来进行计算。此时，电子加速能量为

$$E = m_0 c^2 [(1 - v^2/c^2)^{-1/2} - 1] = m_0 c^2 \gamma \tag{1-1}$$

其中，E 为电子加速能量；m_0 为电子的静止质量；c 为光速；v 为电子的速度；$\gamma = [1/(1 - v^2/c^2)^{1/2} - 1]$，实际上是相对论修正系数。可以看出，当 v 十分接近 c 时，速度 v 的微小差别对应着电子能量的巨大差异，比如：当 $v/c = 0.99$ 时，γ 的数值为 6；而当 $v/c = 0.9999$ 时，γ 为 69.7，两者对应的能量差 11 倍以上。

电子能量 E 是同步辐射装置最重要的参数。它的大小将直接影响到同步辐射的几乎每一个其他参数。

基本参数之二：辐射功率。基于图 1.5(a) 所示，经过相对论修正，可以得出在单位立体角内同步辐射的功率，以及全空间的辐射总功率分别为

$$\mathrm{d}P/\mathrm{d}\Omega = [2e^2/\pi c^3] \cdot a^2 \cdot \gamma^6 \cdot \{1/(1 + \gamma^2\theta^2)^3 \cdot [1 - 4\gamma^2\theta^2 \cos^2\phi/(1 + \gamma^2\theta^2)^2]\}$$
$$P = (2/3) \cdot [e^2/c^3] \cdot a^2 \cdot \gamma^4 \tag{1-2}$$

式中，θ、γ 和 ϕ 为辐射方向与电子运动方向的各种夹角；大括号内的公式 $\{1/(1+\gamma^2\theta^2)^3 \cdot [1 - 4\gamma^2\theta^2 \cos^2\phi/(1 + \gamma^2\theta^2)^2]\}$ 是 $\gamma^2\theta^2$ 和 $\cos^2\phi$ 的函数，称为方向因子，可以形象地认为是关于 $\gamma^2\theta^2$ 和 $\cos^2\phi$ 的函数。其他变量和参量分别是：P 为辐射功率；e 为电子电量；c 为光速；a 为电子加速度。虽然公式比较复杂，从式 (1-2) 仍然可以清楚看到辐射功率正比于 γ^4 的规律（$\gamma = E/m_0c^2$，E 为电子能量）。也就是说，具有高电子能量的同步辐射环，其 γ 较高，也更容易得到较高的同步辐射功率，而且是四次方的关系。

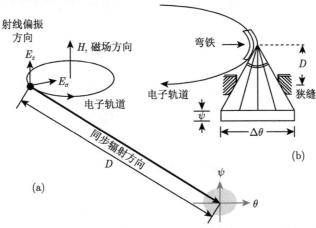

图 1.5　(a) 同步辐射原理示意图，辐射沿着圆周运动的切线方向引出，线偏振方向沿着圆周半径方向 E_σ 和其垂直方向 E_z。电子运行方向以亚洲同步辐射装置为例；(b) 在弯铁处引出同步辐射的角分布示意图，电子运行方向以欧美同步辐射装置为例

公式 (1-2) 是在单电子加速的假设下得出的结论。对于电子束流加速的实际情况，辐射功率还应该正比于电子束流强度 (I)。因此，同步辐射的功率应该正比于 E^4I，比如：SPring-8 具有 8 GeV 的高电子能量，它在辐射功率方面就有着先天的优势，如表 1-1 所示。

表 1-1　三大高能环的电子能量、电子束流强度和 E^4I 乘积

	欧洲同步辐射光源 (ESRF)	美国先进光子源 (APS)	SPring-8
电子能量 E/GeV	6	7	8
束流强度 I/mA	200	100	100
E^4I 的乘积/($\times10^5$)	2.6	2.4	4.1

基本参数之三：辐射亮度。同步辐射亮度有不同的表达方式，但最常见的定义是：单位时间、单位光源面积、0.1%的能带宽度和单位立体角内辐射的总光子数。这样，其单位为光子数/(s·mm²·mrad²·0.1%带宽)，或直接使用英文的 photon/(s·mm²·mrad²·0.1%BW)。除了提高束流强度外，在同步辐射装置的设计中

尽量降低发射度是提高亮度的关键。

基本参数之四：辐射张角和电子发射度。沿圆周运动的切线方向，其同步辐射的功率最大；而在垂直于电子运动的切线方向上，同步辐射功率最低，其 X-射线的发射功率基本为零。

根据公式 (1-2)，由于单位立体角内的辐射功率 $(\mathrm{d}P/\mathrm{d}\Omega)$ 正比于 $1/(1+\gamma^2\theta^2)^3$。如果要使得辐射功率不太小的话，则 $\gamma^2\theta^2$ 不能太大，比如 $\gamma^2\theta^2\sim1$ 或更小。我们因此在概念上得到了 $\theta<1/\gamma$ 的大致规律。当然，这只是一个形象的描述，并不是严格的推导。然而，严格的理论计算同样得出了角分布的均方根值约为

$$[\Sigma\theta^2]^{1/2} = 1/\gamma \tag{1-3}$$

也就是说：同步辐射的张角反比于 γ 或电子能量 $E = m_0c^2\gamma$。具体说：以 mrad 为单位的张角 ψ 与以 GeV 为单位的电子加速能量 E 之间的关系为

$$\psi(\mathrm{mrad}) = 0.511/E(\mathrm{GeV}) \tag{1-3'}$$

在弯铁处，这一理论张角只在垂直于同步辐射装置平面的方向上能够达到；而在水平面上，由于电子是在不断地做圆周运动，其辐射的角度分布为束线上的前端狭缝的宽度所决定，如图 1.5(b) 所示。而这个水平角宽度一般远大于由式 (1-3') 确定的理论辐射张角。

在储存环中，电子束在几何横截面上有一定的分布，而其动量在倒易空间中也有一定的分布 (倒易空间是描述动量分布的空间，属于晶体学或固体物理概念)。如果用 σ_x 和 σ_y 分别表示电子束在水平方向和垂直方向分布的均方根，而电子束动量在倒易空间中的水平和垂直分布为 $\sigma_{x'}$ 和 $\sigma_{y'}$，刘维定理表明电子等粒子束流在几何空间和倒易空间的分布乘积是一个常数。人们因此定义水平发射度 ε_x 和垂直发射度 ε_y 为

$$\varepsilon_x = \sigma_x\sigma_{x'}$$
$$\varepsilon_y = \sigma_y\sigma_{y'} \tag{1-4}$$

一般电子束均具有一定的发射度，除了理论发射度外，还有工程误差决定的额外发射度。而如果工程误差接近为零，完全由量子力学之不确定原理决定的理论发射度称为衍射极限。发射度是同步辐射装置的重要指标之一，它的单位是纳米·弧度 (nm·rad)，比如，衍射极限环的发射度被认定至少在 0.1 nm·rad 数量级。请注意：电子束发射度虽然对同步辐射的辐射张角有影响，但两者并非一码事。

基本参数之五：偏振度。辐射具有偏振性是同步辐射的主要特征之一。比如，人们就是根据蟹状星云的辐射具有偏振性而认定其为同步辐射的。

在电子轨道平面放出的同步辐射是完全线偏振的，偏振度达 100%，偏振方向在水平面上垂直于电子运行的方向上；在弯铁处引出的全部同步辐射中，水平

偏振占总辐射量的 75%；而从电子轨道平面上、下引出的同步辐射则具有椭圆偏振，但辐射量较低。本书介绍的振动散射谱学方法基本未涉及同步辐射的偏振性，因而这里也只是简单地引入概念。

基本参数之六：特征能量。由于发射载体电子是在做圆周运动，同步辐射载体和运动方向不断改变，辐射的方向也不断变化，与电偶极子辐射不同。从时间上看，它的辐射不是连续波，而是一个在短时间 $\mathrm{d}t$ 内转弯扫过一个小角空间的电磁脉冲波包，就像探照灯突然扫过一定的角度范围一样。

根据傅里叶变换，这样一个电磁脉冲波包含有许多频率的正弦波谱，而其最大的频率上限应该等于脉冲时间长度的倒数，即 $1/\mathrm{d}t$。因此，同步辐射的辐射频率不是简单地等于其电子圆周运动的频率，而是一个包含在上限频率之下的各种频率的电磁脉冲波辐射。其各频率的强度分布应该定性地符合类似于图 1.6 的规律，即缓慢上升，然后急速下降到零。对于这样含有多频率分布的辐射，人们需要定义一个特征频率来表征这个多频率波包的基本状况。由于能量正比于频率，有时也称它为特征能量。有人定义辐射强度最大处的能量为特征能量，但更一般地则是定义使得曲线左右两边积分强度相等的重心能量为特征能量 E_c：即总辐射功率的一半由能量大于 E_c 的光子所贡献，另一半由能量小于 E_c 的光子所贡献。高特征能量的同步辐射环的辐射曲线 (如图 1.6 中实线)，具有较宽的能量范围，但低能部分的辐射强度略差，不如低特征能量者 (长虚线)。

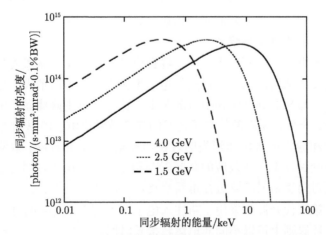

图 1.6 几个不同特征能量的同步辐射环的辐射强度分布示意图。高特征能量者 (实线) 具有较宽的能量范围，但特征频率较低者 (如虚线或长虚线) 具有较好的低能辐射强度

根据经相对论处理的同步辐射理论，其特征能量值为

$$E_\mathrm{c} = 3c\gamma^3/2r \tag{1-5}$$

将全部变量和参数化为常用单位后，其公式变为如下：

$$E_c(\text{keV}) = 2.218 \cdot [E^3(\text{GeV})/r] \tag{1-6}$$

其中，E 为同步辐射中的电子加速能量，单位为 GeV；E_c 为辐射的特征能量，单位为 keV；r 为辐射时弯铁的转弯半径，单位为 m。比如 (依据旧数据)，北京同步辐射装置的电子加速能量为 2.5 GeV，转弯半径为 10.345 m，则特征能量为 3.31 keV，适于建造硬 X-射线光束线；合肥同步辐射装置的电子加速能量为 0.8 GeV，转弯半径为 2.22 m，特征能量为 0.517 keV，适于建造软 X-射线光束线等。

　　值得说明的是：这里的半径是弯铁处电子的转弯半径，一般并不等于同步辐射环的几何半径，但两者显然是有直接联系的。另外，这里所讲的能量分布图及特征能量是指同步辐射环的一个整体性指标。在第三代同步辐射环上，光束多用插入件引出，而不是在弯铁处直接引出。此时，每一个光束线的指标不一定等于同步辐射环的整体性指标。例如，在低能环上，人们可以通过应用超导体的超强磁体扭摆器，使电子转弯半径人为变小，从而人为获得具有较高特征能量的同步辐射输出，如 ALS 的 BL4.2 等束线；同理，在高能环上，也能通过应用弱磁体的超长波荡器，使电子转弯半径人为变大，从而可建设输出软 X-射线的同步辐射束线，如 SPring-8 的 BL07XU；拥有 3.5 GeV 的上海光源是中等能量环，其环上的多条光束线具有 5~20 keV 的辐射，可以模拟 6~8 GeV 的高能同步辐射环的某些光束线；同时也可以建造 1 keV 以下的软 X-射线。

　　基本参数之七：束流寿命。同步辐射储存环必须有足够长的束流寿命，才能源源不断地给实验站提供需要的同步辐射，达到实验应用的目的。因此，束流寿命也是同步辐射环的重要参数之一。

　　储存环中的电子由于发射光量子，导致电子的横向位置略微发生变化，或导致电子能量的反常涨落，从而有可能使电子偏离运行轨道而消失。这一过程称为量子效应。电子与超高真空中极少量的剩余气体分子发生碰撞而消失的过程称为气体散射效应。一个束团内部的电子之间的弹性散射使电子的纵向动量发生变化，导致电子越出相稳定的区域而消失的过程叫托歇克 (Touschek) 效应。储存环电子束流寿命将受到以上这些效应的共同影响和作用。当运转时间超过束流寿命之后，人们必须对同步辐射装置进行重新启动，重新注入电子流。

　　现在多数第三代光源都采用不断注入电子自上而下 (top-off) 的注入模式，因此，同步辐射环原则上可以不间断地运转很长时间。

　　基本参数之八：时间参数。同步辐射环中的电子流不是连续电子流，而是由一系列不连续的电子簇群组成的，形成具有时间结构的脉冲式辐射。脉冲的时间线宽为 0.01~100 ps；脉冲间隔从几纳秒到几百纳秒不等，由同步辐射环的注入模式决定。在特殊的单电子簇团工作时，其间隔甚至可达微秒量级。

　　同步辐射的参数还有很多。由于本章仅介绍同步辐射的基本概念，我们不一一列举。有兴趣的读者请参阅有关专著。

1.3.3 同步辐射装置的工程参数

同步辐射的电子加速能量、辐射功率、角分布和特征能量等性能参数均可以通过工程控制来实现。同步辐射装置是一个非常复杂的大系统，有成千上万个工程参数。但从概念上讲，普通用户最关心的两个工程参数大概就是电子的转弯半径 r 和弯铁的磁场强度 B 了。

世界上的同步辐射光源都是大型科学仪器设施，最突出的特点莫过于其周长短的有 100 m，长的可达 2000 m 以上。图 1.7(a) (全图背景) 是位于日本兵库县的播磨科学公园的大型放射光设施，即 SPring-8 同步辐射中心。它的电子储存环管线周长为 1436 m。图 1.7(b) 为 SPring-8 实验大厅一角的照片。表 1-2 中列举的几个第三代高能同步辐射储存环，其周长都是接近或者超过 1 km。人们不禁要问：为什么需要这么大的周长 (或半径) 呢？

图 1.7 (a) 位于日本兵库县的 SPring-8 同步辐射中心 (8 GeV) 的鸟瞰图，它的管线周长为 1436 m；(b) SPring-8 的实验大厅一角；(c) 几个同步辐射环的周长与电子能量的关系示意图

表 1-2 三个第三代高能同步辐射光源的重要参数比较

同步辐射环参数	ESRF (旧)	APS	SPring-8	Petra-Ⅲ
电子能量/GeV	6	7	8	6
束流/mA	200	100	100	100
管线周长/m	844	1104	1436	2304
周期/ns	2800	3683	4790	7680
RF 频率/MHz	352	352	505	500
启用年份	1992	1995	1997	2009

我们知道，任何一种垂直于自由电子运动方向的恒力都可以使其维持匀速圆周运动，但从实用角度出发，人们一般使用磁场来让电子实现这一方向的加速运动。电子速度 (v)，磁场强度 (B) 和磁作用力 (F) 之间的方向关系由左手定则决定 [图 1.4(a)]，三者的大小关系如下式所示：

$$F = evB \tag{1-7}$$

再根据经典力学有关圆周运动的理论：

$$F = ma = mv^2/r = 2E/r \tag{1-8}$$

将式 (1-8) 代入式 (1-7)，则

$$evB = 2E/r \rightarrow E = (evB) \cdot r/2 \tag{1-9}$$

其中，F 为作用在电子上的力；a 为电子方向加速度；m 为电子质量；v 为电子切线速度；E 为电子运动能量；r 为电子转弯半径；e 为电子电荷；B 为作用在电子上的磁场强度。

当电子速度接近光速时，我们必须使用相对论修正，从而得到

$$E = (ecB) \cdot r/\beta \rightarrow E = (ecB) \cdot r \tag{1-10}$$

其中 $\beta = v/c \sim 1$；尽管经相对论修正得出的公式与经典力学得出的公式的系数不同，但同步辐射环的电子加速能量 E 正比于电子转弯半径 r 和磁场强度 B 的关系不变。也就是说：强度较高的磁场和尺寸较大的转弯半径将对应于较高的电子加速能量值。虽然电子转弯半径并不直接等于同步辐射环的半径，但两者是相关的。大周长的同步辐射环的一个重要的目的就是较为容易地获得较大的电子转弯半径和较为容易地获得较高的电子加速能量。而我们在前面已经学过，高电子加速能量可以带来更大的辐射功率、更集中的辐射角分布、更高更宽的能量分布，因而为科学工作者们所青睐。

图 1.7(c) 是几个同步辐射环的电子加速能量与它们的环周长的关系图，数据大致反映出：同步辐射的电子加速能量 E 和环周长的线性增长关系。当然，如果选用强度十分不同的偏转磁铁，这一关系会有不同。当然，大的同步辐射环不一定就选用很高的电子加速能量，例如，Petra-II 和 Petra-III 具有同样的环线周长，但前者的电子能量为 12 GeV[图 1.7(c)]，而改造为 Petra-III 之后，人们选择了 6 GeV 的电子能量 (表 1-2)。

此外，具有较长周长的同步辐射环还可以比较方便地产生具有较长时间间隔的电子簇结构和同步辐射脉冲结构，以满足各类要求有时间分辨率的测量需要，例如，本书将要介绍的 ^{57}Fe 核共振振动散射能谱学实验就需要时间间隔约为 150 ns 的同步辐射脉冲。

1.4 同步辐射光源的基本构造

一个同步辐射装置的构造可以大致分为: 加速和储存高能电子的同步辐射环、引出辐射的广义插入件和最终调节光束性能并传输辐射的光束线。同步辐射环一般又包括直线加速器 (Lineac)、电子同步加速器 (Booster) 和电子储存环 (Storage Ring) 这三大部件。此处所说的广义插入件包括在弯线切线方向上引出光束的传统弯铁和由直线段引出光束的扭摆器和波荡器等现代插入件; 光束线则又可大致分为硬 X-射线光束线和软 X-射线光束线等。

1.4.1 同步辐射环

一个同步辐射环一般由直线加速器、电子同步加速器 (又称增强器)、电子储存环三大部件组成, 如图 1.8 所示。

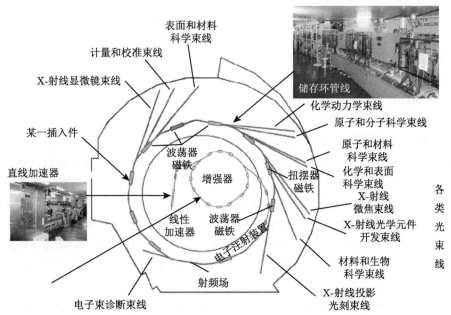

图 1.8 位于美国劳伦斯伯克利国家实验室的 ALS 同步辐射环的平面结构示意图 (参考 ALS 官网, 照片选自网络)。从里圈开始, 以顺时针为序。直线和同步加速器部分: 线性加速器; 增强器; 电子注射装置。储存环插入件部分: 扭摆器磁铁; 波荡器磁铁; 射频场。光束线部分: X-射线显微镜束线; 计量和校准束线; 表面和材料科学束线; 化学动力学束线; 原子和分子科学束线; 原子和材料科学束线; 化学和表面科学束线; X-射线微焦束线; X-射线光学元件开发束线; 材料和生物科学束线; X-射线投影光刻束线; 电子束诊断束线

直线加速器通常采用电子行波直线加速器, 主要是由电子枪、低能电子束流

输运线、盘荷波导和束流输出系统组成。目的是产生具有初步能量的电子束。

增强器把从直线加速器出来的电子束继续加速到所需的能量，同时使束流强度和束流品质得到改善。一般采用强聚焦电子同步加速器，由下列几部分组成：

高频加速腔：在固定频率下工作，用改变倍频系数的方法保证电子谐频加速，不断提高能量，是同步加速器的关键部分。

二极主导磁铁：即方向偏转磁铁，很多对的二极磁铁被安放在理想的电子轨道的转弯处，引导电子转弯，使之维持做圆周运动。在增强器中，弯铁的电磁场强度与电子当前达到的加速能量要做同步调整，以保证逐步加速的电子束保持在具有相同半径的加速环的中心线上。由于磁场和电子能量的同步关系，此加速环被称为同步加速环。

聚焦磁铁：除了二极主导磁铁，电子同步加速器还有许多四极磁铁，用于电子束的聚焦。根据加速器理论，加速环上的聚焦磁铁 (F)、散焦磁铁 (D)、二极偏转磁铁 (B) 和自由空间 (O) 必须交替排列在电子的封闭轨道上，如 FOBODO 等，才能使电子束保持一个稳定的横截面，不至于发散。

校正磁铁：由于二极磁铁和四极磁铁的制造和安装都会存在少量偏离于设计要求的地方，并因此引起电子轨道的少量畸变，人们必须采用小型的二极磁铁对电子轨道进行测量和适当校正。

达到特定能量和特定指标的电子束最后将通过电子注射装置注入到半径更大的电子储存环内，如图 1.8 所示，这就是人们俗称的同步辐射环。在那里，人们同样需要二极磁铁维持电子做圆周运动，需要四极磁铁进行聚焦和散焦，需要类似的 FOBODO 磁体排列，也同样需要微调和校正电子轨道的校正磁铁，还需要射频腔来不断补充电子因同步辐射而损失的少量电子能量。这些与前面讲到的增强器类似，只是这里不需要进一步增加电子的能量，而只需要维持电子的能量罢了。因为电子能量不再变化，储存环磁铁的磁场也不再需要同步变化了。

根据其电子能量的高低，储存环可以被分为大于 6 GeV 的 X-射线环，2.5~4 GeV 的综合环和 1~2 GeV 的 VUV 环三种，也就是人们俗称的高能环、中能环和低能环三种。

一个同步辐射储存环中的电子能量相当可观。比如：一个 3.5 GeV 的中能环，假设其电子流强度为 200 mA，则电子流功率高达 $3.5 \times 10^9 (\mathrm{V}) \times 200 \times 10^{-3} (\mathrm{A}) = 7 \times 10^8$ W，或 700 MW，相当于三峡电站中一部水轮发电机的功率。当然这只是一个比喻，储存环内的这个电子流功率并非在一秒内生成，也并非瞬时全部输出，与发电机的情况不同。

电子储存环是同步辐射光源的核心设备，有着承上启下的功能。因此，电子储存环上的磁体结构布局还必须考虑到下游的插入件和光束线设计的需求。

1.4.2 插入件

在第一代同步辐射储存环上，同步辐射束线就直接从弯铁处引出。从第二代同步辐射环开始，除了继续使用弯铁对电子束实施偏转维持圆周运动，使用 FO-BODO 的磁体结构维持电子的稳定截面之外，还在环的直线段上插入了扭摆器 (Wiggler)。弯铁是由一组 SN 磁铁组成的，而扭摆器则是由多组 SN-NS-SN 磁铁组成，各组相邻磁铁的 SN 排列方向相反。电子在经过几个周期的左右来回偏转后，人们从管线的直线方向上引出射线。这些在直线段上引出同步辐射的元件，称为插入件。由于是在直线段上引出辐射，插入件的出现使得人们可以在不影响环的磁体布局的条件下，脱离环的总体指标而在特定光束线上建立自己的辐射指标。通过增强磁场强度 B，人们可以减小电子转弯的曲率半径 r。而根据公式 (1-5)，同步辐射的特征能量为 $E_c(\text{keV}) = 2.218 \cdot [E^3(\text{GeV})/r]$：如果储存环电子能量不变，人们也可以通过改变 $B \to r$ 来提高或降低特征能量。通常，在扭摆器中电子往复运动的正弦轨道的转弯半径比大环上弯铁转弯半径要小许多，输出同步辐射的波长也随之可以短许多，能量可以高许多，比如，具有 1.9 GeV 的 ALS，它的 BL4.2 束线可以用超导磁铁扭摆器来实现硬 X-射线的辐射。插入件的概念最早由苏联物理学家 Ginzburg 提出，后由美国科学家 Motz 第一次在实验上实现。

同时，由于电子经过了 N 次转弯，同步辐射的功率也随之增加了 N 倍。因此，扭摆器在不提高储存环的能量和束流强度的条件下能得到比弯铁束线更高的辐射通量。近年来，人们用超导磁铁产生超强磁场，并用于扭摆器。比如：德国的柏林同步辐射电子存储学会 (BESSY) 同步加速器建造了 7.5 特斯拉 (T) 的扭摆器；俄罗斯甚至在布德科尔核物理研究所 (BINP) 上建造了超过 10 T 的扭摆器。

第三代同步辐射环的特征之一就是：除了弯铁和扭摆器外，还大量地使用了另一种插入件：波荡器 (Undulator)。波荡器与扭摆器相似，如图 1.9(a)。但它采用了永磁体磁铁，并将插入件磁铁周期缩短到只有几厘米，同时大大增加了插入件中磁铁的周期数。波荡器的电子偏转角可以灵活调整，并且磁体间距与辐射波长有一定关系，这样除了能够输出 N 倍的辐射通量之外，从波荡器中不同的磁体对上发射出来的光子在很大程度上可以产生相干性叠加，使得同步辐射中出现一系列尖峰，并且使得光束发散角变为原来的 $1/N$。这样，辐射的光亮度提高了 N^2 倍，比弯铁辐射更是要高出好几个数量级。请注意，这里的 N 倍是指相对于波荡器本身的一个 SN 单元而言。因为磁体强度、尺寸都很不相同，波荡器与扭摆器无直接可比性。

相比扭摆器，波荡器的主要目的并不一定是提高光子的能量，而是双向调节光子能量。比如，有时人们还利用长度很长的弱磁场波荡器在高能环上产生软 X-射线辐射，如 SPring-8 的 BL07XU 束线等。运用多排磁体和调整每排磁体上下左右的相对几何位置可以实现对辐射相位的调整,因而得到所需的圆偏振辐射 [图 1.9(b)]。这样得到的圆偏振可以接近 100%,而无须像弯铁束线 (图 1.2) 那样 以牺牲 80% 的辐射强度来换取 80% 的椭圆偏振度。图 1.9(c) 和 (d) 为两个具体 波荡器的实物照片。

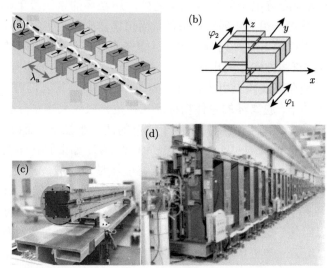

图 1.9 (a) 线性偏振型波荡器插入件的工作原理示意图; (b) 椭圆偏振型波荡器磁体移动示意 图。通过调整每排磁体的相对位置可以对辐射偏振的相位进行调整,因而得到所需的椭圆偏振 辐射; (c) 一台等待安装的波荡器; (d) SPring-8 BL19LXU 上使用的 25 m 超长波荡器。图 (c)、(d) 取自网络

现有的插入件一般分为电磁铁或永磁铁两大类: 扭摆器要求磁场强度很高,多 用电磁铁,而且多用超导磁铁; 波荡器则要求磁场分布细小、灵活,则多用永磁铁。 1980 年,稀土合金强永磁体波荡器的试验成功,是插入件发展史中的一件大事。 永磁体磁铁的采用可以将插入件磁铁周期缩短到几个厘米,从而在给定长度的直 线段中大大地增加磁铁的周期数,并较为容易地实现各种不同的磁场分布,从而 可以实现水平偏振、垂直偏振、左旋椭圆偏振、右旋椭圆偏振等。还有可以提供 特殊偏振状态和特殊电子轨道的二维波荡器、8 字形波荡器等。

真空盒中插入件的制成是插入件发展史上的另一个重要的里程碑。插入件中 磁场强度的公式为

$$B = B_0 \exp(-n\pi g/\lambda) \tag{1-11}$$

式中,g 为插入件的磁隙; λ 为磁场周期长度。上式表明: 磁隙 g 越小,磁场 B 越强。 由于真空管本身有一定的厚度,真空管外波荡器能获得的最小磁隙有一定的限制。因 此,真空盒中插入件可以取得更强的磁场。但由于永磁材料是多孔材料,吸附有大 量的气体,所以不能直接将其置于超高真空环境中。经过薄膜封孔的永磁体可以用于

超高真空环境, 它的成功制备使得真空盒内插入件的技术变得可能和成熟。这样的波荡器的磁隙 g 可缩短到 5~8 mm。其中, 最小磁隙实验纪录为美国国家同步辐射光源 (NSLS) 的 3.3 mm, 对电子束流寿命的影响已经降低到小于 10%。目前, 在世界各地的多个同步辐射环上各有多个这类的插入件在工作, 或在安装。

在波荡器中, 电子束团在发射同步辐射的同时又受到辐射场的反作用, 此作用又会影响到电子发出的同步辐射, 其结果是不断提高其辐射的亮度和相干度。当然, 这样的相干还只是部分相干, 没有完全达到激光辐射的程度。

图 1.10 形象地比较了从传统的实验室 X-射线管 (a) 中、从扭摆器 (b) 处和从波荡器 (c) 处引出的 X-射线束的空间几何分布和它们对应的能量分布 (d), (e), (f)。实验室 X-射线管产生的射线具有全方位的几何分布 (a) 和范围很宽但强度很低的能量分布 (d);从扭摆器处引出的同步辐射束较为准直, 但仍具有较大的几何斑点 (b), 同时也具有一定宽度的能量分布 (e);从波荡器处引出的同步辐射束有更小的张角、更小的几何光斑 (c) 和尖峰型的能量分布 (f)。由于从波荡器处引出的射线能量分布很窄, 给出的是一系列的尖峰辐射, 人们通常需要在能谱实验过程中跟踪扫描波荡器的缝隙宽度, 使得尖峰型能量分布的峰值能量位置与单色器输出的能量位置相一致。这是波荡器特有的现象。

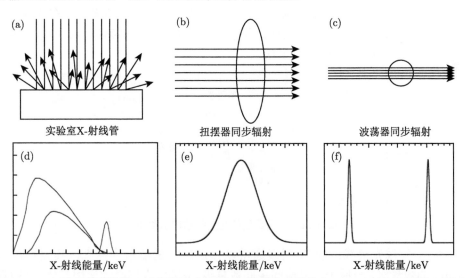

图 1.10 (a) 传统的实验室 X-射线管中辐射的 X-射线的几何分布;(b), (c) 从扭摆器 (b) 和波荡器 (c) 处引出的同步辐射的几何分布;(d), (e), (f) 是对应于 (a), (b), (c) 的能量分布示意图

1.4.3 光束线

光束线 (Beamline) 是指沿着同步辐射环的切线方向上, 最终引出同步辐射的管线和相关的光学元件, 包括控制频率的单色器, 以及控制光束形状和方向的反

射镜等。同步辐射环和插入件的主要功能是控制电子的运行，而光束线上的元器件则是专门控制辐射射线的性能。在弯铁或插入件处引出的同步辐射的频谱宽度虽然各异，但能量宽度对于能谱学实验来说依然太宽，不能满足真正单色辐射的要求，而且光束也具有一定的发散角。要想得到真正单色、聚焦的同步辐射束，并且将其传输到指定的实验地点，需要光束线来完成。

虽然同步辐射是全频辐射，但由于在可见光和紫外线波段有性能良好的激光器作为竞争光源，无须运用同步辐射装置。红外线的同步辐射束线也仅仅由于光斑很小，在显微学上具有优势。因此，同步辐射最基本、最广泛的应用还是在硬 X-射线和软 X-射线两个辐射能段上。本书将要介绍的两种利用同步辐射作为光源的现代振动散射能谱学方法均是使用能量超过 10 keV 的高能硬 X-射线。

在结构上，一个典型的 X-射线光束线首先包括从储存环引出口到屏蔽墙的前端区。它的主要作用是对前面的储存环的真空保护，和对后面的实验站工作人员的防辐射安全保护，还有对光束位置的初步确定与监控。前端区多采用标准化和模块式设计，其部件的运转也是全部由同步辐射光源的中央控制室控制，而不是由在光束线上的管理人员控制的，更不是由用户来控制的。因此，我们无须了解太多。

为了有效、合理地使用同步辐射射线，人们必须在从前端区的防护墙到用户使用的实验测量区之间的光束线内安装各种束线设备。不同的光束线有各种不同的功能、设计和元件，但也有共性，其中典型的束线设备必须包括单色器、各种镜子、各种光束阀门，如图 1.11 所示。

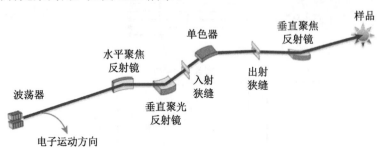

图 1.11　一个典型的光束线结构示意图

硬 X-射线光束线：硬 X-射线通常以 >5 keV 的能量为标志，其波长在 ~ 0.1 nm 的数量级，与原子的晶格间距同数量级。因此，人们必须运用晶体材料 (比如 Si 晶片)，使用晶体衍射的方法来实现分光和光线转向，其原理是基于布拉格晶面衍射公式：

$$2d\sin\theta = \lambda \tag{1-12}$$

当晶面间距 d 固定时，如果入射的是连续的多波长射线，取不同的布拉格角 (θ) 就能获得具有不同波长 (λ) 的衍射 X-射线。就晶体单色器的构造而言，有单晶单色器和双晶单色器。用单晶单色器时，不同波长的射线在不同的出射方向和位置上输出，使得人们想要在同一样品的同一位置上进行测量的实验目标产生困难。因此，出现了弧矢 (Sagittal) 聚焦双晶单色器，如图 1.12 所示。Sagittal 双晶单色器有两块晶片，有公共的 $\theta\varphi$ 驱动，其旋转中心在第一晶体表面上，第二块晶体可在平行和垂直于第一晶体表面的方向上平移运动，并保持与第一晶体平行，使得输出光束不受输出波长影响，总在同一方向和位置上输出。这样，实验者们可以在固定的方向和位置上获得具有不同能量的 X-射线。

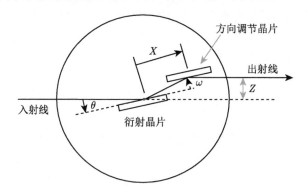

图 1.12　弧矢聚焦双晶单色器示意图

在单色器之后，硬 X-射线光束线的聚焦和传输也是采用平面或曲面晶体的晶体衍射来实现的。由于硬 X-射线的能量能够穿透空气、人体还有许多其他的物质，我们必须使用实验棚屋 (Hutch) 将 X-射线屏蔽起来，并使用自动互锁装置对实验棚屋的门进行安全控制，防止辐射意外泄漏。

软 X-射线光束线：软 X-射线通常对应于 100～1500 eV 的能量范围，其波长在 1～10 nm，人们因此必须使用层距大于 1 nm 的人造多层膜或使用刻线间距小于 10 nm 的精密光栅来实现分光，后者与用于可见光、紫外线区间的光学分光方法相似。单色器有平面光栅型，也有球面光栅型。同时，也有类似于双晶单色器的双光栅分光计，可以通过联动来实现定向、定点的软 X-射线辐射的输出。

与硬 X-射线相反，软 X-射线在各种物质中的穿透能力都很差，比如，能量为 550 eV 的软 X-射线在空气中的穿透距离仅为 200 μm，在固体中则更短，可谓"寸"步难行。在实验中，从电子储存环到真空实验腔中的样品处，再到 X-射线探测器之间必须没有任何窗口材料分隔。因此，人们无须建立棚屋来防范软 X-射线的泄漏，而主要需要设立快速反应的自动互锁系统，在实验腔出现意外漏气事故的情况下，可以有效地保护整条光束线，甚至整个电子储存环，使其真空状态不受或少受事故的影响。否则，后果不堪设想。这种事故的确出现过，而且不止一起。

光束线的性能参数：

首先是光束线的类别。如是弯铁束线、扭摆器束线，还是波荡器束线等。

第二是光束的亮度。亮度的概念与前面提到的内容相同，它的单位也是 photon/(s·mm^2·mrad^2·0.1%BW)；

第三是光束线能量的覆盖范围，由光束线的特征能量值代表；

第四是光束线的能量分辨本领，即 $E/\Delta E$，其中 ΔE 称为能量分辨率；

第五是光束的时间结构，这由储存环内的电子簇的时间结构决定。

光束线的性能指标还有很多，如偏振状态、光斑大小、稳定性、光斑模式是否为 TEM$_{00}$ 等，这里不一一详述。同步辐射用户在开始实验之前，或撰写机时申请提案前，应该首先了解对应的光束线的各种性能参数。

1.5　同步辐射光源的历史和现状

关于由带电粒子在做圆周运动时发出同步辐射的可能性可以追溯到 1889 年李纳德 (Lienard) 的理论设想。1947 年，这一预言在美国通用电气公司中的一个 70 MeV 同步加速器上首次被实验观察到。最初，它还只是被当作造成高能粒子能量损失的一种副作用来加以研究的。同在 1947 年，师从于英国曼彻斯特大学布莱克特教授的中国学者朱洪元在英国皇家学会会刊上发表了《论高速的带电粒子在磁场中的辐射》的论文：这是关于同步辐射最早期的论文之一。大约到了 1965 年，人们才发现同步辐射实际上是一种十分有用的光源，并将它推向大规模发展和实际应用。至今，同步辐射装置经历了至少三代的发展。

1.5.1　第一代同步辐射光源

1965 年，世界上第一个实用型的同步辐射储存环 (Adone) 在意大利的弗拉斯卡蒂建成，它由一系列二极弯铁、四极聚焦磁铁、直线段和高频腔等组成。第一代同步辐射光源是高能粒子加速器上的 "寄生品"，如 Adone 环、美国斯坦福同步光源 (SSRL) 最初的 Spear 环、德国汉堡的 Doris 环，还有与正负电子对撞机共用的北京同步辐射环 (BSRF) 等。它们是在高能粒子研究的空档期间，进行电子加速和有关同步辐射的科学研究。尽管这些环并非为同步辐射专门设计，但其光源的高强度和从远红外到硬 X-射线的宽阔频谱范围已经使这些辐射光源具有了无与伦比的能力，开创了许多崭新的研究领域，例如：对固体和液体中某些特定元素近邻环境的研究、微电子学中的深度软 X-射线光刻技术。甚至已经成熟的 X-射线晶体学、二次发射元素分析等学科，都因为同步辐射光源的出现而有了新的能力和机遇。到了 20 世纪 70 年代中期，第一代同步辐射装置的数目在世界范围内迅速增加。

然而，在对储存环的设计上，同步辐射用户与高能物理学用户的观点和要求正好是矛盾的。为高能粒子对撞而设计的加速环的角发散度都较大，而且环的性能是优化粒子的能量积累，而非优化辐射的强度。这使得同步辐射用户开始转向建造专用的、优化于同步辐射本身的独立光源。

1.5.2 第二代同步辐射光源

第二代同步光源以专用和在环上采用却斯曼–格林磁铁阵列 (Chasman-Green Lattice) 为标志。美国加速器物理学家却斯曼与格林发明了这种把加速器上的各种让电子发生弯转、聚焦、散焦等作用的磁铁按特殊序列组装的阵列，以优化辐射的强度、亮度、发射角和其他性能。它不但是第二代同步光源的标志和基石，而且也是更新的第三代同步光源的基础。20 世纪 80 年代建成的英国的 SRS 光源，美国的 NSLS-I 光源以及日本筑波的光子工厂 (PF) 等是第二代同步辐射光源的早期代表。合肥同步辐射的老光源也属于第二代光源。它们的角发散度大约为 100 nm·rad，为第一代同步辐射光源的十分之一左右 (表 1-3)。

表 1-3　第一、二、三代同步辐射光源主要结构、性能和特征

代数	工作模式	电子束角发散度[①]	同步光束亮度[②]	插入件	开发年代
1	兼用	1000	$10^{13} \sim 10^{14}$	只有弯铁	20 世纪 60 年代
2	专用	$50 \sim 150$	$10^{15} \sim 10^{16}$	少数插入件	20 世纪 70 年代
3	专用	$5 \sim 20$	$10^{17} \sim 10^{20}$	波荡器为主	20 世纪 90 年代

注：① 电子束角发散度单位为 nm·rad；
② 同步光束亮度单位为 photon/(s·mm²·mrad²·0.1%BW)。

第二代同步辐射装置对科技研究与工业应用起到了巨大的推动作用。随着第二代同步辐射光源投入使用，出现了在同步辐射中心聚集着来自各学科的科技人员川流不息地同时进行研究和开发工作的空前景象，确立了同步辐射的多学科共同研究的中心地位。同时，这又大大增强了世界各国政府支持建造新一代的、具有更高亮度和性能的同步辐射光源的意愿。

1.5.3 第三代同步辐射光源

第三代同步光源以大量使用波荡器等插入件和在环上建立具有严格时间结构的电子簇为标志。如表 1-3 所示，由于大量使用了插入件，第三代同步辐射光源输出具有更小的发散度、更高的亮度，还有更高的时间分辨率、动量分辨率和空间分辨率等。这些综合性能使得各研究领域从基本上的静态研究逐步转变为动态研究。由于强度、亮度的大幅度提高，辐射发散角的大幅度降低，第三代同步辐射环上的光束线有可能通过两级单色器而提供线宽达到 1 meV 左右的超高分辨率的高能 X-射线辐射，为以同步辐射为光源来测量振动散射等许多精细、微弱的

现代谱学提供了条件。这些大大地推动了以同步辐射为中心的、包括生物能谱学在内的新学科和跨学科的综合研究工作。

第三代同步辐射光源大概可划分为高能环、中能环、低能环三类。高能环的电子能量为 6~8 GeV, 可取得很高的辐射能量, 如 60 keV 或更高。同时, 它具有较强的辐射强度和较灵活的时间结构, 也是本书介绍的同步辐射振动散射谱学的必备实验光源。高能环包括法国的 ESRF (6 GeV)、德国的 Petra-III (6 GeV)、美国的 APS (7 GeV)、日本的 SPring-8 (8 GeV) 和正在北京怀柔建设的 (北京) 高能同步辐射光源 (HEPS, 6 GeV)。高能环在软 X-射线能段的强度比较弱。

低能环的电子能量在 1~2 GeV, 以软 X-射线、真空紫外线 (VUV) 束线为主, 并包括红外线束线。个别束线还可借助超导扭摆器提高特征能量, 产生硬 X-射线。美国的 ALS、瑞士的 SRRC、中国的 NSRC 光源和 SRRC 光源, 均属此类光源。

第三类是同时兼顾硬、软 X-射线和红外束线的中能环, 又称为综合环。包括上海光源 (SSRF) 在内的许多同步辐射光源都属于此类。上海光源是一个第三代的高水准同步辐射光源, 也是我国迄今为止最大的大科学装置。它最终可建设 60 多条各式光束线, 相当于近百个国家重点实验室的规模。这将形成一个可供多学科交叉研究, 海阔凭鱼跃, 天高任鸟飞的科学大舞台。

第三代同步光源对工程技术的要求十分苛刻, 当然造价也不菲。比如, 美国伯克利的 ALS 同步辐射环中的电子束椭圆截面之高为 65 μm, 相当于一根头发丝的大小。在运行中, 要求电子束流的稳定性达到该截面的 1/10, 而且要求波荡器插入后对电子束的截面几乎没有影响。工程上, 这要求在 193 m 周长上安装的近 200 个各类二极、四极磁铁的实际位置与设计位置的偏离必须小到几乎极限; 在通常 2.5 m 长的波荡器上, 每个磁极位置的允许误差和在 40 t 磁力作用下的位移量之和必须在 20 μm 以内。ALS 不包括束线的造价为 1 亿美元 (1993 年)。又如: 最新改建的德国同步辐射环 Petra-III 包括了世界上最大的整体水泥地基和几十米深的水泥管柱群用来保证其上的光束线维持在几乎零振动影响的稳定状态。Petra-III 从 Petra-II 旧环改造的费用为 2.25 亿欧元 (2018 年)。

截至 2020 年初, 全世界共有 60 余个同步辐射装置正在运转或改建, 分布于 20 多个国家和地区。历史上, 全世界各国曾经运转过的同步辐射中心和装置更多, 遍布除非洲之外的全部大洲。主要科技强国更是一国拥有多个同步辐射环。中国和其他发展中国家如巴西、印度、泰国、伊朗、南非等也把发展同步辐射装置作为重要的科技发展项目, 予以优先考虑。同时, 许多独联体和东欧国家也纷纷考虑升级原有的同步辐射装置。图 1.13 中给出了世界上有代表性的部分中、低能同步辐射环的外景图。

目前, 世界上的第一代光源已经基本淘汰; 大部分第二代光源已经或者正要升级到第三代光源。第三代光源正成为主流和大多数，并将继续升级为具有衍射极限水准的三代半光源。正在规划和建设中的新型衍射极限环，或普通第三代环还有不少。

图 1.13 世界上有代表性的部分中、低能同步辐射环的能量值、地点和外景图

1.6 同步辐射的应用简介

近年来，同步辐射已经成为在众多领域中基础研究、应用研究和工艺学拓展的一种最先进的手段。在产业界的直接应用也有很大进展，应用的领域在不断扩大，涵盖了石油 (如对原油中石蜡晶化的研究)、塑料 (纺织纤维、结晶度)、金属 (应变/应力分析、织构分析)、建筑 (混凝土配制、渣化、老化的研究)、微电子 (半导体器件的表征)、化妆品 (对头发和皮肤的影响等)、制药 (生物晶体学、药品的表征)、食品 (稳定性和老化研究)、医学 (衍射增强成像) 等许多方面，不计其数。我们在此仅举例描述一下它在形貌学、晶体学、能谱学和工艺学等几大部分的应用。

1.6.1 形貌学应用

X-射线从一开始就与医学和形貌学有着直接的关系，例如：图 1.14(a) 是伦琴先生用 X-射线拍摄到的伦琴太太的手骨图，这是 X-射线的第一例科学应用和医学应用；图 1.14(b) 是在 1912 年时任美国总统西奥多·罗斯福遭暗杀未遂后，医生对他的胸腔进行的 X-射线透视照片。由于可以清楚地看到子弹没有处于危险位置，医生没有开刀取出他胸腔内的子弹。这显示了 X-射线对于诊断人体特征和疾病的重要性。今天，X-射线透视和立体扫描的 CT 已经成为医生们诊断各种疾病最常用的检查手段之一，仅次于验血。由于 X-射线的透射率是随着元素不同而变化的，很容易得到具有良好对比度的透射照片，而且透视深度较大，实用性强。

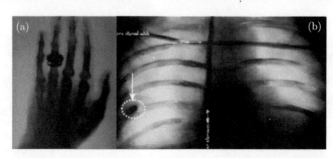

图 1.14   (a) 1895 年，伦琴用 X-射线拍摄的第一张人体骨骼照片：伦琴太太的手骨图；
(b) 1912 年，美国前总统西奥多·罗斯福在遭暗杀未遂后的胸腔 X-射线照片

同步辐射虽然没有直接被运用于人体检验，但提供了更高的科学和医学研究平台，并开辟了更新的研究和应用领域，如在器官、细胞、细胞核以及在分子水平上的结构分析、药物筛选、非插入心血管造影、在活体细胞中进行化学元素三维拓扑构像摄影等。这些是由医生、生物学家、物理学家、化学家、计算机科学家与工程师紧密合作的跨学科的研究成果，而同步辐射中心提供的合作平台促成了这些合作项目的有效进行。

X-射线显微术是同步辐射的几大应用之一，在各行业都有应用。软 X-射线的透射深度在几个纳米，而由波长决定的空间分辨率也在几个纳米的范围，因此它是研究纳米材料和生物组织等微观结构之三维信息的有效工具。

大规模集成电路中各种精巧的半导体材料结构越来越密集，分布也越来越复杂。测量其中的微区成分和微区应力分布，并由此比较出不同设计和不同工艺流程的优劣，对选择和改进电路和器件的生产具有十分重要的意义。美、日等电子大国的电子产业界充分注意到这一点，而同步辐射的微束 X-射线检测为此提供了有力的和可行的工具。比如，SPring-8 利用白光劳厄衍射 + 微束测量技术对 Si 片中由于氧化引起的应变进行了微区测量：其晶格常数变化的测量精度可以达到 $\Delta d/d \approx 5 \times 10^{-6}$；在氧化的边界处还可清晰地观察到微观应变。

电子显微镜虽然具有更高的平面空间分辨率，但其穿透深度很浅，不具备探测体信息的能力，而且制样很麻烦。软、硬 X-射线显微镜的透射厚度分别在 10 nm 和 1 mm 左右，探测深度十分理想。更重要的是它属于非破坏性检测，无须制样。

1.6.2   晶体学应用

晶体衍射：X-射线晶体学 (X-ray Crystallography) 是有关 X-射线对长程有序的原子阵列的弹性散射的方法学，它的基础是布拉格衍射原理 [公式 (1-12) 和

图 1.15(a)]。通过旋转欧拉角可以选择样品的各个方位 [图 1.15(b)]，从而可以测得样品的衍射斑点图 (c)、(d)：这些衍射斑点图反映的是电子密度的空间分布经傅里叶变换获得的在描述动量的倒易空间中的分布。反过来，对实验测得的这些衍射斑点图进行傅里叶变换的逆变换，就可以获得晶体中电子密度的真实空间分布图，并由计算机画出晶体结构。这一分析流程大致如图 1.15(c) 所示。

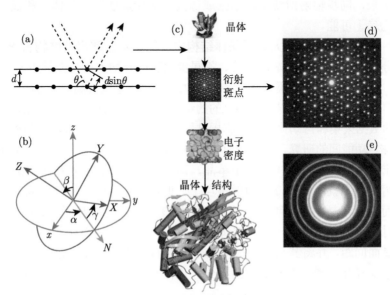

图 1.15 (a) X-射线的布拉格衍射原理图；(b) 衍射实验中的立体欧拉角的几何示意图；(c) X-射线晶体学实验、数据解析流程图；(d) X-射线晶体衍射斑点示意图；(e) X-射线粉末衍射环示意图

单个分子对 X-射线的衍射能力非常弱，无法被 X-射线成像。但晶体中数量巨大而方位相同的分子，使得 X-射线的布拉格衍射叠加在一起，形成了一种放大作用，产生足以被探测到的信号。这对结构复杂的生物分子也不例外。

利用同步辐射产生的硬 X-射线，其波长可以调节，而且强度、亮度比实验室 X-射线光源高出许多个数量级，特别适合于对蛋白质等生物大分子材料的晶体结构进行测定。只要有合格的样品，在晶体结构光束线上测量一个新蛋白结构的数据收集时间只需要不到一个小时。这使得人们对结构的动态变化的研究也成为可能。如果说 20 世纪生物学的最大进展是建立了以分子结构为基础的生物学的话，那么 21 世纪最大的任务将是探索与理解结构、功能和作用机理之间的动力学关系。

以下是人类在 X-射线晶体学研究方面的几个最重要的里程碑：

1912 年，Laue 在水合硫酸铜晶体上首次得到 X-射线的衍射照片；

1938 年，Pereutz 开始研究血红蛋白，并于 1960 年首次解出血红蛋白的晶体结构，没有同步辐射的帮助，这一过程总共用了 22 年的时间；

1976 年，同步辐射白光首次被用于结构生物学的研究；

1990 年，人们首次观测到 RAS 致癌基因晶体中的酶反应过程；

1994 年，人们在 ESRF 得到微量 (<50 ps) 溶菌酶蛋白的 Laue 照片；

近年来，同步辐射射线衍射增强成像技术的新进展使得晶体学和显微形貌学的一体化趋于可能。

在目前每年新解出的大分子晶体结构中，同步辐射解出的结构占 80％以上。生物大分子晶体学实验线站在各国、各同步辐射中心均占有重要地位，总数在 50 条以上，而且线数、用户需求还在不断增大，成果比重也很高，是各同步辐射中心最重视的项目之一。原本以测序为目的的结构基因组学将面临蛋白质结构可以进行大规模的数据采集和自动化的结构解析这样一个新的发展而带来的新的机会。实现序列–结构–功能间的研究，同步辐射实验技术的发展将是一个十分关键的条件。

粉末衍射：如果样品不是一个单晶，而是由固态颗粒随机排列而成的粉末样品，其衍射图案就不是独立的衍射斑点了。但由于颗粒中的原子之间具有固定晶面间距而无固定晶向这一事实将使得衍射具有一系列的衍射环，如图 1.15(e) 所示。这时，我们无法得到严格的晶体结构，但仍然可以用衍射环半径求出一系列可能的晶面间距，并将其与国际衍射数据中心 (ICDD) 已有的衍射数据进行比对，鉴定出未知样品，或混合样品中的组分。这在有关金属、合金和矿物的研究中尤为常见。

1.6.3　能谱学应用

能谱学是用 X-射线研究样品中的能级分布的学科，它直接揭示物质的能级信息和其上的电子分布信息，并间接推测分子的结构信息，如化学键的强弱等。由于本书今后各章的主要内容就是详论 X-射线能谱学，此处不再重复。

1.6.4　工艺学应用

除了作为研究工具外，将同步辐射作为光源直接用于工业生产也将会带来许多革命性的新机遇，例如：深层立体光刻技术 (LIGA) 就是其中之一。

一般情况下，基础研究支持应用基础的发展，应用基础的发展最终在工业中得到应用，并推动社会生产力和国民经济的发展。但这种影响常常需要一个较长的过程。而在同步辐射中心，这几类活动是可以同时和同步展开的，基础科学、应用基础与工业应用的成果，既是平行输出的，又是交叉发展、相互支持的。同时，同步辐射中心是一个独一无二的、能为众多学科服务的综合性研究中心，是各学科融合的天然场合。而学科交叉和科学与技术在高层次上的交叉结合将占有越来越重要的地位，并成为 21 世纪科技整体发展的主要特征。由于以上这些特点，尤其是它在应用面上的广泛性和综合性，在世界上有条件的国家中，同步辐射装置的建造或升级换代往往是优先考虑的科技项目。

参 考 资 料

[1] 麦振洪. 同步辐射光源及其应用. 北京：科学出版社, 2013

[2] 渡边诚，佐藤繁. 同步辐射科学基础. 丁剑，乔山，等译. 上海：上海交通大学出版社, 2010

[3] 徐彭寿，潘国强. 同步辐射应用基础. 合肥：中国科学技术大学出版社, 2009

[4] 程国峰，黄月鸿，杨传铮. 同步辐射 X 射线应用技术基础. 上海：上海科学技术出版社, 2009

[5] 阿特伍德. 软 X 射线与极紫外辐射的原理和应用. 张杰译. 北京：科学出版社, 2003

[6] 郭奕玲，沈惠君. 物理学史. 北京：清华大学出版社, 2006

[7] 马礼敦，杨福家. 同步辐射应用概论. 上海：复旦大学出版社, 2005

[8] 周映雪，张新夷. 同步辐射原理与应用简介 (中)//徐叙瑢，苏勉曾. 发光学与发光材料. 北京：化学工业出版社, 2004

[9] Kaastra J, Paerels F. High-resolution X-ray Spectroscopy: Past, Present and Future. Berlin: Springer, 2011

[10] Seward F D, Charles P A. Exploring the X-ray Universe. Cambridge: Cambridge University Press, 2010

[11] Margaritondo G. Elements of Synchrotron Light：For Biology, Chemistry, and Medical Research. Oxford: Oxford University Press, 2002

[12] Rullhusen P, Artru X, Dhez P. Novel Radiation Sources Using Relativistic Electrons, from Infrared to X-rays. Singapore: World Scientific, 1997

[13] Balerna A, Mobilio S. Introduction to Synchrotron Radiation//Mobilio S, Boscherini F, Meneghini C. Synchrotron Radiation, Basics, Methods and Applications. Berlin: Springer Press, 2015

[14] Cramer S P. X-ray Spectroscopy with Synchrotron Radiation-Fundamentals and Applications. Berlin: Springer, 2020

第 2 章   X-射线能谱学：原理与测量

由于 X-射线的能量与原子内层电子跃迁的能量相似，同步辐射成为研究原子内层结构的好光源。同样，在同步辐射众多的应用当中，X-射线能谱学是它最重要的应用之一。本章将简述一下 X-射线能谱学的基本原理，并在此基础上讨论它的测量方法和相关的探测器和探测核电子学问题等相关话题。本章仅仅讨论 X-射线能谱学的一般性问题。

2.1   能谱学基础：极简量子力学一览

任何一种能谱学的理论基石都离不开量子力学。有关量子力学的专著很多，但多数专著包括了太多复杂的数学推演、深奥的物理学理论和大量的专业术语，容易使得非物理学专业的读者望而却步。我们在本节中采用尽可能简单的术语和尽可能形象的描述，归纳介绍一下量子力学中最基本的常识和结论，作为本章和本书各章介绍 X-射线能谱学的基础。

2.1.1   量子力学的发展简史

普朗克于 1900 年发表了关于黑体辐射的研究论文，发现了能量的变化不是连续的，是一份一份的；同时，微观粒子的运动变化过程也是非连续的，是一份一份变化的。这是人类第一次提出的量子化的概念，标志着量子力学有了开端。1905 年，爱因斯坦扩展了普朗克的量子假设，首次提出了光既是光波又是光子的"波粒二象性"假说，并据此成功地解释了光电效应现象。1924 年，德布罗意在此基础上又进一步提出"自然界中的任何光、射线和物质其实都有波粒二象性"的假说。此外，玻尔于 1913 年以氢原子为例，成功地创立了符合量子概念的现代原子模型，指出：原子中的电子只能处在具有分立能量的定态上；电子在不同定态之间的跃迁属于量子跃迁，即跃迁能量只能取一系列的离散值，而不可能是任意值。

由于微观粒子具有波粒二象性，描述其运动规律的方程也就应该不同于描述宏观物体运动规律的牛顿力学方程。奥地利人薛定谔在总结德布罗意等前人之一系列量子假说的基础上，于 1926 年确立了量子力学的中流砥柱——薛定谔方程。这使得微观世界的量子规律也可以用数学方法来进行量化描述。

力学中有许多共轭量，如位置 (x) 与动量 (p)，时间 (t) 与能量 (E) 等。在量子力学中，一对共轭力学量的不确定性乘积，如 $\Delta t \Delta E$ 或 $\Delta x \Delta p$，都必须大于一个小量，而不可能为零。这个小量就是约化普朗克常量，$\hbar$。也就是说：如果对其中一个量的测量达到极高的精确度，对其共轭量的测量的误差将会趋于无穷大。比如，观测者可以较精确地测量粒子的位置或者动量，但无法同时精确地测量两者；又如，如果一个能态的寿命很长，则对应的能级线宽将会很窄；而若能态寿命很短，则对应的能级范围就会很宽；等等。这一不确定原理于 1927 年由海森伯首次发现，但它其实是基于波粒二象性的必然结果。

2.1.2 薛定谔方程和一维势阱

薛定谔方程的一般数学表达式如下：

$$-\frac{\hbar}{2\mu}\left(\partial^2/\partial x^2 + \partial^2/\partial y^2 + \partial^2/\partial z^2\right)\psi + V\psi = i\hbar\frac{\partial^2}{\partial z^2} \tag{2-1}$$

式中，$\psi(x,y,z)$ 是待求的波函数；$\hbar$ 为约化普朗克常量；μ 为粒子的约化质量；左式第一项中 ψ 之前的算符是系统的动能算符；V 是势场算符，两者的总和称为哈密顿量 (H)。在右式中，i 为虚数单位 $(-1)^{1/2}$。对于势能 V 与时间无关的定态量子系统，薛定谔方程可以简化为与时间无关的定态薛定谔方程：

$$-(\hbar/2\mu)(\partial^2/x^2 + \partial^2/y^2 + \partial^2/z^2)\varphi + V\varphi = E\varphi \tag{2-2}$$

这时，人们可以先求出定态波函数 φ，再乘上时间部分 e^{-iat} 就变为完整的波函数 $\psi(x, y, z, t) = \varphi(x, y, z)e^{-iat}$ 了。

让我们来看一个最简单的例子：一个粒子处于一维无限深的方势阱中 [图 2.1(a)]，粒子在势阱 $[0, a]$ 内的势能为零，在势阱外势能为无穷大，$V = \infty$。这样，势阱外的波函数必须为零，没有粒子存在的概率；在阱内 $V = 0$，则

$$-(\hbar/2\mu)\partial^2\varphi/\partial x^2 = E\varphi \tag{2-3}$$

据高等数学知识，这个二阶微分方程的解应为三角函数 sin 和 cos 的线性组合，即

$$\varphi(x) = A\sin(kx) + B\cos(kx) \tag{2-4}$$

但由于边界上的波函数必须是连续的，所以式 (2-4) 在边界 $x = 0$ 和 $x = a$ 处必须为零。这样，$\varphi(0) = 0 \to B\cos(0) = 0 \to B = 0$；$\varphi(a) = 0$(而这时，$A$ 已经不可能再等于零了) $\to A\sin(ka) = 0 \to ka = n\pi \to k = n\pi/a$ $(n = 1, 2, 3, \cdots)$。我们因此得到了 k 必须是量子化的结论，并进一步得出波函数的量子化、能级的量子化和能级间距的量子化：

$$\varphi_n(x) = A\sin(n\pi x/a) \tag{2-5}$$

$$E_n = k^2\hbar^2/2m = \hbar^2\pi^2n^2/2ma^2 \tag{2-6}$$

$$\Delta E_n = E_{n+1} - E_n = (\hbar^2\pi^2/2ma^2)(2n+1) \tag{2-7}$$

式中，n 称为状态量子数；E_n 和 $\varphi_n(x)$ 分别称为本征能量和本征波函数。一维无限深方势阱内粒子的各级波函数和粒子出现的概率 (波函数的平方) 分别如图 2.1(c)、(d) 所示。

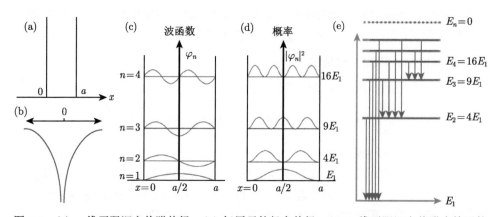

图 2.1   (a) 一维无限深方势阱势场；(b) 氢原子的径向势场；(c) 一维无限深方势阱内粒子的本征波函数及对应的态量子数 n；(d) 一维无限深方势阱内粒子出现在各量子态上的概率及对应的本征能量；(e) 氢原子能级分布和光谱跃迁示意图

　　一维无限深方势阱是量子力学中一个最简单的问题。我们之所以保留这一问题的分析，一是将其作为薛定谔方程的最简单实例，二是因为它可以帮助人们认识量子力学的本质，也就是系统量子化的条件：①由薛定谔方程，人们可以解出波函数的形式，比如这里的三角函数；②由于有边界条件的存在，只有满足特定条件的一系列离散的特征能量 E_n 和离散的特征波函数 $\varphi_n(x)$ 才是真正的解；③ 势阱系统量子化的条件是其空间尺寸必须足够微观，比如，$a = 1$ Å 时，$\Delta E_1 = 75$ eV，离散性很强；而 $a = 1$ mm 时，$\Delta E_1 = 7.5 \times 10^{-15}$ eV，后者的 E_n 基本上可以认为是连续的。同许多系统一样，出现量子效应的临界条件大约出现在 nm 尺寸的量级，这也是许多纳米材料具有特殊性能的原因之一。

　　一维无限深方势阱中的一个 E_n 值只对应于一个波函数 $\varphi_n(x)$，称为非简并量子态。而在其他不同的问题中，也有一个特征能量 E_n 对应于若干个特征波函数 $\varphi_{ni}(x)$ 的情况，称为简并量子态。人们有时也用 $|n\rangle$ 来表示 $\varphi_n(x)$，用 $|n, i\rangle$ 来表示 $\psi_{ni}(x)$。一个 E_n 值对应的波函数数目 (i) 称为系统的简并度。通常，势场 V 的对称性越高，简并度就越高。

2.1.3 氢原子和类氢离子

氢原子或仅具有一个电子的 Li^{2+}、Be^{3+} 等类氢离子的势场在半径方向上类似于一个无限深的球势阱 [图 2.1(b)]，势能函数为 $V(r) = -e^2/4pe_or$，具有球对称性。这时，人们改用球坐标 (r, θ, ϕ) 来描述波函数 $\psi(r, \theta, \phi)$，并将其分解为 $\psi_{nml}(r, \theta, \phi) = R_{nl}(r) \cdot Y_{lm}(\theta, \phi)$（或 $|n, l, m\rangle = |n, l\rangle \cdot |l, m\rangle$），其中径向函数 $R_{nl}(r)$ 为广义拉格朗日多项式，只与 r 有关；而球谐函数 $Y_{lm}(\theta, \phi)$ 为勒让德多项式，只与两个角度有关。

这里，我们不必深究它们具体是什么样的特殊函数，关键是：①我们由薛定谔方程可以求得这些波函数的形式解；②当 $r \to \infty$ 时，$V(r)/r \to 0$ 的边界条件让我们得到原子能级的量子化如下（因为推导过程较为复杂，此处略去）：

$$E_n = -\left(\frac{\mu e^4}{32\pi^2\varepsilon_0^2\hbar^2}\right) \cdot \frac{Z^2}{n^2} = -13.6 \text{ eV} \cdot \frac{1^2}{n^2} \tag{2-8}$$

氢原子的基态能量是负值，当 $n \to \infty$ 时，$E_n \to 0$，而不是正无穷，这让系统具有更好的稳定性。但 $\Delta E_n/E_n \to 2/n \to 0$，即能态越高，能态分布越密，趋于相对连续 [图 2.1(e)]，这一点与一维无限深方势阱类似。

2.1.4 量子数和电子云

根据现代原子结构理论，在原子核周围存在一层一层的、量子化了的电子云。$\psi_{nlm}(r, \theta, \phi) = R_{nl}(r) \cdot Y_{lm}(\theta, \phi)$ 中的 n, l, m 为原子波函数的三个量子数：第一个数 (n) 决定电子云的能级和径向分布，也就是电子云的层分布，叫作主量子数。由于势场具有高度的球对称性，氢原子或类氢离子是 n^2 重简并的，一个主量子态 n(一个能级) 其实对应于 n^2 个简并的亚量子态：n^2 个波函数。

随着原子中电子数目的增加，原子结构和势能 V 的对称性将下降，n^2 这一高简并度将会降低。因此有了第二个量子数 (l) 来描述电子云相对于 z 轴的偏向角的分布，称为角量子数。角量子数 (l) 代表电子云轨道形状，常用字母来表示：s 表示球形，对应于 $l = 0$；p 表示哑铃形，对应于 $l = 1$；其他复杂的电子轨道分别用字母 d、f 和 g 来描述，分别对应于 $l= 2$、3 和 4 等。第三个量子数 (m) 描述电子云环绕 z 轴的分布，称为磁量子数。当 $l = 0$ 时，只有 $m = 0$ 这一种情况，对于角量子数 l 来说是无简并的，如 1s、2s、3s 等的球形分布 [图 2.2(a) 中的左、中、右小图]。当 $l = 1$ 时，m 可以取 0，± 1 三个值，电子云呈哑铃状，分别朝 $\pm x$，$\pm y$，$\pm z$ 三个方向聚集，对应于电子轨道的 p_x、p_y、p_z[图 2.2(b)]。当 $l = 2$ 时，m 可以取 0，± 1，± 2 五个值，对应于 3d 电子层的五个轨道，它们具有更加丰富的电子云分布图案 [图 2.2(c)]。以此类推，人们可以进一步得到 $l = 3, 4, \cdots$ 的 f，g 等轨道波函数和电子云分布。在没有外加磁场的情况下，每一个 l 态对应的 $2l+1$ 个 m 态是简并的。

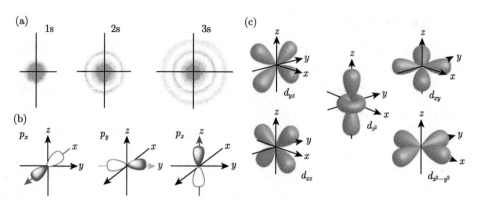

图 2.2   (a) 1s/2s/3s(左/中/右) 的电子云沿径向 r 的密度分布示意图；(b) 2p 电子云的空间
分布示意图；(c) 3d 电子云的空间分布示意图

1s、2s、2p 等电子轨道的能量在原子势阱中的位置很深，具有很强的定域性，基本只与特定原子本身有关，因此称为原子的内层电子。而 3d、4p 等电子轨道离原子势阱的表面 $(E \sim 0)$ 很近，而且参与化学键的成键，因此称为表层电子或价电子。

2.1.5   量子系统的微扰

先对一个体系的主要部分求出精确解，再将次要的影响逐级考虑进去的处理方法称为量子微扰论。

含微扰的总哈密顿量可以写为 $H = H_0 + \lambda U$，其中 H_0 代表不含微扰的哈密顿量，λU 代表微扰的小哈密顿量 (其中 λ 很小)。将能量 E_n 和波函数 $|n\rangle$ 在各自零点 $E_n^{(0)}$ 和 $|n^{(0)}\rangle$ 处展开为 λ 的泰勒级数，并将展开式代入薛定谔方程，可得出能量和波函数的各级微扰修正公式。在非简并条件下，能级会因为微扰而产生位移，其一级能量修正量的公式如下：

$$\lambda E_n^{(1)} = \langle n^{(0)}|\lambda U|n^{(0)}\rangle \tag{2-9}$$

如果在简并状态下，几个本来简并的能级还会产生不同的能量位移量，使得原有的能级分裂，简并度下降或消除。比如：在多电子的原子中，电子与电子间的相互作用可视为微扰项，会使得本来 n^2 重简并的一个主量子态能级分裂为 $2l+1$ 个次能级，即 3s、3p 和 3d 等轨道电子各具有不同的能量。

除了原子自身的作用外，磁场、电场、温度场等附加的外场也会对原子的能级产生微扰作用并导致能级变化。比如，当原子处于外加磁场中时，同一个角量子态 $|l\rangle$ 中的不同磁量子态 $|m\rangle$ 会具有不同的能量，产生磁分裂，这就是著名的塞曼效应。

我们研究微扰规律的意义在于: ①振动等小作用量也可以对系统的电子能级或核能级等主作用量形成微扰作用, 这是我们可以通过测量电子跃迁或核跃迁来研究振动作用的基本根据; ②受到随时间变化的微扰项作用的系统可以从一个量子态过渡到另一个量子态, 形成量子跃迁; 它更是包括 X-射线能谱学在内的一切能谱学的基础。

2.2 X-射线能谱学的简介

2.2.1 X-射线与原子的相互作用

由于 X-射线的能量与原子中内层电子的能级相吻合, 会产生原子中内层电子到原子以外或到表层价电子之间的跃迁, 如由 1s 到 4p 或由 2p 到 3d 等; 而又由于原子内层电子基本上只与特定原子本身有关, 因此 X-射线能谱学具有元素甄别性, 例如: Ni K-边吸收能谱只在 Ni 中发生, Fe L-边荧光能谱只在 Fe 中发生等。如图 2.3 所示, 当某一实验样品与 X-射线相互作用后, 有可能发生以下几个主要过程:

(1) 当入射 X-射线 I_0 被原子吸收或部分吸收后, 在内层电子 1s(或 2s, 2p) 处产生 K- (或 L-) 边跃迁, 并产生光电子 (如图 2.3 中的 1 所示的过程)。测量光电子数目与光电子能量的关系可以得到光电子能谱。

(2) 入射 X-射线 I_0 被原子吸收或部分吸收后, 在内层电子 1s(或 2s, 2p) 处产生 K- (或 L-) 边跃迁, 原子上层其他轨道上的电子会跃迁回填到 1s (或 2s, 2p) 的空穴处, 同时将该能量层的另外一个电子击出原子, 产生俄歇电子 (如过程 2)。类似于 X-光电子能谱, 人们同样可以测量俄歇电子能谱。

(3) 入射 X-射线 I_0 被原子吸收或部分吸收后, 在内层电子 1s(或 2s, 2p) 处产生 K- (或 L-) 边跃迁, 原子上层其他轨道上的电子将跃迁回填到 1s 层 (或 2s, 2p) 空穴, 同时形成 K-或 L-边的 X-荧光辐射 (过程 3)。测量 X-荧光能量与 X-荧光计数量的关系将得到 X-荧光能谱。

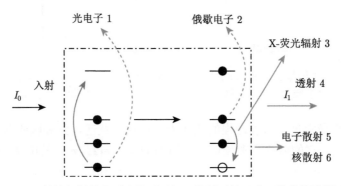

图 2.3 X-射线与样品物质中的原子相互作用后的几种可能的能谱学过程

(4) 入射 X-射线 I_0 部分透过原子间隙，形成透射 X-射线 I_1(过程 4)，X-射线 I_0 和 I_1 的强度比例可以直接测量 X-射线吸收能谱。

除了过程 4 之外，过程 1~3 也是由 X-射线的吸收过程启动的，因此 X-光电子量、X-俄歇电子量或 X-荧光量均可用来表征 X-射线在原子中的吸收量。测量这些量与入射 X-射线能量的关系可以间接测量 X-射线吸收能谱，而且比对吸收过程的透射测量要灵敏得多。

(5) 除了吸收启动的相关过程外，入射 X-射线 I_0 还可以被原子中的电子云相干或非相干散射，如图 2.3 中的过程 5。我们将在第 3 章讲述的 X-射线振动散射能谱学就是研究电子云对 X-射线的散射。

(6) 同理，原子核对入射的 X-射线 I_0 也有核吸收、核荧光和核散射过程。其中，核散射谱学包括我们将从第 4 章开始讨论的核共振振动散射能谱学。

2.2.2　跃迁的量子力学解释

以上所有过程的本质都是：作为一种含时的微扰项的 X-射线对吸收原子这个系统的微扰，而微扰的结果是使得该原子体系从一个量子态过渡到另外一个量子态，实现量子跃迁，如图 2.4 所示。请注意两点：①通常所谓的含时微扰 (如平面波)，它们的振幅和频率并一定不随时间有变化，而只是位相随时间变化。这好像一支军队的方阵不变，但不断行进一样；②严格地讲，从一个状态到另一个状态的跃迁应该是如图 2.4 中的 (a) → (b) 所示的状态变化。但人们有时也将吸收过程简单地描述为电子在不同能级之间的跃迁 [图 2.4(c)]。

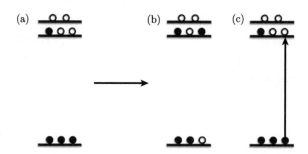

图 2.4　物理概念上的量子跃迁实际上是整个系统从一个状态到另一个状态的跃迁 [(a)→(b)]；
化学概念上的跃迁则简单认为是电子在不同能级间的跃迁 (c)

能谱学中最常见、谱线最强的跃迁为电偶极矩跃迁，红外吸收跃迁就是一种电偶极矩跃迁。它的微扰哈密顿量可以写为 $U = -e(\boldsymbol{E} \cdot \boldsymbol{r})$，其中 $\boldsymbol{E}$ 为电场矢量，与时间有关；$-er$ 为电偶极矩的矢量，与样品结构和振动状态有关。

两个不同量子态 $|k_1\rangle$ 和 $|k_2\rangle$ 之间的跃迁概率在革除了与时间有关的部分后

正比于：

$$w_{k_1 k_2} \propto |\langle k_1^{(0)} | r | k_2^{(0)} \rangle|^2 \delta(E_{k_2} - E_{k_1} - \hbar\omega) \tag{2-10}$$

我们从式 (2-10) 可以看到：①跃迁概率只有在 $(E_{k_2} - E_{k_1} - \hbar\omega = 0)$ 时才不为零，即共振条件。它决定了能谱峰出现的频率 (能量) 位置，只有在这个能量位置才可能出现跃迁；②跃迁概率正比于交叉积分 $\langle k_1^{(0)} | r | k_2^{(0)} \rangle$，单位为 s^{-1}。这样，只有符合特定条件的两个能级间才有非零的积分，其跃迁才为允许跃迁，否则为禁忌跃迁。比如，在类氢离子中，由于球谐函数 $Y_{lm}(\theta, \phi)$ 的正交性，只有当 $\Delta l = \pm 1$ 和 $\Delta m = 0, \pm 1$ 时，以上交叉积分才不等于零，跃迁才是允许的。这些跃迁的规律称为选择定则，在一些化学类的光谱学书籍中又将选择定则称为选律。各种谱学方法因其作用项的不同而有其自己的选律。X-射线的吸收能谱学、荧光能谱学和散射能谱学各自有着不同的跃迁规律和选择定则，散射能谱还经过中间态；③当交叉积分 $\langle k_1^{(0)} | r | k_2^{(0)} \rangle$ 等于零时，其跃迁被称为禁戒跃迁。但此时只表明由电偶极矩产生的跃迁概率为零，而由磁偶极矩或电四极矩等高阶作用产生的弱跃迁项依然存在，只是其跃迁的概率比电偶极矩跃迁要小几个数量级，有时或依靠于与其他允许跃迁的耦合才能显现。但这些弱跃迁往往比偶极矩跃迁具有更好的选择性。

总体上：

$$\text{能谱信号} \propto \text{入射强度} \cdot \text{样品粒子数目} \cdot \text{选律积分} \cdot \text{能态密度} \tag{2-11}$$

能谱研究的中心问题就是测量系统的能谱信号并将其转换为能态密度，X-射线谱学也不例外。这一态密度与系统的结构、振动状态等有关，与入射光强度、样品浓度、环境温度等测量条件无关。而系统的结构信息又可分为分子中原子在哪里的几何信息和能级中电子在哪里的电子信息等。

虽然本书是着重介绍 X-射线散射能谱学，但我们还是要首先了解一下几种常见的、对应于 1.4 节同步辐射光源的普通 X-射线能谱学方法，作为基础。其中，X-射线吸收能谱学是最直接、最简单和应用面最广的谱学方法。

2.2.3 硬 X-射线吸收能谱学

如第 1 章所述，按能量区间划分，X-射线可大致分为硬 X-射线 ($E > 5$ keV) 和软 X-射线 ($E = 0.1\sim1.5$ keV) 这两个大类。X-射线能谱学也因此分为硬 X-射线能谱学和软 X-射线能谱学两个领域。

如图 2.5(a) 所示，对于与生物分子关系密切的 3d 过渡族金属元素来说，硬 X-射线吸收谱可以测量对应于或超过原子中 $1s \rightarrow 4p$ (K-边吸收) 的跃迁；而软 X-射线吸收谱测量原子中 $2p \rightarrow 3d$ (L-边吸收) 的跃迁。从图 2.5(b) 可以看到：$2\sim20$ keV 能量范围的广义硬 X-射线可以覆盖从磷元素到铷元素 (P~Rb，图中深灰色元素) 的 K-边吸收能谱和包括其后绝大部分元素 (浅灰色)L-边吸收能谱。高能同步辐射环中的一些高能光束线还可以提供高达 60 keV 以上的 X-射线，涵盖元素周期表中几乎全部的元素 (到镧系为止) 的 K-边能谱。

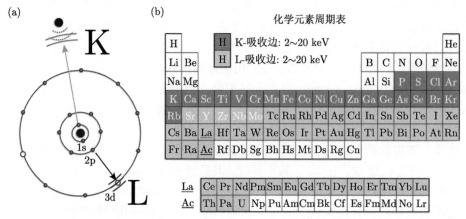

图 2.5　(a)X-射线 K-边和 L-边吸收过程示意图；(b) 在 2~20 keV 能量范围内存在 K-边吸收 (深灰色) 和 L-边吸收 (浅灰色) 跃迁的元素分布图

　　用硬 X-射线测量的一个完整的 K-边 X-射线吸收能谱包括边前的 1s →3d 的跃迁、近边的 1s →4p 的跃迁和边后 100~1000 eV 范围内的 1s → 连续态的扩展 X-射线吸收精细结构 (EXAFS) 的跃迁。边前谱和近边谱主要用于测量样品中的能态和电子信息，如金属原子的氧化态、电子自旋态等信息，也就是 3d、4p 这些能级和电子分布的信息，但它们也与待测原子所处的配位状况有关系。尤其是边前的 1s →3d 为禁忌跃迁，它的强度很弱，而且受影响的因素很多，但谱线结构比较复杂，信息丰富。硬 X-射线吸收能谱学一个最重要的应用就是能够测量 1s → 连续态的扩展 X-射线吸收精细结构谱。它是在 1s →4p 的吸收边 100 eV 之上的微小的波动谱，而波动则来源于受激发电子离开原子作用范围之后，受到周边原子的势场相干散射而产生的周期性波动。由此，以电子散射理论拟合它的谱形可以反推知中心散射原子周围的配位元素类型、配位数目和分布状况等局部的几何结构。EXAFS 谱的测量范围越大，其测得的几何结构的精度就越高。

　　第 1 章中介绍的晶体学是对一个分子整体结构的全盘推演，犹如一张拼图一样，必须一次性全部搞清楚。而且，晶体学测量还首先需要有质量良好的结晶样品。而对 EXAFS 谱的测量并不需要晶体样品，而是推测某个金属元素周边的局部结构。同时，对于已经具有晶体学数据的分子，它也可以对某些键长进行更精确的修正。EXAFS 谱学的应用很广泛，包括对合金、矿物、有机化合物和生物大分子等局部结构的研究。由于本书着眼于振动散射能谱学的研究，此处不详细叙述 EXAFS 的具体原理和应用。

2.2.4   软 X-射线吸收能谱学

软 X-射线吸收谱的研究范围包括 3d 金属元素的 L-边和 C、N、O 等轻元素的 K-边。由于 2p → 3d 跃迁为允许跃迁以及 3d 有很丰富的轨道分布 [图 2.2(c)]，对于人们最为关注的 Mn、Fe、Ni、Cu 等生物金属元素来说，软 X-射线的吸收可以得到谱线结构十分丰富的 L-边吸收谱，而且它是测量与化学键成键有关的 3d 轨道，能直接、明确地得到样品的氧化态、电子自旋状态等电子信息。

从图 2.6(a) 中展示的一组对应于不同电子态的含 Ni 样品的 L_3-边吸收谱中，

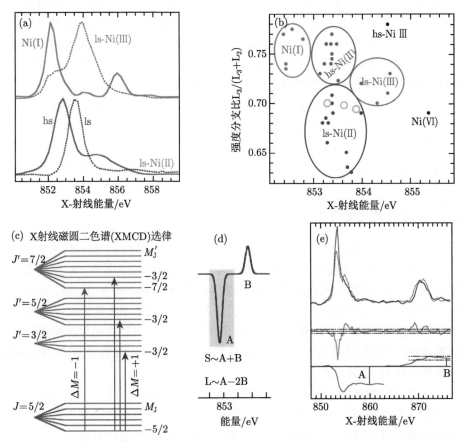

图 2.6   (a) 含 Ni(I, $S = 1/2$)(黑线)、Ni(II, $S= 1$)(红线)、Ni(II, $S=0$)(蓝线) 和 Ni(III, $S = 1/2$)(紫线) 化合物的镍元素 L_3-边吸收谱线图; (b) 根据一系列镍 L-边吸收能谱总结的许多样品的 L_3 中心与分支比与已知样品的氧化态和电子自旋态之间的关联图; (c)X-射线磁圆二色谱跃迁原理示意图; (d)X-射线磁圆二色谱的求和法则积分区间示意图; (e) 氧化镁晶体中掺杂的 Ni 离子的 X-射线磁圆二色谱和求和法则曲线图

我们可以清晰地看到：除了吸收边位置各异之外，具有不同氧化态或不同电子自选态的含 Ni 化合物样品有着极为不同的谱线结构，犹如人们的指纹一样，是鉴定电子结构的有效手段。图 2.6(b) 展示了根据大量这样的能谱图总结的 L_3 重心位置和能谱强度分支比 $L_3/(L_3 + L_2)$ 与样品中 Ni 离子的氧化态和电子自旋态之间的关联图。这样的积分关联图可以从具体谱线细节不太清晰的能谱图中得出较为可靠的基本信息，是研究生物金属中心等大分子的好帮手。虽然 K-边吸收谱的边前 $1s \to 3d$ 结构也会给出相仿的电子信息，但由于 $1s \to 3d$ 属于禁忌跃迁，其强度和轮廓受到分子几何结构的干扰很大，给出的电子信息通常不如 L-边吸收谱图细致、直接、准确。

软 X-射线还可以用于测量 L-边 X-射线的磁线二色谱 (XMLD) 和磁圆二色谱 (XMCD)：前者为在外磁场作用下样品对水平偏振射线和垂直偏振射线的吸收差值谱；后者为在外磁场作用下样品对左旋偏振射线和右旋偏振射线的吸收差值谱：它们的原理如图 2.6(c) 所示。图 2.6(e) 是某一 Ni(II) 样品的磁圆二色谱图。我们从中看出：首先，存在磁圆二色效应本身就说明样品中的 Ni 离子电子自旋量不可能为零；其次，样品中 Ni 的轨道和自旋角动量值还可以从磁圆二色谱的积分中至少半定量求得，其积分区间如图 2.6(d) 所示。这些都说明磁圆二色谱学方法对鉴定特定元素的电子自旋态有着不可替代的作用。对于 XMCD 谱，除了具有明显细致、丰富的谱线结构外，L-边谱图有着明显比 K-边谱图大得多的磁圆二色效应。

2.2.5 X-射线荧光能谱学

尽管图 2.3 中的过程 1、2、3 都可以作为测量吸收能谱的工具，但这并不是它们的唯一用途。每一个过程本身都可以有其对应的 X-射线能谱学。X-射线荧光能谱学过程正好是 X-射线吸收能谱学的反过程，如 $1s \leftarrow 4p$、$2p \leftarrow 3d$ 等。在这些过程中，电子首先通过同步辐射激发而跃迁到上态轨道或原子外的连续态轨道，内层电子轨道随即出现空位；接着，较外层的电子会跃迁填补到这些内层空位，并同时释放出次级 X-射线光子，形成 X-荧光。测量 X-荧光计数量与 X-荧光能量的关系即可得到 X-荧光能谱。

X-荧光谱学对不同的元素也具有元素甄别性。其实，它的一个重要应用就是扫描鉴定元素的空间分布，这时人们对探测器的能量分辨率的要求不高，可以分辨不同元素即可。其中一个有趣的项目就是用它来扫描研究艺术品。

例一：传说著名的阿基米德羊皮纸上有他的著作手稿，但不幸的是它已经在历史长河中被人多次涂掉重写，因而也称为重写本。20 世纪 50 年代，科学家们曾将其在从红外到紫外广泛范围内的不同波长下成像，试图发现让前后不同年代的书写内容有不同反应的某个波长，从而增强阿基米德的笔迹。紫外线扫描使得当时的人们解读了第 174 页中 3/4 的文字，包括有阿基米德数学论文的总目。然而，由于历史上的清洗和覆盖，其他内容还是无法辨识。

2005 年，SSRL 的科学家乌韦·伯格曼在了解到抄写阿基米德论文的墨水里含有铁之后，决定用如图 2.7(a)、(b) 的 X-荧光谱学方法来对阿基米德羊皮纸进行元素分布的扫描分析。他用 SSRL 同步辐射产生的强度高、准直性好的 X-射线来扫描照射页面上的每一点 [图 2.7(c)、(d)]，并最终解读出部分惊人的内容，包括：阿基米德的《机械定理方法》已经提出了无穷数这个概念，如把球体的体积看作无穷个圆的相加；《论浮体》一文里则讲述了著名的浮力原理等。这对文物的考古鉴定很有意义。

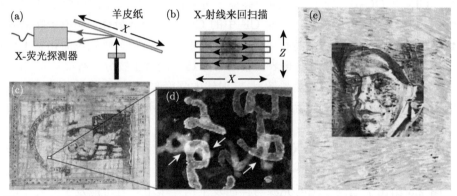

图 2.7　(a) 伯格曼进行 X-射线荧光光谱测量的装置示意图；(b) 羊皮纸单页扫描示意图；
(c) 羊皮纸的第 163 页；(d) X-射线在第 163 页一小片上扫描的铁元素分布照片；
(e) 凡·高的油画《草地》经同步辐射元素扫描和计算机重画后的双画图

例二：2008 年，ESRF 等机构的研究人员用几乎相同的方法鉴定出：凡·高的油画《草地》中还藏有一幅女性肖像，即画中有画，如图 2.7(e) 所示。《草地》多用绿色和蓝色颜料画成，但这些颜料下却藏有一幅着棕色和红色的妇女肖像。研究人员利用同步辐射的 X-荧光谱学方法扫描测量出画中的化学组分的画面分布，再用计算机以元素的分布图为依据，拟合出原先作画颜料的颜色分布，从而清楚再现出这幅 "画中画"。这说明具有元素甄别性的 X-荧光能谱照相术，比普通的 X-射线透射照相术有更大的优越性。而同步辐射的准直性提供了人们对画进行微区扫描的可能性。

当然，具有高能量分辨率的 X-荧光能谱还可探测样品的几何结构和电子结构，与 X-射线吸收能谱形成互补。要分辨这些谱学结构，人们必须让对于 X-荧光的探测具有大约 1 eV 或更高的能量分辨率，因此需要使用分光仪来实现对 X-荧光的分光探测，这与我们将在第 3 章讲述的 X-射线振动散射能谱学在实验上相同。由于分光仪的光通量通常很低，将高分辨的 X-荧光谱学直接用于测量生物样品还比较困难。

2.2.6　其他类型的 X-射线能谱学

测量图 2.3 中的过程 1 或者 3 产生的电子数目与电子能量之间的关系，人们可以得到 X-射线光电子能谱学，英文简称 XPS，其中测量过程 3 的 XPS 又称为 X-射线的俄歇电子能谱学。由于入射 X-射线的能量 = 光电子动能 + 内层电子结合能，利用固定能量的 X-射线照射样品，并用光电子能谱仪测量从材料表面逸出的电子动能便可得到光电子强度与内层电子结合能的关系图。内层电子的结合能首先由原子核的电荷数决定，但还要受到周围价电子的影响，有化学位移，比如：$CF_3COOC_2H_5$ 分子中的四个碳原子分别同四种具有不同电负性的原子相结合，其中 F 的电负性最大，因此 CF 中的 C(1s) 结合能最高，光电子能谱峰能位也最高。XPS 是一种表面特征十分突出的分析技术，对于研究表面化学十分有用。但也正是如此，它只能获得表面信息，不适于测量生物分子样品。

X-射线散射能谱学研究测量散射 X-射线的强度与 X-射线散射能量转移量之间的关系。由于我们将在今后各章中展开介绍，此处不再重复。

2.3　X-射线的基本探测方法

图 2.3 给出了当同步辐射光源与样品发生相互作用后有可能发生的几个能谱学过程。能谱探测就是要观测这些透射 X-射线、光电子、X-荧光、散射 X-射线等物理量的强度与入射能量、荧光能量或散射能量之间的关系图，即能谱图。本节将讲述 X-射线能谱探测的基本方法，2.5 节将专门讲述具有分辨能力和选择能力的 X-荧光探测方法，2.6 节将讲述如何将信号和背景噪声分离的核电子学的基本原理。

2.3.1　透射测量

透射测量就是测量入射射线 I_0 和透射射线 I_1 的强度比值，用 I_0/I_1 来表征吸收量，并对厚度、浓度等样品参数进行归一化，求取样品的质量吸收系数与红外吸收光谱学的原理一致。假设 dI 为样品微区厚度 dL 上的强度变化，μ 为样品的吸收系数，c 为样品浓度，L 为样品的总厚度，则

$$dI = \mu \cdot c \cdot dL \tag{2-12}$$

对公式 (2-12) 积分可得到宏观吸收关系为

$$I_1 = I_0 \cdot e^{-\mu c L} \tag{2-13}$$

这样,通过测量 I_0 和 I_1 与入射能量 E 的关系,便可求得吸收系数 μ 与 E 的关系:函数 $\mu(E)$,即吸收能谱图。

众所周知:照相时,如果相机曝光过度,则照片会太黑;如果相机曝光不足,则照片会太亮;两者的对比度都很差。只有曝光适度,才会得到具有良好对比度的高质量照片。同理,只有合适的样品厚度、浓度,从而使样品对 X-射线有合适的总吸收量,才会使得能谱测量具有较好的对比度。综合考虑信噪比等要求后,透射测量实验一般选择在使得样品总吸收量为 90% (或透过率为 10%) 的条件下进行,即

$$I_1/I_0 = 0.1 \tag{2-14}$$

这一方法的最大信噪比有限,一般适合于对总吸收量及 I_0 和 I_1 均很强的样品,也就是对待测元素的浓度很高的合金、矿物或简单的氧化物等样品的测量。由于此时的信号较强,人们多采用无分辨能力的普通 X-射线计数器进行测量。对硬 X-射线的测量多通过电离室进行。除此之外,适合于透射测量的样品还必须具有均匀、致密的性质。由于软 X-射线对物质的穿透深度极小,直接的透射测量很难进行。

2.3.2 间接测量

由于俄歇电子或总溢出光电子的数目正比于被样品吸收的入射射线的光子数目,通过对这些电子数目进行测量和跟踪,人们同样可以表征样品对入射 X-射线的吸收量。

光电效应是物理学中一个重要而神奇的现象,也是光电子测量的物理学基础:在光或射线的照射下,物质内部的电子会被光子激发出来而形成电流,即光生电。该现象由赫兹于 1887 年发现,并由爱因斯坦于 1905 年给出其量子力学的解释。若用固定频率的单色光子照射样品,其过程的能量可用爱因斯坦关系式来描述

$$h\nu = E_{\text{k}} + E_{\text{b}} \tag{2-15}$$

其中,$h\nu$ 为入射光子能量;E_{b} 为样品的电子逸出功函数 (即结合能);E_{k} 为逸出的电子的平动能。

光电流测量法:用一个非常灵敏的皮安测量仪测量样品和大地之间由于 X-射线作用而带来的微弱电流,然后加以放大,输出。这个方法简单,但原始信号很小,在信号传输过程中容易受电磁干扰,屏蔽工作显得十分重要。

电子通道倍增管测量法:如图 2.8 所示,当电子倍增管工作的时候,先是一个光子撞击到倍增管的输入表面。经过掺杂的碱金属发射层具有很小的表面逸出功,很容易激发出大量的二次电子。在从输入端到阳极之间逐渐增高的电势的引导下,这些二次电子被加速,撞击倍增管表面,再产生它们的二次电子,如此不断倍增,直到产生的电子全部被阳极接收为止。

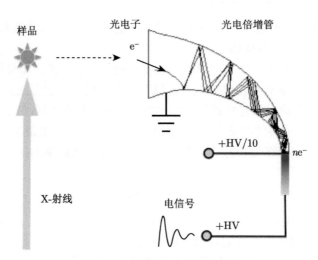

图 2.8　电子通道倍增器原理示意图

由于这样的倍增关系，电子测量的灵敏度要明显高于透射型吸收测量的灵敏度；且它在吸收为零时的背景信号应该为零，因此适合于测量浓度并不很高的样品，比如金属含量在 5%～10%的氧化物、配位化合物等样品。另外，样品无须均匀，制备和测量起来比较方便。由于探测的是表面特征，它一般被用于测量软 X-射线的能谱学。

除了电子探测，无分辨的全范围 X-荧光探测，以及由光电子或 X-荧光激发的某种掺杂材料产生的间接可见光等都可以作为吸收量的标志，它们同样可以用于间接测量 X-射线的吸收能谱，适合的样品也是具有 5%～10%金属浓度的氧化物、配位化合物等。

以上介绍的几种间接的 X-射线吸收测量方法还是无法对生物大分子中的微量金属元素进行测量，比如，在一个 89 kDa①的镍铁氢酶分子中只有一个 Ni 原子，重量比为 $674/10^6$，因此 Ni 对 X-射线吸收率小于 0.1%。这样，即使有很少的量的背景原子 (C、N、O 等) 被 X-射线高次激发，也会带来灾难性的干扰背景。

2.4　探测微弱信号：大海捞针的艺术

要想研究生物分子等极低浓度的样品，如何萃取微弱的信号是其能谱学的一个根本性的问题。首先，什么是微弱信号呢？直接的答复是：强度很小的信号为微弱信号。这个答案也对也不对。由于现代 X-射线探测器均具有几乎单光子的探测能力，仅仅是强度微弱应该还不是问题。真正的问题在于：微弱的信号和强大的背景噪声往往有着相同或相近的起源。如何抑制强大的背景，从而提高信噪比

---

① 1 Da=$1.66×10^{-27}$ kg。

就相当于如何实施大海捞针，这是此类能谱学中最重要、最令人关心的问题，同时也是最麻烦的问题。

2.4.1 选择性：大海捞针的关键

让我们先从一个常识性的问题谈起。举例说：如果有一根十分重要的小铁棍不慎落入一口水井中，怎么捞呢？尽管我们已经知道它应该就在井底这么一小片地方，但打捞工作并不十分容易。如果你用绳、钩之类的工具，可能永远也捞不上来，如图 2.9(a) 所示。也就是说，打捞方法或打捞工具必须首先具备探测的能力。对于能谱探测来说，也就是要具有探测灵敏度。如前述，现代 X-射线探测器的灵敏度一般都很高，不是问题。

图 2.9 理解能谱学探测的几个卡通示意图

(a) 如果选用不具探测灵敏度的探测器进行探测，就犹如用钩子从井底捞铁棍一样，无法成功；(b) 测量弱信号 (少数目标) 时要有针对性，同重点钓鱼相类似；(c) 测量强信号 (多数目标) 时则可以放宽针对性，一网打尽

如果人们改用网孔很细的网子来捞，它的确对于人们要捞的物体具有探测灵敏度。乍听起来，好像是很好使的。但是井底除了铁棍之外还有泥巴和水草等各种杂物，这样打捞上来的东西肯定是各物皆有，清理工作十分困难。如果要捞的不是铁棍，而是更小的铁针，那么即便能捞得上来，恐怕也很难清理出来。这就是微弱信号与强大的背景噪声难以分离的一个形象的例子。

最有效的方法当然是使用强磁铁来捞，这是因为磁铁对铁棍或铁针不仅具有很高的探测灵敏度，而且还具有很强的针对性和选择性，它对其他杂物没有这种探测灵敏度。这样，强磁铁不仅可以捞出铁棍，甚至铁针，而且还大大减少了连带一起捞出的泥土等杂物的数量，成功地抑制了强大的背景噪声，方便了后续的分离工作。再比如，如果渔民想专门捕获某些特殊的、量少的鱼种，一般需要采用具有针对性的钓鱼方法，比如图 2.9(b)。在测量 X-射线能谱时，如果信号微弱而背景很强，人们必须选用分辨能力很强、灵敏度又高的探测器和探测方法，在对脉冲信号的甄选上要设法彻底地排除背景噪声，真正做到宁缺毋滥，才有可能收集少量但纯粹的有用信号，获得较好的信噪比。假如有少量噪声混入信号，被同时记录，就会使得信号波动、能谱杂乱，甚至无法辨认其中的某个谱峰是否真实。也就是说，少量的噪声混入真实信号将导致对微弱信号的测量和萃取失败。

总之，微弱信号是指被强大背景埋没的信号，而运用具有针对性和可选择性的探测方法测量来抑制强大背景，萃取微弱信号是大海捞针的关键。

如果要测量的是强度很高的能谱信号，那么即使有少量噪声混入信号，也不会有太大问题。人们此时应该尽可能多和尽可能快地采集信号，尽早完成能谱计数。这好比，如果要捕获的鱼群很大，渔民们无须钓鱼，而是可以直接下网，一网打尽 [图 2.9(c)]。

2.4.2　统计性：信号量的重要性

能谱信号的测量为什么需要一定的信号量呢？回顾捞针的问题：由于铁棍太小 (信号太弱)，即使使用了具有强选择性的方法，人们可能还是无法保证一次就捞出它。但随着打捞次数上升，积分效果就一定会获得成功；而每一次被成功打捞的平均概率就会由单一事件时的是 (100%) 与否 (0%) 的二项分布逐步转化为具有稳定概率的分布，如图 2.10(a)→(c)。也就是说：探测事件需要反复进行，统计量越大，结果就越稳定，能谱数据就越可靠。

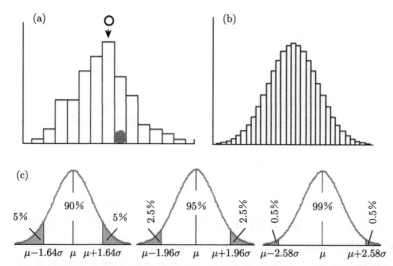

图 2.10　(a)、(b) 正态分布的演变过程；(c) 一个正态分布的偏差与出现概率的关系

在统计学原理上，能谱测量犹如图 2.10(a) 中的落沙实验：当一粒沙子从一系

列竖排格子的正中间上方落下时，它落入哪一个格子是完全随机的，完全不确定的。而一个格子中是否有这粒沙子落入也是完全随机的，如图 2.10(a) 中的一个实心的点；当若干粒这样的沙子落下时，大部分沙子会落入最靠近中间的那个格子，离开中心越远的格子里落入的沙粒越少，但分布仍然有随机性，如图 2.10(a) 中的柱形高度所示；但当成千上万粒沙子落下时，落沙分布逐渐趋于光滑，呈现有规律的分布，并且左右对称，如图 2.10(b)；如果有无穷多粒沙子落下，其分布逐渐转化为光滑的正态分布 (c)，其分布概率公式为

$$F(z) = (1/(2\pi)^{1/2}\sigma)\exp[-(z - z_0)^2/2\sigma^2] \tag{2-16}$$

式中，z 为事件的变量，如落沙实验中的格子位置或能谱测量中的能量位置；z_0 为 z 分布的中心值，如落沙实验中最中间的格子位置或能谱峰值的能量位置；σ 为 z 分布的平均方差值 (与线宽成正比)，方差越小，误差越小，分布越集中，线宽越窄；$F(z)$ 为事件发生在 z 点处的概率，比如某个格子中的落沙概率或能谱在某个能量位置上出现事件光子的概率等。

  X-射线能谱的计数过程与上面描述的落沙过程极为相似，某个光子是否出现 (信号有无)、出现次数 (信号振幅)、何时出现、在什么能量位置上出现完全是随机的、不确定的。因此人们无法在仅有很少量计数的测量中获得可靠、稳定、光滑的能谱图。但是经过长时间的大量计数后，这些量都会变得有规律，能谱曲线趋于光滑、稳定。因此，信号量对于谱学的测量也是至关重要的。

  增加信号量的方法一般包括：①增加入射光源强度，②增加样品的浓度，这两者都是为了增加在单位时间里入射射线与样品相互作用的事件数目，③增加探测的立体角，④延长测量时间，后两者是在相互作用事件数目不变的条件下，增加这些事件在探测器上最终获得测量的概率。生物大分子样品的浓度很低，即便是运用今天的第三代同步辐射作为谱学光源，运用最先进的 X-射线探头作为谱学探测器，其测量经常是少则几小时，多则几天，甚至还需要经过多次重复测量，以满足信号总量的要求。

2.4.3 信噪比：鉴定信号的真伪

  任何一个能谱测量过程一定是有误差存在的，每一幅能谱图也一定是有噪声的，无法避免。如果信号明显大于噪声，那么我们说信号是可靠的，否则信号可能只是噪声的一部分，不可靠。因此信噪比才是判断能谱图是否可用的最后的准绳。

  噪声就是测量的误差，多用方差来表示。对于多次测量的能谱，无论能谱本身是相加或是相减，其统计误差值总是相加的，其绝对量只能是越来越高。但统计误差的累积符合均方根求和规律，而信号的积累符合简单求和规律，即

$$\sigma_{总} = [\sigma_1^2 + \sigma_2^2 + \sigma_3^2]^{1/2} \tag{2-17}$$

$$A_{总} = A_1 + A_2 + A_3 \tag{2-18}$$

我们首先假设被测量的是强信号，其背景计数为零 (或其贡献很小，可以忽略)，则噪声和信噪比主要由统计误差本身决定，即

信号 = 总计数量 (N)

背景 = 0

纯信号量 = $N-0 = N$ $\tag{2-19}$

统计误差 = $N^{1/2}$

信号比 = $N/N^{1/2} = N^{1/2}$

也就是说计数时间越长，计数越高，信噪比越高，能谱测量越可靠。

在有背景信号的一般情况下，实际信号应该是总计数量 N 与背景计数量 N_0 的差值 $N - N_0$，而噪声则是总计数量的方根 $N^{1/2}$。这样，信噪比就应该满足

$$信噪比 = (N - N_0)/N^{1/2} \tag{2-20}$$

因此，信噪比实际上与测量环境和方法有关。比如，假设纯信号量 = $(N-N_0)$=1000，而背景强度 N_0 等于 1000000，此时的信噪比只有 1000/ $(1000000)^{1/2}$=1，很差；而如果是针对同样的实际信号水平 (1000)，但背景强度被控制为 1，信噪比则提高为 $1000/(1001)^{1/2} \approx 31.6$，很好。

一个形象的例子是：在远离都市的高山上或沙漠中，我们会很容易地看到满天十分明亮的星星。而在都市中，即便是万里无云，我们也只能看到一些亮度较大的星星。其中的原因不是星星不亮，而是都市中灯光的大量漫散射形成了很强的天空背景，从而大大降低了观测星空的信噪比。天文台中长长的望远镜筒子的功能之一就是用来遮蔽背景光线，从而在空间上对信号进行选择、减少背景的。而天文台本身也多建在远离灯光的高山上。

生物大分子中的金属含量甚微，信号比背景要弱得多。要想有效地获取这些微弱的信号，探测系统必须具有高灵敏度和强选择性这两方面的性能。当然，也需要经过长时间的测量计数，以满足信号量的要求。

最后，值得指出的是：误差分为统计误差和系统误差，系统误差是无法通过积累信号量的方法来加以改善的，它必须通过对仪器的校准来加以解决。

2.5　X-射线的荧光探测方法

X-射线吸收能谱学首先在吸收边能量位置上具有对元素的甄别性，使得它在原理上适用于对生物大分子中微量金属元素的研究。但由于金属元素的含量实在太低，X-射线对样品中其他元素的少量激发也会带来灾难性的背景噪声。探测微弱信号的总体思路因此应该是采用在能量或时间上可分辨的机制对总的 X-荧光

计数进行纯信号和背景噪声之间的有效分辨 (本节) 和分离 (2.6 节)，从而在能谱计数过程中尽量减少背景，突出信号，提高信噪比。因此，下面我们将以选择性为主线，着重探讨 X-荧光探测方法和 X-荧光探测器是如何萃取微弱信号的。

2.5.1 从能量上进行分辨的测量

在测量流程上，图 2.11 左半部 [(a)→(b)→(c)→(d)] 所示的流程是一个典型的用 X-荧光方法测量 X-射线吸收能谱的过程图：对于入射射线上的任何一点 E_1 [I_0 vs. E_1，图 2.11(a)]，样品被具有这一能量的 X-射线激发后，可以得到一幅 X-荧光能谱图 [F vs. E_2，其中 E_2 为 X-荧光能量，图 2.11(b)]；假定 Ni 是我们需要测量的元素，我们就选择对 Ni 的荧光强度进行积分，而排除其他我们不需要元素的 X-荧光 (c)；将最终选择的荧光积分强度 $\sum F$ 同吸收能量 E_1 作图，得到 X-射线吸收能谱图 (d) 上的一个点 $(\sum F, E_1)$。这如图 2.11 中的黑实线所示 [(a)→(b)→(c)→(d)]。当我们不断地扫描入射光束的能量位置 E_1，并在不同的能量 E_1 处重复上述过程时，就可以得到一系列的 $(\sum F$ vs. $E_1)$ 点，最终形成一幅完

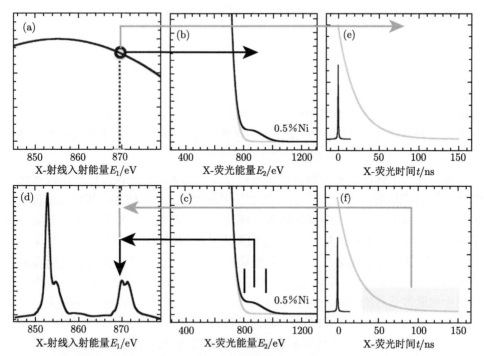

图 2.11 用计量 X-射线荧光的方法测量 X-射线吸收谱的流程示意图：(a)→(b)→(c)→(d) 为以能量分隔来区分信号与背景的探测思路；(a)→(e)→(f)→(d)(灰色箭头) 为以荧光时间不同来区分信号与背景的思路

整的 X-射线吸收能谱图 $\sum F\left(E_1\right)$。决定选取怎样的 X-荧光积分范围的器件称为能量甄别器，我们将在 2.6 节的核电子学中探讨，探测器的任务是提供具有足够能量分辨率的 X-荧光探测。

有一个概念不要混淆：X-射线吸收能谱的能量分辨率是由光源的能量分辨率和实验中的扫描步长决定的，而不是由探测器的能量分辨率决定的。图 2.11 讲述的过程是使用 X-荧光来测量吸收能谱。在这里，我们测量的 X-荧光只是作为吸收量的一个表征而已，不是探测 X-荧光能谱本身。这样，人们对 X-荧光探测器所具有的能量分辨率的要求并不一定太高，只要可以将待测元素与其他元素的荧光有效地分开即可，比如：150 eV 的能量分辨率可以基本上满足这一要求。当然，越窄的 X-荧光线宽将使得人们可以更好地排除噪声，突出信号，但我们肯定不需要追求具有 1 eV 分辨率的 X-荧光探测器。

通过这样的测量，人们可以从 X-荧光能量上分辨并排除待测原子之外的 C、N、O 等分子骨架元素、配位元素或其他元素产生的背景 X-荧光和各种散射等背景计数，从而实现在经过吸收边能量上的元素甄别之后，在 X-荧光能量上实现的二次元素甄别，增强信号的选择性。透射测量或电子测量显然不具有这样的二次甄别特征。

2.5.2　X-荧光探测器简介

X-荧光具有很灵敏的被探测性，而现代 X-射线探测器基本上具有很高的灵敏度，但这些并非我们选择用 X-荧光量来探测微弱信号的最主要的原因。其更主要的原因是：X-荧光具有能量分布和时间分布，因而具有很强的可选择性，可以选择仅仅对特定 X-射线进行记录，而去除背景，突出信号。这才是人们希望通过对 X-荧光测量来表征 X-射线的吸收量或散射量的根本原因。

那么，一个探测器是如何具体实现能量分辨的呢？有一种方法是这样实现对光子能量的测量的：当一个 X-荧光光子与探测器相互作用时，将部分能量传给探测材料的轨道电子，产生电离或激发，转化为一个光电子。X-荧光光子的能量则下降一个小量。剩下的能量以 X-荧光的形式继续与探测器相互作用，产生第二个光电子，X-荧光光子能量再下降一个小量，形成 X-荧光光子能量的层叠瀑布式下降的效应。这样，一个 X-荧光光子可以转化为一个具有许多个光电子的电脉冲，而这个电脉冲信号的振幅正比于所测 X-荧光光子的能量。光子的能量越高，产生的电脉冲的振幅就越大。如果我们将这些脉冲一个一个地进行分别放大 (而不是堆在一起处理)，人们就有可能将具有不同能量的 X-荧光光子分类收集了。

这时，如果产生一个光电子所需的能量越小，一个 X-荧光光子经层叠瀑布下降产生的电子数目 N_{pe} 就越多，能量测量的信噪比 $=N_{\mathrm{pe}}/(N_{\mathrm{pe}})^{1/2}=(N_{\mathrm{pe}})^{1/2}$ 就越高，能量分辨率就越高。但请注意：这里的能量信噪比取决于一个 X-荧光光子可以转换为多少个光电子 N_{pe} 的一次性统计。若要改善，必须选择更好的探测器来增加每一个 X-荧光光子可转化为光电子的数目。而通过改善光源强度，样品浓度，延长测量时间等只能增加能谱强度的统计性和信噪比，而绝对无法改善能量测量的误差和信噪比。

例如，在充氩气的电离室中产生一个电子–离子对 (即原子被电离) 的平均能量约为 41 eV。这时，如果有一个能量为 6 keV 的 X-射线光子，将会转化为一个具有 6000/41 = ∼146 个电子–离子对的电脉冲信号。再根据数理统计，对 146 个电子–离子对的测量统计误差为 $N_{pe}^{1/2}$ =12，则它的最佳能量分辨率为 6000/12 = 500 eV 左右，也就是这个探测器最佳只能分辨 ΔE= 500 eV 的能量差。这一数值为理论上限值，真正的能量分辨线宽可能为最佳估算值的几倍，而电离室实际上不存在任何实用性的能量分辨率。表 2-1 列举了多种 X-射线探测器的能量分辨率等技术参数，供参考。

表 2-1   几种探测器的能量分辨率的理论极限值和实际参数

探测器种类	探测能量/eV	跃迁宽度/eV	光电子计数 N_{pe}	误差计数 $N_{pe}^{1/2}$	信噪比	理论分辨率/eV	实际分辨率/eV
氩电离室	6000	41	146	12	12	500	—
闪烁计数器	6000	5.8	1034	32	32	188	420
钻石探测器	6000	5.5	1090	33	33	182	400
硅探测器	6000	1.1	5454	74	74	81	150
锗探测器	6000	0.67	8955	95	95	63	150
超导隧道结探测器	6000	10^{-3}	6×10^6	2.4×10^3	2.4×10^3	2.4	10∼15

请注意：能量分辨率是指探测器分辨最接近的两束射线能量的差别能力，ΔE，而其 X-荧光能量本身与分辨率的比值叫做能量分辨本领 ($R = E/\Delta E$)。比如，在 6 keV 处，硅探测器的能量分辨率为 150 eV，能量分辨本领是 6000/150 = 40。

闪烁计数器是世界上较早的、真正具有能量分辨能力的 X-荧光探测器，也是第一个被用于测量较大的化学分子和较小的生物分子能谱的 X-荧光探测器。但将它用于测量信号极弱的样品时，还有较大困难。后来，其光电过程的跃迁宽度在 1 eV 左右，能量分辨率在 150 eV 左右的高纯锗 [图 2.12(a)]、高纯硅 (b) 等半导

图 2.12   (a) 高纯度锗探测器；(b) 硅漂移室探测器；(c) 超导隧道结 (STJ) 探测器。

图片选自网络

体探测器和具有 10~15 eV 能量分辨率的超导隧道结探测器 (c) 逐步成为测量生物分子和其他极微弱信号系统的明星探测器。

由于这里只是讲述 X-荧光探测的原理和概念，本书介绍的两种振动散射能谱学也不使用以上介绍的这些探测器，我们也就不详述了。

2.5.3   从时间上进行分辨的测量

有时，有用的信号和无用的背景有着完全不同的弛豫时间，如电子散射的弛豫时间在 fs 量级而核散射的弛豫时间在 ns 量级。这样，如果希望在电子散射的强大背景中研究核散射，两者的脉冲信号可以通过时间电路加以完全区分，而不一定要在能量上进行分辨。

如果是从时间上对 X-荧光实施二次甄别 (如图 2.11，(a)→(e)→(f)→(d))，其实验流程为：对于入射射线上的任何一点 E_1 [I_0 (E_1)，图 2.11(a)]，样品被 X-射线在 E_1 处激发后可以得到一幅 X-荧光强度与时间的关系图 F (t)(包括信号计数和背景计数)(e)；选择特定的时间区间进行积分，比如去除时间较短的电子散射信号而积分后面较慢的核散射信号 (f)，将积分强度 $\sum F$ 和吸收 X-射线能量 E_1 的关系作图，得到信噪比良好的吸收能谱图 (d) 上的一个点 $\sum F(E_1)$。当我们继续扫描 E_1，不断重复上述过程 [(a)→(e)→(f)→(d)](灰色实线) 时，就可以得到一幅完整的 X-射线吸收能谱图 $\sum F$ (E_1) 了。

在时间上对 X-荧光进行分辨比较直接。实践上，主要是要利用具有快速探测和快速读出功能的 X-射线探测器。可见光波段常见的光电倍增管和 X-波段常用的雪崩光电二极管都具有这样的快速探测和快速读出功能。

无论是在能量区间上或是在时间区间上区分 X-荧光信号与背景计数，人们都必须注意：一是要让积分区间包括尽可能多的信号；二是要排除尽可能多的背景噪声，以使得测量信噪比最大化。一般在具体测量中都是通过实践摸索确定，不过不同元素的 X-荧光线宽数据、X-荧光谱线的形态和前人测量的数据均可以作为事前参考的蓝本。

2.6   X-射线探测的核电子学

相比规则的通信类电子信号，由辐射射线产生的能谱信号的单个事件出现的振幅、频率、时间，以及出不出现都是不确定的，是完全随机的。配合处理这些大量并且无规律的单个信号，需要与一般的、处理通信类电子信号的电子线路完全不同的电子器件。由于传统原因，无论是用于测量核辐射，还是用于测量 X-射线辐射的电子学方法统称为核信号处理电子学，简称核电子学。

由于从能量上的分辨更符合人们对能谱学的粗浅理解，而且能量分辨比时间分辨的应用更加普遍，因此我们在 2.5.2 节选择介绍了在能量上具有分辨能力的探测器，并在本节介绍在能量上进行信、噪分离的核电子学器件和系统。关于在时间上进行分辨的探测器和核电子学线路，我们将在第 4 章中结合核散射谱学的具体话题一并介绍。但总体来说，它们与能量分辨的实验方法还是有着许多可相互借鉴的地方。

2.6.1 能谱信号的分辨与分离

X-射线探测器可以具有一种或多种分辨能力，如上面讲到的半导体探测器或超导体探测器就具有能量分辨能力。拥有分辨能力的探测器为分开有用的信号计数与无用的噪声计数，实现大海捞针的既定目标奠定了基础。若是选用透射测量或电子测量，人们就永远无法达成对微弱信号的萃取。然而，可分辨的测量只是对微弱信号进行萃取的第一步。接下来，人们还必须对可分辨的真实信号与背景计数进行实质分离，最终达到去粗取精、去伪存真的目的。

步骤上，由探测器捕获的能谱信号一般很微弱，必须首先进行前置放大，以减少信号在传输过程中的损失和噪声干扰。前置放大器一般与探测器直接相连，线路距离尽可能近，功能上只是简单的振幅放大，输出的信号形状等并没有什么改变。在此之后，电信号就可以通过同轴通信电缆 (BNC Cable) 传输到线性放大器和其他电子线路上，进行整形放大等电子学处理了。

接下来，将由单道脉冲分析器取出具有特定振幅高度的电脉冲信号，而具有特定振幅的脉冲则对应于具有特定能量的 X-荧光光子。不断变换单道脉冲分析器的道址范围，直到分析出最佳积分区间和对应的脉冲计数，再将该脉冲计数经标定器转化为数字计数，输出到计算机中进行显示、储存 [图 2.13(a) 上行]。

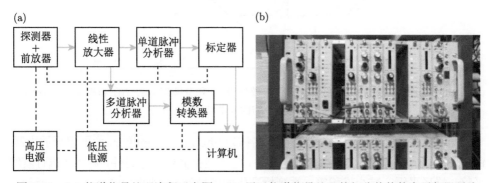

图 2.13 (a) 能谱信号处理流程示意图；(b) 用于能谱信号处理的部分传统的电子仪器照片

使用单道脉冲分析器时，一次测量只能测出幅度在 $V \pm \Delta V$ 的小范围内 (即能量在 $E \pm \Delta E$ 内) 的脉冲数。如果想测量一个完整的 X-荧光谱的三维能谱图 $F(E_1, E_2)$，我们需要不断改变信号振幅 (能量) 的选择区间，非常麻烦，也非常费时。除了单道脉冲分析器，我们还可以使用多道脉冲分析器 [图 2.13(a) 中行]

将脉冲按代表光子能量高低的振幅大小分隔、分类，并一次性分别记录对应的各个能道中的计数并同时进行数字转换，获得整张的三维能谱 $F(E_1, E_2)$。除了速度快以外，多道脉冲分析方法还可以首先一次性收取三维全图谱，待实验完成以后，再慢慢地选取和优化所需的信号。

在下面的各节中，我们将分几个小节分别介绍这些能谱处理的具体工作。这里主要是介绍基本概念。具体的核电子学电路和参数，请参见其他有关的核电子学专著。

2.6.2　整形放大

从探测器输出的、经前置放大器放大的脉冲信号具有前沿上升迅速，但后沿下降缓慢的脉冲特征 [图 2.14(a)]。这样的信号其谱峰特征很弱，尾部堆积会造成水平极限不断上移，甚至导致放大器堵塞，形成时间上的死区。为了减少大量统计信号的堆积和不同径迹造成的幅值亏损的不同，可采用相应的微分整形电路，使得输出脉冲的宽度尽可能窄、振幅尽可能大、尾下冲尽可能小，保持单极脉冲形状 [图 2.14(a)→(b)]，并整理为较为标准的波形 [图 2.14(c)]。当然，这些过程还必须满足输出–输入幅值的线性对应关系。

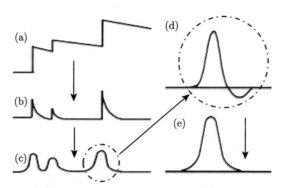

图 2.14　整形放大器的输入信号 (a)、经过微分 (b)、积分整形 (c)，(d) 和极零补偿 (e) 后，形成类似高斯分布的标准脉冲信号 (e)

用于能谱信号处理的放大器的英文名称为 Shaping Amplifier，意即整形放大器。顾名思义，除了振幅放大和微分处理之外，它还包括其他电路组件，对谱线进行基线平整、峰形平缓、减少堆积等一系列标准化的信号处理，如图 2.14(a)→(c) 所示。

最后，极零补偿 [图 2.14(d)→(e)] 同样可以在整形电路中完成，让输出波形成为无下冲的单极脉冲；差动放大电路可以解决随计数率变化而产生的基线漂移和脉冲堆积问题；当堆积发生时，采用逻辑判弃电路来选择舍弃多余的堆积信号，并作出相应的计数校正，也是一种可能的选择。

输出的标准信号波形包括方波、三角波和高斯形波等几种，其中高斯形波最为常用。采用具有标准波形的输出后，在后续传输过程中带入误差的机会较小，就是出现少量波动也比较容易控制和修复。

2.6.3 滤波

所谓滤波无非也是对信号的一种选择，比如：① 剔除振幅突然变大的尖峰 (Spike)；② 剔除振幅很小的，频率很高的小杂音 (Noise)；③ 剔除频率很低 (如 1~5 个周期) 的波浪形背景等。

放大电路或器件对信号和对噪声具有同样的增益 (放大作用)，如果对原始信号只是一味地放大而不能进行滤波，则会导致仪器达到饱和。这时，适当地过滤信号中的噪声，可在一定程度上改善这一问题。这项工作部分是在整形放大器中同时完成的，但有时需要额外处理。

去除尖峰：尖峰是指各种突发原因使得计数突然升高，随后又迅速降低的极窄峰，应该予以去除。可以直接去掉一至两个实验点，或用两边几点的平均值代替。常用的寻找程序包括：比较在同一能量位置上进行的、先后几次测量获得的数值。因为概率论指出：超过 3σ 的事件的可能性 $<0.3\%$，如果谱与谱之间在某点的差值超过标准差方值的 3~4 倍，即断定为不正常的尖峰，加以清除。

去除小杂音：一般方法是对能谱曲线进行平滑处理。将每一点的本点及周围左右各若干点加起来，取平均。平滑处理还包括多项式拟合、指数拟合等函数平滑法，以及傅里叶过滤法。去噪是现代信号学、电子学的重要课题。近十年来，各种方法层出不穷，其中不乏比较高端的信号处理方法，专门处理信噪比较差的信号。但是任何去除小杂音的方法都与傅里叶变换过滤在理论上同源：都是要将某一部分或全部的高频能谱去除。经过平滑的能谱步长变宽，能量分辨率变差，但其强度叠加，统计性得到加强。因此，平滑去噪处理本身无法得到更多或更可靠的能谱信息，而且平滑处理的前提是数据点要明显多于能谱能量分辨率所需的点数。但去噪可减少不必要的乱象，突出已经明确的信号，让实验者或下面的仪器一目了然。

尽管近年来人工智能 (AI) 被逐步广泛地应用于包括去噪在内的各种数据分析，信号的取舍标准显得比较主观，缺乏自适应性标准，数据平滑多数时候还是依赖于实际工作经验；同时，过渡的平滑处理容易引起较大的谱形畸变，可能丢失弱峰或出现假峰。总之，如果信号比较明显 [图 2.15(a)→(d)]，那么无论如何滤波，应该殊途同归；如果能谱信号不明显 [图 2.15(e)]，则无论如何滤波，都比较难于得到可靠的能谱。

2.6.4 能量甄别

对输入脉冲信号按幅值大小选择，剔除振幅小于或大于某些值的脉冲的核电子学电路，称为振幅甄别器。它的最基本的工作单元有这样的功能：当输入脉冲幅度大于预定值时，有信号输出；小于预定值时，无信号输出。这一预定值常称作甄别阈值，阈值可按需要进行人工调节或计算机控制。

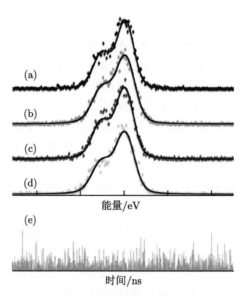

图 2.15　含有相对较小噪声 (a)~(d) 和含有相对较大噪声 (e) 的能谱数据示意图

而一个实际的单道幅度分析器通常由上、下两个甄别器和一个反符合逻辑电路组成 [图 2.16(a)]。输入幅值小于下阈值或大于上阈值时，单道分析器均无信号输出，仅仅当输入的脉冲信号幅值处在上、下两个阈值之间时，它才有信号输出，如图 2.16(b) 所示。

至此，在探测器中捕获的光子转换的电脉冲最终获得了能量上的取或舍，归于信号或噪声。单道分析器道宽 (ΔV) 和道中心值 V_0 的大小可按需要进行调节。人们需要针对特定的元素选择特定的 ΔV 和 V_0 值，以萃取对应元素的 X-荧光。对于某一入射 X-射线能量 E_1，如果人们不断改变单道分析器上的道中心值位置，改变一次，计数一次，则可测得脉冲信号计数量按幅度划分的分布图，即 X-荧光能谱图 $F(E_2)$。如果保持分析器中心值 E_2(或 V_0) 位置不变，不断扫描入射的 X-射线能量，则可用能量在特定 E_2 附近的 X-荧光作为样品对入射 X-射线吸收量的计量，得到 X-射线吸收能谱 $\sum F(E_1)$。

多道幅度分析器的工作原理是：当输入幅度为 V 的脉冲时，经过模数转换电路，转换为特定的道址码，并把相同道址中的计数加一。这样，它在测量过程中，可以同时进行和显示各道的计数添加过程，同时接收、分析各种振幅的电脉冲。对于一个入射 X-射线能量 (E_1)，它可以一次性测得脉冲计数随其幅值变化的分布图，即 X-荧光能谱图 $F(E_2)$。当实验者不断扫描入射 X-射线能量 (E_1)

时，最终得到的是一幅 X-射线的三维荧光能谱图 $F(E_2, E_1)$，而且已经是数字化的能谱图。

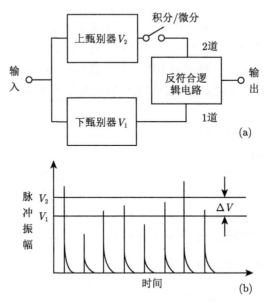

图 2.16 (a) 单道分析器电路模组示意图；(b) 单道分析器用于甄别
脉冲信号振幅的原理示意图

多道分析器最大的好处是：人们可以首先利用宝贵的测量机时取得三维 X-荧光能谱图 $F(E_2, E_1)$，在机时完成之后再慢慢进行有关图谱的详细分析和优化输出。人们可以按需要取某一个入射能量 E_1 处的 X-荧光能谱 $F(E_2)$；可以比较几个 E_1 处的 X-荧光能谱；将不同荧光能量区间 ΔE_2 上的计数进行积分，得到 X-射线吸收能谱图 $\sum F(E_1)$；还可以研究对角线上的差值能谱图 $\sum F(E_1, E_2)$；等等：这样的差值能谱图与散射有关。

衡量多道分析器的主要技术指标有：道数、道宽、稳定性、幅度与道址的线性关系、死区时间等。为改善多道分析器道宽的不均匀性和测量稳定性问题，人们还要采用各种稳谱技术，以保证长时间测谱的精确性。最常用的稳谱技术有道宽平滑技术和反馈稳谱技术等。由于本章仅介绍原理，对有关技术细节有兴趣的读者需要参考有关核电子学专著。

2.6.5 时间甄别

除了从能量上进行分离之外，X-荧光中的有用信号还可以从时间上进行分辨，然后通过时间甄别器分离，得出 X-射线吸收能谱或散射能谱。其分离的基本原理有如下几种：

时间–幅度变换：将被测时间间隔变换成相应幅度的脉冲，其基本原理都是使电容器在所变换的时间间隔内恒流充电，则幅度大小与时间间隔呈线性关系。转换后再用单道或多道脉冲幅度分析器处理，得到精确的时间谱。

直接时间甄别电路：或称定时电路，是确定和提取时间信息的基本电路。它可以确定核探测器输出脉冲信号的时间信息，与 2.6.4 节讲过的单道/多道脉冲分析器类似。概念上，它是一种逻辑电路：用于选取时间上符合的事件并舍弃无关事件的电路，称为符合电路。用于剔除某一时间间隔内不希望出现的信号的电路，称为反符合电路。

时间–数字变换方法：典型方法是在时间间隔 t 内打开时钟门，让脉冲通过，并寄存下来，所记录的脉冲数目与被测时间 t 成正比。实际上，时间–数字变换可以将时间直接转换为类似于多道分析器的道址码，然后直接进行数码处理和分离。

利用以上这些电路，能谱信号就可以在时间上进行分辨和萃取，得到 X-荧光量与时间的关系图，或在某一时间区间上的计数积分与入射 X-射线能量的关系图，即 X-射线吸收能谱图，或如第 4 章将要讲解的核共振振动散射能谱图。

2.6.6   模数转换和数字信号处理器

由于计算机的普遍使用，模数转换已成为能谱学不可缺少的必要步骤。从甄别电路输出的信号虽然具有标准波形，但还需要再通过一个模数转换器，将其转化为真正的数字计数，才能获得真正的数字信号，才能在计算机中进行记录或传播。能谱转为数码后，无论再传输多少次，都再无更多的误差加入了。常见的模数转换器包括如下几种，而某些幅度或时间的多道分析器已经包含了这样的模数转换功能。

计数率表 (Count Rate Meter)：是一种能连续显示单位时间内所测脉冲平均数的仪表，可将结果用指针式电表或显示器直观显示出来。计数率表通常只在调试实验条件时做粗略观察使用，而不是用于记录能谱。

在模数转换过程中，信号的精度取决于模数转换的位数，位数越长，信号层次越丰富，精度越高。比如经一个 10 位模数转换器转换，一个脉冲的振幅等可以分为 $2^{10} = 1024$ 个层次。同理，$2^{20} \sim$ 一百万；$2^{30} \sim$ 十亿；等等。这样，一个 30 位的模数转换器可以产生十亿个可分辨层次的数码信号。当然，超高分辨的模数转换将使用更多的硬盘储存空间，也需要具有更快的中央处理器和更快的数据传输装置等相关电子器件来完成有关转换。因此，和其他事物一样，我们要根据具体需要，选择一个合理的、能够完成要求的模数转换器：如果能谱分辨率本身有限，则无须太高分辨层次的模数转化器。

定标器 (Scaler)：用于精密记录在某一振幅间隔内，或在某一时间间隔内的脉冲积分数目，常设计成按一定比例或标度 (如十进位或二进位)，直接显示为数码。定标器实际上是一种配合单道分析器使用的模数转换器，其 ΔV 和 V_0 等参数可以进行手动、半自动或全自动的设定和调整。

模数转换电路 (Analog-Digital-Converter)：模数转换电路是一种将脉冲幅度模拟量转换为对应数字量的电路。在核信息测量中，常用的幅度–数字变换方法有：线性放电法、非线性放电法和电压比较逐次逼近法等。模数转换电路多与多道幅度分析器，或多道时间分析器联合使用，有时更是与之合为一体。

以上这些都是首先经过放大、滤波、整形和信号甄别之后，再将模拟信号转换为数字信号。如果原始信号的信噪比足够好，或是模数转换器有能力转换较弱的模拟信号，则可以将探测器中输出的模拟信号直接转化为数字信号，然后直接进行数字处理。数码信号处理器与由电阻器、电感器和电容器构成的模拟电路完全不同，它是由加法器、乘法器等逻辑开关电路组成的，其信号处理方法包括取平均值、均方根、函数统计分析，滤波技术、傅里叶变换等数学方法，类似于我们在计算机中进行的函数处理和运算。

快速傅里叶变换 (FFT) 虽然对傅里叶变换理论并无新的贡献，但它使得对 N 点的计算量由 N^2 下降到 $N \cdot \log_2 N$ 次。比如当 $N = 1024$ 时，后者的计算次数 (10240 次) 仅为直接算法运算次数 (1024×1024 次) 的约 1%。而且，点数越多，运算节约量越大。因此，快速傅里叶变换是数字处理器得以成功和普遍使用的重要基石。

数字信号处理器的优点是从一开始就是数字，因而整体系统误差很小，稳定性高，而且在传输中信号不会再有额外误差。大家知道，数字音响设备的噪声就比传统音响设备的噪声小得多；数字照片的清晰度就是比传统相机照片的清晰度高很多。同理，数字信号处理器也一样。

其次，数字信号处理器可以将信号采集、放大、变换、滤波、估值、识别等器件融为一体，很容易做成数字集成电路，有可程控、体积小、耗电少等诸多优点。而如图 2.13(b) 那样的传统的模拟信号处理器件 (特别是放大器)，不仅体积大，而且耗电量大，发热量大，经常需要额外的通风装置协助降温。

参 考 资 料

有关量子力学等物理学基础的书籍：
[1] 徐克尊，陈向军，陈宏芳. 近代物理学. 合肥：中国科技大学出版社，2008
[2] 门登霍尔，辛塞奇. 统计学. 梁冯珍，等译. 北京：机械工业出版社，2009
[3] Sakurai J J, Napolitano J. Modern Quantum Mechanics. New York: Addison-Wesley, 2011
[4] 麦振洪. 同步辐射光源及其应用. 北京：科学出版社，2013
[5] 曾谨言. 量子力学. 卷 I. 5 版. 北京：科学出版社，2014
[6] 曾谨言. 量子力学. 卷 II. 5 版. 北京：科学出版社，2014

有关 X-射线能谱学的书籍、文献：

[7]　Cramer S P, Eccles T K, Kutzler F, et al. Applications of X-ray photoabsorption spectroscopy to the determination of local structure in organometallic compounds. J Am Chem Soc, 1976, 98: 8059-8069

[8]　Cramer S P, Hodgson K O. X-ray absorption spectroscopy: a new structural method and its applications to bioinorganic chemistry. Prog Inorg Chem, 1979, 25: 1-39

[9]　Christiansen J, Peng G, Young A T, et al. X-ray magnetic circular dichroism at temperatures <1K: demonstration with the blue Cu site in plastocyanin. Inorg Chim Acta, 1996, 118: 229-232

[10]　Wang H, Bryant C, Randall D W, et al. X-ray magnetic circular dichroism sum rule analysis of the blue copper site in plastocyanin—a probe of orbital and spin angular momentum. J Phys Chem B, 1998, 102: 8347-8349

[11]　Attwood D. Soft X-rays and Extreme Ultraviolet Radiation—Principles and Applications. Cambridge: Cambridge University Press, 1999

[12]　Bergmann U, Horne C R, Collins T J, et al. Chemical dependence of interatomic X-ray transition energies and intensities—a study of Mn $K\beta''$ and $K\beta_{2.5}$ spectra. Chem Phys Lett, 1999, 302: 119-124

[13]　Bergmann U, Glatzel P, de Groot F, et al. High resolution K capture X-ray fluorescence spectroscopy: a new tool for chemical characterization. J Am Chem Soc, 1999, 121: 4926-4927

[14]　George S D, Metz M, Szilagyi R K, et al. A quantitative description of the ground state wavefunction of Cu_A by X-ray absorption spectroscopy: comparison to plastocyanin and relevance to electron transfer function. J Am Chem Soc, 2001, 123: 5757-5767

[15]　Bergmann U, Wernet P, Glatzel P, et al. X-ray Raman spectroscopy at the oxygen K-edge of water and ice: implications on local structure models. Phys Rev B, 2002, 66: 092107/1-092107/4

[16]　Glatzel P, Bergmann U, Gu W, et al. Electronic structure of Ni complexes by X-ray resonance Raman spectroscopy (resonant inelastic X-ray scattering). J Am Chem Soc, 2002, 124: 9668-9669

[17]　Glatzel P, Bergmann U, Yano J, et al. The electronic structure of Mn in oxides, coordination complexes, and the oxygen-evolving complex of photosystem II studied by resonant inelastic X-ray scattering. J Am Chem Soc, 2004, 126: 9946-9959

[18]　Glatzel P, Yano J, Bergmann U, et al. Resonant inelastic X-ray scattering (RIXS) spectroscopy at the Mn K absorption pre-edge—a direct probe of the 3d orbitals. Phys Chem Solids, 2005, 66: 2163-2167

[19]　Funk T, Deb A, George S J, et al. X-ray magnetic circular dichroism—a high energy probe of magnetic properties. Coord Chem Rev, 2005, 249: 3-30

[20]　Kaastra J, Paerels F. High-resolution X-ray Spectroscopy: Past, Present and Future. Berlin: Springer Press, 2011

[21]　van Veenendaal M, Liu X, Carpenter M H, et al. Observation of dd excitations in NiO

and NiCl$_2$ using K-edge resonant inelastic X-ray scattering. Phys Rev B, 2011, 83: 045101/1-6

[22] Wang H X, Butorin S, Young A T, et al. Soft X-ray absorption and soft X-ray emission spectroscopy of some Ni complexes-probing Ni oxidation states and spin states. J Phys Chem C, 2013, 117: 24767-24772

[23] Gu W W, Wang H X, Wang K. Nickel L-edge and K-edge X-ray absorption spectroscopy of non-innocent Ni[S$_2$C$_2$(CF$_3$)$_2$]$_2$ series ($n = 2, 1, 0$): direct probe of nickel fractional oxidation state changes. Dalton Trans, 2014, 43: 6406-6413

[24] 罗立强, 詹秀春, 李国会. X 射线荧光光谱分析. 2 版. 北京：化学工业出版社, 2015

[25] Wang H X, Friederich S, Li L, et al. L-edge sum rule analysis on 3d transition metal sites: from d^{10} to d^0 and towards application to very dilute metallo-enzymes. Phys Chem Chem Phys (PCCP), 2018, 20: 8166-8176

有关 X-荧光探测和核电子学的书籍、文献：

[26] Emil K. Nuclear Electronics. Berlin: Springer, 1970

[27] Cramer S P, Scott R A. New fluorescence detection system for X-ray absorption spectroscopy. Rev Sci Instrum, 1981, 52: 395-399

[28] Cramer S P, Tench O, Yocum M, et al. A 13-element Ge detector for fluorescence EXAFS. Nucl Instrum Methods Phys Res A, 1988, 266: 586-591

[29] 丁洪林, 张秀凤. 化合物半导体探测器及其应用. 北京：原子能出版社, 1994

[30] Kirkland J P, Kovantsev V E, Dozier C M, et al. Wavelength-dispersive X-ray fluorescence detector. Rev Sci Instrum, 1995, 66: 1410

[31] Bergmann U, Cramer S P. A high-resolution large-acceptance analyzer for X-ray fluorescence and raman spectroscopy. Proc SPIE, 1998, 3448: 198-209

[32] 谢一冈, 陈昌, 王曼, 等. 粒子探测器与数据获取. 北京：科学出版社, 2003

[33] 半导体 X 射线探测器系统和半导体 X 射线能谱仪的测量方法. GB/T 11685—2003. 北京：中国标准出版社, 2003

[34] Drury O B, Friedrich S, George S J, et al. The advantages of soft X-rays and cryogenic spectrometers for measuring chemical speciation by X-ray spectroscopy. Nucl Instrum Methods Phys Res A, 2006, 559: 728-730

[35] Friedrich S, Drury O B, Cramer S P, et al. A 36-pixel superconducting tunnel junction soft X-ray detector for environmental science applications. Nucl Instrum Methods Phys Res A, 2006, 559: 776-778

[36] Friedrich S, Drury O B, George S J, et al. The superconducting high-resolution soft X-ray spectrometer at the advanced biological and environmental X-ray facility. Nucl Instrum Methods Phys Res A, 2007, 582: 187-189

[37] Lutz G. Semiconductor Radiation Detectors. Berlin: Springer, 2007

[38] Vladimir P. Superconducting detectors and processing techniques. Hoboken: John Wiley & Sons, 2014

[39] 罗立强, 詹秀春, 李国会. X 射线荧光光谱分析. 北京：化学工业出版社, 2015

[40] 周荣, 王忠海. 核电子学实验. 北京：科学出版社, 2016

[41]   Canberra Industries. Nuclear Measurement Principles. Canberra Industries Literature, 2020

[42]   van Driel T B, Nelson S, Armenta R, et al. The ePix10k 2-megapixel hard X-ray detector at LCLS. J Synchrotron Rad, 2020, 27: 608-615

第 3 章　X-射线振动散射能谱学

我们在第 1 章中介绍了同步辐射光源，在第 2 章中介绍了 X-射线能谱学的基础知识和测量原理。从本章开始，我们将引出本书中心内容，介绍高能 X-射线的振动散射能谱学。本章介绍电子云对 X-射线的非共振振动散射，第 4 章将讨论原子核对 X-射线的共振振动散射，它们各具特点和代表性，但都是以同步辐射为光源，都是研究测量样品对 X-射线的非弹性散射，而且都是观察与 X-射线相耦合的振动跃迁。用于测量这两种散射能谱学的 X-射线的能量通常在 10 keV 以上，严格来说，它们属于 γ-射线的范围，但我们还是将它们统称为 X-射线。

3.1　X-射线散射能谱学的基本概念

3.1.1　理解 X-射线的散射过程

在开始介绍什么是 X-射线的散射之前，让我们先看一下有关散射的最原始的物理概念：机械散射，即在经典力学中人们常讨论的球碰球的宏观散射过程。在这一过程中，假设两个球均为完全刚性的球，碰撞前后的球形不变，总动能没有任何变化，则其碰撞过程被称为弹性碰撞；如果至少有一个球是塑性球，碰撞后至少有一个球丧失或部分丧失原有的形状，则此过程被称为非弹性碰撞。经过非弹性碰撞后，两球的动能总和有所下降，部分转化为让球产生形变的能量或热能。

基于量子力学的波粒二象性，X-射线光子也属于一种微观粒子，它与电子或原子核等其他微观粒子之间也会有碰撞，有散射。如果散射 X-射线的能量完全等于入射 X-射线的能量，没有能量损失或转移，我们称其散射过程为 X-射线的弹性散射。比如，在 1.6.2 节中介绍的 X-射线晶体学方法实际上就是研究样品中的电子云对 X-射线的弹性散射。X-射线在这一散射过程中只有动量的改变，也就是方向的改变，没有能量的变化。如果入射 X-射线中有一部分能量转移到样品中，或从样品中转移到 X-射线上，这会在样品内产生能级间的跃迁，改变样品原来的微观状态：人们称这样的散射过程为 X-射线的非弹性散射。此时，X-射线的能量差值称为能量转移量，散射强度与能量转移量之间的关系称为 X-射线的能量损失谱，或非弹性 X-射线散射能谱。分子的几何结构多由弹性散射实验获知，如晶体学；而其电子结构或能级结构则多通过 X-射线的非弹性谱学测得：本书仅关心非弹性散射。针对作用对象不同，X-射线的散射还可分为电子对 X-射线的散射和原子核对 X-射线的散射两种，本章只讨论电子对 X-射线的散射。

从跃迁机理上讲，X-射线散射能谱学有着与 X-射线吸收能谱学或 X-荧光能谱学完全不同的选择定则，因此可以用于研究特殊的物理过程。但从实用性方面来看，X-射线散射能谱学最大的好处在于：高能射线具有较深的样品穿透能力，可以获得样品的体信息，而同时它又能测量和研究跃迁能量较低、能谱结构较为细致、丰富的小能级跃迁，做到两者兼顾。

3.1.2 非共振的非弹性散射

X-射线的非弹性散射又可以进一步分为非共振型的 X-射线非弹性散射 (Inelastic X-ray Scattering, IXS) 和共振型的 X-射线非弹性散射 (Resonant Inelastic X-ray Scattering, RIXS) 这两大类。前者只要求入射能量高于待测的小能级跃迁即可，无更多的要求。人们可以选用任意入射能量来测量任意的小能量跃迁，比如：人们可以用 10 keV 的硬 X-射线来测量水分子中的 O K-边跃迁 (540 eV)。由于水分子中只含有 H、O 两个元素，没有任何跃迁可以与具有 10 keV 能量的入射 X-射线相吻合，因此无法产生任何共振，人们测量的只可能是非共振的非弹性散射。同理，人们还可以用类似的硬 X-射线来测量含有 O、N、C 等轻元素的其他化合物或矿物，或含 Li 的电池等。总之，非共振的非弹性 X-射线散射能谱学的研究范围很广，基本上没有受到任何限制。本章将要详细介绍的 X-射线振动散射能谱学也是一种非共振的非弹性散射能谱学。当然，有得就有失，这一能谱学方法最主要的缺点就是其散射信号的强度很弱，测量起来比较困难。

3.1.3 共振型的非弹性散射

在更多的时候，人们会首选入射 X-射线能量正好等于样品中某个高能级跃迁的共振型非弹性 X-射线散射，即共振 X-射线非弹性散射谱学 (RIXS)。共振使得散射信号可以获得几个数量级的增强，称为共振增强。比如，图 3.1 中所示的几个 X-射线散射能谱图就全是 RIXS 能谱图。请注意，这里的共振散射依然是非弹性散射，不是弹性散射。

在图 3.1(a) 中，Ni 元素的 L-边吸收能量、K-边的入射能量和其散射能量分别用ω_L、Ω 和ω 来表示。首先，K-边的 RIXS 共振散射过程与 L-边的 X 射线吸收光谱 (XAS) 共振吸收过程在物理机理上是完全不同的，具有完全不同的选择定则，两类能谱的谱形因而也不会相同。但 K-边散射过程的能量转移量$\Omega - \omega$ 在能位上等于ω_L，因此测量能量转移量为 $(\Omega - \omega)$ 的 K-边共振散射能谱的确是间接测量 L-边共振吸收跃迁的一种有效的替代手段。图 3.1(b) 中由上到下的实线分别代表了含 Ni(I)、$S = 0$ 的 Ni(II)、$S = 1$ 的 Ni(II) 和 $S = 1/2$ 的 Ni(III) 等一系列配位化合物的 K-边共振散射能谱图，横轴为对应的能量转移量 $(\Omega - \omega)$，S 为电子自旋量；虚线则代表对应样品的 L-边 XAS 共振吸收能谱图。尽管两者的能谱轮廓和强度分布有着明显的不同，但它们都反映了相同能级位置上的信息，谱峰位置也有许多相同之处，至少可以参考。

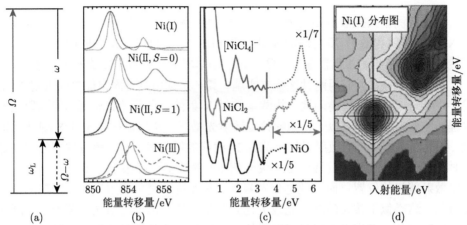

图 3.1 (a) 共振型的 X-射线非弹性散射谱学 (RIXS) 的跃迁能级示意图，其中 ω_L、Ω、ω 分别表示 L-边的吸收能量、K-边的入射能量和 K-边的散射能量；(b) 几种含 Ni 化合物的 Ni K-边 RIXS 散射能谱图 (实线) 和对应的 L-边 XAS 吸收能谱图 (虚线)。从上到下分别代表含 Ni(I)、$S=0$ 的 Ni(II)、$S=1$ 的 Ni(II)、$S=1/2$ 的 Ni(III) 的配位化合物的图谱 (S 代表电子自旋量)。横轴坐标为能量转移量 $(\Omega-\omega)$；(c) 用 Ni K-边 RIXS 散射技术测量的其他几种含 Ni 配位化合物的 d-d 跃迁和电荷转移跃迁的射能谱图。其中横轴坐标为能量转移量 $(\Omega-\omega)$；(d) Ni(I) 配位化合物的 K-边 RIXS 谱学的三维散射能谱图：它的横轴为入射射线能量 Ω，纵轴为能量转移量 $(\Omega-\omega)$，散射强度由颜色和等高线代表

满足 Ni 的 K-边共振吸收的入射 X-射线的能量为 8.3 keV，其穿透深度很深 (如 1 mm)，可以测量样品的体信息；满足 Ni L-边 XAS 共振边吸收的 X-射线的能量为 850 eV，穿透深度很浅 (如 200 Å)，基本反映了样品的表面信息，但后者的能谱谱线结构往往很细致，两者各有优势，互为补充。选用 K-边的共振散射能谱学来研究 L-边的吸收能级 $\omega_L=(\Omega-\omega)$ 可以测量获得既代表体信息同时又很细致的能谱结构，这是散射能谱学的优势。

图 3.1(c) 是几种含 Ni 的配位化合物的 K-边共振散射谱图：从下往上的样品分别是 Ni(II)O、Ni(II)Cl$_2$、[Ni(III)Cl$_4$]$^-$。这里的 $(\Omega-\omega)$ 能量范围只有几个 eV，它测量的不是 Ni 的 L-边跃迁，而是更为细致的 Ni 的 d-d 跃迁 (~ 1 eV) 和 Ni 与配位元素之间的电荷转移跃迁 (~5 eV)。可以看出电荷转移跃迁有着相对很强的 IXS 散射谱峰，即便是将其缩小为原强度的 1/7~1/5 以后，它们的谱峰依然高于低能区的 d-d 跃迁峰。这些能谱图的细节和机理并非本书要探讨的内容，故而略去。我们只是想强调：IXS 可以测量过渡族金属的 L-边跃迁，也可以测量更细的 d-d 或电荷转移跃迁。前者需要大约 1 eV 的能量分辨率，后者则需要具有

更精确的能量分辨率，如 0.2 eV。

3.1.4   测量 X-射线散射：分光能谱仪

无论是测量共振散射还是测量非共振散射，测量散射的任务包括：① 准确测得入射 X-射线和散射 X-射线的能量值 Ω 和 ω，从而可以精确求取散射过程的能量转移量 (以下也称散射能量)：$(\Omega - \omega)$；②萃取信号计数和排除噪声计数。

对于第一条，人们用两种选择来实施。其一是选用具有固定能量的入射 X-射线，并用分光能谱仪来精确地扫描测量散射 X-射线的能量值，从而精确求取散射过程的能量转移量，类似于传统的拉曼散射光谱学。其二是扫描入射 X-射线的能量，并取固定能量上的散射射线来测量 X-射线的散射过程。采用方法二的原因是有时候样品的散射信号 (特别是核荧光信号) 的线宽已经很窄，本身就可以用于界定散射能量的位置，而无须再分光测量，从而可以避免使用光通量较低的分光能谱仪。这类似于传统的激光光致荧光光谱学方法，那里是用光学荧光的窄跃迁界定散射波长，而用激光提供可扫描的入射波长。这些散射测量方法的总体线宽 (能量分辨率) 等于入射射线的能量线宽和分光能谱仪的能量线宽两者平方和的方根。在同步辐射散射测量实践中，人们通常是让入射 X-射线的线宽与分光能谱仪的线宽相同或相近，而总线宽约为各自线宽的 $\sqrt{2}$ 倍。

如果对入射的 X-射线可在共振能量周围也进行扫描，再对每一入射能量 Ω 带来的散射 X-射线在能量上进行分光测量，人们就可以获得 $\Omega - (\Omega - \omega)$-散射强度之间的三维散射图谱，如图 3.1(d) 所示：它的横轴为入射射线的能量 Ω，纵轴为能量转移量 $(\Omega - \omega)$，散射强度则由不同颜色和等高线来代表。根据这样的三维谱数据，人们可以沿着固定的能量转移量 $(\Omega - \omega)$ 模拟 K-边的吸收能谱图、沿着固定的入射能量 Ω 获得 K-边 RIXS 散射能谱图，如图 3.1(b) 就是图 3.1(d) 在沿固定 Ω 方向的二维谱图。当然，沿着其他方向还可以求取其他形式的能谱图。

要精确探测 X-射线散射的能量转移量 $(\Omega - \omega)$，人们至少需要具有 1 eV 线宽的入射 X-射线和能够分辨到 1 eV 精度的探测系统；对于我们后面将要介绍的、对振动进行非弹性散射测量的实验系统，这些线宽更是需要达到 1 meV 的量级。没有任何的高分辨的 X-射线探测器本身可以直接满足这一要求，人们因此只能使用分光能谱仪来协助完成对散射 X-射线能量的扫描测量或定点界定。其实，协助探测的例子很常见，例如，望远镜可以帮助人们观测到远景；显微镜可以帮助人们观测到微观细节；棱镜可以让人们观察到色谱的分布 [图 3.2(a)]；等等。这些系统有一个共同特点，即协助探测组件 (如望远镜、显微镜、棱镜) 加上探测器本身 (如肉眼、照相机等) 共同构成一个有更高探测能力的探测系统。同理，我们可以用具有 1 eV 或其他能量分辨率的分光仪来选定具有特定能量的散射 X-射线，再用一个能量分辨率不太高、但灵敏度很好的 X-荧光探测器来探测。这样的综合探测系统就有了高选择性，当然光通量会受到很大限制。

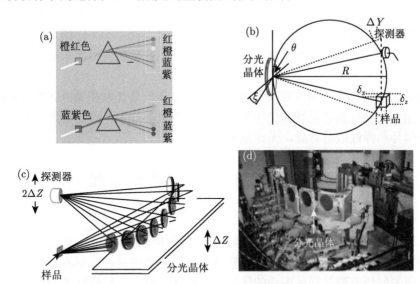

图 3.2　(a) 棱镜的光学分光原理示意图；(b) 有关 X-射线分光仪中样品、分光晶体、探测器位置联动的罗兰圈示意图；(c) 由多个分光晶体片组成的 X-射线分光仪的工作原理示意图；(d) 用于测量图 3.1(b) 中散射谱的某个多晶片 X-射线分光能谱仪的照片 {(c)、(d) 引自文献 [1]}

在一个分光仪中，样品、分光晶体 (或晶体组) 和探测器三者的位置必须总是满足布拉格衍射条件 $d\sin\theta = n\lambda$ 的。因此，对于一个选定的入射能量 (比如对应于具有特定共振能量的某个被测元素)，人们必须选用具有特定晶面间距 (d) 的衍射晶面来对它的散射能量包实现分光测量，而每一个不同的衍射角度则对应于一个具体的散射能量值 (λ)。通常，样品的位置在实验中是固定不变的，而分光晶体和探测器的位置需要进行联动扫描。此处，样品实际上已经成了散射光源点。只要样品、分光晶体、探测器三者总是保持在如图 3.2(b) 所示的、一个叫罗兰圆圈 (Rawland Circle) 的轨道上，三者就总是随时满足布拉格衍射条件。罗兰圈的半径越大，能量分辨率就越高。用于测量如图 3.1(b) 所示的共振散射谱的分光仪的罗兰圈的直径约为 1 m，系统的能量分辨率约为 1 eV。要想分辨 d-d 跃迁，人们需要 0.2 eV 的能量分辨率和具有更大半径的罗兰圈。而作为测量振动散射的罗兰圈的半径一般需要达到 10 m 左右，此时的能量分辨率很高，当然探测光通量自然会变得很低。

用于分辨硬 X-射线能量的分光镜多为 Si、Ge 等半导体晶片，一是因为只有这些晶体的晶面间距与硬 X-射线的波长在量级上相当；二是因为人们比较容易从这些半导体材料中制备出尺寸较大、同时质量又很高的晶体材料；三是这些晶体的切割工艺已经很成熟，容易获得具有各种切割面的良好晶片。无疑，衍射的总面积越大，信号收集的空间角就越大，信号量就越大。因此，人们多采用多个晶片来进行分光，以进一步增加信号的采集量，如图 3.2(c) 和 (d) 所示。当然，对于那些对能量分辨率要求不太高的实验，采用半径较小的罗兰圈来提高信号的探测空间角也是选项之一。

　　散射测量的另外一项重要任务是要分辨和分离信号计数和噪声计数，提高信噪比。因为分光仪具有足够高的能量分辨率，可以有效地从能量位置上分辨非弹性散射信号和弹性散射背景，无须额外考虑。

3.2 测量振动：从中子散射说起

3.2.1 中子的非弹性散射谱学

　　红外吸收谱学和拉曼散射谱学是测量振动的传统谱学方法，它们各有各的特点，但提供的基本上是样品表面的或较薄样品的振动信息。运用波长很短因而穿透力很强的射线来测量样品振动的体信息很早就为科学家们所追求。虽然 X-射线的波长很短而且早在 1895 年就被发现，但如果用它来测量振动，人们首先需要让能量很高的 X-射线具有线宽很窄的能量分辨率 (至少在 meV 的量级)，难度很大。由光学知识可知，如果要用某种辐射来穿透样品，它的波长最好和样品中的原子间距具有相同量级或更短；同样，如果要用该射线来研究振动，其入射射线的能量最好与待测量的振动跃迁能量差距不要太大，这样可以容易地得到较强的散射强度和实现较高的能量分辨精度。中子射线正好符合这些要求。

　　根据量子力学，粒子的波长λ 可以写为如下：

$$\lambda = h/p = h/(2mE)^{1/2} \tag{3-1}$$

式中，h 为普朗克常量；p、E、m 分别为粒子的动量、动能和静止质量。由此估算可知：由于中子具有较大的静止质量 m，能量处于 1~100 meV 的低能中子却已经具有了 0.1~1 nm 范围的短波长，与一般物质中的原子间距相当，可以用于观察待测物质的结构；而 1~100 meV 的中子能量又与分子振动跃迁的能量为同数量级，因而比较容易实现对振动的散射测量。而且，由于中子与原子之间的作用是中子与原子核之间的短距离相互作用，散射截面很小，它可以探测很深的样品，是名副其实的体信息测量方法。

　　中子在 1932 年被发现后，人们很快就相信它可以被用来研究晶格振动的非弹性散射问题。到了 20 世纪 50 年代，美国科学家 Shull 首次成功地实现了中子的弹性散射实验：通过测量原子核对中子的衍射来确定晶体中原子核的排列。作为对比，X-射线晶体学是通过测量电子云对 X-射线的衍射来确定电子云的位置的；接着，加拿大科学家 Brockhause 成功地实现了中子的非弹性散射实验，用它来测量和研究晶格的振动问题，而且它可以在一定的能量和动量范围内测量晶格的色散关系和能态密度函数。这样，中子的振动散射谱学就成为获取振动问题体信息的第一种先进的散射谱学方法，成为红外谱学和拉曼谱学的必要补充。当然，中子非弹性散射的波数范围很宽，可以测量 $0.001{\sim}4000$ cm^{-1} 的各种跃迁，并非局限于对振动问题的研究。因此，它对物理、化学、化工、生物、地矿和材料科学等各前沿科学的发展起到了极大的推动作用，以上两位科学家也因此于 1994 年共同获得诺贝尔物理学奖。

3.2.2 中子散射的局限性

当然，事物的任何性能都是双刃剑。相比将要讲述到的 X-射线振动散射谱学技术，中子振动散射谱学的某些优点恰恰变成了明显的缺点。

首先，正是由于中子具有与振动跃迁过于接近的能量，中子的入射能量和能量转移量太过接近，所以散射角度较大 [图 3.3(a)]，导致能量转移量和动量转移量的关联太大，也就是图 3.3(a) 中的 $\bm{k}$、$\bm{k}'$ 和 $\bm{Q}$ 之大小的关联太强。尽管中子散射测量所涵盖的能量和动量范围还算比较大，但能量转移量 ($\bm{k}$ 和 $\bm{k}'$ 的绝对值之差) 被固定后，其动量转移量 $\bm{Q}$ (或者说散射波矢 $\bm{k}'$ 的方向) 能够自由选择的范围将会受到很大限制。这样，人们基本上无法完成在一个给定的能量转移量条件下大范围变换动量转移量的实验散射；反之，如果 $\bm{Q}$ 被固定，$\bm{k}$ 和 $\bm{k}'$ 的绝对值之差可以变化的范围也将受到很大限制，人们同样很难测量在一个给定的动量转移量条件下大范围变换能量转移量的散射过程。动量和能量两者之间的完全相互独立的工作范围其实较小。

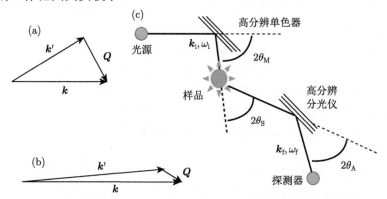

图 3.3 (a) 中子非弹性散射的波矢关系图；(b) X-射线振动散射的波矢关系图；(c)X-射线振动散射实验的全光路示意图。为了演示效果，图中的角度并不同于真实的实验角度

第二，由于中子与原子之间的作用是由于中子与原子核之间的作用，中子散射主要对原子核占比相对较高的 H、C、N 等轻原子比较敏感，而对我们关心的

金属元素很不敏感。

第三，由于中子多与轻原子强相互作用，这使得它在测量生物分子或配位化合物分子时会具有太高的噪声，不太容易成功。

第四，由于中子与原子之间的作用过弱，穿透深度太大，所以需要的样品量过大，有时甚至多达几克 (g)，使得人们对珍贵样品无法进行中子散射的测量。而被辐照的样品具有放射性，必须封存在实验箱中数月才能返还给用户，操作起来极为不便，这些都大大限制了它的实用性。

最后，中子辐照对生物样品的破坏性很大，使得中子散射谱学基本上不适用于对生物分子的测量。

3.3   X-射线振动散射能谱学的起源

第三代同步辐射技术的出现为人们提供了比先前的同步辐射光源更高的强度和准直度，使人们能够在其上获得具有高强度、高能量值和高能量分辨率的 X-射线，使得 X-射线的振动散射能谱学终于异军突起，获得成功。下面我们来具体看一看这一谱学方法的难点和发展过程。

3.3.1   振动的能量和 X-射线的能量

由于红外光谱、拉曼光谱等传统谱学的历史沿革，人们多采用波数 (cm^{-1}) 这一单位来描述振动或振动跃迁的能量。波数 (ν) 定义为波长的倒数，即

$$\nu(\text{cm}^{-1}) = 1/\lambda \tag{3-2}$$

例如：波长为 5 μm 的红外线具有波数为 2000 cm^{-1}(=0.2 μm^{-1}) 的能量。这是一个相当低的能量。

另一方面，同步辐射或其他高能 X-射线的辐射能量比振动跃迁的能量要高好几个数量级，人们因此多倾向用电子伏特 (eV) 来表示它们的能量。1 eV 是指电子在 1 V 的电势场内所具有的势能。1 eV 的单个光子具有 1.6×10^{-19} 焦耳 (J) 的能量，而 1 mol 这样的光子则具有 100 kJ 的宏观能量。请注意，这里的 100 kJ/mol 表示 1 mol 的光子集合具有 100 kJ 的能量，不是一个光子具有 100 kJ 的能量。

本书的目的是通过测量高能 X-射线的散射现象来研究振动的能级信息，因此 eV 和 cm^{-1} 将是本书最经常出现的两个能量单位，它们之间的换算关系为

$$1 \text{ eV} = 8065 \text{ cm}^{-1}$$

或

$$1 \text{ meV} = 8.065 \text{ cm}^{-1} \tag{3-3}$$

那么，分子的振动拥有多少能量呢？一个具有 800 cm^{-1} 跃迁的振动模态对应于 0.1 eV 的单光子能量，或 10 kJ/mol 的宏观能量。作为参照，高能 X-射线的能量大于 20 keV，为振动能量的 20 万倍以上。这样高的 X-射线能量和具有测量振动的能量分辨率 (1 meV)，使得只有极少的一部分 X-射线被选用 → 入射强度很低 → 散射强度很低 → 测量起来非常困难，这为其一。其二是单从分辨率方面来看，要对 10 keV 以上的高能 X-射线实现约 1 meV 的能量分辨率本身就是一项难度很高的工作。这好比：如果要在长度为 100 mm 的测量中达到 1 mm 的测量精度可能并非难事，但若要在总长度为 20 km 的测量中仍然实现 1 mm 的测量精度，那就十分困难了。

3.3.2 X-射线振动散射能谱学的建立

X-射线非弹性散射或 IXS 通常指的是一个总体概念，由于 X-射线是直接与电子产生交互作用，最初的 IXS 散射是被用于研究各种与电子有关的激发和跃迁规律的，比如研究 Ni 的 L-边跃迁。这些测量只需要大约 1 eV 的分辨率，在技术上比较可行。用 IXS 散射研究振动或声子现象的可能性最早在 20 世纪 80 年代为科学家们所预言和正式提出，它实际上是一种 X-射线的拉曼散射谱学。当时，人们开始注意到在离开 Al 晶体的衍射斑不远处的空白地带仍有一些较弱的衍射强度。当初那些有关 Al 的衍射斑点之外的弱强度线非常类似于图 3.4(a)、(b)、(c) 中在衍射斑点外围箭头所指处的弱强度线，尽管图 3.4 并非有关 Al 的衍射。对比图中的 (a)、(b)、(c) 得知：这些弱散射强度线在样品温度逐步降低的过程中变得更弱，使得衍射斑点本身更加清晰和突出。这说明这些弱强度线来源于和分子的热振动有关的现象，属于与振动有关的散射。图 3.4(d) 给出了一个简单的解释：在晶体的布拉格衍射中，人们最关注的当然是入射 X-射线被晶体弹性散射后的方向变化，即衍射斑点的中心位置；但当 X-射线不是同静止的，而是同振动着的晶格发生作用时，除了衍射这一弹性散射现象外，射线还会和晶格发生能量交换，产生与振动跃迁有关的非弹性散射，并伴随着能量和动量的变化，带来那些衍射斑点外围的弱散射强度 [图 3.4(d) 斑点外的虚线]。

尽管原理上如此，但要想分辨振动和有目的地测量 IXS 振动散射，人们必须使入射的 X-射线和测量散射 X-射线的分光能谱仪都达到可以分辨振动能级的分辨率。这个分辨率在红外谱学中通常选在 4 cm^{-1}，在拉曼散射谱学中通常为 4~8 cm^{-1}，人们因此通常将大约 1 meV (8 cm^{-1}) 的能量分辨率认定为能够分辨振动的标准能量分辨率。

由传统 X-射线管产生 X-射线的上态半衰期大约为 10^{-16} s，由不确定原理得出对应的 X-射线的自然线宽为几个 eV，如表 3-1 所示。也就是说：由实验室方法产生的 X-射线的线宽远远宽于测量振动所需的线宽。另外，X-射线管根本无法实现对能量的连续调整，也无法提供足够的射线强度。也就是说，实验室 X-射线管根本无法作为振动散射实验的光源。虽然同步辐射可以实现对能量的连续调整，线宽原则上也可以由单色器调制，但是由老一代的同步辐射光源提供的 X-射线在强度上的差距还是很大，对测量振动散射显得无能为力。这就是 IXS 振动散射虽然在 20 世纪 80 年代就有人正式提出，但很长时间一直没有实质进展的根本原因。

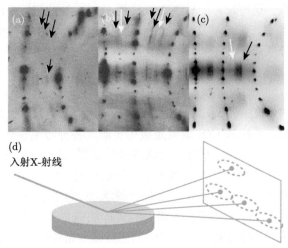

图 3.4   (a) 60 K 时 TTF-TCNQ 分子的；(b) 40 K 时 $TTF_{0.97}TSF_{0.03}$-TCNQ 分子的；(c) 20 K 时 $HMTTF_{0.05}HMTSF_{0.95}$-TCNQ 分子的衍射斑点图 (取自网络)。可以看出在很多斑点外围的漫散射强度随着温度的降低而明显降低；(d) X-射线的弹性散射 (中心衍射斑点) 和非弹性散射 (斑点外围的虚线) 原理示意图

表 3-1   几种元素的 X-射线特征谱线宽度

元素	原子序数	跃迁	能位/keV	线宽/eV
Ti	22	Kα1	4.51	1.87
		Kα2	4.50	2.34
Cr	24	Kα1	5.41	1.97
		Kα2	5.41	2.39
Fe	26	Kα1	6.40	2.55
		Kα2	6.39	3.00
Co	27	Kα1	6.93	2.26
		Kα2	6.92	3.08
Ni	28	Kα1	7.48	2.25
		Kα2	7.46	3.15
Cu	29	Kα1	8.05	2.40
		Kα2	8.03	2.98

到了 20 世纪 90 年代中叶，APS、ESRF 旧环和 SPring-8 这三个世界上的

第三代高能同步辐射光源先后建成，提供了具有高亮度、高通量、高准直性和高能量的 X-射线；同时，X-射线光学器件也取得了长足的进步，特别是具有 1 meV 左右的高分辨单色器和分光能谱仪的出现，为将 IXS 技术用于对振动散射的研究打开了大门。由于如此高的能量分辨率将使得 X-射线的通量大幅度损失，人们需要有强度很高的光源来弥补高分辨单色器和分光能谱仪的光通量差这一重大弱点。因此，目前的 X-射线振动散射实验全都是在世界上已有的四大高能同步辐射环 APS、ESRF、SPring-8 和 Petra-Ⅲ 上进行的。这些同步辐射中心各有一条或几条这样的光束线，大部分光束线已经成功地把 X-射线的振动散射谱学应用到各个领域的振动或声子问题的研究当中，其中包括对晶体、绝缘体、半导体、超导体、溶液和配位化合物等重要样品的声子色散关系和能态密度函数的研究。

3.3.3　X-射线振动散射能谱学的名称

X-射线的振动散射属于非弹性 X-射线散射的一种特例。由于历史沿革，英文中仍然将之统称为 Inelastic X-ray Scattering，或简称 IXS，这些名称中没有强调它用于测量振动。为了强调应用范围，我们将专门测量振动的非弹性 X-射线散射能谱学在本书的范围内定义为 X-射线振动散射能谱学或 IXS 振动散射。同时，我们还将在不会引起误解的情况下继续沿用简称 IXS 或 IXS 散射来表示同一谱学方法。

作为对比，我们将几种非弹性的 X-射线散射技术的能量范围、能量转移量范围和应用范围列于表 3-2，供读者参考。比如，通常意义上的非弹性 X-射线散射可以包括表 3-2 中的 X-射线拉曼散射、非共振非弹性 X-射线散射、非弹性软 X-射线散射和 X-射线振动散射等。但只有列于表中最后的 X-射线振动散射和核共振振动散射这两种谱学技术才具备研究振动问题的能力。这就是希望单独定义 X-射线振动散射能谱学这一名称的主要原因。

表 3-2　几种非弹性的 X-射线散射能谱学的能量范围、能量转移量范围和应用范围

X-射线散射技术	能量/keV	能量转移量	应用和特点
康普顿散射	100	$1\sim5$ keV	电子动量密度、费米面形状
共振型非弹性 X-射线散射	$4\sim20$	$0.1\sim50$ eV	电子结构、电子跃迁
X-射线拉曼散射	10	$50\sim1000$ eV	能谱边结构、分子结合能
非共振非弹性 X-射线散射	10	$0.1\sim10$ eV	电子结构、电子跃迁
非弹性软 X-射线散射	$0.1\sim2$	$0.01\sim5$ eV	电、磁结构，电、磁跃迁
X-射线振动散射	$10\sim30$	$1\sim100$ meV	振动谱学、声子色散关系、原子动力学
核共振振动散射	$10\sim30$	$1\sim100$ meV	具同位素甄别性的振动谱学

3.3.4　X-射线振动散射能谱学的优势

为了说明 X-射线振动散射能谱学的特点，我们首先对比一下几种常见的非弹性散射谱学方法和它们的能量转移量和动量转移量的适用范围，并将它们总结在

图 3.5 中。请注意，这些谱学方法并非全部是用于测量振动的。

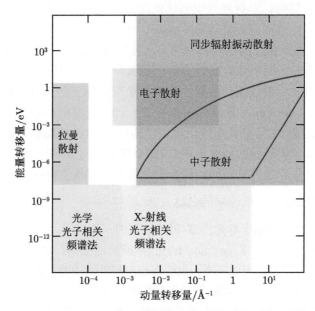

图 3.5   各种非弹性散射谱学方法所测量的能量转移量和动量转移量区间示意图

我们对比一下 X-射线振动散射 (图中整个紫色区间) 和中子散射 (图中曲线三角包围的紫色区间) 的情况。虽然原则上中子散射也可以探测能量转移量和动量转移量以及之间的色散关系，而且各自的允许范围还比较大，但由于散射偏角较大 [图 3.3(a)]，两者之间完全相互独立的区间较小，图中的曲线反映了这一关联和限制。而拉曼散射光谱的入射光线能量仅为 2~3 eV(625~415 nm 的波长)，能量转移量最大也就到 1 eV。且由于光子没有静止质量，而可见光或紫外线的能量又较低，其动量基本上在 0 附近。其他能谱学也在能量转移量和动量转移量的范围方面各有各的限制。而由于包括 X-射线振动散射能谱学在内的非弹性 X-射线散射能谱学具有很宽的、相互独立的能量转移量和动量转移量范围，还有其他一些突出的优越性，因而它异军突起，成为后起之秀。

首先，与中子不同的是：X-射线属于光子，它的静止质量为零。因此，根据德布罗意关系式得出的 X-射线波长 λ 为

$$\lambda = hc/E \quad \text{或} \quad \lambda(\text{nm}) = 1.24 \times 10^{-3}/E(\text{eV}) \tag{3-4}$$

式中，h 为普朗克常量；c 为光速；E 为射线能量。具有 0.1~1 nm 短波长的 X-射线将具有 1.2~12 keV 的高能量，远远高于要测量的振动能级的跃迁。但也正是这个与待测能级相差甚远的 X-射线能量，使得 X-射线振动散射的能量转移量 (ΔE，

正比于 k 与 k' 两者绝对值之差) 和动量转移量 ($Q = k - k'$) 可以在很大范围内有独立变化的空间 [图 3.3(b)]。这样，IXS 散射的能量转移量覆盖从几个 eV 到几十个 keV 的广阔区间 (不限于测量振动)，可以涵盖物质介电响应的全部范围；动量转移量也可包括波矢空间的整个布里渊区，应用范围很广。

其次，人们可以通过改变测量方向来改变散射的动量转移量，方法简单。而且只要样品到分光仪的距离足够远，IXS 散射的动量分辨率可以很高。比如，我们在测量 $[FeCl_4]^-$ 晶体时，其实验动量分辨率高达 0.48 Å^{-1}。

第三，尽管其能量转移量比入射能量小得多，但有第三代同步辐射光源的帮助，人们对 IXS 散射的测量依然可行。加上 X-射线是直接与电子产生交互作用的，散射截面比中子散射截面高许多，因此该谱学方法依然有合理的散射强度。

第四，由于同样的原因，X-射线在样品中的穿透距离比中子散射的穿透深度要小很多，其样品的需要量也从大约 1 mL 量级，下降到 1 μL 量级，但得到的能谱信息仍然不失为体信息 (~1 mm 量级)。

更重要的是，由于中子散射在样品中的穿透距离太大，它往往会有大量的多重散射转化为复杂的能谱背景，这大大增加了谱学分析的难度。而 X-射线对样品的散射几乎可以近似为一次散射，其背景噪声也只有弹性散射或多声子过程。

最后，由于 IXS 散射过程为电荷中性，并无电子激发过程，因此在研究绝缘体时不会受到类似于测量 X-射线吸收能谱学时经常出现的充电效应带来的实验困扰。

3.4　X-射线振动散射能谱学的原理

3.4.1　X-射线非弹性散射的散射截面

当 X-射线照射到振动的晶体时，除了弹性散射过程外，同时还会存在晶体吸收或者放出声子，从而改变 X-射线的能量和动量的非弹性散射过程。非弹性散射前后的 X-射线分别服从如下动量守恒定律和能量守恒定律：

$$\begin{aligned} k &= k_0 + q \\ \Omega &= \Omega_0 \pm \omega(q) \end{aligned} \tag{3-5}$$

在公式 (3-5) 中，我们用 Ω 和 k 来表示 X-射线本身的能量 (在理论上，能量多用角频率表征) 和动量 (多用波矢表征)；用 ω 和 q 来表示晶体中声子的能量和动量 (这里的 q 与图 3.3(b) 和前面讨论中的 Q 相同)。公式 (3-5) 表明，X-射线与晶体样品之间在散射过程中发生了能量转移和动量转移。

不同方向上的散射代表着具有不同动量转移量的散射。如果如图 3.3(b) 的向量关系在散射过程中得以保留，跟踪测量不同散射方向上的能量转移量，人们就可以得出能量转移量 (ω) 和动量转移量 (q) 之间的关系：$\omega(q)$，称为色散关系。除了这一色散关系之外，能态多寡与能量转移量 (ω) 之间的能态密度函数 $g(\omega)$ 也是非弹性散射研究中的重要问题之一。

　　虽然入射的 X-射线与振动的相互作用原则上可能有几个声子同时参与，形成倍频、合频等，但在 IXS 散射中一个声子参与的作用总是要占据主导地位，称为一级过程。本书也仅仅讨论一级过程。

　　散射截面表征能谱学过程的跃迁概率和信号强度，是任何谱学都最为关心的中心议题。根据 X-射线的散射理论，当处于初态 (I) 的准直 X-射线与样品产生相互作用后，其射线的能量和动量 (散射方向) 都有一个可能的变化和变化范围。其中，在能量范围为 dω 和散射立体角范围为 dΩ 的条件下探测到终态 (F) 的 X-射线的微分散射截面为

$$\frac{\mathrm{d}^2\sigma}{\mathrm{d}\Omega\mathrm{d}\omega} \propto \sum_{I,F} |\langle F|H|I\rangle|^2 \times \delta(E_F - E_I - \hbar\omega) \tag{3-6}$$

其中 E_I 和 E_F 分别为 X-射线光子在被样品散射前和散射后的能量值；q_I 和 q_F 为对应的动量值；$\hbar\omega$ 为 X-射线散射过程中的能量转移量。公式 (3-6) 与描述量子跃迁的一般性公式 (2-10) 相类似，而且表面上也没有包含动量 q_I 和 q_F。不同谱学方法或跃迁过程的细节会反映在它们不同的哈密顿量的作用项 H 上，而动量作用项也就包含在这个哈密顿量的作用项中。如果我们忽略电子轨道与电子自旋之间相互作用的贡献，则入射 X-射线与样品晶体相互作用的哈密顿量的作用项为

$$\boldsymbol{H} = \boldsymbol{H}^{(1)} + \boldsymbol{H}^{(2)} = \sum_j \frac{e^2}{2mc^2} A_j^2 + \sum_j \frac{e}{mc} A_j \cdot p_j \tag{3-7}$$

其中 $\boldsymbol{H}^{(1)}$ 项描述 X-射线具有相干性的非共振散射过程，与向量势 $\boldsymbol{A}$ 有关，从而保留了它与能量转移量ω 和动量转移量 p 之间的向量关系。也就是说，$\boldsymbol{H}^{(1)}$ 项描述的散射过程同时符合公式 (3-5) 中的两个守恒定律。这个 $\boldsymbol{H}^{(1)}$ 项又可以进一步分解为描述一个自由电子对 X-射线散射的散射因子项 (dσ/dΩ) 和描述样品结构的结构因子项 $S(q, \omega)$ 的乘积，如公式 (3-8) 所示：

$$\frac{\mathrm{d}^2\sigma}{\mathrm{d}\Omega\mathrm{d}\omega} = \frac{\mathrm{d}\sigma}{\mathrm{d}\Omega} S(q,\omega) \tag{3-8}$$

这里，散射因子项与谱学方法和实验设置等条件有关，用同一实验方法测量不同的样品应该得到相同的散射因子 (dσ/dΩ)；同理，用不同谱学方法测量同一个样品时，其样品的结构因子 $S(q, \omega)$ 应该不变。当然，结构因子 $S(q, \omega)$ 同样保留了它与ω 和 p 之间的矢量关系。人们因而可以通过测量 IXS 散射来获得 $S(q,\omega)$，并进而推知ω 与 p 之间的色散关系$\omega(p)$[和能态密度函数 $g(\omega)$]。

公式 (3-7) 中的 $\boldsymbol{H}^{(2)}$ 项描述共振散射过程 RIXS，其贡献为 (此处略去细节)

$$\frac{\mathrm{d}^2\sigma}{\mathrm{d}\Omega\mathrm{d}\omega} \propto \sum_{I,F}\left|\sum_N \frac{\langle F\,|\,\boldsymbol{H}^{(2)}\,|\,N\rangle\,\langle N\,|\,\boldsymbol{H}^{(2)}\,|\,I\rangle}{E_N - (E_I + \hbar\omega_1) - \mathrm{i}\varGamma_N}\right|^2 \times \delta\left(E_F - E_I - \hbar\omega\right) \qquad (3\text{-}9)$$

其中 I、F、N 分别代表散射过程的初态、终态和共振中间态。代表共振散射的 $\boldsymbol{H}^{(2)}$ 项与点乘量 $\boldsymbol{A}\cdot\boldsymbol{p}$ 有关。因而，它散失了散射截面与 ω 和 $\boldsymbol{p}$ 之间的向量关系，取而代之的是它与 $\boldsymbol{A}\cdot\boldsymbol{p}$ 之间的标量关系。它的动量守恒关系已经散失，而仅仅满足式 (3-5) 中的能量守恒定律。因此，共振散射只能测得能态密度函数 $g(\omega)$，而无法求取色散关系。由于 $\boldsymbol{H}^{(2)}$ 项 [或式 (3-9)] 在且只在能量差值 $E_N - E_I$ 等于 $\hbar\omega$ 的共振条件下才会变得比较重要，在本章讲述的非共振的 IXS 散射中几乎没有贡献，因此我们不再详述。

3.4.2 一维原子链的晶格振动问题

从 IXS 散射测得的结构因子 $S(q, \omega)$、色散函数 $\omega(p)$、能态密度函数 $g(\omega)$ 等在原则上可以针对任何小能级的跃迁，但本书最关心的自然是有关振动的跃迁。关于从分子振动学出发，对从完全定域 (指局限于几个原子之间) 的气体分子振动到完全非定域的、全晶体的晶格振动的综合讨论，以及对金属配位化合物和生物分子金属中心的振动特点的描述，我们将在第 6 章中统一进行。在这里，我们仅仅以一维晶格的整体性振动为例，简单介绍一下什么样的晶体结构会有什么样的色散函数 $\omega(p)$ 或能态密度函数 $g(\omega)$ 这样的一个对应关系。这些内容通常在固体物理学中讲解。

最简单的模型大概就是由同一种原子组成的一维晶格模型了，其中的原子犹如许多规则排列的小球，彼此间由弹簧连接起来，每个原子小球的振动会带动周围的小球振动，如图 3.6(a) 所示。这里的模型与双原子或多原子气体分子等各个分子间相互独立的情况完全不同，这样的振动为整体性振动，它将以弹性波的形式在整个晶体中传播，而不是几个原子间的局部振动。这一完全非定域的振动模型对描述金属或合金等的振动十分符合，而对研究生物分子来说，它并不完善，但也是一个较好的开端。

根据晶体学或固体物理学的定义，晶体中能够保留原子排列对称性的最小的晶胞称为原始晶胞。那么，以上的一维晶格模型的原始晶胞就是包含一个原子和其左右各 $a/2$ 距离的一维晶胞，它的晶胞大小就是平衡时的原子间距 a。

请注意，我们这里研究的是一维问题，不仅样品是一维的，其振动空间也是一维的。也就是说，当原子振动时，其振动只能在 x 方向上进行：在某个时刻 t，第 n 个原子偏离其平衡位置的位移为 x_n，左右相邻原子的位移分别为 x_{n-1} 和 x_{n+1}，如图 3.6(b) 所示。如果我们此时只考虑最近邻的原子之间有相互作用而忽

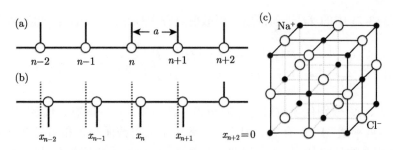

图 3.6　(a) 单原子一维晶格结构模型示意图；(b) 单原子一维晶格的振动状态示意图；
(c)NaCl 晶体的三维结构示意图

略其他更远程的相互作用，则作用在第 n 个原子上的合力 (F_n) 为

$$F_n = \beta(x_n - x_{n-1}) - \beta(x_n - x_{n+1}) = \beta(x_{n+1} + x_{n-1} - 2x_n) \tag{3-10}$$

第 n 个原子的运动方程为

$$m\mathrm{d}^2x/\mathrm{d}t^2 = \beta(x_{n+1} + x_{n-1} - 2x_n) \tag{3-11}$$

其中 β 为原子间的弹性系数；m 为原子质量。根据高等数学知识，它的尝试解应该为三角函数的组合，如：

$$x_n = A\mathrm{e}^{\mathrm{i}(\omega t - naq)} \tag{3-12}$$

其中，A 为振幅；na 是第 n 个原子在平衡时的绝对位置坐标；q 为振动的波矢；ω 为振动的角频率。请注意：振动能量 E 与角频率 ω 的关系为 $E = \hbar\omega$，$\hbar$ 为约化的普朗克常量。这样，虽然一维原子链上有许多原子，各有不同的位移量，但它们的位移量都与一个参量 t 有关，也就是说其实它们只有一个振动自由度 t。在某一时刻，其中一个原子的位移状态就决定了其他全部原子的位移状态了。

将式 (3-12) 的尝试解代回式 (3-11)，整理得到

$$-m\omega^2 = \beta(\mathrm{e}^{-\mathrm{i}aq} + \mathrm{e}^{\mathrm{i}aq} - 2) = \beta[\cos(aq) - 1] \tag{3-13}$$

或

$$\omega = 2(\beta/m)^{1/2}|\sin(aq/2)| \tag{3-13'}$$

这样，由一种原子组成的一维晶格的振动能量 (这里的角频率 ω) 与振动动量 (波矢 q) 之间的色散关系就如式 (3-13) 和图 3.7(a) 所示。

如果一维晶格是无限长的，那么这条曲线是连续的，振动状态可以取曲线上的任何点。然而，晶体不可能是无限长，因此就有了边界条件的限制和能级量子化的问题。通常人们采用玻恩–卡曼边界条件来处理以上这样的一维晶格问题，也

就是让它首尾的函数值相等：这等同于将链长为Na的一维晶胞处理为首尾相连的环状晶胞。这样：

$$x_{n+N} = x_n$$
$$\to Ae^{i[\omega t-(n+N)q]} = Ae^{i[\omega t-nq]} \tag{3-14}$$
$$\to e^{-iaq} = 1$$
$$\to q = (2\pi/na) \cdot h \quad (h\text{为整数}) \tag{3-15}$$

也就是说：有限长度的晶体导致波矢q不能取任意数值，而必须取量子化的一系列$q=(2\pi/na) \cdot h$值，角频率ω也要取相应的离散值。尽管原理上如此，但由于晶体的大小通常在微米或以上的量级，N值在几千以上，因此q值和ω值可以被认为是准连续的。只有当晶体的总长为nm量级时，它的动量和能量才会显示出真正的量子化。

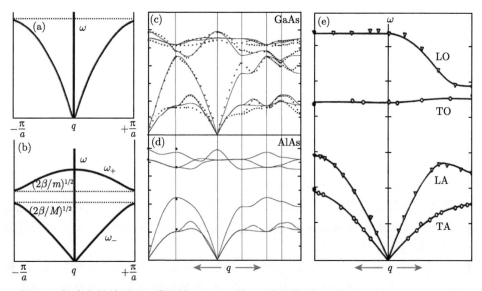

图 3.7 概念上的单原子一维晶格 (a)、双原子一维晶格 (b)，以及 GaAs(c)、AlAs(d)、NaCl(e) 三维晶体的色散关系图$\omega(q)$。(c)、(d)、(e) 取自网图，其 (e) 中的 O 代表光学波，A 代表声学波，L 代表纵波，T 代表横波

3.4.3 声学波和光学波

下面我们接着考虑由 P 和 Q 两种原子组成的一维晶格模型。我们假设：晶格常数 (原始单胞的大小) 还是 a；平衡时，相邻的 P 和 Q 原子的距离为 $a/2$，P 到 P 的距离为 a，Q 到 Q 的距离为 a；P 和 Q 的原子质量分别为 M 和 m；P 和 Q 原子间的力常数为 β，并假设也只有 P-Q 原子间才有相互作用，没有远程

作用；在某个 t 时刻，第 n 个原始单胞中的 P 原子的位移为 x_n，Q 原子的位移为 y_n，相邻晶胞中原子的位移分别为 x_{n-1}、x_{n+1}、y_{n-1}、y_{n+1}。

与 3.4.2 节的推演过程大致上相似，人们可以通过以下的步骤求解一维双原子链晶格的色散关系。我们在这里略去有关细节，仅仅给出步骤的导读，有兴趣的读者可以进一步参见有关固体物理或线性代数的教程。首先，从经典弹性力学出发，人们得到类似于式 (3-11) 的、但含 x_n 和 y_n 两个变量的两个运动方程；再将类似于式 (3-12) 的、关于 x_n 和 y_n 的两个尝试解代入到运动方程组中；整理可得到含有振幅 A、B(应该看作是常数) 和参数 q、ω 等的二元一次代数方程组，类似于上面的一元一次方程 (3-13)；如果要想确保振幅 A 和 B 不全为零，则这个二元一次方程组的系数之间必须满足如下的久期方程：

$$
\begin{vmatrix}
2\beta - M\omega^2 & -2\beta\cos\left(\dfrac{1}{2}aq\right) \\[2ex]
-2\beta\cos\left(\dfrac{1}{2}aq\right) & 2\beta - m\omega^2
\end{vmatrix} = 0
\tag{3-16}
$$

由此，我们得到

$$
\omega_{\pm}^2 = \frac{\beta}{Mm}\left[(M+m) \pm \sqrt{M^2 + m^2 + 2Mm\cos(aq)}\right]
$$

$$
= \frac{\beta(M+m)}{Mm}\left\{1 \pm \sqrt{1 - \frac{4Mm}{(M+m)^2}\sin^2\left(\frac{1}{2}aq\right)}\right\}
\tag{3-17}
$$

这就是双原子组成的一维晶格模型的色散关系曲线，如图 3.7(b) 所示。同样，晶体的边界条件使得双原子一维晶格系统的能量和动量必须量子化，但同样也由于晶体的尺寸一般在微米量级或更大，因此图 3.7(b) 中的曲线对许多实际问题来说可以被视为准连续的曲线。

与图 3.7(a) 中的单原子情形不同，双原子一维晶格的色散曲线有 ω_+ 和 ω_- 两个分支，对应于两个独立的振动模态。我们将角频率较高的 ω_+ 晶格振动分支称为光学波，将角频率较低的 ω_- 分支称为声学波。在 $q \to 0$ 的长波极限时，ω_+ 值最大，ω_- 值最小 (等于零)，光学波和声学波的能量位置差别最大，特征差别在此时也应该最为明显；当 q 不断增加时，两者的差别在不断缩小；当 q 到达第一布里渊区边界 $\pm\pi/a$ 时，ω_+ 值最小，ω_- 值最大，两者之差此时最小，但仍然有能量带隙，称为能量禁带。

光学波的物理图像是：在 $q \to 0$ 的长波近似下，晶胞中两种不同的原子 P 和 Q 的振动相位相反，或者说波函数表达式中的振幅符号相反，比值 $A/B < 0$。此时，原子时时位移量与各自的质量成反比，晶胞质心和系统质心保持不动，如图

3.8(a) 所示。如果原始单胞内是带有电荷相反的两种离子 [如图 3.6(c) 中的 Na^+ 和 Cl^-]，那么正负离子的相对运动必然会产生电偶极矩的变化，与照射的光波发生相互作用，产生红外吸收，因此 ω_+ 被称为光学波。而声学波的物理图像是：在 $q \to 0$ 的长波极限下，两种原子 P 和 Q 的时时振动位移之比 $(y_n/x_n) \to 1$，两个原子间无相对位移，晶胞中原子 P 和 Q 的振动相位相同，即同向振动。也就是，晶胞内原子间没有振动，振动是一个晶胞相对于其他晶胞之间的振动。我们的模型是假设只有相邻原子间才有相互作用，所以声学波是一个晶胞与相邻晶胞间的相互振动；如果将相互作用项包括到远程原子间的弱作用，则还会有几个晶胞与几个晶胞间的更长程的振动，如图 3.8(b) 所示。由于 P 和 Q 两者的振幅和位相完全相同，这一振动类似于长距离传播的声波，因而称 ω_- 为声学波。

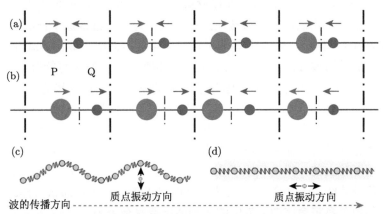

图 3.8   (a) 双原子晶格振动的光学波振动状态；(b) 包括到远距离原子间存在相互作用后，双原子晶格振动的声学波振动状态之一：两个晶胞与两个晶胞间的振动；(c) 横的振动状态；(d) 纵波的振动状态

另一方面，虽然声学波代表的是晶胞与晶胞间或一系列晶胞相对于另外一系列晶胞的大范围振动，但还不是整个晶体都向一个方向移动 (那就不是振动了)：在经过一个或几个晶胞后，晶胞的振动方向会变为相反 [图 3.8(b)]。

3.4.4   传播中的横波和纵波

类似地，对于由单一原子组成的三维晶体，人们可以得出三组有关 ω^2 和 q 的关系式，代表着三条声学波的色散关系谱线：两支是垂直于波传播方向振动的横波 [图 3.8(c)]，一支是沿着波传播方向振动的纵波 [图 3.8(d)]。因为一个原始单胞内只有一个原子，它无法形成光学波。

在更一般的情况下，如果原始单胞是含有 s 个原子的复式晶格，则共存在 $3s$ 个关于 ω^2 和 q 的关系式，代表着 $3s$ 个弹性格波和 $3s$ 条色散谱线。其中 3 支是

声学波 (A)，与上述单原子的三维晶格模型一致；其他的 $3s-3$ 支全是描写原始复式格子单胞内各原子间相互振动的光学波 (O)。由于晶体内的原子或原子团不存在转动，光学波的分支数目 $3s-3$ 与分子振动的情况 ($3s-6$) 不同。这样，一个双原子的三维晶体会有 3 个声学波和 $3×2-3=3$ 个光学波，如图 3.7 中的 GaAs(c) 和 AlAs(d) 的色散谱图就共有 3 条声学波和 3 条光学波曲线。

但图 3.7(e) 中的 NaCl 只有 4 条谱线。这是由于它的晶体结构和振动状态具有高度的对称性，所以该系统在两个垂直于波传播的方向上各向同性，因而它的两个声学波横波 (TA) 和两个光学波横波 (TO) 将会发生量子简并，出现能级和能谱谱线的重合。因此，图 3.7(e) 中的 NaCl 只有 4 条谱线，它们分别对应于 2 个横向声学波 (TA，A= 声学波/T= 横向)、1 个纵向声学波 (LA)、2 个横向光学波 (TO)、1 个纵向光学波 (LO)。即便材料本身是一维的 (如纳米线等)，如果其振动空间是三维的，我们还是应该按三维模式来处理。一维双原子样品的三维振动问题同样有 TA、TO、LA、LO 等分类，有 4 条色散曲线类似于 NaCl[图 3.7(e)]。由于一维样品的横波 TA、TO 应该是对称的和简并的，它不可能有 6 条曲线。

以上讨论的问题与双原子气体分子的振动仅有一个振动模态的情形完全不同。这是由于晶体中的每一对 Na^+ 和 Cl^- 之间的振动不是相互独立的，而且在三维空间的多个方向上存在振动，并非仅仅在一个方向上。也就是说，这里讨论的是晶体整体参与的振动过程，其振动波也在整个晶体内传播，而双原子气体分子间是相互独立的，振动仅限于在一个分子内。另外，读者可能已经注意到真实样品的色散曲线 (c)、(d)、(e) 显然没有理想状态 (a)、(b) 那么对称。其实，更多样品的色散关系将会比图 3.7 中的各种情况要复杂得多。

3.5　X-射线振动散射能谱学实验

用于 IXS 散射测量的实验装置大致包括：具有高分辨率的 X-射线单色器，用于提供具有大约 1 meV 分辨率的 X-射线光源；样品和测量环境；作为探测系统的分光能谱仪加上探测器这三大部件。其总体原理如前面的图 3.3(c) 所示，其中 $2\theta_M$ 代表入射的 X-射线在高分辨单色器上的衍射角；$2\theta_S$ 代表输出的高分辨 X-射线在样品上的散射角；$2\theta_A$ 代表散射 X-射线在分光能谱仪上的衍射角。

3.5.1　IXS 实验对于光源的要求

要想用 IXS 散射来测量振动，人们必须首先使光源的能量分辨率达到可分辨振动能级的水平，也就是要达到或接近 1 meV 的能量分辨率。由于同步辐射射线具有高度准直性，光源本身的动量准确性一般不是问题。而实际上动量转移量的精确性除了和分光仪的前置狭缝大小以及散射角度的几何测量精度有关之外，往往也与入射 X-射线的能量线宽有关。因此，确定 X-射线光源的能量线宽达到标准是 IXS 散射实验的第一项条件。

为了得到符合探测振动谱学要求的高分辨光源，人们通常必须通过双级单色器先后两次对 X-射线进行分光单色化：第一级单色器先产生具有大约 1 eV 能量分辨率的 X-射线；第二级单色器接收具有 1 eV 线宽的 X-射线并产生具有 1 meV 左右的高分辨 X-射线。作为辅助组件，一个具有高分辨率的典型的 X-射线光束线可能还包含准直镜、KB 聚焦镜、相位延迟片等。

第一级单色器与其他普通的 X-射线光束线上的单色器基本一致，用于提供高能的硬 X-射线，如 10~60 keV 等。它主要采用一对如 Si(111) 双晶体片，利用布拉格衍射原理扫描选取出具有所需能量大小和大约 1 eV 能量线宽的 X-射线。除了单色化的功能之外，它还可以将在此之前的、能量线宽为 100 eV 左右的白光 X-射线中的主要热量阻挡在这一级单色器上，因此它被人们称为高热负载单色器 (High Heat Load Monochromator，HHLM)。在 APS 上，有些光束线上曾经采用过钻石晶片 C(111) 来作为 HHLM 的分光晶片，而非 Si(111) 晶片。钻石晶体 C(111) 明显较为昂贵，但它的稳定性好，并可以采用水冷却，而不必使用液氮冷却，运转起来比较方便。不过，近年来也有几条束线将之换为液氮冷却的 Si(111)，因为那样可以提高光通量；而 SPring-8 上的各条光束线基本上是使用液氮冷却的 Si(111) 晶片组成的 HHLM。虽然运行比较麻烦，但液氮冷却的 Si(111) 单色器可以产生通量较高的 X-射线，更适合于需要高度单色化的实验束线。一般在第三代高能同步辐射环上产生的、从波荡器处引出的白光 X-射线的发散角已经比 Si(111) 晶体的布拉格衍射的张角要小，因此在 HHLM 之前无须再用任何准直镜便可以收入全部白光 X-射线。由于这第一级单色器的线宽为 1 eV，而第二级单色器的扫描范围通常最大只有 200 meV，则波荡器和第一级单色器上的能量在振动散射测量过程中无须扫描或再调整。

接下来要讨论的是高分辨单色器 (High Resolution Monochromator，HRM)。它对 1 eV 线宽的 X-射线进行了进一步的衍射分光，进而获取大约 1 meV 线宽的 X-射线。高分辨单色器通常需要采用 Si 晶体的高阶衍射来实现分光单色化，比如，产生 21.8 keV 的高能 X-射线需要用 Si(11,11,11) 的晶面衍射。这一晶面在理论上的最佳能量分辨率可达 0.8 meV，而实际操作上已经达到的分辨率约为 1.5 meV。由于高阶衍射的衍射角和入射角的角宽必须很窄，人们通常在第一级单色器之后采用准直镜来准直输入到高分辨单色器上的入射 X-射线光束，这样可以增加高分辨 X-射线的最终输出强度。准直镜还有另一个功能，就是它可以在镜面上使用不同材料的镀膜，过滤掉少量的高阶 X-射线，增强输出的 X-射线的纯净度。由于高分辨单色器的光通量与能量线宽基本上成反比，因此具有较高能量分辨率的 X-射线肯定具有较低的光通量。一般用于 IXS 散射实验的束线具有大约 10^{10}

光子/秒量级的高分辨 X-射线。

我们知道任何单色器的原理都是通过晶体对 X-射线的布拉格衍射, 使其能量分光并且选择输出其中一个很窄的能量区间, 高分辨单色器也不例外。在单色器的分光过程中, 入射射线的波长 (λ)、参与衍射的晶面间距 (d) 和衍射角 (θ_M) 必须符合以下的布拉格衍射公式。如果我们只考虑 $n = 1$ 的一级 X-射线衍射, 则有

$$d\sin\theta_M = \lambda \qquad\qquad (3\text{-}18)$$

如果将波长 λ 换为能量 E, 并求导数, 则

$$(\Delta E/E) = \Delta\theta_M / \tan\theta_M \qquad\qquad (3\text{-}19)$$

依据式 (3-19), 高分辨单色器的工作方式大概可分为两类: 第一类是在入射角 θ_M 明显小于 $\pi/2$ 的条件下工作。由于此时的 $\tan\theta_M$ 数值较小, $\Delta\theta$ 较为少量的变化可以导致较高的 $\Delta E/E$ 值, 有利于利用角度扫描来获得较宽的能量输出范围。由于 θ_M 较小, 射线最终 "穿过" 单色器, 沿着光束原有的方向继续传播, 因而被称为在线式单色器 [图 3.9(a)]。这一类单色器的好处在于: ①它使得 IXS 光束线与其他类型的光束线在设计理念和布局总图上相符合, 光束线的传统走向顺序得以保留; ②它可以通过一次角度扫描覆盖较大的能量范围, 使它能够适用于对需要寻找特定共振能量的散射测量, 如对核共振散射过程的测量, 实现一束线多用途。我们因此将之安排在第 4 章做详细讨论。人们在 APS 的 03ID 和 30ID 等束线上使用了这一类的多用途高分辨单色器。

第二类高分辨单色器是让其在 $\theta_M \sim \pi/2$ 的条件下工作。此时, $\tan\theta_M \to \infty$, $\Delta E/E$ 值 $\to 0$, 能量 E 在 θ_M 有少量变化时会变得极不敏感, 使得能量的输出值 (E) 十分稳定。这时, 微调输出能量的工作是通过微调晶体的温度从而微调晶面的间距 d 来实现的。由于 $2\theta_M$ 接近 π, 在束线布局上形成背反射模式。人们在 ESRF 的 28ID 束线 [图 3.9(b)] 和 SPring-8 的 BL35XU 束线 [图 3.9(c)] 上使用了第二类的单色器。这第二类的单色器依然是利用高阶晶面的衍射来实现分光的。

在一个晶格常数为 a 的立方晶体中, 晶面指数为 (h, k, l) 的晶面间距为

$$d = a/(h^2 + k^2 + l^2)^{1/2} \qquad\qquad (3\text{-}20)$$

根据式 (3-20): 较高的晶面指数 (h, k, l) 将得到较小的晶面间距 d; 又据式 (3-18), 它将对应于具有较短波长 (或较高能量) 的 X-射线。同时, 高晶面指数的衍射空间角度又比较窄。这样, 指数越高的晶面衍射获得的衍射能量值越高, 能够达到的最佳能量分辨率也会越高。比如, Si(11,11,11) 提供的是 21.8 keV 的 X-射线, 其最佳理论能量分辨率为 0.8 meV, 可实现的实际能量分辨率为 1.5 meV; 而

Si(16,16,16) 提供的是 31.6 keV 的 X-射线,其理论和实际的能量分辨率分别高达 0.2 meV 和 0.3 meV。表 3-3 给出了部分 Si(n,n,n) 晶面的衍射能量和它们具有的理想线宽和实际线宽,供读者参考。

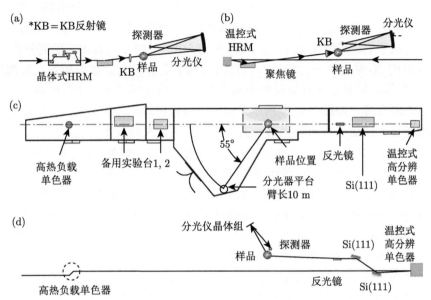

图 3.9 APS (a) 和 ESRF(b) 同步辐射环上采用的 IXS 实验方案对比示意图;SPring-8 BL35XU 光束线上的 IXS 实验设置平面示意图 (c) 和 X-射线光路的高度变化示意图 (d)

(c)(d) 引自束线官网

表 3-3 用于 SPring-8 的 BL35XU 束线上的高分辨单色器中采用的几种高阶 Si 衍射晶面 (第 2 列) 和它们相应的 X-射线工作能量 (第 1 列)、理论能量分辨率 (第 3 列) 和实际达到的能量分辨率 (第 4 列)

能量/keV	Si 衍射晶面	理论线宽/meV	实际线宽/meV
15.8	(8, 8, 8)	4.1	6.0
17.8	(9, 9, 9)	1.8	3.0
21.8	(11, 11, 11)	0.8	1.5
25.7	(13, 13, 13)	0.3	1.0
31.6	(16, 16, 16)	0.2	0.3
33.6	(17, 17, 17)	0.2	0.3

在利用第二类单色器时,人们必须注意考虑以下两个特点:一是由于衍射方向已经固定在 $2\theta_M \sim \pi$ 的方向,人们必须采用精确调控单色器晶体温度的办法来调节衍射晶体的晶面间距 d,从而微调衍射输出的 X-射线的能量。Si 晶体的晶格常数变化率为 2.5×10^{-6} K^{-1},如果我们决定选用的 X-射线在 21.8 keV 处,则温

度每变化 1 K，X-射线的能量将变化 54 meV；如果要涵盖 100 meV 的能量变化范围，需要调节的温度范围大约为 2 K；如果要实现 1 eV 的能量范围，则需要调节的温度范围大约为 20 K；同理，要达到 1 meV 的能量精确度，则温度的精确度至少需要控制在 20 mK 以内；实际控制在 10 mK 以内。如果温控不够精确，尤其是能量在同一幅能谱图扫描过程中产生漂移或跳动，会对能谱学测量带来严重的误差。

　　二是由于它的背反射式 $(2\theta_M \sim \pi)$ 布局，由高分辨单色器输出的高分辨 X-射线与入射的 X-射线的方向相反，但光路又几乎重合，因此必须加入一对额外的 Si(111) 晶体，用其边缘将背反射的高分辨 X-射线平移增高一小段距离，以方便后续的光路安排，如图 3.9(d) 所示。由于这两束射线的距离太近，人们在光束线的几何设计和建造上将面临比第一类单色器方案更大的技术挑战。

　　但是，这一类单色器和束线方案至少会带来以下几个好处：①折返式的平面布局 [图 3.9(c)] 使得人们可以更有效地利用光束线前端比较空旷的空间。以 SPring-8 的 BL35XU 束线为例，宽阔的棚屋空间使得表征动量转移量的散射转角 $2\theta_S$ [注意不是 $2\theta_M$，也不是 $2\theta_A$，请读者参见图 3.3(c)] 可以高达 55°。而在采用在线式高分辨单色器的振动散射束线上，其 $2\theta_S$ 范围较窄，通常只有 15° 左右。②尽管束线的光路安排在技术上面临挑战，但这类单色器本身免除了晶体方向扫描的复杂规程，使操作变得简单和稳定。例如，由于单色器和能谱分光仪中的分光晶体均无须进行电动扫描，人们可以很容易地将它们置于高真空系统之中。③同理，因为晶体总是在一个方向上，人们也无须考虑机械齿隙的校准等复杂工作，更换晶体的速度和方便性也将比第一类单色器要好。

3.5.2　IXS 实验对于探测系统的要求

　　为了有效地测量散射 X-射线的光子数目和精确界定散射射线的能量和动量转移量，人们必须使用一个高分辨、高效能的能量分光仪 (Energy Analyzer)。与高分辨单色器的原理相类似，高分辨分光仪通常也是由高指数、高品质的半导体晶片组成的，其原理也是利用晶体对 X-射线的衍射来进行分光，到达探测器的 X-射线的能量值和能量分辨率也是由晶体的衍射晶面和入射角度 (θ_A) 共同决定的。请读者注意，并再次参考图 3.3(c)：单色器上的入射角度是 θ_M；样品上的散射角是 θ_S，而此处讨论的能谱分光仪上的入射角是 θ_A。

　　如果束线上选用的是第二类的高分辨单色器，人们通常选用与高分辨单色器晶体完全相同的高阶晶面来对散射射线进行分光分析。比如，在 SPring-8 的 BL35XU 线上在 21.8 keV 处的 X-射线是由单色器中的 Si(11,11,11) 晶面提供的，同时它的分光能谱仪也选用了同样的晶面，两者的光路设计都为背反射的方式 $(\theta_M \sim \pi/2,\ \theta_A \sim \pi/2)$，能量都是用温控方法进行微调的。人们可选用固定输入能量而扫描散射能量，或选择扫描输入能量而固定选测散射能量这两种实验方案来进行 IXS 实验。比如其一，分光能谱仪的能量由恒定的温度固定在一个位置上，而入射射线的能量通过对温度的微调而进行扫描：能量转移量为扫描的入射能量与固定的散射能量之差。虽然我们无须对散射能量进行扫描测量，但仍然需要用 X-射线分光仪来精确界定这一能量。

根据表 3-3，越高指数的晶面散射将可获得越高能量分辨率的 X-射线。但仅仅依靠高指数晶面进行衍射还无法得到最佳的分辨率。整个实验装置还必须让样品–分光晶体–探测器之间具有足够长的距离，即有足够的分光仪臂长，才能使得实际分辨率尽可能接近最佳分辨率。对应于图 3.10(a) 中所示的变量，由几何尺寸带来的、在理论能量分辨率之外的 $(\Delta E/E)_1$ 值如下：

$$\left(\frac{\Delta E}{E}\right)_1 \approx \frac{cd}{2R^2} \tag{3-21}$$

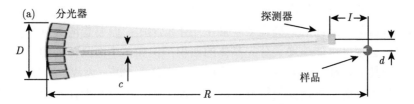

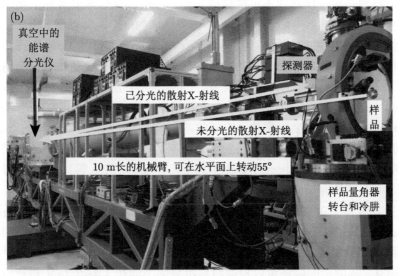

图 3.10　(a) IXS 能谱分光仪示意图 (注意图中尺寸并不一定合比例)：其中样品到分光镜 (或分光镜到探测器) 的距离 $R=10$ m，$l=200$ mm，$c=1$ mm，$d=5$ mm；(b) BL35XU 分光能谱仪、样品台和光束线整体的照片。X-射线从右边入射到样品位置 (紫色)。经样品散射后，未经分光确定能量的散射 X-射线 (黄色线) 经位于 10 m 外的能量分光仪分光后 (黄色线) 再反射到位于样品附近的探测器上 (橙色)，形成 IXS 散射信号

由此可以看出：样品–分光晶体–探测器距离 R 越大，则 $(\Delta E/E)_1$ 值应该越小。比如，对于如 $R = 10$ m, $c = 1$ mm, $d = 5$ mm 的几何关系对应的 $(\Delta E/E)_1 = 2.5 \times 10^{-8}$；如果 $E = 21.8$ keV，则 $\Delta E_1 = 0.55$ meV，这样的结构应该使 Si(11, 11, 11) 分光仪的综合能量分辨率达到：$(0.8^2 + 0.55^2)^{1/2} = 0.97$ meV，接近 1 meV。当然，实际获得的分辨率还会受其他因素的影响，所以在我们进行 IXS 实验的时候只有 1.5 meV 的分辨率。在 SPring-8 的 BL35XU 束线上有两套分光仪：一套具有 3 m 的臂长，它在垂直面上转动。这一系统测量的 X-射线的散射角度 $2\theta_S$[参见图 3.3(c)，注意不是 $2\theta_M$，也不是 $2\theta_A$] 可以覆盖到几乎 180° 的半空间范围，可以测量的动量转移量高达 15 Å^{-1}，但其最佳能量分辨率仅为 4 meV；另一套分光仪的臂长为 10 m，$2\theta_S$ 可在水平平面内转动，最大转动范围可达 55°，可以测量的动量转移量可达 10 Å^{-1} 左右，但能量分辨率可达 1.5 meV 或更高：束线装置如图 3.10(b) 的照片所示。

要想准确地维持布拉格衍射条件，分光晶体表面上的每一个点、样品的被照射点和探测器单元之间必须处在罗兰圈上 [图 3.2(b)]；而要想增大分光仪的光通量，人们就必须尽可能地增大分光晶体的面积；但如果平面晶体的面积太大，人们就无法让其上点都处于罗兰圈上。这样，分光仪上"每一大片"的 Si 晶体就不能是平板晶体，而必须是能使得分光晶体表面上每一个点都能在一个罗兰球面上的球面。当然，半导体晶片不可能做成真正的球面，这个球面实际上是由许许多多片面积很小的平面 Si(11, 11, 11) 晶体排列组成的一个近似球面。相比用于测量电子能级的 X-射线散射装置，用于研究振动散射的 X-射线的分光仪需要具有更高的能量分辨率，因此它对晶体的质量、晶面的平整度和小晶片组合的精度的要求都要更高，必须达到几乎完美的程度。当然，一个分光仪上还可以由多片这样的大曲面片组成，比如，BL35XU 的分光仪就是由 3×4 片这样的分光镜组成的，而探测器也是由 3×4 个探测单元组成的，每一片大分光镜将收集到的散射 X-射线在分光选取合适的能量后再聚焦到一个对应的探测单元上：如图 3.11(a) → (b) 上所示的一个分光晶体对应一个探测单元 (• 对 •，◦ 对 ◦ 等)。这样，每个单元与单元之间其实还有着微量的能量和动量的差别。

用于 IXS 测量的探测单元多由镉锌碲材料制成。镉锌碲，英文名称 cadmium zinc telluride 或 CdZnTe，简写为 CZT，是由碲化镉和碲化锌合金组成的化合物。它是一种直接带隙式的 II-VI 族化合物半导体，是一种性能优异的室温辐射探测器材料。而且，其能带间隙还可以根据材料组分的不同在 1.4～2.2 eV 进行调节，适用的环境范围也较宽。CZT 探测器至少有如下几个主要的优点：它对高能 X-射线和 γ-射线具有较高的灵敏度，又比闪烁体检测器具有更好的能量分辨率，因而具有适度的能量选择性；它容易被制备为各种不同形状或极小像素的探测单元等，而小像素单元有利于获得更高的动量转移量精度，比如，BL35XU 的动量测量精度可以达到 0.48 Å⁻¹；CZT 探测器可以在室温条件下操作，完成光电转换，而不需要像硅、锗探测器那样在液氮温度下进行工作。因为 IXS 散射的能量分辨已经在分光仪中完成，不需要探测器本身具有太高的能量分辨率，因此可以在室温下稳定工作、又具有高灵敏度的 CZT 探测器是一种很好的选择。

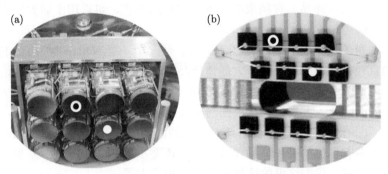

图 3.11　(a) IXS 能谱分光仪上的 12 片分光晶片的照片；(b) CZT 探测器上的 12 个探测单元的照片

3.5.3　样品的测量环境

我们这里只限于讨论样品的测量环境，也可以理解为是对有关样品池、样品移转台和冷阱的讨论。而有关样品本身如何制备、化学状态如何调控、如何保持等问题，我们将在第 5 章中与其他生物化学问题一并讨论。

除了在高分辨单色器之前需要采用准直镜之外，在它之后，人们有时还需要用 KB 聚焦镜把 X-射线聚焦到样品上。因为现在还不可能制造出用于 X-射线波段的聚焦透镜，人们只能选用反射镜来实现对 X-射线的聚焦。KB 聚焦镜是一种特殊的 X-射线的聚焦曲面，它首先被应用于 X-射线显微镜，然后又被用于其他的 X-射线光学系统，包括光束线。KB 聚焦镜包括水平聚焦镜和垂直聚焦镜，通常它们是成对使用的。当水平焦点和垂直焦点相重合时，X-射线束就成功地聚焦到了一点。在 SPring-8 的 BL35XU 束线上，人们可以将到达样品上的高分辨 X-射线聚焦为 100 μm × 150 μm 的小光斑。能够获得小光斑使得人们可以用 IXS 散射谱学来研究晶体尺寸很小的样品或在超高压实验腔等尺寸必须很小的空间内进行研究，扩大应用面。但更重要的是：只有采用尽可能小的光束斑点才能避免在后续能谱仪分光处带来额外的、不必要的谱线增宽，致使实际分辨率下降。简单说，只有这样才不会再次引入新的 $(\Delta E/E)_2$。

如 BL35XU 的多数 IXS 散射束线的样品台会有一个可以沿三个欧拉转角转动的量角器，它与测量 X-射线晶体学的量角器类似，可以精确定位样品本身的方位。请读者注意，$2\theta_S$ 是样品上入射和散射 X-射线的方向夹角，是表征散射过程的动量转移量的参数；而样品转角仅仅定义样品本身的晶向取向，它与 $2\theta_S$(或 $2\theta_M$、

$2\theta_A$) 毫无关系。自然，样品本身转角的变化也不会控制散射过程的能量转移量或动量转移量等实验指标。除了可以转动之外，样品台还可以对样品的高度和前后左右的位置进行适度的平动调整，以满足最佳的测量条件。另，多数的 IXS 散射束线还备有液氦冷阱，可以提供 4~10 K 的深冷温度环境，以保护生物分子样品或其他敏感的化学样品。有些束线还备有超高压装置，可以用于研究钻石成因等前沿的高压课题。

样品本身的尺寸有大有小，图 3.12(a) 是一个 $(Et_4N)[FeCl_4]$ 晶体的实体照片，它的直径高达 9 mm。这个大晶体样品的俯视图可以让人们用肉眼清晰地观察到该晶体的 6 个晶面。图 3.12(b) 是同一分子的一个尺寸较小但质量更高的晶体样品的侧面照片，人们可以从侧面清晰地看到它的 3 个高质量的晶面，分别由虚线隔开。图 3.12(c) 是一个乙酸铑二聚体的晶体照片，它的直径比 1 mm 略小，而实际上更多有价值的晶体样品比这个样品还要小得多。由于入射 X-射线的光斑在 0.1 mm 左右，我们这里的这些样品已经相当大了。

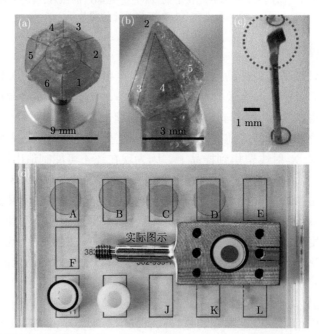

图 3.12　几个 IXS 样品池或样品架：(a) 一个直径为 9 mm 的 $(Et_4N)[FeCl_4]$ 晶体的 45° 俯视照片；(b) 同一分子的、另外一个尺寸略小 (直径 = 5 mm) 但质量更高的晶体样品的侧面照片。这些高质量的 $(Et_4N)[FeCl_4]$ 晶体样品 [如 (a)、(b)] 由当时的合作者、辽宁师范大学董维兵教授提供 (文献 [33])；(c) 一个乙酸铑二聚体的晶体照片，它的直径大约为 1 mm；(d) 可用于装置厌氧样品的样品池：它由两片 C、Be 等 X-射线窗口材料封闭而成

除了在制备样品的实验室对晶体样品进行 X-射线衍射的预先定位外，在光束

线上还可以利用同步辐射射线衍射，再次确认和锁定特定的测量晶向，进行 IXS 散射谱学的测量。当然，只有在研究色散关系时，锁定样品的晶向才是必要的。对于配位化合物样品或生物样品，由于人们最关心的是有关局部振动的光学波，此时对于是否锁定样品晶向，甚至是否为晶体样品都不是必要的。当然，即便是研究光学波和能态密度函数，晶体样品还是可以提供各向异性等更多的信息，以及具有比粉末样品小得多的背景噪声，并非一无所用，只是并非必须。

类似于图 3.12(d) 的样品池可用于装置厌氧样品：它由两片 C、Be 等 X-射线窗口封闭而成。厌氧样品必须在充满惰性气体的手套箱中完成组装，其后可以装入多层玻璃瓶等封装装置，再寄送至同步辐射光束线上进行实验测量。

3.6　X-射线振动散射谱图的分析

3.6.1　从原始数据求取纯的 IXS 散射谱

按 IXS 散射的测量流程，人们通常选定一个固定的2θ 位置，扫描入射能量，并测量针对固定散射能量的散射能谱，即散射强度与能量转移量之关系的原始数据谱；然后再变换2θ 位置，进行另外一次的入射能量的扫描和散射原始数据谱的测量，以此类推。每次 IXS 原始数据谱通常从负的能量转移量开始，扫描经过 $E = 0$ 处的弹性散射峰，再依样品的不同接着扫描到 50～100 meV 处的一系列非弹性散射峰。作为例子，$(Et_4N)[FeCl_4]$ 晶体的一个 IXS 原始数据谱如图 3.13(a) 的蓝实线所示。

人们之所以要扫描通过弹性散射峰，一是因为这样可以尽可能多地包括低频段的声学波；二是因为这样可以保证能量的零点在每一幅能谱图测量中获得校准。而且，即便是人们没有扫描通过弹性散射峰，它在非弹性散射处的背景依然存在。人们必须有效地去除强大的弹性散射峰和它在相对远离 $E = 0$ 处的背景散射，才有可能获得真正的非弹性散射谱图。而要想从强大的弹性散射背景中萃取出相对弱小的非弹性散射谱峰，我们需要了解 X-射线弹性散射具有什么样的线形函数，从而通过线形拟合从测量的原始数据中减去这些背景强度。

任何能谱的谱线总是有一定线宽、有一个线形分布函数的 [图 3.13(b)]，X-射线的振动散射谱也不例外。在多数情况下，线形函数对于中心能量位置来说是对称的，且在中心处取最大值。线形函数的半极值点所对应的能量的全宽度通常被定义为能谱线的宽度，也就是人们常说的半高全宽 HMFW。

线形函数随谱线展宽机理的不同而不同。首先，由谱线上态的寿命和不确定原理决定的谱线线形符合洛伦兹线形函数，其表达式为

$$I_L(E) = \frac{1}{\pi} \times \frac{\gamma}{(E - E_0)^2 + \gamma^2} \tag{3-22}$$

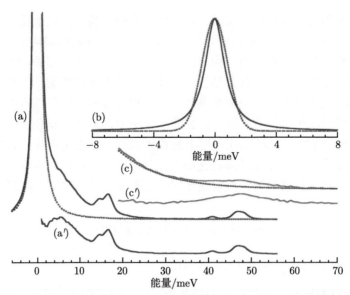

图 3.13　(a)(Et$_4$N)[FeCl$_4$] 晶体的一个 IXS 原始数据谱 (蓝实线) 和对它的弹性散射峰的组合
型背景拟合曲线 (红虚线)；(a′) 去除散射背景后的 (Et$_4$N)[FeCl$_4$] 晶体的纯非弹性散射谱；
(b) 具有相同半高全宽的洛伦兹线形 (蓝实线) 和高斯线形的分布函数 (红虚线) 的对比示意图；
(c)(Et$_4$N)[FeCl$_4$] 粉末样品的 IXS 原始数据谱 (绿实线) 和对它的弹性散射峰的拟合曲线 (红
虚线)；(c′) 去除散射背景后的 (Et$_4$N)[FeCl$_4$] 粉末样品的纯非弹性散射谱

其中，E 代表谱线分布中某一点的能量值；$I_L(E)$ 表示谱线在能量 E 处的强度；
E_0 表示谱峰中心位置的能量；γ 是 $I_L(E)$ 谱峰宽度的参数，它等于 HMFW/2。
由仪器误差带来的谱线展宽往往符合洛伦兹线形函数。

　　而由于统计的不确定性，或由于由分子热运动的多普勒效应等带来的谱线展
宽一般符合如下的高斯分布，也就是正态分布：

$$I_N\left(E\right) = \frac{1}{\sqrt{2\pi\sigma^2}}\mathrm{e}^{\frac{-(E-E_0)^2}{2\sigma^2}} \tag{3-23}$$

其中，E 表示谱线分布中某一点的能量；$I_N(E)$ 表示谱线在能量 E 处的强度；E_0 表
示谱峰中心位置的能量；σ 是 $I_N(E)$ 谱峰宽度的参数，它在这里等于 HMFW/2.355。
如果将具有同样线宽 HMFW 和同样最高强度的高斯分布和洛伦兹分布对比作图，
则可以看出：高斯分布的中心部分比较宽，但其强度分布下降迅速，很快归零，如
图 3.13(b) 的红虚线所示；而洛伦兹分布虽然中心部分较窄，但下降速度较慢，尾
巴很长，如图 3.13(b) 的蓝实线所示。请注意，洛伦兹线形的参数 γ = HMFW/2，
而高斯分布的 σ = HMFW/2.355，所以在图 3.13(b) 中不是 $\gamma = \sigma$。

　　原则上，IXS 散射的弹性散射背景既符合洛伦兹分布，又符合高斯分布。原

则上，它应该符合沃伊特 (Voigt) 线形函数，如下式所示：

$$V(E; \sigma, \gamma) = \int_{-\infty}^{\infty} G(E'; \sigma) L(E - E'; \gamma) \mathrm{d}E' \tag{3-24}$$

它是洛伦兹分布 $L(E - E'; \gamma)$ 和高斯分布 $G(E'; \sigma)$ 的卷积分，也就是在洛伦兹分布上的每一点 E' 要用高斯分布来展宽，再进行积分求和。

　　然而，在一般情况下，线宽可能主要由一种机制决定，另外一种机制的影响明显较小。这时候，人们可以仅仅用主要的分布来进行分析。X-射线的弹性散射和它的尾部背景强度基本上符合洛伦兹分布，而在离开中心能量有一定距离的位置上，洛伦兹分布的影响显然比正态分布有更突出的贡献 [对比图 3.13(b) 中的两种分布]。这样，如果采用洛伦兹分布来拟合去除 IXS 原始谱图中的弹性散射背景，则人们至少可以去除掉散射背景的绝大部分。如果效果还不是十分理想，当一种机制的线宽明显突出时，人们还可以尝试将卷积分近似化简为两个函数的直接乘积，即用 $L(E; \gamma)G(E; \sigma)$ 代替式 (3-24) 来拟合去除弹性散射背景。比如，图 3.13(a) 的红虚线就是用 $L(E; \gamma)G(E; \sigma)$ 来对测量所得的 IXS 原始散射谱图进行拟合的结果。请注意，这一方法只是实际操作上的近似方法，并无理论基础，因此操作时的参数与式 (3-24) 的参数也不同：在式 (3-24) 中，一种机理的展宽应该很窄，而另一种则应该较宽，比如 $\sigma \ll \gamma$；而在 $L(E; \gamma)G(E; \sigma)$ 的近似中，两者的线宽应该都比较宽。除了这些简单的近似方法，可供选择的商用和研究用线形拟合软件也很多。

　　经过如上的拟合过程对弹性散射谱峰和尾部强度进行去除，我们才能得到纯的 IXS 散射能谱，如图 3.13(a′) 所示。在原始数据中包括从负的能量转移量开始的弹性散射峰的另外一个好处是：它使得我们可以对散射背景作出更好的拟合，能够获得比如从 1 cm^{-1} 开始的良好的差值能谱图。

　　图 3.13(c) 给出了 $(Et_4N)[FeCl_4]$ 粉末样品的 IXS 原始数据谱 (绿实线) 和对它的弹性散射背景的拟合 (红虚线)，图 3.13(c′) 给出了相应的纯的非弹性散射谱。可以看出，粉末样品有着明显宽得多的谱线结构和高得多的弹性散射背景。

3.6.2　从晶格振动原理解读 IXS 散射谱

　　据上，一个纯的 IXS 散射能谱如图 3.13(a′) 所示：它大致上含有一个声学波谱包和几个分立的光学波谱峰的谱图。很明显，较为分立的、在 13~18 cm^{-1} 和在 40~50 cm^{-1} 的谱峰应该是光学波的谱峰，而在 13 cm^{-1} 以前的谱包应该是声学波的谱包。那么，由色散关系是否可以在理论上推知一个类似的谱图呢？

　　图 3.7(b) 是一维双原子链晶格的理论色散关系曲线。为了方便讨论，我们将之重新画在图 3.14(a) 中。根据固体物理的描述：在布里渊区内，由色散关系确定的一个具体的动量状态 (q) 对应能级的叠加即为状态密度或能态密度。人们也可

以认为能态密度是色散关系在能量轴 (ω) 上的投影，如图 3.14(b) 所示。而 IXS 散射能谱图为在某一固定动量状态 (q) 条件下，散射强度与能量转移量的关系，如图 3.14(c)。图 3.14(c) 中的能谱并非任何意义上的实测或计算能谱图，它仅仅是个示意图，它告诉读者色散关系 → 能态密度函数 →IXS 散射图谱在原理上相关。这些固体物理的概念涉及面广，理论难度也比较大。有兴趣的读者可参考有关的固体物理教程。

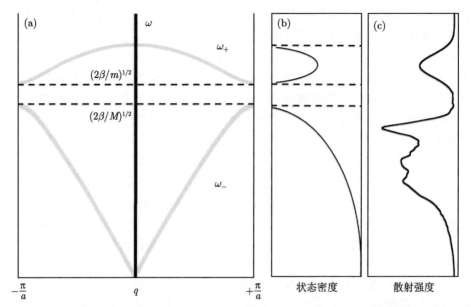

图 3.14　(a) 双原子一维晶格的色散关系曲线；(b) 双原子一维晶格的能态密度函数；(c) 一个假设的概念性 IXS 散射能谱图，包括低频的声学波谱包和高频的光学波谱峰

人们也可以这样认为：一个振动模态对应于一条色散曲线和在能态密度函数中的一个能谱峰。这样，双原子一维晶格的能态密度函数 $g(\omega)$ 或概念上的散射谱图应该有两个谱峰：分别对应于声学波 ω_- 和光学波 ω_+，如图 3.14(b)、(c)。在 3.4.4 节中介绍的双原子 NaCl、GaAs、AlAs 等三维晶格的振动各有 3 个声学波和 3 个光学波。

根据图 3.14(a) 的色散关系图，声学波 (ω_-) 的能量 (角动量ω) 比光学波 (ω_+) 低，因而它的谱峰的能量位置较低；而由于它的能量随动量 (q) 的变化也比较明显，因而能谱峰有较宽的范围，往往是几个声学波合并在一处，形成一个低频大谱包。而光学波的频率 (ω_+) 比较高，多在高频处；它的能量转移量 (ω) 与动量转移量 q 的关系比较弱，而且变化比较平缓。因此，光学波的谱峰多为离散谱峰，并且较窄。这样，一个纯的 IXS 散射谱应该是具有一个能量较低的、能量范围较宽的声学波谱包和几条能量较高、较为分立的光学波谱线：一个振动模态对应一条谱线。这样，图 3.14 给出了一个从色散关系到 IXS 散射谱图的概念性过程，提供了人们认识和直观解读 IXS 谱图的出发点。

依据这样的原理，如果我们仅仅考虑 $(Et_4N)[FeCl_4]$ 晶体中的 $[FeCl_4]^-$ 而忽略它的正离子，则它有 3 个声学波、12 个光学波。但由于 $[FeCl_4]^-$ 具有高度对称性，会出现能级和谱线的简并，因此我们只能看到在 $14\ cm^{-1}$、$18\ cm^{-1}$、$41\ cm^{-1}$、$46\ cm^{-1}$、$47.5\ cm^{-1}$ 处的这几个分立、半分立的光学波谱峰 [图 3.13(a′)]，和 $13\ cm^{-1}$ 前的声学波谱包。综前述，声学波基本上用于研究色散关系 $\omega(q)$ 和大范围的振动，而光学波则用于研究能态密度函数 $g(\omega)$ 和局部配位结构的振动。由于光学波表征晶胞中不同原子之间的振动，它适合于研究金属配位化合物或生物金属中心等的金属–配体间的振动问题和结构问题。由于这样的原因，本书自然更关心对光学波和能态密度函数的研究。当然，这只是一个概念，并非总是如此，生物分子中也存在大范围的整体振动问题 (如相变)，有时也需要探索声学波。

当晶胞变得复杂以后，能态密度函数将变得更加复杂，除了声学波形成谱包和态的量子简并之外，光学波的 "分立" 谱线也会有重合或部分重合，形成一些 "高频" 谱包；同时，代表较远程的或较弱的相互作用的谱线也会和代表声学波的低频谱包相重合，不易区分；在 ω_{-max} 和 ω_{+min} 之间存在一个禁带：如果能量转移量 ω 值正好处于这个禁带的散射过程，它将被强烈衰减，其波无法在晶体中传播。但对于复杂的结构来说，由于能带重叠，这个禁带可能也会消失。此时，这些样品的色散关系曲线也会变得复杂并具有非对称性。对这样的 IXS 散射能谱图的解读将不可避免地要借用理论计算等现代分析手段，而非直接读图。有关 IXS 振动谱学的具体应用，我们将在第 11 章中做介绍和讨论。

参 考 资 料

有关 X-射线散射的一般性文献：

[1] Bergmann U, Glatzel P, Cramer S P. Bulk-sensitive XAS characterization of light elements: from X-ray Raman scattering to X-ray Raman spectroscopy. Microchem J, 2002, 71:221-230

[2] Bergmann U, Ivanovic M, Glatzel P, et al. High-resolution X-ray imaging based on curved bragg mirrors: first results. IEEE Trans Nucl Sci, 2003, 50:140-145

[3] Glatzel P, Yano J, Bergmann U, et al. Resonant inelastic X-ray scattering (RIXS) spectroscopy at the Mn K absorption pre-edge—a direct probe of the 3d orbitals. J Phys Chem Solids, 2002, 66: 2163-2167

[4] Glatzel P, Bergmann U, Gu W, et al. Electronic structure of Ni complexes by X-ray resonance Raman spectroscopy (resonant inelastic X-ray scattering). J Am Chem Soc, 2002, 124: 9668-9669

[5]   van Veenendaal M, Liu X S, Carpenter M H, Cramer S P. Observation of dd excitations in NiO and $NiCl_2$ using K-edge resonant inelastic X-ray scattering. Phys Rev B, 2011, 83: 045101

[6]   张文凯，孔庆宇，翁祖谦. X 射线自由电子激光在化学与能源材料科学中的应用. 物理, 2018, 47(8): 504-514

[7]   Zhou K, 丁洪. 共振非弹性 X 射线散射：一种新型的 X 射线谱学探测方法的介绍. 物理, 2009, 39: 324-330

[8]   Cardona M, Merlin R. Light Scattering in Solids IX. Berlin: Springer Press, 2007

[9]   Zhang J, Averitt R D. Dynamics and control in complex transition metal oxides. Ann Rev Mat Res, 2014, 44:19-43

[10] Zhou J S, Alonso J A, Han J T, et al. Jahn-Teller distortion in perovskite $KCuF_3$ under high pressure. J Fluorine Chem, 2011, 132: 1117-1121
      有关中子散射的文献：

[11] Hudson B S. Vibrational spectroscopy using inelastic neutron scattering: overview and outlook. Vib Spectrosc, 2006, 42:25-32

[12] Choudhury N, Chaplot S L. Inelastic Neutron Scattering and Lattice Dynamics: Perspectives and Challenges in Mineral Physics. Boston: Springer, 2009

[13] 叶春堂, 刘蕴韬. 中子散射技术及其应用. 物理, 2006, 35:961-968

[14] 盛洁明，童欣，吴留锁. 非弹性中子散射在稀土钙钛矿研究中的应用. 物理, 2019, 48: 800-807
      有关 IXS 散射的文献：

[15] Fultz B, Kelley T, Mckerns M, et al. Experimental Inelastic Neutron Scattering. Berlin: Springer Press, 2016

[16] Burkel E. Phonon spectroscopy by inelastic X-ray scattering. Rep Prog Phys, 2000, 63: 171-232

[17] Sinn H, Alp E E, Alatas A, et al. An inelastic X-ray spectrometer with 2.2 meV energy resolution. Nucl Instrum Meth Phys Res A, 2001, 467-468: 1545-1548

[18] Hahn S E, Lee Y, Ni N et al. Influence of magnetism on phonons in $CaFe_2As_2$ as seen *via* inelastic X-ray scattering. Phys Rev B, 2009, 79: 220511

[19] Baron A Q R. Introduction to high-resolution inelastic X-ray scattering. Cond Mat, 2015, 1-71

[20] Baron A Q R, Tanaka Y, Goto S, et al. An X-ray scattering beamline for studying dynamics. J Phys Chem Solids, 2000, 61: 461-465

[21] Baron A Q R, Tanaka D, Miwa D, et al. Early commissioning of the SPring-8 beamline for high resolution inelastic X-ray scattering. Nucl Instrum Methods Phys Res Sect A, 2001, 467-468: 627-630

[22] Said A H, Sinn H, Toellner T S, et al. High-energy-resolution inelastic X-ray scattering spectrometer at beamline 30-ID of the Advanced Photon Source. J Synchrotron Radiat, 2020, 27: 827-835

[23] Leu B M, Alp E E. Resonant Inelastic X-ray Scattering. Kaufmann E N. Characterization of Materials. New York: John Wiley & Sons, 2012.

[24] Liu D Z, Chu X Q, Lagi M, et al. Studies of phonon like low-energy excitations of protein molecules by inelastic X-ray scattering. Phys Rev Lett, 2008, 101:135501/1-135501/4

[25] Hämäläinen K, Manninen S. Resonant and non-resonant inelastic X-ray scattering. J Phys Condens Matter, 2001, 13: 7539-7555

[26] Ishii K, Jarrige I, Yoshida M, et al. Instrumental upgrades of the RIXS spectrometer at BL11XU at SPring-8. J Electron Spectros Relat Phenomena, 2012, 188: 127-132

[27] Shi C Y. Local Structure and Lattice Dynamics Study of Low Dimensional Materials Using Atomic Pair Distribution Function and High Energy Resolution Inelastic X-ray Scattering. Manhattan: Columbia University, 2015

[28] Messaoudi I S, Zaoui A, Ferhat M. Band-gap and phonon distribution in alkali halides. Phys Status Solidi B, 2014, 252: 1-6

[29] Baron A Q R. X 線非弾性散乱による結晶中フォノンの研究. 分光研究, 2009, 58: 205-214

[30] Baron A Q. High-resolution inelastic X-ray scattering I: Context, spectrometers, samples, and superconductors//Jaeschke E, Khan S, Schneider J, Hastings J. Synchrotron light sources and free-electron lasers. Berlin: Springer, 2016

[31] Baron A Q. High-resolution inelastic X-ray scattering II: Scattering theory, harmonic phonons, and calculations//Jaeschke E, Khan S, Schneider J, Hastings J. Synchrotron Light Sources and Free-Electron Lasers. Berlin: Springer, 2016

[32] Baron A Q R. Phonon spectra in pure and carbon doped MgB_2 by inelastic X-ray scattering. Physica C, 2007, 456: 83-91

[33] Rueff J P. An Introduction to inelastic X-ray scattering// Beaurepaire E, Bulou H, Scheurer F, et al. Magnetism and Synchrotron Radiation. Springer Proceedings in Physics, 133. Berlin, Heidelberg: Springer, 2010

[34] Dong W B, Wang H X, Olmstead M M, et al. Inelastic X-ray scattering (IXS) of a transition metal complex ($FeCl_4$)—vibrational spectroscopy for all normal modes. Inorg Chem, 2013, 52: 6767-6769

有关固体物理学的书籍：

[35] 韩汝琦，黄昆. 固体物理学. 北京：高等教育出版社, 1998

[36] 李正中. 固体理论. 北京：高等教育出版社, 2002

[37] 文尚胜，彭俊彪. 固体物理简明教程. 广州：华南理工大学出版社, 2007

第 4 章　核共振振动散射能谱学

原子对 X-射线的散射分为电子散射和核散射，第 3 章讲解的 IXS 散射谱学属于电子散射谱学。从本章开始，我们将要展开介绍另外一种新型的同步辐射振动散射能谱学方法：它是通过观察原子核对高能 X-射线的共振散射，从而间接测量与之相关的振动跃迁的谱学方法，它的基本过程如图 4.1(a) 所示，它与传统的激光光致荧光光谱学方法有些相似。当单色的 X-射线入射到达样品后，将激发样品中待测的同位素核，使其跃迁到核上态，同时激发某个振动模态。少部分处于核上态的样品将直接跃迁回到核基态，产生核跃迁荧光信号 $h\nu_1$。而更大部分处于上态的原子核将其能量的一部分用于激发 K 层电子，另一部分转化为非辐射的内能。被这样激发的电子回到基态，就产生了电子 Kα 跃迁的 X-荧光信号 $h\nu_2$。这两种 X-荧光信号的总体 $(h\nu_1 + h\nu_2)$ 正比于核振散射的概率，构成核散射信号，而这一信号与振动散射的能量转移量间的关系即为核共振的振动散射能谱。因为核散射信号可以用核跃迁本身极窄的能级宽度来界定散射射线的能量值，而不需要额外使用分光能谱仪来分光选定散射能量，因而光通效率比第 3 章介绍的 IXS 散射方法要高许多，很有应用价值。

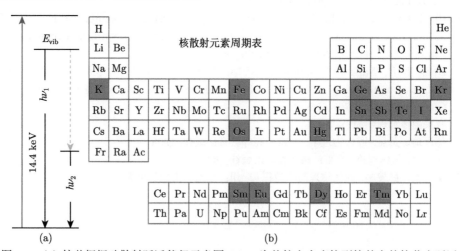

图 4.1　(a) 核共振振动散射跃迁能级示意图：$h\nu_1$ 为从核上态直接到核基态的核荧光跃迁，$h\nu_2$ 为电子 Kα 的 X-荧光跃迁；(b) 具有核散射同位素的元素在元素周期表中的位置 (图中阴影位置)，因而此表也被称为核散射的元素周期表

4.1 核散射：从穆斯堡尔谱学说起

4.1.1 X-射线的核散射和电子散射

除电子云可以对 X-射线产生散射之外，原子核对 X-射线也同样会产生散射，包括振动散射。这样，测量电子散射可以测量电子云随振动变化的状况；而测量核散射也可以用来研究原子核的振动规律。那么，核散射有什么特点呢？它与电子散射有什么相同和不同呢？两种振动是一回事吗？通常说，X-射线的核散射或核跃迁具有如下几个基本特点。

第一，虽然原子核的质量几乎等于整个原子的质量，但它的体积很小，导致核的散射截面仅占整个原子散射截面的很小一部分，大部分为电子散射截面。因此，核散射的强度比电子散射要弱得多。除了这一形象的讲解之外，从散射理论上说：一个电量为 q，质量为 m 的点电荷对入射的 X-射线的康普顿散射截面公式为

$$\sigma_T = \frac{8\pi}{3}\left(\frac{q^2}{mc^2}\right)^2 \tag{4-1}$$

其中，c 为光速。这样，一个原子核的散射截面正比于 $(Zq/M)^2$，其中 Z 为原子序数，q 为一个电子的电荷量，M 为原子核质量；同理，一个电子的散射截面正比于 $\frac{q^2}{mc^2}$，m 为电子质量。总结说：质量越大，散射截面越小。定量来看，核与电子的散射截面之比为 $(Zm/M)^2$，通常约为 10^{-7}。即便是核的共振散射，这个比值也不足 10^{-3}。因此，只有在没有电子作用或其作用信号被彻底排除在外的情况下，人们才能对核作用和核散射进行有效的观察。

第二，以 ^{57}铁(^{57}Fe) 为例，由于核共振散射的截面为其非共振散射截面的 5700 倍，假如电子作用信号被完全排除在外，则核共振散射的背景理论上为零。

第三，由于原子核的质量很大，核散射过程要比电子散射过程慢得多。尽管这个联想可能太过于简单，但核作用的弛豫时间的确要比电子作用的弛豫时间长几个数量级。例如，X-射线与电子之间的相互作用时间通常为 fs 量级，而与 ^{57}Fe 核作用的 $1/e$ 的衰变时间为 143 ns。这使得人们有可能从时间域上彻底区分 X-射线的核散射信号和电子散射信号，从而能够从电子散射的强大背景中区分并有效地萃取核散射信号。

第四，基于量子力学的不确定原理，由于核作用的衰变期通常很长，则核跃迁能量宽度 ΔE 非常之窄。例如，^{57}Fe 的 $\Delta E/E$ 为 10^{-13}，^{67}Zn 的为 10^{-15}，^{107}Ag 的为 10^{-22} 等。

最后，发生核作用的 X-射线的能量范围往往较高，比如 ^{57}Fe 的共振跃迁在 14.4125 keV 处 (通常简称为 14.4 keV)，^{151}Eu 的共振跃迁在 21.541 keV 处。

电子直接参与化学成键，因而电子散射可以直接反映与化学键有关的结构和能级信息。测量核作用并不直接给出这些信息，但由于极窄的 ΔE(如 ^{57}Fe 的核跃迁宽度只有 4.6 neV)，人们很容易实现对于核的共振跃迁的精确测量，并获得与之相耦合的其他小能级信息，比如超精细能级、振动能级等。从这些细微的谱线中，人们可以间接、但十分灵敏地推测出原子本身的化学价态和对称性等重要的电子或配位信息。

人们也许会问：电子散射和核散射有无共同之处呢？对它们各自的测量是否会得出一致的测量结论呢？比如电子云的振动与原子核的振动是一回事吗？答案是：在满足玻恩–奥本海默近似 (Born-Oppenheimer Approximation) 的条件下，由核散射测量得到的和由电子散射测量得到的原子结构信息是相同的，对振动信息的测量也是如此。那么，什么是玻恩–奥本海默近似呢？我们可以这样考虑，固体样品是由庞大的离子骨架和大量的自由电子组成的多粒子体系，电子围绕原子核骨架运动，而原子核又存在着热振动。要同时严格求解电子与电子之间、电子与原子核之间以及核与核之间这么多重的相互作用几乎是不可能的。但注意到电子与核的质量相差很大、核的运动速度比电子要慢得多的事实，人们可以近似地把电子的运动与核运动分开来考虑：在考虑核的热振动时，认为原子核可以代表整个原子，电子可以随时跟上原子核的位置变化，无须特别考虑；而在考虑电子的运动规律时，因为核的运动速度很慢，可以近似认为核是固定不动的。这就是玻恩–奥本海默近似，又称绝热近似，是由奥本海默和他的导师玻恩在 1927 年共同提出的。这一假设在大多数实际情况下是成立或近似成立的，比如第 3 章讨论过的晶格振动动力学就是建立在这个假设基础上的。在这一近似下，人们就可以将电子的运动与核的运动在解薛定谔方程时分开来处理，常被用于建立较为简单的化学、物理学或分子动力学模型。

人们或许还会问：第 3 章中，我们是选用非共振的电子散射来测量振动的。那么此处为什么又要选择共振的核散射来测量振动呢？

总的来说，共振散射多为人们的首选：如果可能的话，人们总是希望通过测量共振散射来获得具有更高强度的能谱信号，测量电子散射是如此，测量核散射也是如此。对于电子散射，为了分辨散射的能量转移量，并将非弹性的散射信号从弹性散射的大背景下分离出来，人们必须使用能够达到 1 meV 能量精度的单色器和分光仪来完成这项工作。由于这样的实验到目前为止还十分困难，因此人们只能选择测量非共振的电子散射。而测量非共振散射的限制较少，相对比较容易获得较高的能量分辨率，比如，Si(11, 11, 11) 晶面可以制备具有 21.8 keV 能量和 1.5 meV 能量分辨率的单色器和分光仪。当然，非共振散射是相干散射，它可以保留动量和能量的守恒关系，并且可用于研究色散关系等，因而较共振散射具有某些方面的优越性，但信号量的确很低。

核散射的弛豫时间多在 ns 量级，它们的核跃迁谱线宽度多为 neV 量级，如 ^{57}Fe 在 14.4 keV 处的核跃迁线宽为 4.6 neV。这样窄的线宽和相对稀疏的核能级使得核共振跃迁本身可以让散射能量精确地锁定在一个几乎固定的位置上，起到了能谱仪的作用，而无须利用分光仪继续分光。此时，人们只要扫描入射 X-射线的能量，就可以不断地改变能量转移量，实现散射测量的要求。同时，能够具有 14.4 keV 能量和 1 meV 能量分辨率的单色器已经存在，适用于对含 ^{57}Fe 等同位素之样品的核共振散射的精细测量，并萃取出与核共振相耦合的、线宽在 meV 量级的振动能级的信息。

核作用的弛豫时间为 ns，电子作用的弛豫时间为 fs，两者相差几个数量级。这样，核散射的信号计数与电子散射的背景计数可以在时间上给予彻底区分，没有必要使用分光能谱仪来区分弹性散射和非弹性散射。这样可以大大提高核散射信号的通量和计数水平。同时，虽然非共振的核散射过程也是存在的，但由于其信号量仅为共振核散射信号量的几千分之一，人们没有必要非要测量非共振的核散射。

请注意，无需分光能谱仪的实验方案仅仅对于测量核散射奏效的原因首先是它的跃迁线宽很窄 (neV)，散射能量可以自我定位；再者，核共振散射信号和电子散射背景在时间上可以被彻底区分和分离。而除此之外，核共振散射基本无其他的背景计数。电子散射/跃迁的自然线宽为几个 eV(参见第 3 章表 3-2)，自然无法直接界定线宽为 1 meV 的振动跃迁，而必须采用分光仪来测量散射的能量值。而由于电子的弹性散射过程和非弹性散射过程都是在 fs 量级，在时间上并无差别，因此人们也必须采用分光能谱仪将两者在能量上加以区分，并萃取出非弹性散射信号。

4.1.2 穆斯堡尔谱学原理

在介绍能量转移量范围为 0~100 meV 的、有反冲的振动散射之前，让我们首先来熟悉一下同样是研究核散射的、能量转移量小于 1 μeV 的、无反冲的穆斯堡尔谱学。穆斯堡尔谱学是通过测量高能 X-射线的核共振散射来研究固体中的核超精细能级分裂的谱学方法。它以 1958 年发现该效应的 R. L. 穆斯堡尔命名。

理论上讲，当一个原子核由激发态跃迁到基态时，它会发射出一个高能 X-射线光子；当这个光子遇到另一个同样同位素的、但处于基态的原子核时，应该被其正好共振激发，产生核共振，如图 4.2(a) 所假想的那样。然而，处于自由状态的原子核要实现上述这个过程是十分困难的。这是因为当第一个原子核放出一个光子的时候，会产生一个反冲动量，而反冲动量的产生会使光子的能量减少，正如大炮射击时炮座会向后产生反冲而炮弹的能量会相比理论值下降一样。另一方面，基于同样的原因，入射光子又必须具有比原子核吸收能量略高一些的能量，才能弥补由吸收反冲而造成的能量损失，以正好满足共振吸收条件。由于核跃迁的能量线宽很窄 (neV)，而反冲能量通常要比这个线宽大很多，这样一来一去，相同原子核的发射能量和吸收能量之间实际上会有很大的差异，无法实现共振吸收。比如，人们迄今为止还无法在气体或稀释的液体中观察到任何穆斯堡尔效应。

正如穆斯堡尔当年指出的那样，实现核共振吸收的关键就在于消除上述的反冲效应，实现无反冲散射。如果人们把发射和吸收光子的原子核均置于固体的晶格之中，那么出现反冲效应的主体就不再是一个原子核，而是整个晶体中成千上万的原子核。由于晶体的质量要远远大于单一的原子核质量，反冲能量就减少到基本上可以忽略不计的程度，正如当大炮被固定在地面上就可以基本消除炮座的反冲一样。

1958 年，穆斯堡尔使用 ^{191} 锇(^{191}Os) 晶体作射线放射源，用 ^{191} 铱(^{191}Ir) 晶体作吸收体，首次在实验上实现了原子核的无反冲共振吸收。除了 ^{191}Ir 外，穆斯堡尔后来还亲自观察到了 ^{187}Re、^{177}Hf、^{166}Er 等一些同位素核的无反冲共振吸收。由于这些工作，穆斯堡尔于 1961 年获得了诺贝尔物理学奖。除此之外，穆斯堡尔谱学还用来研究含 Fe、Sn、Ti、Eu 等 40 余种元素的 90 余种同位素的 110 余个核共振跃迁过程。图 4.1(b) 给出了部分常见的、具有穆斯堡尔同位素的元素以及它们在元素周期表中的位置。截至 2005 年，人们已经在几乎所有含有穆斯堡尔同位素的固体和黏稠液体样品中观察到了穆斯堡尔效应。

人们用无反冲因子 (或称无反冲分数)f 来表征可以实现这样的无反冲的共振吸收过程的概率。如果要观察到穆斯堡尔效应，人们至少要求 $f > 0.01$，而最重要的穆斯堡尔同位素 ^{57}Fe 的 f 值高达 0.8。无反冲分数 f 与样品温度的关系如下：

$$f(T) = \exp\left\{-\frac{3E_R}{2k_B\theta_D}\left(1 + 4\left(\frac{T}{\theta}\right)^2\int_0^{\theta_D/T}\frac{x}{e^x - 1}d_x\right)\right\} \tag{4-2}$$

其中，T 为样品温度；k_B 为玻尔兹曼常量；θ_D 为德拜温度；E_R 为反冲能量等。撇开复杂的细节，最简单的结论就是：温度越低，无反冲分数 f 越高。因此，目前绝大部分同位素只能在低温下才能观察到穆斯堡尔效应，有的还需要使用液氮，甚至液氦对样品进行冷却。在室温下只有 ^{57}Fe、^{119}Sn、^{151}Eu 这三种同位素存在穆斯堡尔效应。其中，用 ^{57}Co 作放射源来研究 ^{57}Fe 的共振吸收过程已成为人们在常温或低温下最常用和研究得最多的穆斯堡尔谱线。

穆斯堡尔谱学中最主要的参量是化学位移 [δ, 图 4.2(b)] 和电四极矩分裂 [Δ, 图 4.2(c)]，两者直接表征的是核能级的细小分裂。如果有外磁场存在，穆斯堡尔谱带还会进一步分裂为六条谱线 [图 4.2(d)]，对应于磁量子数 m_I 取不同数值时的能级分裂，类似于塞曼效应。图 (e)、(f)、(g) 分别给出了相对于穆斯堡尔谱图

(b)、(c)、(d) 的能级分裂图，这些分裂的细节可以间接表征原子核外围的电子组态的不同，并进而获得化学价态方面的信息。

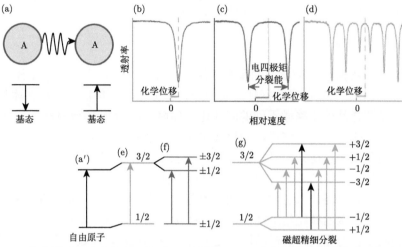

图 4.2 (a) 自由原子核的发射和吸收原理示意图；(b) 只有化学位移、没有电四级分裂的穆斯堡尔谱图；(c) 具有化学位移和电四级分裂，但没有外磁场作用的穆斯堡尔谱图；(d) 同时具有化学位移、电四级分裂、磁分裂的穆斯堡尔谱图；(e)、(f)、(g) 与谱图 (b)、(c)、(d) 相对应的跃迁能级图

　　穆斯堡尔谱的线宽非常窄，因此对能量具有天然的高分辨本领。它同时具备抗干扰能力强、对样品无破坏探测、实验技术和样品制备较为简单等主要特点。它的样品可以是导体、半导体或绝缘体；可以是晶体、非晶体、薄膜或固体的表层；可以是粉末、颗粒，或是冷冻溶液，范围广泛。现在，穆斯堡尔谱学已经发展成为一门独立的能谱学，广泛应用于物理学、化学、材料科学、生物学、医学、地质学、矿物学和考古学等许多领域，主要利用它进行各种精密的频差或能差的测量。我们也将几个经典的应用归纳如下，供读者参考。

　　测量引力红移：根据相对论预言，引力势能的不同会引起光子从不同高度处离开地球时的频率有少量区别，每相差 20 m 带来的频差为 2×10^{-15} Hz。1960年，庞德和里布卡利用穆斯堡尔效应首次在实验上测量到了这个微小的频差。穆斯堡尔谱线极窄的线宽成为人们能够观察到如此之小的位移的主要原因。

　　验证迈克耳孙–莫雷实验：1970 年，伊萨克 (Isaak) 利用穆斯堡尔效应测量了地球相对于以太的速度。实验测得以太速度的上限为 5×10^{-5} km/s $= 50$ mm/s，否定了地球相对于以太有运动，实际上否定了以太的存在。

　　在生物化学方面：元素 Fe 常见于许多金属酶的活性中心，它们起着催化、电子转移、氧化还原控制等一系列关键的生物化学作用。利用穆斯堡尔效应可以研究血红素蛋白、铁硫蛋白及其他含铁蛋白的结构，推知元素 Fe 与配位体之结构的细小变化。它与 X-射线晶体学、扩展 X-射线吸收精细结构、电子顺磁共振 (Electron Paramagnetic Resonance, EPR)、傅里叶变换红外 (FTIR)、拉曼等谱学方法一起，构成了人们研究生物化学的几种最常见的科学手段。

4.1.3   穆斯堡尔谱学实验

实验室的穆斯堡尔谱学的测量是利用放射性同位素作为光源，比如用 ^{57}Co 的放射辐射测量 ^{57}Fe 的吸收跃迁。实验中，即便是两者都被固定在固体基座上，由于放射源和样品处于略微不同的固体化学环境中，^{57}Co 的放射和 ^{57}Fe 的跃迁能量可能还是略有不同。这样，如果采用固定能量的放射源能量进行操作，则人们有可能还是无法实现共振吸收。因此，人们必须使放射源 (^{57}Co) 的能量可以在微小范围内调节，以保证 ^{57}Fe 可以产生共振吸收。同时，只有具有一定的能量调节能力，人们才可能让入射射线的能量覆盖样品中穆斯堡尔谱的化学位移和电四级分裂位移等细微的核超精细能级范围。在实验室中，这一能量微调的工作是让放射源相对于作为吸收体的样品以一定速度 v 往返运动，通过多普勒效应来精确调制放射源所发生的高能 X-射线的频率，即能量。而样品对于 X-射线在不同能量处的相对透射率就是样品的穆斯堡尔吸收谱。

多普勒效应是由多普勒于 1842 年首先提出的有关物体发出的频率会因为波源和观测者之间的相对运动而产生变化的效应，它首先被用于声波，然后逐步拓展到其他各领域中。人们很容易观察到这样一个有趣的现象：当一辆救护车迎面驶来的时候，听到的声音会变尖，频率升高；而当它离你远去的时候，声音的频率会变低，如图 4.3(a) 所示。这是因为：当运动的波源向你运动而来时，声波的波前波会被压缩，波长因此变短，频率变得较波源发出时为高，产生蓝移；当运动的波源离你而去时，声波的波前会被拉伸，波长变长，频率因此变低，产生红移；波源与观测者之间的相对速度越高，所产生的频率的位移量越大。图 4.3(a)

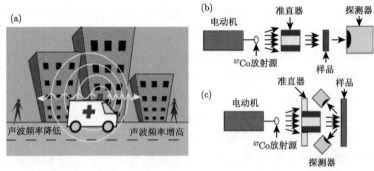

图 4.3   (a) 声波中的多普勒效应示意图；(b)、(c) 利用多普勒效应进行能量微调，从而进行穆斯堡尔谱学测量的两种实验方法示意图

中的大圆圈大致表示了声波波前的轮廓。很明显,在救护车前进方向上的波前受到挤压,因而声波频率变高,在相反方向上的波前受到拉伸,因而声波频率变低。

在光学方面,根据观察到的光波的红移或蓝移的程度,依据多普勒效应,人们可以计算出比如恒星相对于观测者的运动方向和运动速度。其实,所有波长范围的波都存在着多普勒效应,高能 X-射线也不例外。对于 14.4 keV 的 ^{57}Co 放射辐射,如果它以 1 mm/s 的速度相对于样品运动,就可以产生 48 neV 的能量位移。这样,大约 20 mm/s 的相对速度可以产生 ~ 1 µeV 的能量扫描跨度,足够涵盖 ^{57}Fe 核的化学位移和超精细结构分裂和位移的全部能谱范围,进行各类样品的穆斯堡尔谱学测量。

穆斯堡尔谱学的测量还可以在同步辐射光束线上进行。在那里,实验分为能量域的实验和时间域的实验两种类型。其中能量域的穆斯堡尔谱学实验是首先用双级单色器提供 $\Delta E < 10$ meV 的 X-射线,再让其通过一片 α-^{57}Fe 箔片产生能量为 14.4 keV,线宽为 4.6 neV 的穆斯堡尔光源。其精细能量的扫描也是通过让 α-^{57}Fe 片沿着样品方向做相对运动而完成的,与实验室的穆斯堡尔谱学相类似。时间域的穆斯堡尔谱学实验则是通过测量样品核衰变的时间规律,再用傅里叶变换方法转换为能量域的 X-射线穆斯堡尔谱:这与傅里叶红外光谱学相仿。有关同步辐射穆斯堡尔谱学的内容将在第 11 章中给予介绍。

4.2 核共振振动散射能谱学的建立

4.2.1 核共振振动能谱学的起源

相比无反冲的穆斯堡尔谱学,核共振振动散射实际上是一种有反冲的核共振散射的谱学方法,而这个反冲能量就是要测量的振动跃迁能量。该谱学的能谱覆盖范围为 0~200 meV,最关键的部分在 0~100 meV。这好比:大炮被固定在炮台上,但其固定并非完全刚性,而是有少量振动的空间,存在一定的反冲,而炮弹能量的变化量正好反映炮座反冲的程度。

有关利用核共振散射来测量振动的可能性早在穆斯堡尔效应被发现之后不久就为理论物理学家所预言,远早于预言用 X-射线来测量振动散射的 IXS 散射。然而,如果是选用传统的放射源作为辐射光源,要想用多普勒效应的方法来满足 100 meV 的能量跨度,放射源和样品之间的相对速度需要达到 2 km/s。这不仅在技术上难以实现,而且在安全上也是个问题。即使是要产生用于研究 10 meV 以内的声学波的光源,其 200 m/s 的运动速度已经不容易达到了。除此之外,由于测量振动的核散射的能量转移量比穆斯堡尔谱学的能量转移量更大,因此信号强度更弱,对光源强度的要求也要更高。无论是传统的放射性同位素,还是第一、二代的同步辐射光束线的强度,几乎都无法满足这一谱学的要求。

直到 35 年后的 20 世纪 90 年代中叶，随着世界上性能优越和具有特定脉冲结构的三大高能同步辐射环的先后建成，以及可以提供具有 14.4 keV 能量、1~3 meV 之超高能量分辨率，同时又有足够 X-射线强度的光束线在这三大高能同步辐射环上几乎同时建成，人们才第一次成功地在实验上实现了这一能谱学方法。这也再一次证明了同步辐射可以给许多研究领域带来革命性的推动。

4.2.2   核共振振动能谱学的名称

核共振振动能谱学，或核共振振动散射能谱学特指通过测量核共振散射过程来测量分子中振动模态的谱学：它属于核散射谱学的一种，也属于振动谱学的一种。它的英文全称为 Nuclear Resonant Vibrational Spectroscopy，缩写为 NRVS。我们建议中文名称为英文名称的直译：核共振振动能谱学，简称可为核振谱学或核振散射。

原则上，核振散射可以隶属于核共振非弹性散射 (NRIXS)，甚至隶属于 X-射线非弹性散射 (IXS) 的范畴，但英文中的 NRVS 特指测量分子离散振动模态的能谱学，而且主要偏于对化学和生物化学中振动问题的研究。在英文文献中，研究合金结构等的物理学工作者多采用 NRIXS 的传统名称，而研究配位化合物和生物大分子的化学工作者则多采用 NRVS 这一专有名称。由于核振散射无论是在概念上还是应用范围上与上述两种通用名称 (NRIXS 或 IXS) 有着一定的区别，英文有专门的名称，因此中文也应该使用专门的名称。

4.2.3   核共振振动能谱学的现状

21 世纪初，在经过许多年的方法建立和探索，以及在纯度较高的物理学和材料科学样品上的研究之后，这一方法在化学和生物化学领域的应用也逐步展开，并逐步进入常态。现在，核振散射谱学已经实现了从理论到实践，从束线建设到全面应用的飞跃，已经被广泛应用于包括对固氮酶、氢酶在内的一系列生物大分子和模型配位化合物分子的研究之中，并获得一系列可喜的成果。核振能谱的实验结果对于定点测量 Fe 原子与配位体之间的振动，了解 Fe 原子的价态、对称性和配位环境等关键信息，揭示相关的生物大分子的反应机理有着十分重要的推动作用。结合密度泛函分析等量子计算对测量图谱的深入分析，核振散射谱学在诸如对有关固氮酶笼形活性中心的轻原子的鉴定和处于完全还原态的氢酶中的 Fe—H 结构的观测等前沿课题上起到了十分关键的角色，成为继 X-射线晶体学、小角衍射谱学、扩展 X-射线吸收精细结构谱学之后，被生物化学工作者所普遍接受的又一种生物同步辐射谱学方法。除了 ^{57}Fe 以外，还有许多其他元素具有核散射同位素，如图 4.1(b) 中的阴影部分所示，对它们的核振散射谱学的研究和应用也正在不断开展。

4.3 核共振振动散射能谱学的原理

4.3.1 核共振散射的散射强度

由于 X-射线散射截面的讨论总体上类似于 3.4.1 节的叙述，请读者参见有关公式 (3-6)~(3-9) 的讨论，这里不再重复。基本上，核振散射的散射截面也是正比于 $|\langle I|H|F\rangle|^2$，其中，$|I\rangle$ 是核的初态、$|F\rangle$ 是核的终态，H 是原子核与 X-射线相互作用而产生散射的哈密顿量 [类似于公式 (3-6)]；同样地，这一散射截面公式也可以分为共振散射 ($H^{(2)}$) 和非共振散射 ($H^{(1)}$) 两个方面的贡献，如第 3 章公式 (3-7) 所示；而由于本章讨论的核振散射属于核共振散射，则非共振散射的部分 ($H^{(1)}$) 可以忽略不计。这样，核振散射的贡献就只保留了 $H^{(2)}$，也就是只保留了与点乘项 $\boldsymbol{A}\cdot\boldsymbol{p}$ 有关的部分，类似于第 3 章中的公式 (3-9)。也就是，共振散射的贡献与以下公式成正比：

$$\sum_{I,F}\left|\sum_N \frac{\langle F|H^{(2)}|N\rangle\langle N|H^{(2)}|I\rangle}{E_N-(E_I+\hbar\omega_1-\mathrm{i}\Gamma_N)}\right|^2 \tag{4-3}$$

其中 I、F、N 分别代表散射过程的核初态、核终态和核共振中间态。式 (4-3) 在且只在能量差值 E_N-E_I 等于 $\hbar\omega$ 的共振条件下才会比变得比较重要。而因为散失了动量守恒关系，该谱学无法跟踪研究散射过程中的动量转移量与能量转移量之间的色散关系，而只能研究散射强度与能量转移量之间的能态密度函数 $g(\omega)$。

4.3.2 振动的核散射和选律

当然，以上公式是适用于所有共振散射过程的通用公式，我们关心的自然是振动引起的散射这一特殊过程。关于由振动声子引起的核振散射跃迁概率和能态密度函数的推导过程比较繁复，本章仅仅综述结论。简述起来，有以下几个步骤。

首先，与其他振动能谱过程相类似，与核共振振动有关的总跃迁概率 $S(\overline{\nu})$ 应该是每一个单声子跃迁过程和每一个多声子跃迁过程的概率 $S_n(\overline{\nu})$ 对全部振动模态的求和：

$$S(\overline{\nu})=\left[\delta_0(\overline{\nu})+\sum_{n=1}^{\infty}S_n(\overline{\nu})\right] \tag{4-4}$$

其次，在核散射过程中，当核散射过程中的无反冲系数 f 较高时，单声子跃迁过程将成为散射过程的主导过程。由于 ^{57}Fe 的无反冲系数很高 ($f=0.8$)，其高阶的多声子散射过程相对很小，可以暂时忽略不计。这时，核振能谱的总跃迁概率可简单写为

$$S(\overline{\nu})=S_1(\overline{\nu})=[\overline{n}(\overline{\nu})+1]\frac{\overline{\nu}_R}{\overline{\nu}}D_{\mathrm{Fe}}(|\overline{\nu}|) \tag{4-5}$$

也就是说，$S(\bar{\nu})$ 在概念上正比于相应的振动模态在基频 ν 位置上的能态密度 $D_{\text{Fe}}(\bar{\nu})$。

再次，对于核振散射，每一振动模态对应的能态密度 $D_{\text{Fe}}(\bar{\nu})$ 又正比于

$$D_{\text{Fe},\alpha}\left(\bar{\nu}\right) \propto e_{\text{Fe},\alpha}^2 = \frac{m_{\text{Fe}} r_{\text{Fe},\alpha}^2}{\sum\limits_j m_j r_{j,\alpha}^2} \tag{4-6}$$

其中 $r_{j,\alpha}$(或 $r_{\text{Fe},\alpha}$) 代表某个配体 j(或 ^{57}Fe 原子) 在某个特定振动模态 (α) 中沿 X-射线入射方向上的位移量。综公式 (4-4)~(4-6) 所述：核振散射的跃迁概率大约正比于对应振动模态中 ^{57}Fe(或其他散射同位素核) 在 X-射线入射方向上的位移量的平方值：$r_{\text{Fe},\alpha}^2$。这样，式 (4-6) 就代表了核振能谱的跃迁理论和核心原理，给出了该谱学跃迁的选择定则。定性地说：核振能谱对且只对 ^{57}Fe 核沿入射 X-射线方向上有位移的振动模态敏感；如果在某一样品中没有 ^{57}Fe 同位素，则它根本不会有核振散射信号；如果 ^{57}Fe 核处于配位结构的对称中心，在某一简正模态中没有位移，则核振散射谱在此能量位置没有谱峰；在晶体样品中，如果在某个振动模态中的 ^{57}Fe 位移完全垂直于 X-射线的入射方向，则其对应的振动模态也不会有核振散射信号。除此之外，再无其他选择定则的限制了。

当然，如果要准确地进行定量分析，人们还是必须再次加入强度相对较小的多声子作用项。我们在 4.6.1 节介绍数据分析流程时，会一并介绍；有关固体晶格整体振动的例子，读者可以参考 3.4.2~3.4.4 节或其他固体物理书籍的描述；至于不同分子结构应该具有的振动特征本身，我们将在第 6 章中统一综述。

4.3.3   核共振振动散射能谱学的优越性

核振散射谱学是振动谱学的一种，但相比传统振动谱学，如红外光谱学或拉曼光谱学，它具有若干突出的优越性。

第一，核振能谱学具备 X-射线能谱对元素的甄别性，因而特别适合于测量复杂分子中的微量金属中心，如 Fe 元素。

第二，它还具有对特定同位素的甄别性，比如它针对 ^{57}Fe，而不针对 ^{56}Fe 或全部的 Fe。这样，如果人们可以对样品实现有针对性的 ^{57}Fe 标记，核振散射谱学就可以测量某个特定位点的 Fe 原子。

第三，与红外和拉曼光谱的选择定则相比，核振散射能谱测量且只测量与 ^{57}Fe 有关的振动模态，既有很强的针对性，同时又有全面性。比如，$[\text{Fe}_2\text{S}_2\text{Cl}_4]^=$ 离子一共有 18 个振动模态，如图 4.4 右插图所示。其中，16 个振动模态有核振散射强度，仅有两个方框内的模态没有核振散射信号。从图 4.4(a)、(b) 也可以看到核振散射谱图有很丰富的谱峰，横跨全频区间 (a)，而该离子的红外 [(b)，红实线]和拉曼 [(b)，蓝虚线] 光谱仅仅有少数几个振动模态可测。

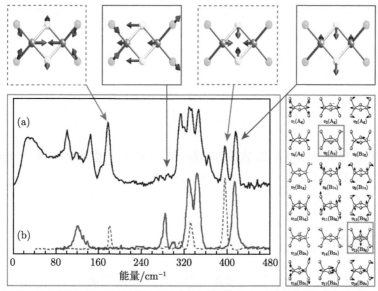

图 4.4 左下角的主图为 $[Fe_2S_2Cl_4]^=$ 离子的核振能谱 [(a)，黑实线] 与红外光谱 [(b)，红实线]、拉曼光谱 [(b)，蓝色虚线] 的对比；右下图为 $[Fe_2S_2Cl_4]^=$ 离子的 18 个振动模态，其中 16 个模态具有核振散射强度；上插图显示与箭头所指之能谱峰对应的振动模态 (其中实线框内为红外振动模态，虚线框内为拉曼振动模态)

由于 $[Fe_2S_2Cl_4]^=$ 离子中的 Fe 不是处在对称中心，核振散射能谱既可以测量非对称的振动模态，也可以测量对称的振动模态，只要其中的 ^{57}Fe 有位移即可。

第四，在多数传统振动能谱中，跃迁概率往往难以准确计算，真正的能态密度函数因此往往无法求得，只能用测得的能谱强度来作为定性参考；在诸如共振拉曼散射一类的能谱测量中，由于共振增强因数的复杂性，人们对其态密度函数甚至难以做出粗略的估计。与红外、拉曼等谱学不同，核振谱学的能态密度函数可以从实验谱中准确求得，这使得人们可以对能谱的能量位置和其散射强度同时进行准确的理论拟合，从而大大增强了由它拟合得出的假设模型和力常数等参数的准确度、可信度，使核振散射谱学成为一种十分理想的振动谱学方法。

第五，由于可以有效地分离电子散射和核散射，而核共振与非共振散射的强度之比又很高 (比如 ^{57}Fe 的这个比例为 5700)，配位原子也不可能在相同能量区间出现核散射，则核振能谱的理论背景噪声基本为零。

第六，由于同样的原因，核振能谱的测量起点为真正的零波数，因此可以研究包括诸如分子与分子间、分子团与分子团间等大范围的整体振动或氢键等弱相互作用的振动模态。本书所引用的全部核振能谱也都是从零波数开始的。而由于种种客观限制，拉曼和远红外光谱的实际测量起点通常在 ~ 100 cm^{-1}。

除了理论上的这些优越性，相比传统的振动光谱学或其他光谱学，这一谱学方法在实验上也具有一些特别的优越性。比如，相比红外、拉曼谱学，它的穿透深度大，可以给出真正的体信息；相比晶体学或扩展 X-射线精细结构能谱学，它可以清晰分辨轻元素 C、N、O 的种类；相比 IXS 散射谱学，它的辐射量少但信号量反而大，成为测量生物分子的最佳选择之一。

4.4　核共振振动散射能谱学的实验

要想测量研究核共振的振动散射过程，同步辐射光束线必须首先满足高度单色化、高光强的要求，并且单色器具有合适的能量扫描范围。此外，同步辐射环的运行模式还必须具备特定的时间结构以基本符合待测同位素衰变周期，探测器和配套电子仪器还必须具有足够高的时间分辨率。我们具体介绍如下。

4.4.1　核振散射实验对单色器的要求

第一，为了能够实现对 ^{57}Fe 同位素核共振跃迁的测量，同步辐射光束线必须提供具有 14.4 keV 能量的 X-射线。同理，要测量其他的穆斯堡尔同位素，光束线必须提供具有相应核跃迁能量的单色 X-射线。为了实现对振动散射的测量，其射线必须具有大约 1 meV 的能量分辨率。要达到如此精细的能量分辨率，人们必须使用两级单色器系统，先后输出具有 eV 带宽和 meV 线宽的 X-射线，与第 3 章介绍过的 IXS 散射实验在原理上大致类似，如图 4.5(a) 和 (b) 所示。经过如图 4.5(a) 或 (b) 中的黑虚线框内所示的高热负载单色器 HHLM，人们可以得到具有 ~1 eV 的能量分辨率和 $10^{13} \sim 10^{14}$ 光子/s 光通量的 X-射线。这一部分与其他

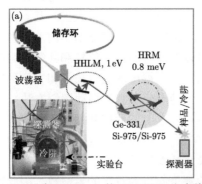
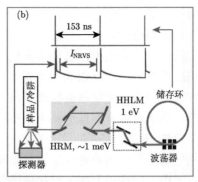

图 4.5　(a) 日本 SPring-8 的 BL09XU 光束线的光路和工作原理示意图，左下插图为测量试验台图片；(b) 美国 APS 的 03ID 光束线的光路和工作原理示意图，上插图为同步辐射中的脉冲 X-射线和探测器中脉冲信号的时间规律示意图。用于测量核振散射的光束线必须使用两级单色器系统：黑虚线方框内的高热负载单色器 (HHLM) 和阴影下的高分辨单色器 (HRM)。图中 I_{NRVS} 代表核振散射实验的信号收集区间

类型的普通光束线没有什么区别，我们在 1.4.3 节和 3.5.1 节中做过综述。具有
1 eV 带宽的 X-射线再通过第二级的高分辨单色器 [图 4.5(a)、(b) 中的紫色阴影
下的 HRM]，可以得到 ~1 meV 线宽的、光通量在 ~10^9 光子/s 左右的高分辨单
色 X-射线 (个别束线的光通量已经达到 10^{10} 光子/s)。

在细节上，由于核散射光束线又必须提供正好适合于某个核共振跃迁的能量
值 (如 ^{57}Fe 核共振的 $E_0 = 14.4125$ keV)，其衍射角 θ_M 的工作范围还必须首先受
到这一考虑的限制。这样，用于核共振散射的高分辨单色器无法在 $\theta_M \sim \pi/2$ 的
条件下工作。这样，用于核散射的高分辨单色器必须在较小的 θ_M 下工作，并通
过扫描衍射角度 $2\theta_M$ 的方式来输出不同的衍射能量，与第 3 章中讲述的将 θ_M 固
定在 $\pi/2$ 附近并利用温度控制来调整输出能量的机制完全不同。

除了利用高指数的晶面衍射，在核散射光束线上的高分辨单色器通常是运用
在非对称斜切的、并具有特殊晶面指数的晶面进行布拉格衍射来提供具有特殊核
共振能量、同时又具有高能量分辨率的 X-射线的。特殊晶面是指晶面的指数不仅
比较高而且也比较特殊，比如一种适合于 ^{57}Fe 核共振散射的晶面为 Si(9,7,5)；斜
切是指晶体的切割面并不平行于衍射晶面；非对称衍射是指其布拉格衍射时的入
射和衍射射线相对于晶体的切割表面是不对称的，如图 4.6 的左上插图所示：它
们对于衍射晶面 Si(9,7,5) 来说当然总是对称的。

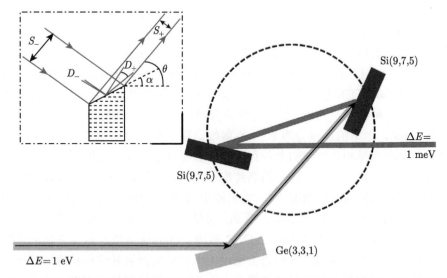

图 4.6 左上为在斜切的特殊晶面 Si(9,7,5) 上的非对称布拉格衍射之入射射线 ($-$) 和衍射射
线 ($+$) 的几何关系示意图。其中，S_- 和 D_- 分别是入射射线的几何尺寸和发散角，S_+ 和
D_+ 分别是衍射射线的几何尺寸和发散角：可以看出：$S_+ < S_-$ 但 $_+ > D_-$。θ 为布拉格衍射
角；α 为晶面的斜切角。右下为 BL09XU 光束线上的三晶片高分辨单色器和光路示意图

　　具有特殊晶面指数的晶面衍射可以取得正好满足某个核共振跃迁的能量值，如 Si(9,7,5) 晶面衍射正好适合于 ^{57}Fe 的核共振能量 $E_0 = 14.4125$ keV(当然还需要选择特定的衍射角度)；斜切的晶面衍射可以取得比常规的对称晶面衍射更大的色散角分布，如图 4.6 的左上插图所示：输出射线的发散角 D_+ 比入射射线的发散角 D_- 更大，衍射同时起到了角分布放大的功能，使得单色器更容易通过分光来获得到较窄的能量线宽 ΔE；还有，输出射线的光斑尺寸 S_+ 比入射的光斑尺寸 S_- 要小，D 和 S 这两者的变化规律正好满足了高分辨的 X-射线分光需要有大色散角和小光斑的要求。

　　在总体结构上，任何高分辨单色器的核心都是其中心的一对如上的特殊晶片，如图 4.6 所示的深棕色的那一对 Si(9,7,5) 晶片。为了使分光效应更大，人们将这样的两个衍射晶面的法线夹角控制在 90°～180°，也就是让它们形成色散型 (++) 的晶体排列，进一步增加衍射过程的色散角。我们将这样排列的一对斜切非对称特殊晶体的组合称之为关键衍射晶体，对应的衍射晶面为关键衍射晶面。

　　常见的高分辨单色器包括三晶片型和四晶片型两大类，各光束线上的选用情况各有不一。例如，日本 SPring-8 的 BL09XU 光束线采用的是三晶片型高分辨单色器，见图 4.5(a) 中的阴影部分。它的关键衍射晶面是一对 Si(9,7,5)，而作为前置晶片的 Ge(3,3,1) 起到调节光路方向的作用；美国 APS 的 03ID 光束线采用的则是四晶片型的高分辨单色器，如图 4.5(b) 中的阴影部分。它的关键衍射晶面为 Si(10,6,4)，同样提供适合于 ^{57}Fe 的核共振能量 $E_0 = 14.4125$ keV。分别置于关键衍射晶体的前后，有两片 Si(4,0,0) 晶片则用于调整光束的方向；最新建成的Petra-III 的 P01 核散射光束线上也采用了 $2\text{Si}(10,6,4) \times 2\text{Si}(4,0,0)$ 的高分辨单色器；而最早的 KEK 的 AR-NE3 上还采用过以 Si(12,2,2) 为关键衍射晶面和略微不同的另一种四晶片结构。以上这些高分辨单色器均可提供 $E_0 = 14.4125$ keV，并具有 1 meV 上下的能量分辨率的 X-射线。用于研究其他同位素的高分辨单色器虽然在晶面选择和具体结构上各有不同，但在基本原理上大体相同。

　　第二，无论是三晶片型还是四晶片型单色器，中间的一对关键晶面之间的相对角度表征单色器的衍射角度 θ_M，决定输出 X-射线的能量值。根据第 3 章的公式 (3-19)：$\Delta E/E = \Delta\theta_M/\tan\theta_M$。当 θ_M 明显小于 $\pi/2$ 时，$\tan\theta_M$ 值较小，$\Delta\theta_M$ 较小的变化量就可以扫描较大的 $\Delta E/E$ 范围。因为这一角度需要变化的范围较小而对其精确度要求很高，人们通常采用压电制动装置对其进行精确地调谐。而这一对晶面整体相对于其他晶面的转动会影响输出射线的最佳强度，通常这由步进电机来控制实施。压电装置与步进电机最大的区别在于：前者没有机械间隙公差，而后者有；但前者的总转动范围相对较小，而后者较大。现行的核振散射高分辨单色器中的压电装置大约有 200 meV 的扫描范围，轻松满足振动能谱的一般测量范围：$-30 \sim 100$meV。如果扫描范围要扩大到比如 $-100 \sim 200$ meV 或更广的范围，人们需要分段进行测量并对压电制动装置的中心点进行手动调整。

第三，光束线还需要提供具有足够强度的 X-射线才能对核振散射进行有效的测量。而由于细致分光和高指数晶面衍射的损失，具有 1 meV 能量分辨率的单色光束比具有 1 eV 分辨率的常规光束在强度上要低 4 个数量级，比如从 10^{13} 计数/s 下降至 10^9 计数/s。这样，可用于核振散射或其他核散射研究的光束线就必须建造在具有足够辐射强度的第三代高能同步辐射环上。

第四，要保证高分辨单色器具有适当的光通量，射线的高准直性必不可少，而第三代高能同步辐射环能够满足这一要求。

最后，尽管高能 X-射线能够透过空气，但由于核散射光束线一般有接近 50 m 的长度，为了尽可能地减少射线的强度损失，人们一般还是运用真空管线将 X-射线一路传输到实验棚屋中接近样品的位置上。当然，为了方便操作，管线中间有几处很短的非真空间隔。

4.4.2 同步辐射脉冲的时间结构

因为测量核振散射能谱或其他核散射能谱需要从时间域上分离核散射信号和电子散射背景，其入射的脉冲 X-射线还需要具备特定的时间结构来适应待测同位素的衰变周期。比如，用于测量具有 143 ns 上态寿命的 ^{57}Fe 核共振散射的 X-射线必须具有大约 150 ns 的脉冲间隔。X-射线脉冲的这些时间结构是由同步辐射环中电子簇团的分布决定的，或者说是由同步辐射的注入模式决定的，人们无法在光束线上实现这些特殊的时间结构。

以 ^{57}Fe 的核散射为例，如果同步辐射脉冲的时间间隔正好为 ^{57}Fe 的 $1/e$ 衰变周期 143 ns，这要求电子簇的空间间隔为 $143 \times 0.3 = 42.9$ (m)。这样，一个 1 km 周长的同步辐射环可以允许大约 $1000/42.9 = 23$ 个电子簇；而一个 200 m 周长的小环，则其环内只允许不到 5 个电子簇。这不仅使得输出的射线强度太低，电子运行的稳定性也会大打折扣。世界上四大高能同步辐射环的周长为 0.9∼2.3 km，可以容纳 20 个以上 >143 ns 时间间隔的电子簇，例如 APS 的 24 束模式具有 24 个 ∼153 ns 时间间隔的电子簇，而 SPring-8 的 C 模式具有 29 个 ∼165 ns 时间周期的电子簇。

对于不同同位素 (如 ^{119}Sn、^{151}Eu 和 ^{155}Gd 等) 的核振散射实验，由于它们的核上态衰变期各不相同，因此人们需要利用具有不同时间间隔之同步辐射脉冲来对这些同位素进行测量。为此，各高能同步辐射环上安排有一系列与之对应的注入模式，比如，SPring-8 就至少有 A、B、C、D 和 H 等几种运行模式，也称包捆模式，提供不同时间间隔的脉冲 X-射线，如表 4-1 所示。这些具有不同时间间隔的脉冲 X-射线可以满足测量不同同位素之核共振散射的目的，比如，在 SPring-8，C 模式有 29 个电子簇团，簇团间的时间间隔为 145.5 ns。最常见的 ^{57}Fe 的衰变期为 143 ns, 其核散射采用 C 模式的脉冲 X-射线为最佳; A 模式有 203 个电子簇, 间隔 23.6 ns, 是几个模式中时间间隔最短的。^{61}Ni 的衰变期为 7 ns, 采用 A 模式的脉冲 X-射线为最好; D 模式有 5 个单簇, 间隔 684.3 ns, 适用于对长衰变期的 ^{155}Gd 的核散射进行测量。除了这 5 个单簇之外, 其余的部分为不分时间结构的辐射, 用于其他束线上无需时间结构的其他同步辐射实验; 而 H 模式有一个单簇, 占有 1.5 μs 的时间段, 适合于需要更长时间的其他测量。其他的几个第三代高能同步辐射环上也各有几个不同的包捆模式。

表 4-1　SPring-8 同步辐射环上几种运行的包捆模式的信息

模式	包捆模式 /包	最大间隔 /ns	束流 /mA
A	203 × 1	23.6	100
B	84 × 4	51.1	100
C	29 × 11	145.5	100
D	其他 +5	684.3	100
F	其他 +12	342.0	100
H	其他 +1	1486.0	100

　　图 4.7 为世界上目前已有的 4 个第三代高能同步辐射中心的外景插图和它们的基本运行参数。如果说用于研究 X-射线晶体学和扩展 X-射线吸收精细结构的光束线几乎遍布各个同步辐射环的话, 用于各种核散射实验的光束线几乎集中在这四大同步辐射环上, 选择面较窄。

图 4.7　目前世界上建有核散射光束线的第三代高能同步辐射中心的外景。插图: 左上开始逆时针方向依次为法国的 ESRF, 德国的 Petra-III, 日本的 SPring-8, 美国的 APS 的外景图和它们的运行参数 (插图中的白色字体)

4.4.3 核振散射实验对探测系统的要求

如第 3 章中描述的那样，测量散射过程有两大任务：一是要精确测得或界定入射射线、散射射线的能量值，因此可精确求取其散射过程的能量转移量；二是将信号和背景区分开来，求取无背景的散射信号：在核振散射中，是无电子散射计数的核散射信号。对于测量振动，其能量精度至少要达到 1 meV。对于 IXS 散射，入射能量和散射能量的精确界定分别是由高分辨单色器和分光能谱仪来完成的，其基本原理就是分光。IXS 散射的信号是电子的非弹性散射，而背景是电子的弹性散射，两者都是电子散射，只是能量不同，因此人们只能通过分光仪对信、噪进行分离。当入射的同步辐射线宽和分光能谱仪的能量分辨率都达到大约 1 meV 时，以上两项工作得以顺利完成。但同时，测量的射线光通量会很低，探测灵敏度因此而受到极大的限制。

对于测量核振散射或其他核散射，由于核共振跃迁本身具有 neV 量级的极窄的能量线宽，核跃迁本身就是很精确的能量界定器，无须额外使用分光仪来界定散射能量：这一过程类似于传统的激光光致荧光光谱学的测量过程。参考图 4.1(a)，入射射线的能量为 $E_0 + E_{vib}$，其中 E_0 为核共振跃迁的能量 (如 ^{57}Fe 的 $E_0 = 14.4125$ keV)，E_{vib} 为振动跃迁的能量，也就是散射过程中的能量转移量。当入射的 X-射线扫描到能量为 $(E_0 + E_{vib})$ 的时候，同位素核将从核基态 $E = 0$ 激发到核上态 E' 外加振动小跃迁 E_{vib}；然后，处于核上态 E' 处的同位素核将可以直接回到基态而产生核荧光，或先经非辐射过程激发 K 层电子，继而再发射 Kα 的 X-荧光。随着对入射射线能量 $(E_0 + E_{vib})$ 的扫描，人们可以收集两种荧光的总和，用以表征与核共振有关的散射过程。此时，只要入射能量具有 1 meV 的线宽，测量核振散射的第一项任务就可以完成了。

核振散射的能谱信号是特定同位素核对 X-射线的核共振散射，而背景是电子对 X-射线的散射。由于核作用的弛豫时间在 ns 量级，它比电子作用的弛豫时间的 fs 慢几个量级，人们从而可以从时间上彻底区分有用的核散射信号和无用的电子散射背景。这样一来，核振散射的第二项任务也可以在时间域上完成，无需分光仪分光。这样，该谱学方法的光通量和探测灵敏度就可以大大提高。能够实现如此操作的根本原因在于：①核散射具有 ns 量级的弛豫时间，比电子散射的弛豫时间长得多；②同步辐射脉冲具有特定的时间结构，探测时可以在时间域上进行操作。

如第 2 章所述，不同的探测器可以具有不同的分辨能力，例如，电荷耦合器件 (CCD) 具有很好的空间分辨率；超导体 X-荧光探测器 (STJ) 具有很高的能量分辨率；等等。对于核振散射，因为它主要是需要从时间上，而不是从能量上区分各种散射计数，则选用具有高增益、高饱和、高时间分辨率的雪崩光电二极管

探测器 (Avalanche Diode Detector, APD) 和时间电路来分离核散射信号和电子散射噪声的实验方案就成为首选；它的基本原理就是第 2 章中图 2.11 所示的时间分辨过程 (a)→(e)→(f)→(d)。

雪崩光电二极管的光电效应与普通光电二极管的光电效应原理基本相同，都是当受到光或者射线照射时有光电子溢出并产生光电流，形成信号。但它特殊的工作状态使其具有特别高的增益。众所周知：二极管的 pn 结是单向导通的，当电压小于 0 且其绝对值小于反向击穿电压 V_{BRK} 时，反向电流几乎为零，而且基本不随反向电压的变化而变化；但当反向电压的绝对值大于击穿电压 V_{BRK} 时，在强电场的作用下，反向电流会急剧增加，逐步使二极管走向击穿，如图 4.8(a) 所示。如果能让外加反向电压几乎等于击穿电压 [如图 4.8(a) 的阴影部分]，二极管将在此工作状态下获得比正向工作区间高得多的反向光电流增益，即放大倍数。

雪崩光电二极管的增益 M 与 pn 结的反向偏压 U 及材料结构的关系如下：

$$M = \frac{1}{1 - \left(\dfrac{U}{U_{BR}}\right)^n} \tag{4-7}$$

式中，U_{BR} 为二极管的反向击穿电压；n 是与材料、掺杂和器件结构有关的常数：对于硅器件，$n = 1.5 \sim 4$，对于锗器件，$n = 2.5 \sim 8$。由上式可见，当 $U \to U_{BR}$ 时，$M \to \infty$。这就是雪崩光电二极管探测器的工作基础。

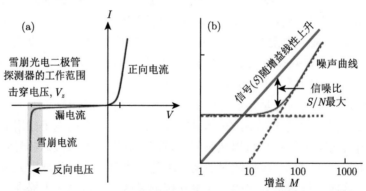

图 4.8 (a) 二极管在正、反向工作电压作用下的电流曲线图，其中阴影表示雪崩光电二极管探测器的工作电压范围；(b) 雪崩光电二极管探测器的信号和噪声与增益 M 的关系曲线示意图

实际上，雪崩光电二极管探测器有两类主要的工作状态：一类是在接近击穿电压但还没有达到击穿电压的状态下工作。这时，探测器的增益大约为几千倍；另一类是在等于或略微超过击穿电压的状态下工作，但要用特别的方法来抑制反向的电流量，使得二极管不会真正被击穿烧毁。在第二种工作状态下的雪崩光电二极管的光电流信号的增益可高达几百万倍。从图 4.8(b) 看出：在工作范围内，雪

崩光电二极管的信号随增益 M 呈直线增长，而噪声与增益 M 为类似指数的曲线增长关系，它一开始的增长较慢，但后来随着 M 的增长而迅速增加。因此，人们需要寻求让信噪比 S/N 最佳的 M 值，并不是 M 越高就越好。

除了增益之外，响应速度也是雪崩二极管探测器最重要的指标之一。由于高速度往往是人们选用这类探测器的起点，因此这一指标往往比增益的大小显得更加重要。决定雪崩光电二极管的响应速度的主要因素是 $CR(C$ 是指器件的结电容，R 为器件的节电阻) 和耗尽层载流子的运动时间这两个方面。为了能达到高速响应，首先必须尽可能减小极间电容，包括减小受光面积和加宽耗尽层厚度等。最重要的事实是：雪崩增益越大，雪崩倍增过程所需的时间就会越长，光电二极管的响应速度就相对越慢，鱼和熊掌，不可得兼。因此，平衡获得高增益和高速度是雪崩光电二极管探测器开发的首要任务。因为雪崩光电二极管的响应速度特别快，其响应时间 (即脉冲上升时间) 很容易达到 $0.5 \sim 2$ ns，因此它具有极强的时间分辨率 (比如 1 ns)，可以有效地分辨具有不同时间尺度的计数，如区分电子散射噪声和核散射信号等。图 4.9 给出了一个典型的阵列式雪崩光电二极管的实物照片 (a) 和这类探测器的结构示意图 (b)，供读者参考。

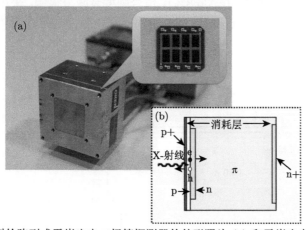

图 4.9　一个典型的阵列式雪崩光电二极管探测器的外形照片 (a) 和雪崩光电二极管探测器的结构示意图 (b)

雪崩光电二极管同时具有很高的增益和很高的饱和度。这就是说：它既可以探测非常弱小的信号，又能承受很强的瞬间高强度脉冲，动态范围从 0.01 Hz 到几个 MHz。这样，它可以在大量无用的背景脉冲的冲击下依然有效地记录着微弱的有用信号，因此这一探测器已经被广泛地应用于对包括生物分子核振散射谱学在内的各类微弱信号的测量。

雪崩光电二极管探测器之所以能够被成功地应用于探测微弱信号，还因为它本身具有极低的暗电流，或称背景噪声。通常情况下，这一暗电流噪声的水准在

0.01 Hz 的数量级，因此它有可能用于测量比如 0.1 Hz 的微弱谱学信号。由于这样的原因，而核信号又可以与电子散射背景核彻底分开，因此各类核散射谱被称为"零背景"能谱。

最后，虽然较差，但雪崩光电二极管探测器依然有适当的能量分辨率。

4.4.4　测量核振散射的核电子学

为了获取核散射信号同时又排除强大的电子散射背景，人们在测量过程中还需要运用核电子学器件来对一定时间区间内的散射脉冲进行积分求和，而排除其他时间区间的噪声脉冲。因此，我们需要了解一下核振散射谱学中的核电子学原理。

我们以 APS 的 24 束模式为例，它的脉冲 X-射线的时间结构如图 4.10(a)(粗蓝线) 所示：X-射线脉冲的时间间隔为 153 ns，脉冲宽度大约为 70 ps，这些都是由同步辐射环的包捆模式决定的，光束线上无法调节。当这样的脉冲 X-射线照射到样品上时，样品中的电子会对 X-射线产生散射，其散射强度十分大，但其弛豫时间在 fs 量级，因此它在 70 ps 的脉冲结束之后基本上瞬间衰减为零；^{57}Fe 等穆斯堡尔核也会对 X-射线产生散射，核散射信号要微弱得多，但其信号强度在 143 ns 后才衰减到初始值的 $1/e(= 36.8\%)$，信号强度衰减得很慢。采用雪崩光电二极管探测器测量可以得到具有很好时间分辨率的光电脉冲信号，而核电子学的任务

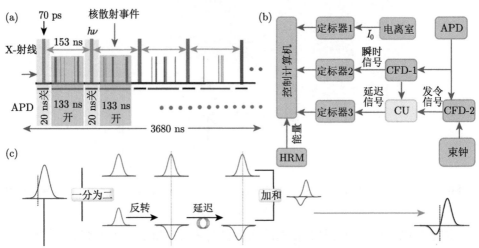

图 4.10　(a) 用于核振散射测量的 X-射线的脉冲时间结构示意图：蓝色阴影区为核散射信号的收集区，灰色阴影区为不收集信号的死区。粗细不等的竖线代表随机的核散射信号，同等高度象征着核散射信号的能量都在 14.4 keV；(b) 用于核振散射测量的核电子学器件模组电路图的总体示意图；(c) 用于核振散射测量的关键器件恒比单道定时分析器 (CFD) 的工作原理示意图，原理细节请参见本节的文字描述

CU. 延迟符合单元；APD. 雪崩光电二极管探测器；HRM. 高分辨单色器

就是要采用时间电路来具体收集比如在 10～143 ns 内的核散射计数 [如图 4.10(a) 中的蓝色阴影区]，并分离和剔除那些瞬间的电子散射计数：比如在 0～10 ns 和 143～153 ns 不收集计数 [如图 4.10(a) 中的灰色阴影区]。

用于核振散射测量的核电子学模组电路图和总体工作原理如图 4.10(b) 所示，其中最重要的两个核电子学器件为恒比单道定时分析器 (Constant Fraction Discriminator，CFD) 和延迟符合单元 (Coincidence Unit，CU)。前者快速分析能谱信号具有的时间信息，而后者则是运用这些时间信息，并决定何时启动对数据的收集 [图 4.10(a) 中的蓝色阴影区]，何时停止 [图 4.10(a) 中的灰色阴影区]。

CFD 的工作原理比其他模块略微复杂一些，需要特别说明一下。大家知道，在通信过程中或激光器的控制线路中，人们通常选用一个如 5 V 的 TTL 方波等整整齐齐的、快速上升的信号来触发某个物理事件，并且多是以振幅输出超过某个峰值或阈值 (如 4.5 V) 来作为触发的标准。而核散射信号的出现是完全随机的，每个脉冲出现的时间位置是无规律的，振幅大小是不相等的，而且信号上升的时间通常也比较缓慢。这时，人们必须想办法在信号上升的初期能够很快找到一个合理的信号点来判断这个信号是否为真，并以此作为信号的到达时间点。比如，CFD 的作用之一就是要确定瞬间的电子散射强度到达的时间点并由此来决定束钟的时间零点 ($t' = 0$)。当然，它也要确定每一个核散射信号的到达时间点，供 CU 决定是否进行信号收集。比如当束钟处于 10～143 ns 时段时，CU 收集并输出核散射信号，而在 0～10 ns 和 143～153 ns 时段不收集任何信号，因而有效地排除了电子散射产生的那些瞬间计数。

在核电子学中，这个判断的标准点通常选在信号上升到 20% 的振幅处。那么人们如何在信号达到 100% 之前能够发现它上升到 20% 处的时间位置呢？一个方案如图 4.10(c) 所示。当一个由 X-射线散射光子转化的脉冲信号 (无论是电子散射还是核散射) 出现后：①先将其上的每一点复制为强度为原来一半的两个电信号；②将第二个信号的每一点翻转为负信号；③将负信号的每一点加以适当的时间延迟；④再将这两个正、负信号的每一点相加，使得新的合成信号在原信号大约 20% 振幅处的合成振幅为零。具体需要多少时间延迟才能正好满足在原信号 20% 振幅处的合成振幅为零需事先进行研究尝试。由于以上过程是一点一点处理的，每一个脉冲信号的每一点都可以经过 CFD 做快速的处理和判断，并在原来脉冲达到振幅的 20% 时将此时的时刻随信号记录。此时脉冲刚刚来到它振幅的 20% 处，脉冲的大部分还没有到达，因此这一方法非常快速、有效。

用于核振散射测量的核电子学模组应该包括 2 个 CFD，如图 4.10(b) 所示。我们还是以 APS 的同步辐射包捆模式为例，间隔 153 ns 的 X-射线脉冲的每一次到来会在雪崩光电二极管探测器 APD 中产生强度很高的瞬间脉冲 (Prompt) 和其后一系列的核散射脉冲，它们被送到 CFD-1 和 CFD-2 上。当瞬间脉冲达到其 20% 振幅处的时间点时，CFD-2 会触发电子束钟 (Bench Clock) 建立时间零点 $t' = 0$ 并开始计时。与此同时，雪崩光电二极管探测器将电子散射的瞬时信号和其后的核散射信号按从探测器输出的时间排序送往 CFD-1，再送往 CU，供选择。在时间为 $t' = 10 \sim 143$ ns 的时段，电子束钟通过 CFD-2 指示 CU 收集由探测器探测并经过 CFD-1 传来的信号、进行积分、再通过定标器 3 输出到控制计算机上。同步辐射脉冲到达的前后各 10 ns 时间为 "休眠期"，束钟不触发数据收集指令，CU 不收集数据。

延迟符合单元 (CU) 的工作原理比较简单，即当两个 CFD 有事件在相同的时间点出现时，CU 收集并输出信号；否则就不收集信号。当系统时间零点由 CFD-2 建立以后，电子束钟在 10~143 ns 的工作区间内连续发出指示信号。这样，CU 在 10 ns 时将会收到来自电子束钟经 CFD-2 传来的点火指令，开始收集从 CFD-1 上同时传来的核散射信号，并将这些信号积分作为核散射信号传给定标器 3 转化为数字图谱；由雪崩光电二极管探测器测得的强大的瞬间电子散射信号 (当然也包含微弱的核散射信号) 则由 CFD-1 直接送到标定器 2 进行数字化，作为 I_0 的间接参考值。这样，电子散射和核散射的计数能够在时间上彻底分离，并分别经由标定器 2、3 送给计算机，分别储存为不同的数据曲线。由电离室测量的 I_0 值则通过定标器 1 送给计算机；同时，高分辨单色器中每一时刻的能量位置也被数字化，并送给计算机。

整个核振散射测量系统的基础噪声主要有以下三个方面的贡献：①探测器和电子仪器本身具有的低频暗电流噪声；②到达地球表面的高能宇宙射线带来的噪声；③处于同步辐射环的错误位置上的极少量遗漏电子簇带来的噪声：因为这些错误位置上的 X-射线脉冲的瞬间电子散射信号可能正好处于 10~143 ns 区间内，会被错误地作为核振散射信号而积分。尽管雪崩光电二极管探测器对能量的分辨率比较差，但它还是具有大略的能量分辨率。这样，除了在时间上的鉴别之外，具有综合性能的 CFD 还可以与多道能量分析器 MCA 相结合，对能量的大致范围做一下粗略的选择。比如，它可以设定能量的上限以限制能量极高的宇宙射线，设定能量的下限以排除能量极低的仪器暗电流等计数。而对于在同步辐射环中电子簇与电子簇之间本来不应该存在的、零星的错误电子簇带来的散射噪声，还有能量可能并不低的仪器噪声，人们只能等待今后出现更好的装置和仪器。现行核振散射的基础噪声在 $0.01 \sim 0.05$ s^{-1} 的数量级，通常多在 $0.03 \sim 0.05$ s^{-1}。它决定了一个核振散射系统可以探测到的最低 ^{57}Fe 浓度，因此超低的基础噪声对测量生物大分子样品至关重要。当然，如何正确设定仪器和进一步改善基础噪声需要很专业的同步辐射理论和相关的核电子学专业知识，具体操作上也需要比较熟练的实践经验，一般由束线上的管理者负责解决。但对于从事生物化学研究的用户来说，知道其大致的原理可以帮助他们重视基础噪声的水准，确保其实验在符合基本要求下进行；知道某些高级选项的存在也可以让他们同光束线的管理者共同磋商，寻求进一步降低基础噪声的可能性。

4.4.5 样品的测量环境

具有不同能量的 X-射线在样品中的穿透深度是不同的，能量越高，穿透深度越深。在核振散射实验中，激发 ^{57}Fe 核共振跃迁需要的是能量为 14.4 keV 的高能 X-射线，它的穿透深度可到 10 mm 以上。由此产生的、能量为 14.4 keV 的核荧光 $h\nu_1$ 只占总荧光量的 10%，而由核跃迁转换的电子 Kα 辐射 $h\nu_2$ 占 90%。Kα辐射的能量为 6.4 keV，在水样品中的溢出深度只有 0.3 mm 左右。这样，人们需要让具有 14.4 keV 的入射 X-射线沿样品纵向穿过 10 mm 以上的样品长度，让其与尽可能多的样品发生作用，但安排探测器从较薄的样品侧面探测溢出的 X-荧光。参与核振散射测量的样品、入射 X-射线，以及雪崩光电二极管探测器单元在沿 X-射线入射方向的纵向几何排列如图 4.11(a) 所示；样品 (灰色) 和入射 X-射线 (深蓝色) 的横截面关系如图 4.11(b) 所示。这些与 IXS 散射实验非常不同。

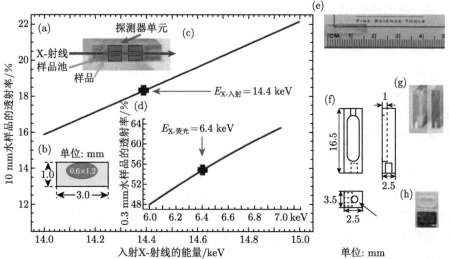

图 4.11 (a) 用于核振散射实验的样品 (橘色)、入射 X-射线 (黑色)、探测器单元 (红色) 沿样品纵向的几何排布图；(b) 核振散射样品 (灰色长方形)、X-射线光束 (深蓝色椭圆形) 的横向截面示意图；(c) 具有 14.4 keV 能量的 X-射线在 10 mm 长的水样品中的透射率；(d) 具有 6.4 keV能量的 X-荧光在 0.3 mm 厚的水样品中的溢出透射率；(e) 用于装填溶液样品的样品池直观尺寸和 (f) 它的机械设计图；(g) 用于装填溶液样品和 (h) 用于装填固体粉末样品的样品池照片：灰白色为空样品池，棕色为装满样品的样品池。样品表面的棕色来源于作为封装的聚酰亚胺胶带

美国的 X-射线光学中心 (CXRO) 的官网上有关于 X-射线与物质相互作用的估算工具：http://henke.lbl.gov/optical_constants/filter2.html。人们只要输入物

质的原子组分、样品厚度、X-射线的能量范围等信息，就可以得到该假设样品对 X-射线的吸收比率或透射比率，使用起来很方便。由于在生物样品中 H 和 O 占整体重量的大部分或绝大部分，如果人们用 H_2O 对 X-射线的作用状况来模拟生物分子样品对 X-射线的作用状况，那至少大致上是合理的。图 4.11(c)、(d) 分别给出了 $E \sim 14.4\,keV$ 的 X-射线在厚度为 10 mm 的 H_2O 样品中 (c)，以及 $E \sim 6.4\,keV$ 的 X-射线在厚度为 0.3 mm 的 H_2O 样品中 (d) 的透射率曲线，作为上段文字描述和图 4.11(a)、(b) 中关于核振散射样品和 X-射线光束、光斑结构优化的理论根据。

根据图 4.11(c)，图 4.11(a) 的实验安排使得能量为 14.4 keV 的入射 X-射线在 10 mm 纵向长度的样品中的作用效率为 82%(透射率为 18%)。另一方面，图 4.11(d) 的曲线表明：从样品 0.3 mm 深度处到样品表面的 Fe 的 $K\alpha$–荧光 (6.4 keV) 的穿透率约为 54%。这样，光束中心离样品表面越近，其 X-荧光溢出样品的比例就越高，但其光束与样品的重合截面 (作用率) 会变小，使得被照射的样品量下降：这些都只能通过实践具体摸索。由于这样的原因，核振散射束线的 X-射线的光斑截面为 $0.6 \times 1\,mm^2$ 或更小。另外，X-射线的入射方向与样品长度方向的夹角一般也要在 $0° \sim 6°$ 内进行优化选择 (注：$\sin 6° = 0.1$)。图 4.11(e)~(h) 展示了一组用于核振散射实验的样品池的尺寸和照片，供参考。

在第 3 章中介绍的 X-射线振动散射实验中，能谱分光仪和样品的间距需要很大，比如 10 m 或以上。这样，IXS 散射的能谱信号的水平自然很微弱，但考虑到对动量分辨率和能量分辨率的需求，也只好如此。而核振散射是共振散射，它已经不具有动量守恒关系，而散射能量又可以由核共振跃迁本身来严格界定，无须再使用能谱仪来分光。这样，探测器到样品的距离就可以安排得很近，而其距离越近，探测的立体角越大，能谱信号量就越大。比如，假如将其间距由 4 mm 减少到 2 mm，那么对应的探测空间角和核振能散射信号量就会增强为原来的 4 倍 (平方关系)。由于这样的原因，核振散射测量中的样品到探测器的距离总是越小越好。当然，由于生物样品需要冷阱冷却，需要 Be 窗口来隔绝处于深冷温度的样品和处于室温下的雪崩光电二极管探测器，缩短这一距离的实际操作也十分不容易。

使用深冷温度可以有效地控制样品在受到同样辐射量照射时造成的辐照损伤的程度，大大降低样品发生意外氧化还原或其他反应的概率。有实验表明，40 K 时的辐照损伤的程度要比 100 K 时同等条件下的辐照损伤程度小得多：这对于研究生物分子至关重要。另外，对于化学性质稳定、辐照损伤问题不突出的模型配合物样品的其他测量也多是在深冷温度下进行的。这是因为深冷温度可以适度地提高样品的无冲因子 f，比如，$[FeCl_4]^-$ 在室温下测量的谱线较宽，峰值强度较低，而在 100 K 以下测量时谱线会明显变为尖峰；当然，这一现象会因不同的配合物而异，某些配合物在低温下和在室温下的核振散射谱图基本没有区别，比如

$[MgFe(CN)_6]^=$。深冷温度还会让样品中更多的粒子归于基态，因而使得斯托克斯一支的谱线强度获得适度增强。因此，除了减少辐照损伤之外，深冷温度对于测量生物大分子等微弱的核振散射信号也显得十分重要，多数时候人们需要使用价格昂贵的液氦来进行冷却，使得最接近样品位置的样品座温度控制在 10 K 左右。近年来，全球氦气和液氦价格飞速上涨、供货也变得不稳定。因此，各核振散射束线已经开始转为使用封闭循环式液氦冷阱，虽然设备昂贵，但它在日后可以节省大量的液氦费用。

虽然样品座的温度在 10 K 左右，但人们发现：由反斯托克斯和斯托克斯分支的强度之比或从能谱分析软件中得到的实际样品温度却通常在 40~60 K，而且从前还有 100~200 K 的实际温度，比 10 K 高得多。这首先是由于核振散射测量系统中使用的是冷凝管式冷阱，它的传热效率有限，而处于室温的冷阱 Be 窗口与样品表面又十分接近，导致样品被室温窗口这一红外热源适度加热。从机制上看，具有多层隔热结构的氦气热交换式冷阱具有明显更有效的隔热效果，更容易实现深冷温度。许多其他能谱的测量系统因此多采用氦气热交换式冷阱。尽管核振散射能谱是在高能 X-射线范围内进行测量，氦气热交换式冷阱的窗口材料不是问题，但由于核振散射的信号强度很小，这要求样品与探测器的距离越近越好，人们通常倾向于采用具有单层窗口的冷凝管式冷阱。

如果样品与样品座之间的热传导不是十分良好，则样品的温度可能会迅速升高。最早的核振散射实验采用两种方法来固定样品：使用螺钉拧紧的机械固定方法和使用超低温油脂黏合的胶合固定方法。在当时，人们得到样品的实际温度大多在 100~150 K，某些采用超低温油脂固定的样品的实际温度甚至高达 200 K 以上，致使能谱数据存疑而作废。我们后来发现：这可能是由于人们在 180~190 K 装载样品时，标示凝固温度为 175 K 的超低温油脂实际上已经处于半凝固状态，致使样品与样品座之间的接触变为点接触，而非面接触，传热效率极差，样品根本得不到良好的冷却。当我们换用了丙醇 (凝固点为 146 K) 或乙醇 (凝固点为 159 K) 等有机溶剂作为超低温黏结剂时，样品的实际温度由原来范围较大的 80~200 K 降低和稳定至 40~60 K。这主要是因为丙醇在 150 K 时仍然有很好的流动性和填充性，从而使样品与样品座的黏接机理和热传导效率得到了明显的改善。在其他测量条件不变的情况下，实现了样品的装载温度 (190 K→150 K) 和在测量时的实际温度 (140 K→50 K) 获得了明显下降的良好结果。如果能谱信号较强，样品与探测器间距不用太近，则远离窗口的样品温度可望获得进一步的降低。总之，测量生物样品的核振散射实验的一切问题都与信号太弱这一大前提有关，就连如何装置样品这样看起来似乎微不足道的问题也与整个实验的成败息息相关。

4.4.6　核振谱学的测量流程

核振散射谱学实验操作的第一项任务是发现 X-射线束的位置，并通过对样品台的位置进行扫描来保证射线束处于样品上的最佳位置。由于核振散射束线的总长在 50 m 左右，高分辨单色器和样品通常又分别在不同的实验棚屋内，因此调整束线光路以达到以上要求是每次实验机时一开始的首要任务：对于那些与上一位用户完全不同的实验机时来说，则更是如此。如果上一位用户不是进行类似的核散射实验，则人们还必须调节光束线参数，并用 ^{57}Fe 等同位素片来探测和确认核共振的能量位置以及共振强度。

接着，人们还必须确定核振散射系统的基础噪声在 0.05 以下。因为某些极弱的振动模态目前的信号量只在 0.1 Hz 左右，假如基础噪声本身就超过 0.05 Hz，那么这些微弱的振动就很难被成功观测。例如，我们之所以能够对氢酶中的 Ni—H—Fe 振动模态实现成功测量，其重要原因之一就是系统的基础噪声在 0.03 Hz 左右，很理想。由 4.4.4 节，基础噪声不仅仅有探测器的暗电流，还有由同步辐射环中的不规则电子簇带来的错误计数等。这样，检查核振散射系统的基础噪声就必须在有 X-射线照射样品的条件下进行，而不能简单地在关闭 X-射线的情况下进行观测。当照射样品的 X-射线的能量在 -200 meV 时，系统不应该获得任何正常的振动散射强度，人们因此通常选择在此能量照射下对核振散射系统进行连续 5 次、每次 100 秒的背景计数积分，得到的平均每秒的计数量即为基础噪声。如果这个数值等于或小于 0.05 s^{-1}，说明系统合格，实验可以正常进行；如果这个数值大于 0.05 s^{-1}，则系统需要重新设定或调整，不能直接用于测量生物样品的核振散射；除了 4.4.4 节介绍的调节核电子学仪器参数和运用 MCA 协助设定大致的能量范围之外，必要的措施还包括降低雪崩光电二极管探测器的增益，适度牺牲信号量。

对入射 X-射线的能量校准包括两方面的内容，一是能量零点位置的校准，也就是将共振峰的能量位置校准为 $E = 0$：这通常在能谱分析软件中自动完成；二是能量比例尺的校准。这通常是通过对标准样品的核振散射测量而进行的。比如，许多核振散射能谱就是参考标准样品 $[\text{N}(\text{C}_2\text{H}_5)_4][\text{FeCl}_4]$，并用其共振峰 $(E = 0)$ 和位于 47.5 meV 处的强振动散射谱峰作为标准能量对比例尺进行校准的。除了对能量比例尺的校准，从能量校准能谱的核共振谱线线宽和核共振强度可以判断入射 X-射线的线宽和核振散射的信号量是否达标，或是否达到从前的测量水准。

在进行核振散射谱学的测量时，由于 1 eV 的能量线宽已经全部覆盖 0.1 eV 的振动测量范围，人们在选定能量位置之后无须再对 HHLM 进行扫描或调整，仅需要设法保持输出强度处于最佳状态。经过高分辨单色器的扫描调制，核散射光束线可以提供能量为 14.4 keV 和能量分辨率达到 1 meV 的 X-射线作为实验光源。当这样的 X-射线照射到样品上时，将激发样品中的 ^{57}Fe 核 (或其他待测的同位素核)，使其跃迁到核上态；它同时激发某个振动模态。由于对生物大分子样品的测量是在深冷温度下进行的，其斯托克斯散射的强度会得到适当加强，而本来就弱的反斯托克斯散射强度则会进一步被降低，变得几乎没有可测量的信号。因此，与对合金样品的对称测量不同，对生物大分子的核振散射测量基本上是舍弃反斯托克斯的散射分支，从 -30 meV 的能量位置开始测量，其主要作用也只是确保在其测量范围内一定会包括核共振跃迁的谱线而已，而非为了测量任何反斯托克斯的散射谱峰。

在经过能量校准的谱图中，在 $E = 0$ meV 处是核共振跃迁，散射强度很高；从 $E = 0$ 到 10 meV 区间包括分子整体性振动或由弱相互作用 (如氢键) 产生的振动；接着 $10\sim50$ meV 区间是 Fe—S、Fe—P、Fe—Cl 等重离子或重配位基团与 ^{57}Fe 核的伸缩和弯曲等各种振动；$50\sim80$ meV 区间为 Fe—CO、Fe—NO、Fe—CN 等相对较轻的配位体或强作用基团与 ^{57}Fe 核的振动；$80\sim110$ meV 区间为 Fe—H/D 或 Fe^{4+}—O 等作用力很强但信号很弱的振动谱峰。核振散射在这些不同区间的散射强度差别较大，而人们往往需要突出测量某些十分微弱的振动模态，如氢酶中的 Ni—H—Fe、Fe—H—Fe、X—Fe—H 等振动模态，它们的散射信号水准仅在 0.1 s^{-1} 左右或更低。为了有效地测量这些微弱信号，人们往往对于不同区间的测量采用不同的测量时间，比如，对从 -30 meV 开始到 Fe—S 结束的 50 meV 的区间，通常选用 $1\sim3$ s/p(代表每一个能量位置点 $1\sim3$ s) 的测量时间已经足够；在 Fe—CO、Fe—NO、Fe—CN 等区间，通常选择 $5\sim10$ s/p 的测量时间；在与 Fe—H/D 弯曲振动有关的区间，则需要选择 $20\sim30$ s/p 的测量时间。还有另外一种方案是在基本测定中低能区间的能谱图之后，在 $-30 \sim 80$ meV 的区间选用 0.1 s/p 的掠过时间或干脆跳过该区间，而在 80 meV 以上的特定区间选用 $30\sim50$ s/p 的超长测量时间。

生物样品的信号较弱，即便是在 X-射线光通量很强的 SPring-8 的 BL9LXU 束线上，一套包括到 Fe—H/D 弯曲振动的核振散射图谱通常需要测量 24 小时，一套包括到 Fe—CO、Fe—NO、Fe—CN 区间的生物图谱或跳过中低能区间而专门对 Fe—H/D 弯曲振动进行测量的生物图谱则可在 12 小时内完成。

4.5 几条核共振振动散射谱学的束线

首先，目前全部的核振散射束线和实验测量几乎都集中于世界上的四大高能同步辐射中心，如图 4.7 所示。这些同步辐射中心各有一条或几条专用或兼用的核射光束线在运转，其高分辨 X-射线的光通量在 $1 \times 10^9 \sim 1 \times 10^{10}$ 光子/s，能量分辨率多为 1 meV 左右，均适合于测量各种核散射，包括核振散射。例如，APS

的 03ID 束线具有 2.5×10^9 光子/s 的通量和 1.0 meV 的能量分辨率, SPring-8 的 BL09XU 具有 2.5×10^9 光子/s 的通量和 0.8 meV 的能量分辨率, 最新的 Petra-Ⅲ 的 P01 具有 1×10^{10} 光子/s 的通量和 0.7 meV 的能量分辨率, 而 ESPF 的 ID18 更具有一个能量分辨率为 0.4 meV 的高分辨单色器, 但其光通量较低。

在 4.4 节中, 我们从总体上介绍了核振散射实验中所需要的同步辐射环、光束线、探测器和样品环境等实验条件的总体原理, 但并未针对具体的光束线进行介绍。本节则从另一个方面出发, 不谈论光学或电子器件的工作原理, 而是选择介绍几个典型的核振散射束线的总体特点、束线布局、测量范围等指标, 让读者对核振散射束线有一个较为形象、感性的基本认识。表 4-2 总结了几条具有代表性的核散射光束线上主要的技术参数、适于测量的同位素范围等资料, 供有兴趣申请核散射实验机时的科研人员参考。若是要测量生物大分子样品, 或是测量其他微弱的振动信号, 或是需要利用深冷、高压、光解等特殊的实验装置, 则最好在申请前与束线上的负责人直接取得联系, 探讨实验测量的可行性和可预见的具体技术问题等等。

表 4-2　世界范围内主要核振散射光束线一览

光束线	电子能量/GeV	发散度/(nm·rad)	波荡器间隙/mm	波荡器周期数	覆盖同位素
ESRF:ID18	6	4	20/32		^{57}Fe, ^{151}Eu, ^{149}Sm, ^{119}Sn, ^{161}Dy, ^{121}Sb, ^{125}Te, ^{129}Xe
APS:03ID	7	3.1	27	88	^{57}Fe, ^{151}Eu, ^{83}Kr, ^{119}Sn, ^{161}Dy
APS:16ID		3.1	27	144	^{57}Fe
SPring-8:BL09XU	8	3.4	32	140	^{57}Fe, ^{151}Eu, ^{149}Sm, ^{119}Sn, ^{40}K, ^{125}Te, ^{121}Sb, ^{61}Ni
SPring-8:BL19XLU	8	3.4	32	781	^{57}Fe
SPring-8/BL11XU	8	3.4	32	140	^{57}Fe, ^{121}Sb, ^{149}Sm, ^{40}K, ^{158}Gd
Petra-Ⅲ:P01	6	1	32	314	^{57}Fe, ^{125}Te, ^{119}Sn, ^{121}Sb, ^{193}Ir

4.5.1 美国 APS 的 03ID 束线

位于美国阿贡国家实验室的 APS 同步辐射中心的 03ID 光束线属于起步最早的专用核振散射束线之一，官网为：https://www.aps.anl.gov/Sector-3。整个束线的外观分为 A、B、C、D 四个实验棚屋区，具有顺序化的结构，如图 4.12(a) 所示。

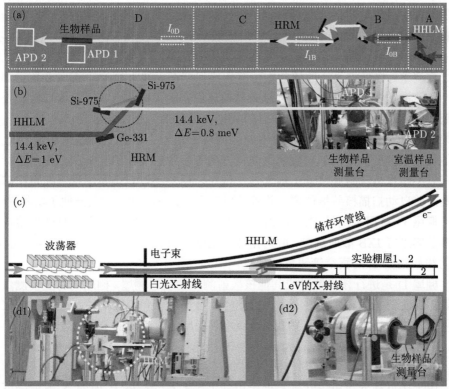

图 4.12 (a) 美国 APS 同步辐射中心的 03ID 光束线示意图，全线分为 A、B、C、D 四个棚屋区；(b) 日本 SPring-8 同步辐射中心的 BL09XU 光束线上的高分辨单色器示意图和实验棚屋内的冷阱实验台照片；(c) SPring-8 的 BL19LXU 的束线示意图；(d1)、(d2) 在 BL19LXU 内临时搭建的高分辨单色器 (d1) 和冷阱实验台 (d2) 的照片。图中，APD 为雪崩光电二极管探测器，HHLM 为高热负载单色器，HRM 为高分辨探测器

由右向左，最前端的棚屋 A 内设有 HHLM，提供 ~1 eV 的 X-射线。在通常的情况下，这一棚屋的门总是保持关闭的，其能量输出值在核散射实验期间也不需要进行调节。人们在更多的情况下只是微调两片晶体的整体转动角度，使输出的辐射强度始终保持在最大值位置。棚屋 B 内装有高分辨单色器、抛物面聚光镜和其他相应的光学和电子器件。这一棚屋一般只在实验刚开始的调试阶段，或在

需要更换单色器晶体时才会打开，而在核振散射实验期间保持关闭，以减少人为活动对高分辨单色器的温度和能量值的影响。如前述，在 APS 的 03ID 束线上使用的是四晶体型的高分辨单色器，这四片晶体各自的方向转角和温度可以直接输出到能谱数据文件中和输入到 Phoenix 软件作为能量值的代表进行直接分析，十分准确。由于这样的原因，这一束线的能量比例尺能够保持在非常接近于 1 的水平，而且能够长期保持稳定。同时，它也输出以 keV 计量的能量值，可供实验者在其他软件中进行分析。束线最前端和各实验棚屋之间都装有互锁的安全开关，控制着光束的进出，如图 4.12(a) 的竖白虚线所示。

实验时，高分辨单色器的能量的零点需要在每一次完整的能谱扫描完成之后做一次调整，以使得真正的核共振位置始终保持在束线上显示的 $E = 0$ 附近。否则，其能谱的实际能量零点就会越来越偏离设定的束线零点，而扫描参数又是按照束线零点来设定的。而由于获得的数据在后续的分析中需要对齐和掐头去尾，如果任其能量零点漂移，有用的中间区间在平均谱中将会变得越来越短。此外，其他代表晶体变化方向的角度和聚光镜方向等参数也要在每若干次扫描后进行微调，以不断保持辐射强度处于最大值。现在，用户还可以选择用程序在每次扫描开始之前自动扫描核共振位置，并将其自动设定为 $E = 0$，大大方便了实验操作。

棚屋 C 被用于测量 IXS 散射。由于束线结构已经固定，人们只能采用在线式单色器进行 IXS 散射测量，散射角转动范围较窄。当人们进行核振散射测量时，X-射线从棚屋 C 的真空管线直接穿过。

棚屋 D 是进行核振散射或其他核散射测量的实验棚屋，棚屋内有全套测量核散射的探测器、循环式液氦冷阱、机动样品台等电子和机械配件，还有 KB 聚光镜用于对体积很小的样品的测量。样品冷阱采用了拱顶状的 Be 窗口，它让 X-射线、样品、探测器的方向有较为灵活的调整范围，方便获得最优化的测量条件。当然，它的造价肯定十分昂贵。

由于接近高分辨单色器等，处于束线上游的实验棚屋 B 内的 X-射线强度比棚屋 D 里的 X-射线强度高很多。因此，有些特殊的核散射或核振散射实验也可以在棚屋 B 内进行，以获取更高的信号量。但由于其空间十分有限，它最多只能放置一个简易的液氮冷阱 (77 K)，而无法放置温度更低，但需要更大空间的液氦冷阱和液氦杜瓦罐。因此，有关生物大分子的测量在这里无法进行。

在应用面上，该束线可以测量与 ^{57}Fe 有关的核散射和核振散射，还可以测量 ^{151}Eu、^{83}Kr、^{149}Sm、^{119}Sn、^{121}Sb、^{125}Te、^{129}Xe 和 ^{161}Dy 等一系列其他穆斯堡尔同位素的核散射 (表 4-2)。

该束线有一个完整的、由界面软件统一管理的电子控制系统，它可以对束线上的光学元件、探测系统、样品位置进行全面地操控，可以扫描单色器能量并探测获取核振散射数据。束线上的计算机系统还可以将测量得到的原始数据直接导

入分析软件 (Phoenix) 进行数据处理,用户无须自带任何设备,包括计算机。在实验或数据分析时对参数的调控操作也比较形象化,可以在软件界面上操作,整个束线的实验棚屋、光学组件、测量系统在束线的控制终端屏上有形象的显示。这些显示主要包括 HHLM 和高分辨单色器这两级单色器、各种相关的 X-射线聚光元件、样品台和探测器的位置,还有在束线沿线用于跟踪测量 I_0、I_1 的各种电离室等,十分直观。形象、方便的软件和控制系统让用户特别是新用户比较容易学习有关的测量过程,很快实现独立或半独立的操作。

4.5.2　日本 SPring-8 的 BL09XU 束线

位于日本 SPring-8 同步辐射中心的 BL09XU 束线也是世界上最早的专用核散射束线之一,它可以测量研究 ^{57}Fe、^{151}Eu、^{149}Sm、^{119}Sn、^{40}K、^{125}Te、^{121}Sb、^{61}Ni 等许多同位素核,官网:http://www.spring8.or.jp/wkg/BL09XU/instrument/lang-en/INS-0000000302。整个光束线在外观上分为 1、2 两个实验棚屋,分别对应于 4.5.1 节讲到的 APS 的 03ID 束线中的棚屋 B 和 D。它也有类似于棚屋 A 的、提供 ~1 eV 之 X-射线的 HHLM 棚屋,只是因为它基本上是封闭的,在 BL09XU 束线的总图上没有单独显示这样一个棚屋。另外,由于 BL09XU 并不测量 IXS 散射,因此它也没有类似于棚屋 C 的实验棚屋。

图 4.12(b) 展示了 BL09XU 的束线在棚屋 1 内的高分辨单色器的原理图和在棚屋 2 内的核振散射测量的实验台照片。细心的读者可能已经注意到,APS 束线的布局是由右往左的,而 SPring-8 的束线布局则为由左往右。这是因为:在欧美的同步辐射环中电子的旋转方向和束线的引出方向是顺时针的,而在亚洲的同步辐射环中电子旋转和束线引出方向是逆时针的。

实验棚屋 1 内装有三晶体型的高分辨单色器和相应的 X-射线光学、机械和电子组件。这一棚屋只在某一类实验刚刚开始时、更换单色器晶体时或束线调试出现重大问题时才会打开,而在其他时候均保持关闭:同样是为了减少人为活动对棚屋温度和单色器能量位置的微量影响。也因为同样的原因,一般的实验测量不会在棚屋 1 内进行。

棚屋 2 是进行核振散射或其他核散射测量的实验棚屋,内有全套的核散射测量装置和配件等,包括一个循环式液氦冷阱。冷阱结构采用样品台在下样品在上的放置模式,样品用丙醇在 150 K 时与样品台进行粘接,效果很好:核振散射的实际样品温度因此在 50 K 左右,明显优于机械固定模式。冷阱没有使用拱顶状的 Be 窗口,而是采用普通的平面 Be 窗口,以更方便地放置多单元的阵列式探测器。探测器则采用 4~8 单元的多元阵列式雪崩二极管探测器,可以大大增强探测的饱和度。具有更多单元的探测器也在研究和规划之中,为迎接具有更高强度的下一代入射 X-射线光源打下基础。在常用的、具有冷阱的实验台之后还有一个可以在室温下测量能量校准样品的小型样品台，可以同步或交替对能量校准样品进行测量。室温能量校准测量一般只使用一个单元的探测器。

在实验操作中，每一次能谱扫描之前，束线上的控制程序会自动扫描表征高分辨 X-射线能量的两关键晶体间的相对角度，并将其能量数值设为下次扫描时的 E_0(核共振能量) 的设定数值。根据束线的具体情况每隔 1~3 次扫描后，程序还会对 HHLM 的最佳位置进行自动跟踪扫描，保持辐射强度的最佳值。由于存在这些自动扫描程序，实验工作者的日常操作比较轻松，可以有更多的时间和精力来关注实验结果的分析和讨论决定实验的大方向。该束线上的高分辨单色器和核散射测量装置现在已整套转移到 BL35XU 上。

由于单色器的结构、表征能量位置的参数和实验扫描方案都与 APS 的 03ID 束线不同，因此人们无法运用分析软件 Phoenix 对从 BL09XU 上获得的能谱数据做直接分析，而必须先对原始数据进行以下几点适当转换。首先，在它的原始数据中的晶体角度无法被 Phoenix 直接引用，它的高分辨单色器上也没有记录晶体温度，所以必须选用原始数据中的能量值。另，分析软件 Phoenix 要求这个扫描能量值必须以 keV 的形式给出，而 BL09XU 的原始数据以 meV 的形式给出，因此必须换算。其次，能量值的比例尺在每次机时都会略微不同 (如 0.952~0.966)，需要通过对标准样品进行核振散射测量，进行能量校准。在取得能量比例尺之后，对其他谱图的能量校准工作可以在数据进入 Phoenix 之前进行，也可以在 Phoenix 分析之中进行。如果棚屋 1 始终保持关闭，多数时候的能量比例尺在同一次机时的测量中基本稳定。再次，由于历史沿革，它的扫描方向是从高能振动区间向核共振的零点方向进行的，与 APS 的扫描方向正好相反，需要对原始数据进行重新排序。数据转换的最早程序由本书作者用 Matlab 撰写，后由课题组研究生将之与 Phoenix 的运算相衔接，并转为上网操作：https://www.spectra.tools/bin/controller.pl?body=NRVS_Tool。

4.5.3 日本 SPring-8 的 BL19LXU 束线

同样位于 SPring-8 同步辐射中心的 BL19LXU 束线 [参见图 4.12(c)] 提供了在 7.2~18 keV 范围内的 X-射线，包括可用于 ^{57}Fe 核共振散射测量的 14.4 keV 的能量。它拥有一个长达 25 m 的超长波荡器，其长度为普通束线波荡器的 5 倍，因此可提供 5 倍的 X-射线强度。它的 HHLM 在 14.4 keV 处提供约 2.5×10^{14} 光子/s 的光通量，大约是 BL09XU 同类光束强度的 5 倍。这一高强度的光束线有着广泛的应用范围，从时间分辨实验到测量特弱的谱线结构等等，有着丰富的研究成果。当然，这一束线也是我们希望测量 Ni—H—Fe、Fe—H—Fe 等极弱振动模态之核振能谱的首选束线，比如，我们针对镍铁氢酶中的 Ni—H—Fe 的测量就是在此束线上获得突破的。

然而，BL19LXU 不是一条专用的核散射光束线，它没有固定的高分辨单色器，没有测量核振散射的探测器和电子装备，也没有我们需要的冷阱等特殊的样品台。因此，要利用该束线进行核振散射测量，人们必须将这些装置和相关的电子控制和辅助系统、液氦杜瓦罐、真空系统等一系列设备在机时开始之初逐一地移入 BL19LXU 的实验棚屋内，并调试到可以正常使用的程度。在经过预演和充分的前期准备的情况下，人们可以在大约 48 小时以内完成整个过程。如果有机会可以将实验设备提前推入实验棚屋内，并初步搭建，则纯粹的调试时间可以控制在 24 小时以内。这样临时搭建的核散射光束线同样可以进行正常的核振散射测量。除了可以获得较高强度的 X-射线之外，该方法还为将核振散射实验谱学拓展到非专用束线上奠定了可能性，扩大了这一谱学的工作空间。在图 4.11(d) 中，(d1) 展示了临时搭建的高分辨单色器的出口，而 (d2) 展示了临时搭建的实验样品台。它们在 BL19LXU 同处于一个实验棚屋，因此人们需要尽可能地减少进入实验棚屋的次数和停留的时间长度。

由于全部设备都需要临时移入，调试时间有限，而且高分辨单色器、探测器、冷阱等设备将与样品放置在同一实验棚屋内，实验条件将不如专用线稳定和优化。在 BL19LXU 上的流动核振散射束线提供的高分辨 X-射线的最佳强度约为 BL09XU 上同样条件下的 3~4.2 倍，核振散射信号的实际计数为 BL09XU 上同样样品的 2.5~3.4 倍，明显低于 5 倍的预期，而且每次机时会略有不同。但即便是只有 2.5 倍的强度对于测量生物大分子中某些极微弱的振动信号 (如镍铁氢酶中的 Ni—H—Fe 振动信号) 来说，都是可否测量的大问题了。为了尽可能多地获得入射 X-射线的强度，核振散射实验尽量选在前方的实验棚屋 1 内进行。

由于这一临时的核振散射实验装置完全是仿照 BL09XU 束线上的现有装置进行搭建的，它同样具有 0.8 meV 的能量分辨率和约为 $0.6 \times 1\ mm^2$ 的光斑尺寸。

4.5.4 其他的核振散射束线

在 APS 的 16ID 束线和 SPring-8 的 BL11XU 束线上也有常设的高分辨单色器，可以直接进行各种核振散射实验，APS 的 03ID 和 16ID 还可以测量超高压样品。

欧洲的两座第三代高能同步辐射中心上也有核散射束线。其中,ESRF 的 ID18 是世界上最早的几条专用核散射束线之一，它可以对许多种同位素进行核散射测量，如表 4-2 所示。它的高分辨单色器为四晶体组成的单色器，束线上同样备有液氦冷阱和高水准的雪崩光电二极管探测器，适合于对生物分子样品的测量。它的高分辨 X-射线可以达到 0.4 meV 的分辨率，为目前所有类似束线上曾经到达的最高标准，但射线强度较弱。

Petra-Ⅲ 的 P01 是目前世界上最先进的核振散射束线之一，束线参数请参见 http://photonscience.desy.de/facilities/petra_iii/beamlines/ p01_dynamics/index_eng.html。从 2011 年 11 月开始实验测量以来，它进行了有关 ^{57}Fe、^{119}Sn、^{125}Te、^{121}Sb、^{193}Ir 等的多项核散射实验，包括部分核振散射的实验。自 2014 年 6 月以来，它又开始接受 IXS 散射实验的测量。P01 由两个光学棚屋 (OH1 和 OH2) 和三个实验棚屋 (EH1，EH2，EH3) 组成。光束线从 OH1 的入口到 EH3 的最后墙壁之总长度为 50 m。

OH1 主要包括液氮冷却的 HHLM，与 SPring-8 的情况基本相似。两个反射聚焦镜和一组用于准直的反射镜可以协助将 X-射线进行聚焦，再传给下一站的高分辨单色器。

OH2 中具有分别用于核共振散射和 IXS 散射这两种实验方法的两组高分辨单色器，和用于聚焦的一组抛物面反光镜。

EH1 提供了基本上无须再次聚焦的 X-射线。它安装有一个 HUBER 衍射仪，用于对方向有要求、但对其他实验环境要求不太苛刻的样品的核共振散射实验。比如，它可以用于研究室温下稳定的晶体样品的核弹性散射等，但它无法用于对生物分子等需要冷阱冷却的样品的测量。

EH2 装有两种不同类型的 IXS 光谱仪：分别从事不对动量 q 进行分辨的 X-射线拉曼能谱学的研究和对能量 E 和水平、垂直两方向上的动量 q 都可以进行分辨的 IXS 散射实验。

EH3 为有特殊要求的实验棚屋。它备有液氮冷阱，可以对生物分子样品进行冷却和核振散射等研究。另外，它还备有高强度的磁铁，可以对样品的磁性进行研究，比如进行有磁分裂的同步辐射的穆斯堡尔谱学测量等。同时，它还装有对 X-射线进行进一步聚焦的 KB 镜，可以提供横截面最小可达 8 μm × 5 μm 的超小光斑，用于研究小体积的样品。

P01 最重要的性能是：它是目前世界上唯一一条可以提供光通量在 1×10^{10} s^{-1} 以上，同时又具有 0.7 meV 能量线宽之 X-射线的光束线。这主要得益于 Petra-Ⅲ 是最新的第三代高能同步辐射环，已经属于准衍射极限环，准直性特别好，使得高分辨单色器可能有更高的光通量。同时，它的环周长为 2.3 km，也是现有同步辐射环中最大的，可以安排更多的电子束，因而有更高的 X-射线强度。近几年来，光束线的冷阱结构和样品-探测器空间也得到了几次改善，适合于对生物分子等微弱的核散射信号进行测量。

2018 年底开始建设的 (北京) 高能同步辐射光源 (HEPS)，其周长约为 1.4 km，而且许多技术指标瞄准国际最先进的水准和衍射极限这一目标。当建成时，它将加入世界几大高能同步辐射环的行列。

4.6 核共振振动散射能谱的分析

4.6.1 求取能态密度函数 PVDOS

如同对其他能谱的分析一样,人们需要首先对实验能谱数据进行初步处理,包括:①将能谱数据对入射 X-射线的强度 I_0 进行归一化处理,在归一化之后重新将数据放大到原有的计数水准;②对共振原点 E_0 进行能量校准,让 $E_0 = 0$;③对多个能谱的信号计数进行总体求和。这样得到的能谱图是实验计数与能级位置之间的关系图,也就是人们常说的原始能谱数据图。如果要对其进行理论拟合,并求出力常数,人们还需要将这些原始能谱数据图转换为核振散射的能态密度与能级位置的关系图,即能态密度分布函数 $g(\omega)$。与大部分振动图谱只能参考频率位置,或对谱峰强度进行定性估算的情形不同,核振散射是少数可以真正求得能态密度函数的振动谱学方法之一。在实践中,一般的做法是将原始能谱数据和尝试温度、散射能量等实验参数输入到 Phoenix 等分析程序包中直接求得。具体步骤如图 4.13 所示。

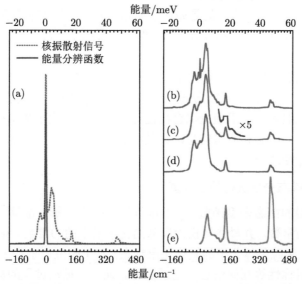

图 4.13 以四乙基铵四氯化铁 ([NEt$_4$][FeCl$_4$]) 为例,由原始核振能谱数据求取振动能态密度函数的分析流程图。横轴为振动能量,下横轴的单位为化学中常用的 cm^{-1};上横轴的单位为物理中常用的 meV。(a)→(e) 的分析流程详见本节的文字描述

(1) 将求和后的核振能谱原始数据通过对公式 (4-4) 进行反卷积分转化为假设线宽为零的理论能谱数据 [图 4.13 中的第一步,(a)→(b)]。这时,共振散射主峰已经变为 "一条线"。

(2) 去除共振散射主峰，得到纯的振动散射能谱，但仍然包含多声子过程的贡献 [图 4.13 中的第二步，(b)→(c)]；

(3) 发现并去除多声子的贡献 [如图 4.13(c) 中的 ×5 处所示]，求出核振能谱中纯粹的单声子散射的贡献部分。再考虑样品温度的影响，将谱图转换为跃迁概率分布图 [第三步，(c)→(d)]。如果在分析过程中没有考虑多声子的贡献并予以去除，其最终的能谱 (能态密度函数) 将可能出现错误的附加谱线，如图 4.13(c) 中 ×5 处的曲线。

(4) 加入选择定则，最终求出每一个具有 ^{57}Fe 位移的简正振动模态的能态密度函数 (PVDOS)[第四步，(d)→(e)]。

能态密度函数是纯粹的分子特性，与温度等实验条件完全无关。在分子取向随机分布的粉末样品或冷冻溶液样品中，而且量纲相配合的话，能态密度在全能量区间的积分值应该等于 3(对应于 x、y、z 三个方向)。通常情况下，直接从 Phoenix 软件求出的 PVDOS 的横轴单位为 meV，但纵轴单位为 eV^{-1}，因此积分为 3000。对于这样的数据，人们必须首先将纵轴的量纲化为 $1~meV^{-1}$，或将横轴的量纲化为 eV，才能得到积分为 3 的能态密度函数。

值得一提的是，这里讲述的是如何从原始实验数据导出能态密度函数的过程，而下面两节将要讲述的是如何对已经转换的能态密度函数进行理论拟合的计算，两者完全不同，请勿混淆。

当得到一张能谱图时，最简单的分析是对比以前相似的能谱图，得知哪个谱峰对应哪个振动，并观察红移 (向低能方向的位移)、蓝移 (向高能方向的位移) 等直观读图分析。然而，运用理论拟合往往可以从能态密度函数中得出更多、更细致、更深入的几何信息和能态信息，这是将能态密度函数可靠地联系到分子的化学结构的有效途径之一。

4.6.2　用简正模态分析进行拟合计算

对实验测得的能态密度函数 $g(\omega)$ 进行简正模态分析，能够拟合得出一系列的振动模态的力常数，并最终转换为局部的化学键上的力常数。根据这些力常数，我们可以观察、跟踪整体分子的氧化还原状态，某个配位原子是否与 Fe 成键，以及配位原子的对称性等几何信息和电子信息。通常，振动过程的势能哈密顿量可以写为

$$V = \sum_i \frac{1}{2} K_i \left(\Delta r_i\right)^2 + \sum_i \frac{1}{2} H_i r_{i\alpha}^2 \left(\Delta \alpha_i\right)^2 + \sum_i \left[\frac{1}{2} F_i \left(\Delta q_i\right)^2 + F_i' q_i \left(\Delta q_i\right)\right] \quad (4\text{-}8)$$

无论振动多么复杂，它们都可以被大略分为伸缩振动、弯曲振动、和非成键原子之间的远程或次级弱相互作用，如氢键等。它们分别由 (4-8) 式中的第一项 (Δr_i 代表伸缩时化学键长偏离平衡位置的变化量)，第二项 ($\Delta \alpha_i$ 代表弯曲时键

角的变化量) 和第三项 (q_i 和 Δq_i 分别为广义间距和广义角度的变化量) 来表述,
振动变化量之前的系数 K_i, H_i, F_i 和 F_i' 为对应的弹性系数。简正模态分析的第
一步通常是假设振动为小幅振动,即采用如公式 (4-8) 所示的、振动势能能量与
振动位移量的平方成正比的简谐振动模型开始计算。这一理论拟合称为简正模态
分析方法或简称 NMA。对比基于经验的直观读图,这样的定量拟合可以更清晰
和更有理论根据地解答谱图中的细节。

至此讨论的核振能谱的频率拟合与红外、拉曼等传统振动能谱的理论拟合在
原则上没有太大的区别。但除了频率的拟合之外,核振能谱的强度还可以通过公
式 (4-4) 和 (4-5) 准确地定量求得,使得拟合得出的参数 (如力常数和猜想的化学
结构等) 更加可靠,成为核振散射谱学具有的突出优势之一。

在具体拟合过程中,一般是先对只包括中心散射原子 (如 ^{57}Fe) 和第一层配
位原子的最简单的模型结构进行初步拟合;得到结果后,再添入第二、三层的配
位原子,进行修正。对于组分复杂,对称性又差的分子拟合计算可能需要包括到
第四、五层原子的作用,甚至需要包括到整个分子。在特殊情况下,有时需要一
次性包含多层原子的共同作用,无法逐层添入;有时则又需要将类型相同,几何
位置不同的同一类原子代入不同的力常数,暂时作为不同的原子来分别处理等等。
总之,其计算流程的细节从一个化学体系到另一个化学体系都不尽相同,我们将
在第 7 章中结合实例,具体一一介绍。

4.6.3 用密度泛函理论进行拟合计算

人们除了运用简正模态分析等需要输入猜想参数的经验拟合之外,还可以运
用全初始法 (*Ab initio*) 的量子化学计算对核振散射能谱进行理论分析,从而认识
分子的结构。

密度泛函理论 (Density Function Theory,DFT) 仅仅依据分子的结构和量
子力学的基本定律来进行计算,无须任何人为调控或猜想的经验参数。包括密度
泛函理论在内的一系列量子化学与传统化学最大的不同在于量子化学只需要知道
物质最基本的性质 (如分子结构) 就可以由薛定谔方程求解得到分子的波函数和
电子分布,并由此探讨分子内部原子与原子之间或分子与分子间相互的运动关系、
反应关系,包括本书最关心的振动问题,而无须进行实验。相比简正模态分析等
经验类的拟合计算,这样的全初始法的计算更为严格、可靠,也更具有理论上的
预见性。密度泛函理论在此之前已经被较为广泛地应用于对红外吸收光谱的计算
分析,而对核振散射的分析则可以同时拟合频率和强度。

最早的量子化学计算起源于 1927 年物理学家们对结构最简单的单电子 H_2^+
离子和双电子 H_2 分子的量子力学计算,而密度泛函理论在原理上也可追源于
1927 年托马斯费米模型的提出。20 世纪 60 年代的两个 Hohenberg-Kohn 定理

(简称 H-K 定理) 的建立则真正奠定了密度泛函理论的基础。第一个 H-K 定理表明：多电子系统的基态性能可由电子密度分布 $n(r)$ 来唯一确定。第二个 H-K 定理则定义了系统的能量函数，并证明了：正确的基态电子密度分布使得系统的整体能量最小化。这样，对于由 N 个电子组成的量子系统，密度泛函理论可以用只有三个变量 (x, y, z) 的电子密度 $n(x, y, z)$[或表示为 $n(\boldsymbol{r})$] 来取代有 $3N$ 个变量的经典量子描述，再通过使系统能量的最小化来取得系统结构的最优化。由于它能够在对固态的计算中得出比较令人满意之结果，而其计算成本相比实验测量费用也明显要少，并且人们对计算目的也更容易进行细微的调整，密度泛函理论首先于 20 世纪 70 年代在固体物理学中获得广泛应用。当然，那时的计算精度和可预见性还是无法满足人们的普遍期待。直到 20 世纪 90 年代，人们对理论中所采用的近似方法和理论模型做了更新、更好的提炼后，该方法才在多电子结构的量子计算中真正领先，并推广到对各种量子问题的计算上，包括对振动能谱的计算。

　　传统量子力学理论对多电子系统的波函数的计算相当复杂，计算量也因此十分巨大，因而无法用于对电子很多的大分子进行计算。比如，使用玻恩–奥本海默近似，视原子核为固定不动，则此时描述 N 个电子的量子系统与时间无关部分的波函数的薛定谔方程为

$$\hat{H}\phi_i = \left[\hat{T} + \hat{V} + \hat{U}\right]\phi_i = \left[\sum_i^N\left(-\frac{\hbar^2}{2m_i}\nabla_i^2\right) + \sum_i^N V\left(\boldsymbol{r}_i\right) + \sum_{i<j}^N U\left(\boldsymbol{r}_i, \boldsymbol{r}_j\right)\right]\phi_i = E\phi_i \tag{4-9}$$

其中，H 是哈密顿算符，是总能量算符；T 是动能算符；V 是势能算符；U 是电子–电子相互作用能的算符：它包括表征电子–电子库仑排斥力的 Hartree 作用项 U_H 和表征电子交换的作用项 U_{XC}。运算符 T 和 U 被称为通用运算符，因为它们的表达式对于任何系统都是相同的，而 V 是系统势能，它因具体系统的不同而不同。

　　这一经典计算最大的问题是其 N 个电子的 $3N$ 个坐标变量和 N 个电子之间复杂的相互作用。这样的量子力学计算需要巨大的计算量，即使理论上完美无缺，它也无法应用于对较为复杂的分子系统的计算。密度泛函理论的主要贡献就是将这样一个 N 电子有相互作用的 N 体问题简化为一个电子与电子之间没有相互作用的电子群的单体问题，如图 4.14 所示的那样：即将电子与原子核骨架分离，其中的电子不属于具体原子，而是假设为整个晶体所共享，电子之间没有相互作用，没有差别，一切由电子的密度来决定。这样，电子间的相互作用项 U_H 和 U_{XC} 也将由电子密度分布决定，并转化为新构建的 V 的一部分，构造一个新的等效势场，再次进行单体计算，往复循环。这里先给出一个图形上的形象概念，关于主要计

算过程的描述请参见下一段。因为电子密度函数仅有三个坐标变量 (x, y, z)，而非 N 电子波函数的 $3N$ 个变量，这使得密度泛函理论无论在概念上还是实际应用上都会方便很多，计算量也因此会大大降低。

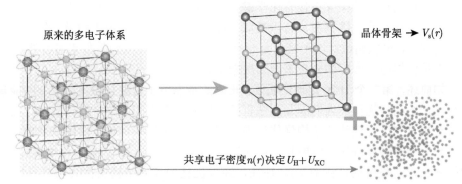

原来的多电子体系

晶体骨架 → $V_{s}(r)$

共享电子密度 $n(r)$ 决定 $U_{H} + U_{XC}$

图 4.14 用电子密度分布近似解多电子问题的密度泛函理论的模型示意图

一开始，人们可以考虑能量算符中不含有电子与电子相互作用项的薛定谔方程 (4-10)，并解出这一不含电子相互作用项的量子系统的波函数

$$\left[-\frac{\hbar^2}{2m}\nabla^2 + V_s\left(\boldsymbol{r}\right) \right] \phi_i\left(\boldsymbol{r}\right) = E_i\phi_i\left(\boldsymbol{r}\right) \tag{4-10}$$

和系统能量 (4-10′)：

$$E_i[n] = \left\langle \phi_i[n] \left| \hat{T} + \hat{V}_s \right| \phi_i[n] \right\rangle \tag{4-10′}$$

在得到这一无电子相互作用项的波函数 ϕ_i 以后，可由对该波函数积分得到多电子系统的电子密度分布函数 $n(r)$ 的一级近似。然后，再运用 $n(r)$ 和如下公式来估算原系统中电子与电子之间的两个相互作用项 U_H 和 U_{XC}，再并入势能项，得出一个更近于实际情况的等效势场 V_s 的算符：

$$V_s\left(\boldsymbol{r}\right) = V\left(\boldsymbol{r}\right) + \int \frac{e^2 n_s\left(\boldsymbol{r}'\right)}{|\boldsymbol{r} - \boldsymbol{r}'|}\mathrm{d}^3r' + U_{XC}\left[n_s\left(\boldsymbol{r}\right)\right] \tag{4-11}$$

其中第一项为原始的势能，第二项为 U_H，最后一项为 U_{XC}。我们可以将这样的 V_s 再代回式 (4-10) 中，获得新一轮的能级、波函数 ϕ_i、新一轮的电子密度函数 $n(r)$、新一轮的势能算符 V_s，并由此再得出下一轮新的波函数，形成 $\phi_i \rightarrow n(r) \rightarrow U_H + U_{XC} \rightarrow V_s \rightarrow H \rightarrow \phi_i \rightarrow n(r)$ 的往复循环。这样，解多电子量子力学方程的问题可以用迭代法逐次完成，直到过程达到预设的收敛程度为止。当然，非迭代的计算方法也存在，但迭代式算法较为常见。

由于化学键、振动能谱与电子密度直接相关，密度泛函理论能较好地解释各种振动能谱，包括核振散射能谱。在计算中，人们需要输入的只是原子的坐标位置、原子上的总电荷量和总自旋量等基本信息，而输出的是系统的能量分布。密度泛函理论的计算结果并不包含化学键是否存在的概念，比如它并不知道两个原子之间是否真有化学键存在，有点类似于晶体学。如果人们希望知道具体的化学键是否存在，可以通过对电子密度分布来做形象判断或用其他软件来做智能判断，总之都是依据电子密度的分布来做二次操作。

如前述，第二个 H-K 定理证明了：正确的基态电子密度分布使得系统的能量最小化，结构最优化。人们因此无法直接选用测量获得的晶体学结构数据，而是必须首先对其进行细致的结构优化处理。然后再采用这些优化了的结构数据来计算系统的哈密顿算符 H 和通过 $\phi_i \to n(r) \to U_{\mathrm{H}} + U_{\mathrm{XC}} \to V_s \to H \to \phi_i \to n(r)$ 的循环来求解最终的波函数 ϕ_i。往往，经过优化的晶体结构变化其实并不太大，但两者的能量差别却很大。

对于振动，取其能量对坐标的二阶导数就可以获得振动能谱的频率集了。对于核振散射，人们再从全部的振动频率中挑选出其中 ^{57}Fe 存在位移的振动子集，并计算出对应的能态密度，就形成了符合核振散射的能态密度函数谱 $g(\omega)$ 了。

简正模态分析属于经典力学的计算，在势能算符中含有各化学键中的力常数，人们对振动的拟合计算通常是将尝试力常数输入到这些能量算符中，计算出系统的能量分布并与实验测量到的频率分布进行对比和调整，最终获得合理的拟合力常数值。而 DFT 计算属于量子计算，对力常数最常用的求取方法是在系统能量获得最优化之后，对能量进行坐标变量的二阶求导，生成 Hessian 矩阵，再从中读取获得。因为 DFT 是全初始法，它没有拟合逼近的这一过程，而是在彻底完成理论计算后再与实验结果进行比较，无论其是否吻合。但也正是这样的原因，获得的力常数和化学结构等信息往往比简正模态分析等经验拟合获得的结果要更加可信。当然，用 DFT 来恰当、准确地描述分子与分子间的相互作用，特别是氢键等弱作用还有一定困难。

密度泛函理论属于比较专业的理论计算，可以通过与专事理论化学研究的课题组进行合作，或招聘专业人员进行，一般不由实验者自行操作。这里，我们仅仅是在方法上给出了概念性、轮廓性的描述，供有兴趣的非计算人员参考，使他们能够关注有关谱图的理论解释。在讨论固氮酶、氢酶的第 8~10 章中，我们还将结合具体的生物分子的核振散射问题，给出部分实际的计算结果。

参 考 资 料

本章文献按发表年限排序：

[1] Cohen R L, Miller G L, West K W. Nuclear resonance excitation by synchrotron radiation. Phys Rev Lett, 1978, 41:381-384

[2] 焦洪震. 用同步辐射进行核共振激发. 原子核物理评论, 1987, 4(4): 41-46

[3] Ishikawa T, Yoda Y, Izumi K, et al. Construction of a precision diffractometer for nuclear bragg scattering at the photo factory. Rev Sci Instrum, 1992, 63:1015-1018

[4] Alp E E, Mooney T M, Toellner T, et al. Nuclear resonant scattering beamline at the advanced photon source. Hyperfine Interact, 1994, 90:323-334

[5] Baron A Q R, Ruby S L. Time resolved detection of X-rays using large area avalanche photodiodes. Nucl Instrum Methods Phys Res A, 1994, 343:517-526

[6] Seto M, Yoda Y, Kikuta S, et al. Observation of nuclear resonant scattering accompanied by phonon excitation using synchrotron radiation. Phys Rev Lett, 1995, 74:3828-3831

[7] Sturhahn W, Toellner TS, Alp E E, et al. Phonon density of states measured by inelastic nuclear resonant scattering. Phys Rev Lett, 1995, 74:3832-3835

[8] Chumakov A I, Metge J, Baron A Q R, et al. An X-ray monochromator with 1.65 meV energy resolution. Nucl Instrum Methods Phys Res A, 1996, 383:642-644

[9] Ruffer R, Chumakov A I. Nuclear resonance beamline at ESRF. Hyperfine Interact, 1996, 97: 589-604

[10] 马如璋. 穆斯堡尔谱学. 北京：科学出版社, 1996

[11] Sturhahn W, Alp E E, Toellner T S, et al. Introduction to nuclear resonant scattering with synchrotron radiation. Hyperfine Interact, 1998, 113:47-58

[12] Chumakov A I, Sturhahn W. Experimental aspects of inelastic nuclear resonance scattering. Hyperfine Interact, 1999, 123:781-808

[13] Smirnov G. General properties of nuclear resonant scattering. Hyperfine Interact, 1999, 123:31-77

[14] Sturhahn W. CONUSS and PHOENIX: evaluation of nuclear resonant scattering data. Hyperfine Interact, 2000, 125:149-172

[15] Sage J T, Durbin S M, Sturhahn W, et al. Long-range reactive dynamics in Myoglobin. Phys Rev Lett, 2001, 86:4966-4969

[16] Yabashi M, Tamasaku K, Kikuta S, et al. X-ray monochromator with an energy resolution of 8×10^{-9} at 14.41 keV. Rev Sci Instrum, 2001, 72:4080-4083

[17] Yoda Y, Yabashi M, Izumi K, et al. Nuclear resonant scattering beamline at SPring-8. Nucl Instrum Methods Phys Res A, 2001, 467-468:715–718

[18] Sage J T, Paxson C, Wyllie G R A, et al. Nuclear resonance vibrational spectroscopy of a protein active-site mimic. J Phys: Condens Matter, 2001, 13:7707-7722

[19] Engel E, Dreizler R M. Density Functional Theory: An Advanced Course. Berlin: Springer, 2011

[20] Koch W, Holthausen M C. A Chemist's Guide to Density Functional Theory. New York: Wiley-VCH Verlag GmbH, 2001

[21] Lin J F, Struzhkin V V, Sturhahn W, et al. Sound velocities of iron-nickel and iron-silicon alloys at high pressures. Geophys Res Lett, 2003, 30:2112-2115

[22] Kishimoto S, Yoda Y, Seto M, et al. Array of avalanche photodiodes as a position-sensitive X-ray detector. Nucl Instrum Methods Phys Res A, 2003, 513:193-196

[23] Sturhahn W. Nuclear resonant spectroscopy. J Phys: Condens Matter, 2004, 16:S497-S530

[24] Keune W, Ruckert T, Sahoo B, et al. Atomic vibrational density of states in crystalline and amorphous $Tb_{1-x}Fe_x$ alloy thin films studied by nuclear resonant inelastic X-ray scattering (NRIXS). J Phys: Condens Matter, 2004, 16:S379-S394

[25] Scheidt W R, Durbin S M, Sage J T. Nuclear resonance vibrational spectroscopy — NRVS. J Inorg Biochem, 2005, 99:60-71

[26] Smith M C, Xiao Y M, Wang H X, et al. Normal-mode analysis of $FeCl_4^-$ and $Fe_2S_2Cl_4^{2-}$ via vibrational Mössbauer, resonace Raman, and FT-IR spectroscopies. Inorg Chem, 2005, 44:5562-5570

[27] Kobayashi H, Yoda Y, Shirakawa M, et al. ^{151}Eu nuclear resonant inelastic scattering of Eu_4As_3 around charge ordering temperature. J Phys Soc Japan, 2006, 75:034602

[28] Toellner T S, Alatas A, Said A, et al. A cryogenically stabilized meV-monochromator for hard X-rays. Synchrotron Rad, 2006, 13:211-215

[29] Corminboeuf C, Tran F, Weber J. The role of density functional theory in chemistry: some historical landmarks and applications to zeolites. J Mol Structure: Theochem, 2006, 762: 1-7

[30] Asthalter T. Nuclear inelastic scattering on ferrocene-based rotator phases: theory vs. experiment. Z Phys Chem, 2009, 220:979-995

[31] Yoda Y, Imai Y, Kobayashi H, et al. Upgrade of the nuclear resonant scattering beamline BL09XU in SPring-8. Hyperfine Interact, 2012, 206:83–86

[32] Wang H X, Yoda Y, Kamali S, et al. Real sample temperature: a critical issue in the experiments of nuclear resonant vibrational spectroscopy on biological samples. J Synchrotron Rad, 2012, 19:257-263

[33] 王世旭, 肖仁政, 陈义龙, 等. 同步辐射穆斯堡尔谱学. 原子核物理评论, 2012, 29:266-271

[34] Wang H X, Yoda Y, Dong W B, et al. Energy calibration in nuclear vibrational spectroscopy: observing small spectral shifts and making fast calibrations. J Synchrotron Rad, 2013, 20:683-690

[35] Wong S D, Srnec M, Matthews M L, et al. Elucidation of the Fe(IV)=O intermediate in the catalytic cycle of the halogenase SyrB₂. Nature, 2013, 499:320-323

[36] Guo Y, Yoda Y, Zhang X, et al. Synchrotron radiation based nuclear resonant scattering: applications to bioinorganic chemistry// Sharma V K, Klingelhofer G, Nishida T. Mössbauer Spectroscopy: Applications in Chemistry, Biology, Nanotechnology, Industry, and Environment. New York: Wiley, 2013

[37] Wang H X, Alp E E, Yoda Y, et al. A practical guide for nuclear resonance vibrational spectroscopy (NRVS) of biochemical samples and model compounds. Methods Mol Bio, 2014, 1122:125-137

[38] 王宏欣，周朝晖，徐伟. 同步辐射核共振振动能谱学 (上)：原理篇. 物理, 2014, 43:579-588

[39] 王宏欣，周朝晖，徐伟. 同步辐射核共振振动能谱学 (下)：应用篇. 物理, 2014, 43:640-649

[40] Bagayoko D. Understanding density functional theory (DFT) and completing it in practice. AIP Advances, 2014, 4:127104

[41] Zangwill A. A half century of density functional theory. Phys Today, 2015, 68:34-39

[42] Ogata H, Kraemer T, Wang H X, et al. A hydride bridge in fully reduced [NiFe] hydrogenase-evidence from nuclear resonance vibrational spectroscopy (NRVS) and DFT calculations. Nature Commun, 2015, 6:7890

[43] Yoda Y, Okada K, Wang H X, et al. High-resolution monochromator for iron nuclear resonance vibrational spectroscopy of biological samples. Jap J Appl Phys, 2016, 55:122401/1-4

[44] Serrano P N, Wang H X, Crack J C, et al. Nitrosylation of nitric-oxide-sensing regulatory proteins containing [4Fe-4S] clusters gives rise to multiple iron-nitrosyl complexes. Angew Chem Int, 2016, 55:14575-14579

[45] Lauterbach L, Gee L B, Pelmenschikov V, et al. Characterization of the $[3Fe-4S]^{0/1+}$ cluster from the D14C variant of Pyrococcus furiosus ferredoxin via combined NRVS and DFT analyses. Dalton Trans, 2016, 45:7215-7219

[46] O'Dowd B, Williams S, Wang H X, et al. Spectroscopic and computational investigations of ligand binding to IspH: discovery of non-diphosphate inhibitors. Chem Bio Chem, 2017, 18:914-920

[47] Reijerse E J, Pham C C, Pelmenschikov V, et al. Direct observation of an iron bound terminal hydride intermediate in [FeFe] hydrogenase. J Am Chem Soc, 2017, 139:4306-4309

[48] Eggert B, Gruner M E, Ollefs K, et al. Interface-related magnetic and vibrational properties in Fe/MgO heterostructures from nuclear resonant spectroscopy and first-principles calculations. Phys Rev Mat, 2020, 4:044402

[49] Gee L B, Wang H X, Cramer S P. NRVS for Fe in biology: experiment and basic interpretation. Methods Enzymol, 2018, 599:409-425

[50] Dauphas N, Hu M Y, Baker E M, et al. SciPhon: a data analysis software for nuclear resonant inelastic X-ray scattering with applications to Fe, Kr, Sn, Eu and Dy. J Synchrotron Rad, 2018, 25:1581-1599

[51] Sutherlin K D, Wasada-Tsutsui Y, Mbughuni M M, et al. Nuclear resonance vibrational spectroscopy definition of O_2 intermediates in an extradiol dioxygenase: correlation to crystallography and reactivity. J Am Chem Soc, 2018, 140:16495-16513

[52] Masuda R, Kusada K, Yoshida T, et al. Synchrotron-radiation-based Mössbauer absorption spectroscopy with high resonant energy nuclides. Hyperfine Interact, 2019, 240:120

[53] Gee L B, Wang H X, Cramer S P. Nuclear resonance vibrational spectroscopy. Bioorgan-
      ometallic Chemistry, 2020, 353-394

[54] Bessas D, Sergueev I, Glazyrin K, et al. On a hyperfine interaction in ε-Fe. Hyperfine
      Interact, 2019, 241:1

[55] Wang H X, Braun A, Cramer S P, et al. Nuclear resonance vibrational spectroscopy: a
      modern rool to pinpoint site-specific cooperative processes. Crystals, 2021, 909: 1-42

第 5 章　研究的样品：生物化学基础知识

　　任何能谱学的要素都包括光源系统、探测系统和被探测的样品。我们在前几章介绍了同步辐射光源、高能射线探测系统和一些谱学探测方法，包括两种高能射线的振动散射能谱学方法。本章中，让我们来讨论一下我们要研究的对象：生物学样品。

　　生物学是一门研究生命现象和生命活动规律的学科。它是农学、林学、医学和自然生态学等许多学科的基础。从细胞层面上研究生命现象的学科为细胞生物学，从分子水平上研究生命现象的学科为分子生物学，而分子生物学又涵盖遗传学、生物化学和生物物理学等内容。其中，生物化学是研究生物体中的化学过程的一门交叉学科，有时简称生化。它主要研究细胞内各种生物大分子的分子结构、化学性质以及这些结构、性质与生物学功能之间的关系等，尤其着重于研究酶和酶促反应的催化作用机理，比如，对催化水中的质子和氢气之间相互转换的氢酶的研究；对催化氮气固化为可被植物吸收利用的铵盐的固氮酶的研究；对促进光合作用的光合作用酶的研究；等等。在研究方法上，生物化学尤其着重于利用谱学探测或化学模拟合成的方法来解答生物体中某些中心结构的重大问题。因此，光谱学、能谱学是生物化学和生物物理学研究中最常用和最有效的手段之一。

　　绝大多数的生物体的基本单位是细胞 [图 5.1(a)、(b)]，细胞的特殊性决定了

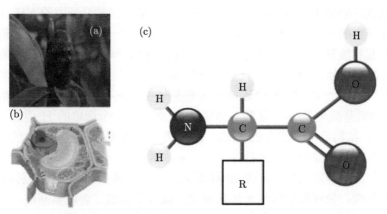

图 5.1　(a) 作为生物体一例的某热带植物照片；(b) 一个植物细胞的大致结构示意图；(c) 蛋白质组成单元氨基酸的化学结构简图，R 为氨基酸侧链

个体生物体的特殊性，正如分子是物质组成的基本单位那样。细胞的直径一般为
$1 \sim 50 \ \mu m$；但世界上最大的细胞为鸵鸟的受精卵，直径大约为 10 cm。细菌等微
生物以及绝大部分的低等原生动物多由一个细胞组成，称为单细胞生物体；高等
植物和高等动物则是由许多细胞组成的生物体。

　　从元素层面看，生物体中最主要的组成元素为 C、N、H、O、S、P 这六种元
素，通常占整个生物体质量的 90% 以上。但一些含量较少的元素，特别是微量的
过渡族金属元素，往往占据生物大分子的 "中心"，有着十分关键的生物学和化学
功能，是生物化学、生物物理学和生物能谱学研究的重点。

　　从分子层面看，细胞中化学分子组分的含量从多到少的一般排序为：水、蛋
白质、无机盐、核酸、糖、脂等。其中蛋白质和核酸为性质上最为重要的组分：蛋
白质是生物体的结构主体，也是生物活性中心的载体；核酸则携带遗传密码，是
遗传信息的保存者和传递者；其他组分相对次要。

5.1　生物分子的组分和结构

5.1.1　氨基酸

　　虽然蛋白质的种类十分繁多，但任何一种蛋白质其实都是由一系列氨基酸组
成的大分子聚合物。而作为基本单元的氨基酸是一系列含有氨基的小分子，大约
只有 20 种，类似于组成化学物质的元素。它们的分子量大多在 100~150，多为
白色固体，易溶于酸、碱溶液中，其名称、类型、缩写符号、分子量、分子式等
如表 5-1 所示。由于氨基酸分子的全名和化学式都比较长，而一个生物分子又是
由相当多的氨基酸分子组成的，因此人们经常使用它们的三字母缩写符号或单字
母符号来简略代表每一种氨基酸。

　　常见氨基酸的主体结构如图 5.1(c) 所示：氨基是指其分子中的 NH_2 基，羧基
是指其分子中的 COOH 基团。氨基和羧基对于任何一个氨基酸都是相同的。图
中连接氨基和羧基的 C 原子因为离氨基最近，被称为 α 碳原子，连接在这个 α
碳原子上的有机基团 R 称为取代基、结合基或侧链基团。不同的氨基酸就是因为
它们有不同的侧链 R。侧链 R 连接在 α 碳原子上的氨基酸叫做 α-氨基酸，表 5-1
中的 20 种氨基酸全是 α-氨基酸。如果 R 对面不是一个简单的 H 原子，而是有
多个 C 的、结构更复杂的有机基团，则 R 有可能连接到离氨基更远的其他碳原
子上，这时的氨基酸依次类推被称为 β-，γ-，δ-，⋯ 氨基酸等。

　　根据其侧链基团的类型，这 20 种常见的 α-氨基酸可再被分为脂肪族氨基酸、
芳香族氨基酸、杂环氨基酸、无环氨基酸、碱性氨基酸、含硫氨基酸、含羟基氨
基酸等类型。所以氨基酸都含有 N、C、O、H 这四种元素；蛋氨酸、半胱氨酸和
胱氨酸还含有 S 元素；而核酸中的核苷酸则富含 P 元素；它们共同奠定了六大生

命元素，在生物体内占据其总量的 90％以上。最简单的 α-氨基酸是甘氨酸，它是由布拉孔诺在 1820 年发现的第一个氨基酸。

表 5-1　组成蛋白质的 20 种常见氨基酸的名称、类型、三字母缩写、单字母符号、分子量、α-氨基酸的侧链基团和在生物体中可能与金属中心形成配位键 M—X 的元素

名称	类型	三字母缩写	单字母符号	分子量	侧链基团	元素
丙氨酸	脂肪族类	Ala	A	89.1	—CH_3	
精氨酸	碱性氨基酸类	Arg	R	174.2	$HN=C(NH_2)—NH—(CH_2)_3—$	N
天冬酰胺	酰胺类	Asn	N	132.1	$H_2N—CO—CH_2—$	N
天冬氨酸	酸性氨基酸类	Asp	D	133.1	$HOOC—CH_2—$	O
半胱氨酸	含硫类	Cys	C	121.1	$HS—CH_2—$	S
谷氨酰胺	酰胺类	Gln	Q	146.1	$H_2N—CO—(CH_2)_2—$	N,O
谷氨酸	酸性氨基酸类	Glu	E	147.1	$HOOC—(CH_2)_2—$	O
甘氨酸	脂肪族类	Gly	G	75.1	H—	
组氨酸	碱性氨基酸类	His	H	155.1	$^*NH—CH=N—CH=^*C—CH_2—$	N
异亮氨酸	脂肪族类	Ile	I	131.2	$CH_3—CH_2—CH(CH_3)—$	
亮氨酸	脂肪族类	Leu	L	131.2	$(CH_3)_2—CH—CH_2—$	
赖氨酸	碱性氨基酸类	Lys	K	146.2	$H_2N—(CH_2)_4—$	N
蛋氨酸	含硫类	Met	M	149.2	$CH_3—S—(CH_2)_2—$	S
苯丙氨酸	芳香族类	Phe	F	165.2	$Ph—CH_2—$	
脯氨酸	亚氨基类	Pro	P	115.2	$^*N—(CH_2)_3—^*CH—$	N
丝氨酸	羟基类	Ser	S	105.1	$HO—CH_2—$	O
苏氨酸	羟基类	Thr	T	119.1	$CH_3—CH(OH)—$	O
色氨酸	芳香族类	Trp	W	204.2	$^*Ph—NH—CH=^*C—CH_2—$	N
酪氨酸	芳香族类	Tyr	Y	181.2	$4-OH—Ph—CH_2—$	O
缬氨酸	脂肪族类	Val	V	117.1	$(CH_3)_2CH—$	

* 表示原子相连成环。

在氨基酸中，一个 α 碳原子上连有四个不同的基团，即—NH_2、—COOH 和 R。除了最简单的甘氨酸 (R = H，即有两个 H) 外，其他的每一种氨基酸分子中都含有互不对称的、互为实物与镜像而不可重叠的一对对映体，称为异构体：类似于人的左手和右手。氨基酸对映体的立体构型可以参照图 5.2，并对比甘油醛的不对称构型加以对照理解：图 5.2 展示了右旋的 D-甘油醛和 D-丙氨酸构型，以及它们的镜像左旋 L-甘油醛和 L-丙氨酸构型，读者可以对比参考。如无特别说明，氨基酸通常是指 L-α-氨基酸。由于存在不对称的构型，因此，几乎全部的氨基酸都具有不同的旋光性。旋光性的正负和大小与侧链的具体性质有关，比旋光度是氨基酸的一个重要的物理常数，是鉴别各种氨基酸的重要依据。

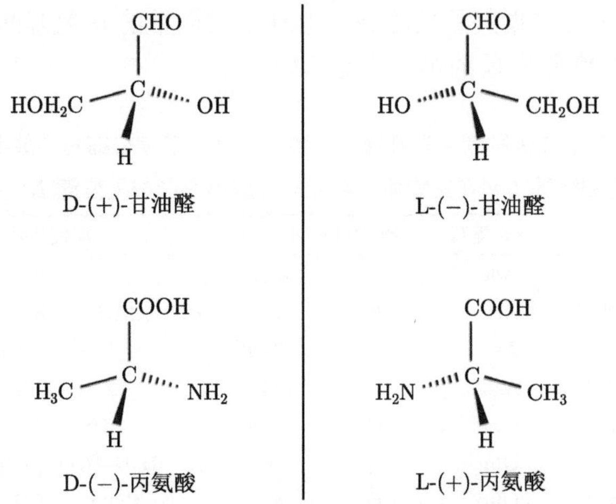

CHO

HOH₂C — C ……… OH

H

D-(+)-甘油醛

CHO

HO ……… C — CH₂OH

H

L-(−)-甘油醛

COOH

H₃C — C ……… NH₂

H

D-(−)-丙氨酸

COOH

H₂N ……… C — CH₃

H

L-(+)-丙氨酸

图 5.2　D,L-型甘油醛和 D,L-丙氨酸立体异构示意图，括号中的正号或负号表示它们的旋光性，(+) 代表右旋，(−) 代表左旋

5.1.2　肽

氨基酸中的氨基、羧基和侧链上的官能团都可进行自带基团的、特有的化学反应，例如，氨基能与亚硝酸反应，定量放出氮气；羧基能与醇发生酯化反应，生成酰氯、酰胺、酰肼等。但氨基酸中最重要的化学反应是分子间形成酰胺键 (也称为肽键)，从而组成多肽或蛋白质的反应。

一个氨基酸分子的 α-羧基 [—COOH，图 5.3(a) 中虚线圈] 和另一氨基酸分子的 α-氨基 [—NH₂，图 5.3(b) 中虚线圈] 之间可以形成肽键—OC—NH—[图 5.3(c) 中的绿色阴影]，使两个氨基酸结合为一体，并产生一个额外的 H_2O 分子 [图 5.3(c) 中蓝色阴影]，完成脱水缩合反应。通过这样的肽键将 2 ~ 50 个氨基酸首尾连接而组成的一类化合物称为肽，由肽键组成的长链称为肽链。由两个氨基酸分子组成的肽称为二肽，由三个氨基酸分子组成的肽称为三肽，依此类推。

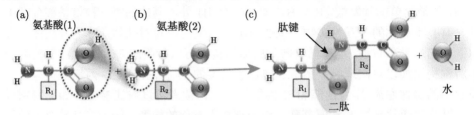

图 5.3　氨基酸中的羧基 (a)、氨基 (b) 和肽键形成过程 (c) 的示意图

由三个和三个以上氨基酸组成的肽也可统称为多肽。肽链脱水缩合反应后的剩余单元，也就是侧链 R，称为氨基酸残基。肽链最左和最右两端分别有一个游离的氨基和一个游离的羧基，分别被称为氨基端和羧基端。

肽与蛋白质均是由氨基酸通过肽键连接而成的分子。通常，将具有氨基酸残基数目大于 50 个的肽称为蛋白质；将氨基酸残基数目小于或等于 50 个的肽称为肽。比如，胰岛素含 51 个氨基酸残基，被视为最小的蛋白质。除了分子大小的差别外，在构象上两者也有差别：蛋白质分子的侧链上含有众多的次级键，如氢键、疏水键、离子键等，从而形成稳定的立体构象；而肽由于分子较小，没有那么多的次级键来制约稳定，虽然也有构象，但其构象一般并不稳定。

除了合成肽，还有许多天然肽，它们存在于动物的各种器官组织和部分植物、微生物体内。大多数肽具有特殊的生理功能，例如能使平滑肌收缩、血压变化、神经兴奋或抑制，能促进或抑制生物合成等。许多肽还可以作为药物，用于临床诊断和治疗。

5.1.3 蛋白质

由上，可以说蛋白质就是分子量更大的肽。蛋白质的分子量通常在 6000 ~ 1000000 Da (1 Da = 1 Ceq)，是构成肌肉、皮肤、毛发等生物组织和多数细胞的最重要的基础物质。具有催化作用的各种酶和调节生理机能的某些激素也都属于蛋白质的范围。没有蛋白质的存在和作用，脱氧核糖核酸和核糖核酸的复制、转录、翻译，高等动物从自身免疫到氧气呼吸等生物功能都无法进行。反过来，蛋白质也是人和动物重要的营养物质之一。

蛋白质的种类繁多，分类也很多，例如，可分为球蛋白和纤维蛋白；活性蛋白和非活性蛋白；仅由多肽链组成的简单蛋白和含有多肽以及核酸、脂肪、金属络合离子等非蛋白部分的复合蛋白；等等。

蛋白质的一级结构，又称化学结构，是指蛋白质中以肽键相连的氨基酸的排列顺序。目前，已测定的蛋白质的一级结构超过 30 万。

二级结构是指由于多肽链内较近氨基酸残基的氢键或共价键作用，肽链沿着某个轴盘旋或折叠，从而形成有规则的 α-螺旋、β-折叠和 β-转角等立体构象。每种氨基酸残基出现在不同二级结构中的倾向或频率是不同的，例如谷氨酸 (Glu) 主要出现在 α-螺旋中，天冬氨酸 (Asp) 和甘氨酸 (Gly) 主要分布在 β-转角中，脯氨酸 (Pro) 绝对不会出现在 α-螺旋中等等。人们可以据此对已知一级结构的蛋白质的二级结构进行粗略的推测。

三级结构是指多肽链在二级结构的基础上，由相隔较远的氨基酸残基侧链的相互作用确立起来的、范围更大的再盘旋和再折叠，从而产生某个特定蛋白质的、稳定的三维空间结构的一个亚基。

四级结构是指由几个三级蛋白质结构的空间堆积而成的形状。由相同亚基构成的四级结构叫均一的四级结构，由不同亚基构成的四级结构叫非均一的四级结构。图 5.4(a) → (d) 简易展示了蛋白质的各级结构。

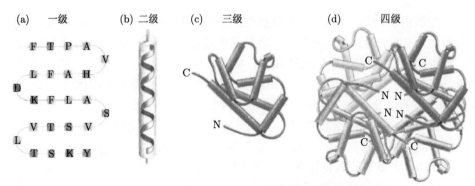

图 5.4　蛋白质的一、二、三、四级结构原理示意图

　　蛋白质分子受物理因素或化学因素的影响会引起其二、三、四级结构的异常变化、生物活性的丧失，并伴随有物理、化学性质的异常变化，称为变性。可逆的变性 (如加尿素和胍等) 引起的蛋白质变性，在除去尿素和胍之后，蛋白质构象和性质可以恢复原状；不可逆变性，如煮鸡蛋，在除去变性因素后蛋白质构象和性质不能恢复原状。在蛋白质变性时，它们的一级结构一般不会改变。

5.1.4　核酸

　　核酸是由核苷酸组成的另一类重要的生物大分子化合物。它在生物组织中的含量虽少，但作用也十分重要。它是遗传信息的传递者和表达者，也是蛋白质在生物体中复制的具体操作者。核酸通常分为脱氧核糖核酸 (DNA) 和核糖核酸 (RNA) 两大类，其中 DNA 是绝大多数生物体的遗传传递物质。

　　核苷酸是核酸的生命单元，相当于蛋白质中的氨基酸，但它由碱基、戊糖和磷酸构成。在核酸中，一核苷酸的 $3'$ 位上的—OH 与下一核苷酸的 $5'$ 位上的磷酸间可以形成磷酸二酯键，并由这样的 $3',5'$-磷酸二酯键构成核酸大分子，如图 5.5(a) 所示。其中戊糖和磷酸结构在不同的核苷酸中是完全相同的，类似于氨基酸中的氨基和羧基，而不同的碱基决定不同的核苷酸，类似于氨基酸中的侧链，也就是残基。碱基可分为嘌呤碱和嘧啶碱两大类：其中嘌呤碱分为腺嘌呤 (代号 A) 和鸟嘌呤 (代号 G)，它们在 DNA 和 RNA 中都有；嘧啶碱在 DNA 中呈现为胞嘧啶 (代号 C) 和胸腺嘧啶 (代号 T) 两种形式，在 RNA 中则呈现为胞嘧啶 (代号 C) 和尿嘧啶 (代号 U) 两种形式。也就是说：在 DNA 中有四种核苷酸单元 A、G、C、T，而在 RNA 中则存在四种核苷酸单元 A、G、C、U。

　　生物体的基因密码就是由 DNA 或 mRNA 中的三个核苷酸为一组的密码子序列组成的，如在 TAGCAATCC 中包含了 TAG、CAA 和 TCC 三个密码子。由于每个位置有 4 种核苷酸的可能性，则一组密码就有 $4 \times 4 \times 4 = 64$ 种可能性，三个密码子有 64^3 种组合的可能性。复制蛋白质的生物学过程包括由 DNA→

mRNA → 蛋白质的基本过程，如图 5.5(b) 所示。类似于蛋白质，核酸分子也具有一级结构和高级结构。人类的双倍染色体共有 46 条染色体，约 60 亿对 DNA 碱基，其 DNA 分子量高达 1.5×10^{12} Da。由于核酸中不含金属，与本书内容相差较远，我们不做详细介绍。

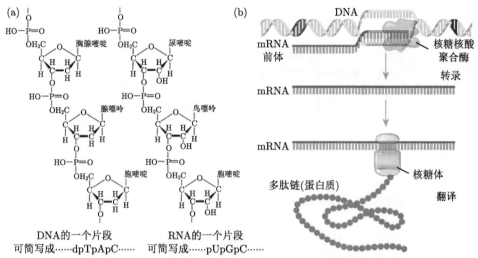

图 5.5　(a) 核酸分子内核苷酸的连接方式；(b) 从 DNA 到 RNA 到蛋白质的复制原理示意图

5.2　酶和酶的催化动力学原理

5.2.1　酶：具有催化功能的蛋白质

酶是动物、植物、微生物等生物体内的全部化学反应和细胞新陈代谢赖以生存的物质。酶活力可受细胞内外多种因素调节或控制，从而使生物体能适应内外条件的变化，维持生命的活动。如果没有酶的参与和催化，新陈代谢只能以极其缓慢的速度进行，生命活动就根本无法维持。酶实际上是具有催化功能的、特殊的蛋白质。人们早在 1926 年就证明了脲酶的化学本质为蛋白质，接着，胃蛋白酶、胰蛋白酶和胰凝乳蛋白酶等一系列酶都相继被证明属于蛋白质，从而确认了酶就是蛋白质这一化学本质。当然，有少数核糖核酸也是酶，并且也具有酶的活性。

高温、强酸、强碱等能够破坏酶蛋白的空间结构，从而也可以使酶失去它的活性，这实际上与蛋白质的变性基本相同。酶的作用因此需要有一个最合适的酸碱度和温度范围，绝大多数的酶在接近中性的溶液里和在生理温度 (37 ℃) 下能发挥它们最好的功能。然而，也有一些酶能在较强的酸性、碱性或其他极端情况下发挥功能，比如，胃蛋白酶就是在酸性介质中活力才达到最高；而某些耐热细菌中的酶甚至能在 100 ℃ 时起催化作用。

在酶催化过程中，参与过程的反应物称为底物，而在酶分子中结合底物并参与催化反应的区域叫活性部位，或活性中心。酶的作用和工业催化剂原理类似，它并不改变反应是否可行的能量平衡式，但它可以大大降低反应过渡态的能垒，使得在热力学上可行的反应大大加速，原理如图 5.6(a) 所示。

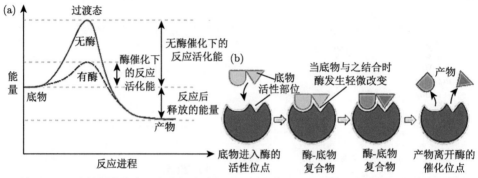

图 5.6　(a) 酶使得反应中间态的能垒降低，反应更容易；(b) 酶反应诱导契合学说示意图

酶的作用具有专一性，这包括两方面的含义：一是指它对于反应底物的专一性；二是指它对于被催化的反应过程的专一性。这些专一性使生物体内成百上千的酶分别在各自特定的位置上发挥着特定的催化功能，保证了新陈代谢有规律地进行而不会乱套。不同的酶的专一性程度很不相同，比如：蛋白水解酶几乎可以作用于任何一种蛋白质，与待消化的食物蛋白的多样性相适应；而凝血酶则仅仅作用于血纤维蛋白原这一特定的蛋白质。有时几个酶也可都结合同样的底物，但它们各自只能催化某一类特定的化学反应，例如：苹果酸脱氢酶和苹果酸脱水酶都以苹果酸为反应底物，但前者只催化苹果酸氧化为草酰乙酸的反应，而后者只催化从苹果酸分子上除去一个水分子生成反丁烯二酸的反应。顺便一提，几乎所有的酶都对于旋光异构体具有高度的专一性，也就是说酶一般仅能作用于其中一种异构体，而非全部异构体 (注：有关左右旋异构体的概念，请参见图 5.2)。

国际酶学委员会 (ICE) 把酶分为 6 大类，它们是：①氧化还原酶；②催化基团转移反应的转移酶；③水解酶；④裂解酶；⑤异构反应酶；⑥催化两个分子连接的连接酶。本书比较关心的氢酶和固氮酶均属于氧化还原酶。

5.2.2　酶的催化动力学

酶催化反应的效率通常很高，一般是类似的化学催化剂催化的 10^7 倍；与没有催化剂参与的普通反应相比，最多时可高出 17 个数量级。例如，碳酸酐酶催化二氧化碳与水合成为碳酸的反应是目前已知的最快的酶催化反应之一。在此反应中，每一个酶分子在 1 秒钟内可以使 10^5 个二氧化碳分子发生水合反应。如果没有这个酶，二氧化碳从组织到血液然后再通过肺泡呼出体外的过程将变得非常缓慢，几乎不可能完成。

德国生物化学家 L. 米夏埃利斯和 M.L. 门滕于 1913 年提出了有关酶催化反应速度与底物浓度关系的米氏方程，用下式来表示：

$$v = \frac{V_{\max}S}{K_{\mathrm{m}} + S} \tag{5-1}$$

方程中 v 为反应速度，S 为底物浓度，$V_{\max}$ 为最大反应速度，K_{m} 称为米氏常数。这一方程的基本假设是酶催化反应速度与酶和底物共同形成的复合物的浓度成正比。在酶促反应中，当底物浓度很低时，反应相对于底物浓度是一级反应，即两者间属于线性关系 $v \propto S$；当底物浓度处于中间范围，如 $S \sim K_{\mathrm{m}}$ 时，$V \to \sim \frac{1}{2}V_{\max}$，反应进入混合级区。换句话说：米氏常数 K_{m} 等于反应速度达到最大值一半时的底物的浓度，它也是酶动力学的一个重要指标；当底物浓度继续增加时，$S \to \infty$，酶分子上所有的活性部位都被底物结合，反应速度达到最大 $V \sim V_{\max}$，不会再增加，反应因此向零级反应过渡，达到饱和。

酶催化的能力叫酶的活力，或称活性，它是有关酶的最重要的指标。1961 年，国际酶学委员会规定：在 1 分钟内催化 1 μmol 底物发生反应所需的酶量为 1 个酶单位，以字母 U 表示。1972 年，国际纯粹与应用化学联合会 (IUPAC) 和国际生物化学联合会 (IUB) 又定义每秒钟转化 1 摩尔 (1 mol) 反应底物所需的酶活力为 1 个开特 (katal)，简称 kat；并建议以每千克或每摩尔酶中所含的开特数来表示酶的比活力或摩尔活力。目前，新旧两种单位还同时并存使用，它们的换算关系为 1 kat = 6×10^7 U。

5.2.3 酶的催化机理

有相当数量的酶是以复合蛋白质的形式存在的，即除蛋白质成分外，还含有辅因子。辅因子可以是金属离子，或是某些维生素衍生物等小分子物质。与蛋白质结合较紧的辅因子叫辅基，如过氧化氢酶中的铁卟啉，镍铁氢酶中的镍铁中心和固氮酶中的铁钼辅因子等；结合较弱的辅因子叫辅酶。辅因子虽小，但它是酶表现出活性和具有特殊生物学功能的关键成分。从全酶中除去辅因子的脱辅基酶蛋白一般不具有催化功能。

目前最受认可的酶和底物的催化模型是诱导契合模型。该模型认为：最初的反应是相对较弱的，但这些弱反应迅速引导酶的局部构象发生改变，使得酶和底物的结合变得更加容易和更加紧密，并因此逐步加速反应过程，相互促进。这一过程也称为酶原的活化过程，它涉及酶的高级构象的变化。有关构象的基本概念，请参见 5.1.3 节和图 5.2。

　　高效率的酶催化往往出于多方面的原因，辅因子和底物相互促进，共同作用：①酶与底物的接近与定向效应提高了它与底物原子间发生碰撞的概率，从而更易生成过渡态；②由于酶局部微环境的影响，某些酸性基团和碱性基团彼此更靠近，从而使酶既有酸催化又有碱催化的多元催化作用；③在酶诱导下的底物会产生形变，会使底物内的分子键经受张力作用而变弱，更容易断裂；④酶与底物的作用是相互的，结合有底物的酶在构象上也会发生变化，使其活性部位与底物分子更好地契合。例如，羧肽酶 A 结合底物后，酶分子第 248 位酪氨酸残基的移动距离能够达到酶分子直径的 1/4。这一构象的变化使得酶分子中的催化基团与被水解的肽链相互靠近，形成了一个疏水性的口袋。酶催化反应机理的诱导契合模型如图 5.6(b) 所示。

　　对酶的催化专一性和其结构的对照研究证实：执行同一功能的不同酶之间的立体几何结构的相似性比其化学排序的相似性更为重要。此外，具有同类辅因子的不同种酶在局部立体结构上也会基本相似，如各种不同的镍铁氢酶都有相同或十分相近的镍铁中心结构和周边结构。

5.2.4　酶的应用和提纯

　　酶的应用面很广：首先它在食品、纺织、发酵、制革等轻工业领域有着广泛的应用；其次，它在农业上的应用也有广阔前景；同样，它与临床治疗和临床诊断也有着密切的关系。许多化学药物或抗生素要求阻断病原微生物的正常代谢，而且对人体必须无害或危害较小，比如，青霉素作用于细菌细胞壁上的肽聚糖合成酶，产生不可逆抑制。而动物细胞没有细胞壁，因而青霉素对于人及动物从药理作用上讲是安全的。当然，本书最关心的还是对固氮酶、氢酶等一系列金属酶的科学研究。

　　酶或生物分子的提取、分离和纯化是一项重要且成熟的技术。它是指将酶从细胞或其他含酶的生物体原料中提取出来，再与杂质分离，从而获得纯酶的过程。一个典型的真核细胞可以包含数以千计的不同蛋白质、酶等，所以特定所需酶的含量一般甚少。总体过程包括细胞破碎 → 酶提取 → 粗分离纯化 → 细分离纯化→ 酶结晶 → 酶储存等几大步骤，我们归纳如下。

　　首先，许多酶都存在于细胞内。为了提取这些细胞内的酶，需要对细胞进行破碎处理。细胞破碎的方法有机械破碎法；有利用温差、压力差或超声波等作用的物理破碎法；有利用甲醛、丙酮等有机溶剂或表面活性剂的化学破碎法；还有破坏细胞壁的酶学破碎法等等。在进行破碎之前，动物材料、油料种子等还需要先用低沸点的有机溶剂等进行脱脂处理。这些都属于材料前处理的范围。

　　酶的提取是指在一定条件下，用适当的溶剂继续处理破碎后的含酶原料，使酶充分地溶解到提取液中的过程，分为盐溶液提取法、碱溶液提取法和有机溶剂提取法等。为了提高酶的提取率和防止酶提取后变性失活，在提取过程中还必须注意保持适宜的温度和 pH 值，并且添加适量的保护剂。提取液中往往仍然含有多种酶和其他一些杂质，必须进行进一步的分离才能获得具有较高浓度的某一种特定的酶。

对酶进行分离、纯化的方法很多，下面仅仅简要介绍按照酶的分子质量大小进行分离纯化的过程。首先是通过透析的方法，使提取液中含有的具有较大分子量的酶和蛋白质等与各种小分子分离开来；其次是通过高速离心使酶和蛋白分子沉降并分层。在高速离心的情况下，虽然全部酶和蛋白分子都会发生沉降，但是沉降的速度与分子质量有关，各不相同。利用这一原理，人们首先取一支离心试管，管内注有上部溶液浓度低而下部溶液浓度高的且具有连续浓度梯度的蔗糖溶液；然后小心地滴上待进一步分离的半纯化液体；通过高速离心，沉降速度不同的酶或蛋白质就会沿着不同的蔗糖浓度梯度形成分区，每个区带中只含有基本的一种酶或一种蛋白质；因为蔗糖溶液越来越浓，所以分子量大的物质停留在离心试管中较高的位置。离心后，将离心试管的底部钻一个小孔，使管内的溶液分段流出，分段保留，即实现了酶的分离。这基本上属于样品的粗分离纯化，整个过程如图 5.7 所示。

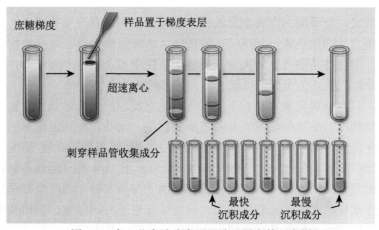

图 5.7 离心分离法分离不同酶、蛋白的示意图

样品在经如此粗分级之后，样品量变小，杂蛋白质已经大部分被去除。这样，用于细分分离纯化的方法应该是规模小，但分辨率高的方法，一般使用层析法进行，包括凝胶过滤、离子交换层析、吸附层析以及亲和层析法等。在必要时，人们还可选择更专门、精密的电泳法。

结晶是酶、蛋白分离纯化的最后一步。由于只有某种特点的酶、蛋白在数量上占有相当优势时才能结晶形成晶体，结晶过程本身就是一种纯化过程，可除去少量剩余的其他蛋白或杂质。又由于从未在结晶过程中发现过酶或蛋白质的变性，因此能够结晶不仅是一个纯度的标志，也是样品是否处于天然状态的重要指标。

若要进行如第 4 章介绍的核振散射的测量，人们还必须制备 ^{57}Fe 同位素标记的生物蛋白样品。由于 ^{57}Fe 同位素与 ^{56}Fe 之间无法实行化学置换，含 ^{57}Fe 同位素的酶或者蛋白质样品是将含 ^{57}Fe 同位素的金属盐加入到培养液中培养细菌，从而使得整个细菌样品中绝大部分的 Fe 元素为 ^{57}Fe 同位素。然后再对这样的样品进行提纯和结晶等处理，从而获得 ^{57}Fe 标记的生物酶或蛋白样品。

对于经过纯化的酶和蛋白样品，如为固态，应该将其置于干燥器内密封储存；如为液体，则应注意：必须浓缩到一定程度并封装，其后才能做长期储藏，太稀的生物大分子样品容易变性；有时还需加入苯甲酸、百里酚等防腐剂和蔗糖、甘油等稳定剂加以协助。核酸大分子一般保存在氯化钠或柠檬酸钠的标准缓冲液中；有时人们选用较低的储藏温度：大多数储存在冰箱内。对于无任何添加剂的生物样品，人们通常需要将之置于液氮容器中 (77 K) 或 −80 ℃ 的冰箱内保存。

5.3　含金属的酶和生物金属中心

顾名思义，金属酶为含有金属的酶，金属蛋白为含有金属的蛋白，如血红蛋白、肌红蛋白、细胞色素 c 等含 Fe 的蛋白。尽管金属元素在这些生物分子中的含量极低，但往往是酶或生物大分子的催化活性中心，作用十分重要。金属与生物基体结合较强的称为金属酶，结合较弱的多称为金属激活酶。

当然，只有金属元素本身并不能催化其化学反应，配位体甚至肽链在金属酶中的具体结构都对酶的催化反应有着重要的作用。比如，血红蛋白和肌红蛋白分子中含有血红素，其上的 Fe 只与蛋白质链上的一个组氨酸的咪唑 N 配位，尚有一个空的配位位置，因此它能可逆地结合一个氧分子 O_2，具有运载和储存氧分子 O_2 的功能。而细胞色素 c 中血红素基的 Fe 原子与蛋白链上的两个氨基酸残基相连，再无空配位，因而它无载氧能力，只能传递电子。相似地，在植物中，将光能转变为化学能的叶绿素具有类似于卟啉环的结构，其中的 Mg 原子与卟啉环上的四个 N 原子配位，有 2 个空配位。维生素 B_{12} 的 Co 原子与卟啉环平面中的四个 N 配位，在轴向的一头与卟啉环上的一个核苷酸的咪唑 N 配位，另一头与一个可替换的 CN 配位。这些金属原子和配位环境的总体决定了一种酶具有的特殊催化功能。

含铁–硫簇的铁硫蛋白是另一大类金属蛋白。它在许多酶中是重要的电子传递体，如在光合作用酶、固氮酶、氢酶中都有铁硫蛋白在起着传递电子的作用。结构上，铁硫蛋白中肽链上的半胱氨酸与 Fe 元素相结合，以形成稳定的蛋白结构和扶持蛋白的反应功能。蓝铜蛋白是含 Cu 的重要蛋白，其中 Cu 仅与蛋白链上的氨基酸残基相结合，形成扭曲的四面体构型，与含单 Fe 的玉红氧还蛋白有所相似。由于它多呈显著的蓝色，因而称为蓝铜蛋白。血浆中的蓝铜蛋白参与调节组织中的 Cu 含量，质体蓝素参与一系列的电子传递。

在金属酶或金属蛋白中，金属元素多以离子形式出现。由普通化学知识可知：许多 3d 或 4d 过渡族金属元素具有多价态和价态相对易变的特点。不少氧化还原酶中都含有这些价态可变的金属元素，如 V、Mn、Fe、Co、Ni、Cu、Mo 等。例如，铁氧还蛋白含有 Fe，它的价态变化可以协助传递电子，固氮酶中含有 Fe/Mo 或 Fe/V，在生物体中能催化由氮气转氨的固氮过程；镍铁氢酶中含有 Ni/Fe 金属，在自然界中催化可逆的化学过程 $H_2 \rightleftharpoons 2H^+ + 2e^-$；光合作用酶则含有 Mn，催化光合作用；羧肽酶和碳酸酐酶都是含 Zn 的酶，前者能催化肽和蛋白质分子羧基端氨基酸的水解，后者能催化体内代谢产生的二氧化碳的水合反应；等等。过渡族金属的可变价态对这些酶能够发挥特定的功能有着极为重要的作用。

金属活性中心和金属酶的生物功能之间的关系可以用鲸肌红蛋白的 O_2 载体功能为例加以说明：鲸肌红蛋白由一条 146 个氨基酸组成的肽链和一个血红素辅基组成，全分子共有八段 α-螺旋体，其中四段中断于所含的四个脯氨酸残基，α-螺旋体总含量高达 75%。蛋白在其三级结构整体的内、外向有着明显的区别，内向的全是非极性或疏水的氨基酸残基，而外向的都是极性或亲水的残基。肌红蛋白中还含一个血红素分子，处在多肽链盘成的一个沟中，起着活性中心的作用。而血红素分子的中心部分大致呈现平面状，Fe 原子位于这个平面的 “中心”，四个配位原子为平面上的四个 N 原子。中央平面上下两侧各有一个组氨酸残基，近侧的一个占据了 Fe 原子的第五个配位，而远侧的一组氨酸并不与 Fe 结合，使得 Fe 的第六个配位位置暂时空白，留给外来的 O_2 使用。这个空配位的存在是肌红蛋白可以可逆地结合 O_2 的关键。海豹和鲸的肌红蛋白有着不同的一级结构 (氨基酸排序)，但它们的高级结构一致，功能也相同。

为什么鲸肌红蛋白的血红素要用 146 个氨基酸组成的肽链来陪伴呢? 这里有两个原因。首先，肌红蛋白只有在 Fe 原子为 Fe(II) 时才能结合 O_2。若没有多肽链的保护，则血红素分子很容易互相接近，夹住一个 O_2 分子，使自身的 Fe(II) 氧化成 Fe(III)，从而在第六配位上只能结合 H_2O 而不能结合 O_2 分子；其次，血红素与一氧化碳 CO 的结合比与 O_2 的结合要强 25000 倍，部分原因是 CO 不像 O_2 那样是斜着与 Fe 成键，而是以距离更短的直线成键的 [图 5.8(a)、(b)]。而在含 146 个氨基酸组成的肽链的肌红蛋白中，由于多肽链提供的远侧组氨酸的作用，在空间限制了 CO，迫使它也必须斜着成键 [图 5.8(d)]。这样，CO 与其血红素的结合能力就大大降低，只是比结合氧强了 200 倍，在某种程度上缓解了中毒危险。

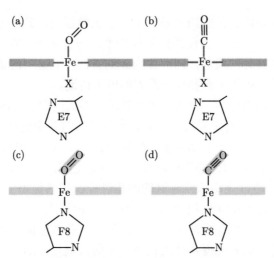

图 5.8 O_2(a)、CO(b) 在假设无肽链的血红素配位化合物中的配位结构示意图；CO(c)、O_2(d) 在有 146 个氨基酸组成的肽链的肌红蛋白中血红素中心的配位结构示意图

  血红蛋白由四条多肽链组成，每一条各自与一个血红素结合，形成血红蛋白的四个亚基，每一个亚基类似于一个肌红蛋白分子。这四个亚基聚集在一起的四级结构为 $\alpha_2\beta_2$。这些功能相同的亚基之间氨基酸残基排序的一级结构各有差别，但它们的三级结构都很相似，功能也很相似。另外，这四个肌红蛋白在溶液、活体和晶体中的活性、吸收光谱、α-螺旋含量等也基本相同。这再次说明了高级结构 (即蛋白的立体结构) 对于功能的影响比排序更为重要的原理。

  铁硫蛋白是 Fe 元素与蛋白质链上的半胱氨酸相结合的金属蛋白。比如，植物型铁氧还蛋白含有 Fe_2S_2 簇，其中每个 Fe 原子分别与蛋白质链上两个半胱氨酸中的 S 配位；细菌中的铁氧还蛋白含有 Fe_4S_4 簇，每个 Fe 原子分别与蛋白质链上的 4 个半胱氨酸中的 S 相连；还有含 Fe_3S_4 铁硫中心的蛋白：这些蛋白中的桥联 S 为单质 S，不与其他部分相连。几种主要铁硫蛋白的中心部分如图 5.9 所示。

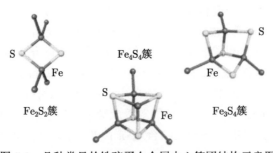

图 5.9   几种常见的铁硫蛋白金属中心簇团结构示意图

又如离子载体，它是一类能与碱金属、碱土金属等元素结合，生成脂溶性金属配位化合物的蛋白。这些脂溶性配位化合物的形成增大了这些碱金属或碱土金属离子透过生物膜的可能性。合成离子载体的模型化合物主要为冠醚，其中央空穴的大小，决定了与金属离子配位的选择性。二苯并-18-冠-6 的碱金属配位化合物稳定性的次序是：$K^+ > Na^+ > Cs^+ > Li^+$。

除了在含金属的蛋白分子中的生化功能以外，金属离子还参与细胞分裂、肌肉收缩、神经脉冲的传递、细胞壁结构的维持等过程。人体内金属离子的失调将影响正常的生命活动，如缺 Fe、Co、Cu 会引起贫血；Cd 离子过量与心血管疾病有关；Se 过量对肌体有毒，但含量过低又会引起病毒诱发癌等。临床上，常用一些金属螯合剂来排除体内过量的金属元素中毒，例如：1,2-二巯基丙醇可排除 Hg、Pb、Sb 等元素；乙二胺四乙酸 (EDTA) 则可排除多种过量的金属。

综上所述，生物体内的金属中心对生物功能有着十分关键的作用。但更重要的是这些功能是金属与生物分子中氨基酸残基形成的配体的共同作用，而不仅仅是金属离子的单独作用。缠绕在金属离子周围的肽链也对金属中心起到保护等作用。肌红蛋白如此，像固氮酶、氢酶这些复杂的金属酶更是如此。

在金属酶中，无机离子生物探针是指用一些其他的金属元素来替代生物体中原有的金属中心，从而用各种波谱方法来对比研究这些金属配位体系的结构以及结构-功能关系的一种研究方法。所用的替代金属离子称为生物探针。使用探针的目的，一是含原来金属的生物分子在可以测量的谱学范围内可能没有谱线出现，二是可能需要得到不同系统之间的参照对比。用作探针的金属离子应该与原有离子有相近的几何半径，并能够保持原有体系的配位结构和特点不受到或少受到改变，以及能够至少保持一定的生物活性等条件。例如，如果含 Zn 的羧肽酶没有合适的光谱谱线，人们可以用半径与 Zn 相近的 Co 离子作为探针，代替羧肽酶中的 Zn，再根据含 Co 的酶的光谱间接推断羧肽酶中 Zn 原子的配位环境；又如换用 Mn 离子作探针，根据含 Mn 羧肽酶的核磁共振谱可确定羧肽酶中 Zn 和一个 H_2O 或 COO—相连的基本结构。再如，邻菲啰啉 Ru 配合物可以识别某些 DNA 中 α 型螺旋小沟表面和大沟中 5′-嘧啶-嘌呤-3′ 的位置。在 Hg/Xe 灯辐射下，这些 Ru 配合物能在这些特定部位断裂 DNA 链，因此可以成为核酸局部二级和三级结构的探针。而这些区域往往是 DNA 与蛋白的键合部位。

同位素标记原则上也属于生物探针的一种。比如，用 ^{13}C 标记 C 原子可以鉴定出含 C 元素的分子振动模态；用 ^{13}CO 代替正常的 CO 与生物分子反应，则可以定点鉴定出哪些谱线是 CO，哪些谱线是 CN 等。常见的同位素标记还有 ^{15}N、^{18}O 和 D(代替 H) 等。同时，^{13}C 标记也是进行核磁共振测量的必要步骤。对于含 Fe 的蛋白分子来说，^{57}Fe 标记也是一种生物探针，它使得人们可以对样品进行穆斯堡尔谱学、核振散射谱学等的核散射测量，从而获得这些蛋白的几何结构和电子结构。

5.4　配位化合物和配位化学

除了无机探针方法之外，人们还常用分子量较小的金属配位化合物或其他类型的化合物来对金属酶的活性中心进行结构模拟。这些化合物因此被称为模型化合物。模型化合物常具有被模拟的生物活性中心的基本结构特点，比如图 5.8(a)、(b) 就具有 (c)、(d) 的基本结构特点，虽然不完全一样。模型化合物有时甚至还能具有一定的催化活性。

5.4.1　对生物金属中心的化学模拟

由于模型化合物分子量较小，结构突出，人们容易对其进行比较深入和细致的结构和谱学研究。这些研究常能帮助人们初步了解和推测被模拟的复杂体系中某些关键的结构。有时，人们还利用模型化合物来推测复杂体系中结构与其功能间的关系，并指导下一步的模拟研究或对生物分子的直接研究的方向。例如，人们曾合成过一系列篱笆式、帽式、尾巴碱式的模拟血红素的化学结构。它们当中并无任何肽链，但也能像血红蛋白、肌红蛋白一样可逆地结合和放出 O_2 分子，实现氧的输运，如图 5.8(a)。通过对这些结构比较简单的模型化合物的细致观察，人们认识到：血红素必须存在于疏水环境之中才能保证血红蛋白、肌红蛋白具备可逆结合 O_2 分子的条件，并且保持其中的 Fe(II) 不会被氧化成 Fe(III)。通过对一系列 Cu 的配位化合物的结构研究，人们了解到在蓝铜蛋白分子中的 Cu 原子周围有扭曲的四面体配位。这一结构是它们具有显著的蓝色和较高的还原电势的原因。

当然，模拟体系与生物体系之间总是有差别的，比如：大多数生物金属中心的模型化合物并不具备任何活性，而只是结构相似。这样两者在机理方面就很难有直接的对比关系，因此人们必须谨慎。模型化合物的合成也有一个不断进步、不断复杂化和不断逼近生物分子的过程，不可能一蹴而就。

5.4.2　配位化合物的概述

配位化学是在无机化学基础上发展起来的一门边缘学科。它所研究的主要对象为配位化合物。早期的配位化学集中在研究以金属阳离子受体为中心 (作为酸) 和以含 N、O、S、P 等给电子的配体 (作为碱) 而形成的所谓 “Werner 配合物”。而当代的配位化学沿着深度、广度和应用三个方向上不断地引申和发展。在深度上，它表现在有众多与配位化学有关的学者获得过诺贝尔奖；在广度上，它表现在配位化合物价键形式和空间结构上的花样繁多；在应用上，它可与许多其他学科相互渗透，成为众多学科的交叉点，还可以结合生产实践，产生经济效益等。配合物和配位化学最重要的应用之一就是将其作为生物大分子活性金属中心的模型结构, 作为研究生物分子的一种有效工具。

根据定义, 化合物是由两种或两种以上不同元素组成的物质, 它们的化学键有正负离子相互吸引的离子键, 也有共用电子对形成的共价键。配位化合物是指由配位键结合而成的特殊化合物, 而配位键是一种特殊的共价键, 它的共价键中共用的电子对全是由作为配体的基团独自供应的, 而中心原子或中心离子 (以下统称为中心原子) 仅仅提供空的轨道。在生物体中, 无论配体大小, 它们与中心原子形成的生物化合物多数是配位型化合物。

从配合物的电子结构来看, 孤对电子或多个不定域的电子全是由配位体提供给中心原子的。例如, $K_4[Fe(CN)_6]$、$[Cu(NH_3)_4]SO_4$、$[Pt(NH_3)_2Cl_2]$ 和 $[Ni(CO)_4]$ 都是配位化合物。其中, CN^-、NH_3 和 CO 是配体, 它们提供孤对电子 (:), 而 Fe^{2+}、Cu^{2+}、Pt^{2+} 和 Ni^{2+} 是中心原子, 它们只是接受孤对电子。原则上, 周期表中所有金属元素均可作为配合物的中心原子, 但其中以过渡金属元素最为容易形成配合物。某些高价的非金属元素也有可以作为配合物的中心原子。几种典型的配合物模型如图 5.10 所示。

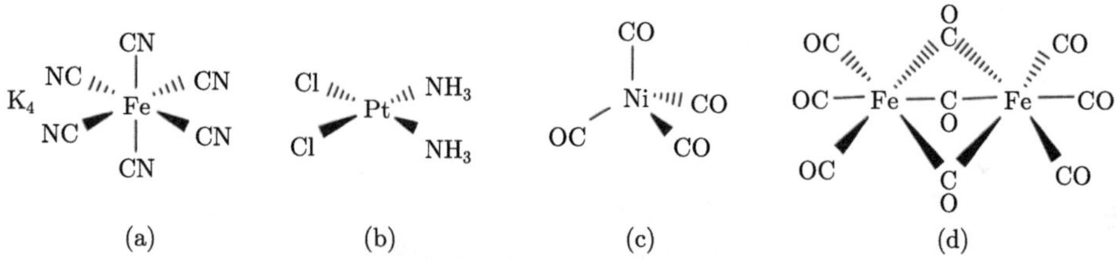

图 5.10　几种典型的配合物的结构简图: (a) $K_4[Fe(CN)_6]$, 其中配阴离子为八面体结构; (b) $[Pt(NH_3)_2Cl_2]$, 构型为平面四边形结构; (c) $[Ni(CO)_4]$ 配合物, 为正四面体结构; (d) 双铁配合物, 每个 Fe 原子为六配位结构, 包括桥联的三个 CO

配体多为负离子或中性分子, 但偶尔也有正离子的情况。配体分为单齿配体和多齿配体两种。单齿配体只有一个配位原子, 例如 CN、CO、NH_3 和 Cl^- 均是单齿配体, 其中 C、N 和 Cl 直接与中心原子配位。多齿配体有两个或两个以上的配位, 例如: 乙二胺 $H_2NCH_2CH_2NH_2$ 是双齿配体, 配位原子是分子两端的两个 N 原子; 乙二胺四乙酸根 $[(^-O_2CCH_2)_2 NCH_2CH_2N(CH_2CO_2^-)_2]$ 是六齿配体, 配位原子是两个 N 和四个羧基 COO—上的 O。配合物还可以根据含中心原子的数目分为单核配合物或多核配合物, 上述举例说明的配合物多为单核配合物; 多核配合物则有两个或两个以上中心原子, 如图 5.10(d) 中的九羰基二铁 $[(CO)_3Fe(CO)_3Fe(CO)_3]$ 双核配合物。

配位化合物的分子式: 配体和中心原子组成配位本体, 列入方括弧中。带电荷的配位本体称为配离子, 带正电荷的称配阳离子, 带负电荷的称配阴离子。中性配位本体就是配合物，例如 Pt^{2+} 和 $2NH_3$ 及 $2Cl^-$ 产生 $[Pt(NH_3)_2Cl_2]$，以及 Ni 和 4CO 产生 $[Ni(CO)_4]$，它们本身就是配合物整体，没有其他阴离子或阳离子了。配离子的电荷为金属离子和配体所带电荷之和，例如 Fe^{2+} 和 $6CN^-$ 配位产生 -4 价的配阴离子 $[Fe(CN)_6]^{4-}$，Cu^{2+} 和 $4NH_3$ 产生 $+2$ 价的配阳离子 $[Cu(NH_3)_4]^{2+}$，它们各与带相反电荷量的另外一个或几个阳离子 $(4K^+)$ 或阴离子 (SO_4^{2-}) 组成中性配合物的整体。配合物在溶液中可以发生部分离解，但配位本体将得以保留。参照图 5.11(a) 可知：$[Cu(NH_3)_4]SO_4$ 中的 $[Cu(NH_3)_4]^{2+}$ 为配阳离子，为内界，SO_4^{2-} 为阴离子，为外界。在溶液中这一配合物会分解为 $[Cu(NH_3)_4]^{2+}$ 和 SO_4^{2-}，但 $[Cu(NH_3)_4]^{2+}$ 不会进一步解离。在一系列配合物中，CN^- 或 CO 为最强的配体，而常见配体的强弱顺序一般为：CN^- 或 $CO > NO_2^- > NH_3 > H_2O > OH^- > F^- > SCN^-$ 或 $Cl^- > Br^-$。在一定条件下，弱配体有可能被强配体置换。

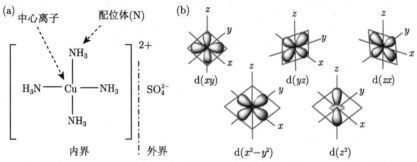

图 5.11　(a) 以配合物硫酸四氨合铜 (II) 为例说明配合物各部分的定义；(b) 六配位正八面体配合物中心原子的 d 轨道示意图

　　配合物的名称是按照《无机化学命名原则》命名的。在配合物本体的命名部分：首先命名配体，词尾缀以 "合" 字与金属名称相连，在金属名称之后附加括号和罗马数字，标明氧化态。对配合物的总体命名时，阴离子在前，阳离子在后，例如：阳离子配合物 $[Cu(NH_3)_4]^{2+}SO_4^{2-}$ 被命名为硫酸四氨合铜 (II)；阴离子配合物的命名规则相同，但在对应的阳离子前加上 "酸" 字，如 $K_4^{4+}[Fe(CN)_6]^{4-}$ 命名为六氰合铁 (II) 酸钾，参见表 5-2。如果有两个或两个以上的配体：不同配体时，在配体名称之间以圆点 (•) 分开；多配体的次序是负离子在前，中性分子在后；无机配体在前，有机配体在后；相同配体多于一个时，前缀倍数词头二、三等标明简单基团如氯、硝酸根、水等的数目；对于较复杂的配体如氨基乙酸根 $H_2NCH_2CO_2^-$、三苯基膦 $P(C_6H_5)_3$ 等的名称，倍数词头所标的配体加以括号，以免混淆。请读者参考表 5-2，对照相应的命名规则。

表 5-2　配合物的命名举例

配合物分子式	配合物名称
$K_4[Fe(CN)_6]$	六氰合铁 (II) 酸钾
$[Cu(NH_3)_4]SO_4$	硫酸四氨合铜 (II)
$[Pt(NH_3)_2Cl_2]$	二氯 · 二氨合铂
$[Cr(NH_3)_2(H_2O)_3(OH)](NO_3)_2$	硝酸一羟基 · 二氨 · 三水合铬 (III)
$[(H_3N)_4Co_2(OH)_2(H_2NCH_2CH_2NH_2)_2]Cl_4$	四氯化二羟基 · 四氨 · 二 (乙二胺) 合二钴 (III)
$[(OC)_3Fe(CO)_3Fe(CO)_3]$	三 (μ-羰基) · 二 (三羰基合铁)

与生物配体最相关的规则之一是配合物中含有连接两个或两个以上金属原子的桥配体时，用前缀 μ 表示。

除系统命名外，配合物也有用俗名命名的，例如，人们通常将 $K_4[Fe(CN)_6]$ 称为亚铁氰化钾。虽然 CrO_4^{2-}(铬酸)、WO_4^{2-}(钨酸)、SO_4^{2-}(硫酸)、PO_4^{2-}(磷酸) 等皆是配离子，但它们一向以普通的酸根命名，而不采用配体系统命名，而配离子 $[PF_6]^-$ 和 $[SiF_6]^{2-}$ 则分别被命名为六氟合磷酸根离子和六氟合硅酸根离子。

5.4.3　配位化合物的构型

由于配位键中共用的电子对是由其中作为配体单独供应的，而中心原子则单方面提供空轨道，这样中心原子的轨道形状对配位数和对配位体的构型都有很大的影响。在以 C 元素为中心的有机分子结构中，C 可以有 2、3、4 个键，对应于 sp、sp^2、sp^3 三种杂化轨道。而对于 d 过渡族金属元素，s、p、d 的杂化最多可以有 9 个杂化轨道，因此其配位数原则上可取在 2 ~ 9。镧系元素和锕系元素由于 f 轨道的形状更加复杂、杂化更加多样化，它们的配合物中更可出现 10 以上的配位数。当然，配位数还与金属离子和配体的半径、电荷数和电子构型有关，并非总是取到最大配位数。配位数与配合物构型的关系如表 5-3 所列。把围绕中心原子的配位基团看作点，以线连接这些作为配体的各点，就得到表中描述的配位的多面体形状。由于中心原子的 d 轨道形状具有在 x-y 平面上和沿着 z 轴方向上的对称性 [图 5.11(b)]，通常过渡族金属配合物的配位数多为 4 ~ 6，而最为常见的配合物构型为六配位的八面体，如 $[Fe(CN)_6]^{4-}$[请参见图 5.10(a)]；五配位四方锥，如 SbF_5(表 5-3)；四配位的平面四边形结构，如 $[Pt(NH_3)_2Cl_2]$[图 5.10(b)] 和四配位的正四面体结构如 $[Ni(CO)_4]$ [图 5.10(c)]。

表 5-3　最常见的几种配合物的配位数与构型关系列表

配位数	构型	实例
2	直线型	$HgCl_2$、$[Ag(NH_3)_2]^+$、$[Au(CN)_2]^-$
3	平面三角形	$[HgI_3]^+$、$Pt(PPh_3)_3$、$Fe[N(Si(CH_3)_3)_2]_3$
4	四面体	$Ni(CO)_4$、MnO_4^-、$SnCl_4$、SiO_2
4	平面四边形	$Pt(NH_3)_2Cl_2$、$[PtCl_4]^{2-}$、$[Ni(CN)_4]^{2-}$

续表

配位数	构型	实例
5	三角双锥	$Fe(CO)_5$、$[CdCl_5]^{3-}$
5	四方锥 (金字塔)	$[InCl_5]^{2-}$、SbF_5
6	八面体	$[Ti(H_2O)_6]^{3+}$、$[Co(en)_3]^{3+}$、$[Cu(NH_3)_6]^{2+}$
7	五角双锥	$[ZrF_7]^{3-}$、$[UO_2F_5]^{3-}$
12	二十面体	$[Ce(NO_3)_6]^{2-}$

在更高配位数的配合物中，八配位的可以是四方反棱柱体、十二面体、立方体、双帽三角棱柱体或六角双锥结构；九配位的可以是三帽三角棱柱体或单帽四方反棱柱体结构；十配位的可以是双帽四方反棱柱体或双帽十二面体结构；十二配位的如 $[Ce(NO_3)_6]^{2-}$ 可为理想的正二十面体；十四配位的为双帽六角反棱柱体。十一配位数，或十四位以上的配位数则非常罕见。

另外，实际情况中的配合物结构常会发生畸变，并不符合严格的对称性，其原因可能是配体的几何位阻效应、电子效应或特定化学配体种类的匹配效应等。

5.4.4　配位化合物的理论

目前最重要的几种理论简述如下。一是价键理论：它认为配体上的电子进入中心原子的杂化轨道。例如 Co(Ⅲ) 的配合物，$[CoF_6]^{3-}$ 中电负性很强的 F 不易提供孤电子对，不直接进入 Co^{3+} 的 3d 轨道，而是进入其外轨 $4s^14p^34d^2$ 的杂化轨道。因为电子在空的外轨上可任意排布，因此这种配合物为高电子自旋配合物，具有顺磁性。而 $[Co(NH_3)_6]^{3-}$ 中电负性较弱的 NH_3 提供的孤对电子可以直接进入 Co^{3+} 的 3d 参与的杂化轨道 $3d^24s^14p^3$。由于 3d 轨道已经很满，电子倾向于成对排布，因而这种配合物为低自旋配合物，通常为抗磁性。对于很多经典配合物来说，价键理论得出的结果还是比较贴近事实的。

二是晶体场理论：它将配体看作点电荷或偶极子，考虑了配体产生的静电场对中心原子的原子轨道能级的影响。例如，把中心原子引入正八面体结构的 6 个配体中，中心原子原来五重简并的 d 轨道就分裂成一组二重简并的 $e_g(-dx^2-dy^2)$ 轨道和一组三重简并的 $t_{2g}(dxy、dxz、dyz)$ 轨道，能级变化如图 5.12 所示。

轨道 e_g 和 t_{2g} 的能量差也称 Dq。对于上述 Co(Ⅲ) 配合物也可以用晶体场论予以阐述：能级间 Dq 较小的系统倾向于高电子自旋排列；Dq 较大的系统则倾向于低电子自旋排列。对于具有平面正方形或更低对称性的晶体场，d 能级将进一步分裂，对应于更多的能级参数 (图 5.12 最右边)，而对于具有正四面体结构的晶体场，e_g 和 t_{2g} 轨道的能量位置正好换位 (图 5.12 最左边)。这一理论有效地将配合物的配位结构与中心原子中的电子分布联系起来，对研究生物分子十分有用。从总体上看，晶体场理论可以很好地解释配合物的颜色、热力学性质和配合物畸变等现象，但不能合理解释配体的强弱排位序列，也不能很好地应用于较为特殊的高、低价配合物和夹心配合物等。

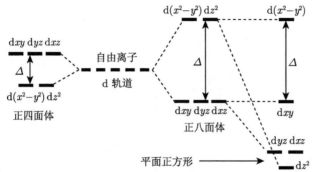

图 5.12　由左向右：d 轨道在正四面体、自由离子、正八面体、平面正方形结构的晶体场中的能级分布示意图

三是配位场理论：它应用较为严格的群论和量子力学原理算出分子轨道能级图，再把电子一一排入。配位场理论结合了分子轨道理论与晶体场理论，在理论上更加严谨，然而定量计算则很困难，多服务于理论研究，而非实际应用。

对于比较实用的日常工作，化学家路易斯提出了"路易斯酸"与"路易斯碱"的概念，认为凡是在配位键成键过程中，能给出电子的配体，一律称为"碱"；凡是能接纳电子的受体，则一律称为"酸"。这一概念把酸和碱的传统范围扩大到包括中性甚至一些根本不溶于水的配合物中。

5.5　金属酶的现代谱学研究

5.5.1　实验室谱学的运用和研究

电子自旋共振谱学 (EPR) 是由不配对电子的磁矩发源的一种磁共振技术。在多数配位化合物或生物分子中，其原子的各自轨道磁矩已经被整个分子固化，几乎为零，总磁矩 99% 以上的贡献来自于电子的自旋。这样，它可用于从定性和定量方面检测物质原子或分子中所含的未配对的电子，由此成为测定物质电子自旋态，从而推定物质氧化态和探知中心原子的配位环境和结构的依据。对于自旋 $S = 1/2$ 或 $3/2$ 等的系统，EPR 有一系列磁能级跃迁和谱图，如图 5.13(a)、(b) 所示。而自旋 $S = 0$，1，2 等的系统，EPR 没有谱峰：这是因为此时的自旋基态 $S = 0$ 没有能级分裂，而不同自旋态之间的跃迁太大，无法为 EPR 所测量。比如，作为氢酶的 Ni—R 态 ($S = 0$ 或 1) 就没有 EPR 谱峰。当然，EPR 只能指出其一个基团是否存在非配对电子，而对于 $S = 0$ 还是 1，或 $S = 1/2$ 还是 $3/2$，EPR 则无法解答。人们对此必须用 X-射线磁圆二色谱学来鉴定 S 值。

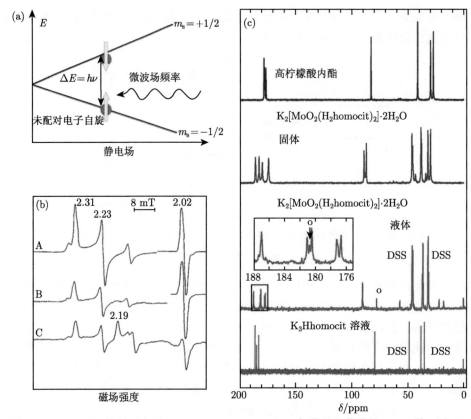

图 5.13　(a) EPR 能级示意图；(b) *Desulfovibrio gigas* 氢酶脱水薄膜的 EPR 谱。图 (a)、
(b) 取自网图；(c) 几种固氮酶模型化合物的 NMR 谱 (1ppm$=10^{-6}$)

核磁共振 (NMR) 可以测量原子核的自旋，而不是电子的自旋，如 ^{1}H 或者
^{13}C 核磁共振方法。测量核磁共振的前提是必须没有电子自旋的存在，也就是它
只能对不存在未配对电子的样品进行核磁共振光谱的测量，否则电子自旋将带来
很大的背底噪声。

毫无疑问，X-射线衍射法是测定蛋白质三维结构的最好方法。然而，它无法
测定和解释溶液状态下蛋白质的动态性质。核磁共振技术能够提供配合物和蛋白
质在溶液中的周围环境的三维构象，与 X-射线衍射技术形成互补。图 5.13(c) 给
出了几种含 Mo 的高柠檬酸配合物的 ^{13}C 核磁共振谱。

穆斯堡尔谱学可以研究鉴定含铁酶中 ^{57}Fe 的配位体是否为某种特定的几何
结构，如是否为 [Fe$_4$S$_4$] 结构等，也可以更直接地鉴定 ^{57}Fe 的氧化还原状态。

最后，分子振动光谱也是人们研究蛋白质构象的重要工具之一。与其他谱学
方法相比，振动光谱有其独特和潜在的优势：振动可直接联系到分子的几何结构
和对称性，因此振动光谱可以揭示基团间的相互作用、化学键的形成、形式和构

象变化等; 它使用的样品量很少, 多在 mg 或 μg 量级。从 20 世纪 50 年代初期开始, 人们为应用分子振动光谱分析蛋白质二级结构进行着不懈的努力和尝试。随着去卷积 (Deconvolution) 和二阶导数 (Second Derivative) 等提高分辨率的分析方法以及曲线拟合技术的全面应用, 振动光谱在定量计算蛋白质二级结构和监测蛋白质构象变化等方面取得了突破性进展, 进入了定量测量阶段, 并已逐渐成为蛋白质构象研究的有效方法之一。有关振动谱学如何解读金属配位体等化学结构的问题, 我们将在第 6 章专门探讨。

5.5.2 同步辐射谱学的运用和研究

同步辐射的发展对各个学科的研究都有很大的促进, 对生物化学的研究也不例外。首先, 人们对蛋白质结构和功能的完整认识, 主要得益于对蛋白质晶体学结构的认识。它是利用晶体样品对 X-射线的布拉格衍射规律来研究晶体样品的晶面排列规律的学科, 其原理如 1.6.1 节和图 1.15(c) 所述。晶体学是同步辐射在生物分子研究领域得到快速发展的第一种现代生物物理学方法。由于结晶技术的进步, X-射线斑点又不断细化, 现已可以对多数的生物晶体样品进行测量。同时, 结合了密度泛函分析等量子计算后, 对一些轻原子的间接鉴定也成为可能, 例如: 对固氮酶铁钼辅基中的中心原子 C 和对处于 Ni—R 态的镍铁氢酶中氢桥原子 H 的推测等。

扩展 X-射线吸收精细结构谱学 (EXAFS) 同样可以测量分子的几何结构, 它可以测量生物金属中心和配位环境的局部信息, 而且不要求晶体样品。同时, 它具有比晶体学更高的探测精度, 可以对晶体学数据作出必要的修正。因此, 它成为被生物化学研究者普遍接受的第二种同步辐射谱学方法。

我们下面举例讨论一下对镍铁氢酶的 EXAFS 谱学研究。由于镍铁氢酶分子中只有一个 Ni 原子, 但有多个环境各异的 Fe 原子, 因此人们一般选择测量 Ni 元素的 EXAFS, 而不是测量 Fe 的 EXAFS; 但如果是针对 Fe—Ni 键的测量, 则测量 Fe EXAFS 和测量 Ni EXAFS 具有同样的效果, Fe 和 Ni 的结论至少可以相互对比; 同理, 在特定情况下, S 的 EXAFS 有时也十分有用。

由于氢酶中总是含有少量的 Cu, 致使 Ni EXAFS 只能在从 Ni 的 K-吸收边的 8.3 keV 到 Cu 的 K-吸收边的 8.9 keV 之间进行测量, 测量的能量区间不够宽, 得到的化学键长的分辨率不会太高。此时, 四个 Fe—S 键的平均键长为 2.22 Å, 无法具体分辨 (表 5-4 中的 1A)。此时的 Fe-S 间距好像与低自旋电子排列 ($S = 0$) 的 Ni 配位化合物接近。但如果我们对可以分辨的 Ni、Cu 元素的 X-荧光分别进行积分, 并对其进行数学处理, 从 Ni 信号中减去少量的 Cu 噪声, 从而使 Ni EXAFS 的测量可以延伸到 Cu 的 K-吸收边以上的能量, 使键长分辨率大大提高。对于同样的样品和同样的问题, 人们此时得到分为两层 (2A), 甚至三层

(3A 或 3B) 的 Ni—S 键长，其平均值远大于 2.22 Å，与高自旋态 ($S = 1$) 的模型化合物相接近，结论正好相反。这说明随着技术进步，新的实验手段能够为人们带来更精确、更细致的测量方法，并修正从前的测量结论。

表 5-4　*Desulfovibrio gigas* 氢酶还原态 Ni—R 的 Ni EXAFS 分析结果

拟合法	根原子	键长/Å	方差/($\times 10^{-3}$ Å²)
1A	4S	2.22	5.6
2A	2S	2.20	0.7
	2S	2.35	5.2
3A	2S	2.21	1.2
	2S	2.43	11.4
	1Fe	2.52	2.6
3B	2S	2.21	1.0
	1S	2.38	1.8
	1S	2.66	1.8

　　这里直接测量的是几何信息，有关电子排列的情况仅仅是通过对比的间接推测，而运用 Ni 的 L-边 X-射线吸收能谱或 L-边 X-射线磁圆二色谱 (参见图 2.6) 则可直接探测样品的能级和电子排布信息：例如，从 Ni—R 氢酶的 X-射线磁圆二色谱 XMCD 不等于零就可以得知 Ni 的电子自旋量 S 不可能为零；而通过如图 2.6(d) 所示的 XMCD 的积分曲线还可以定量估算出 Ni 上的电子自旋角动量值 S_Z。这些工作证明了所测量的 Ni—R 氢酶中 Ni 的电子自旋是 $S \sim 1$，而非 $S \sim 0$。尽管人们一度对生物分子的 L-边 X-射线吸收能谱学或 XMCD 能谱学寄予很高的希望，也获得了许多重要的成果，但由于它们探测的是样品的表面信息，未能被生物化学工作者所广泛接受。除此之外，K-边 RIXS 散射谱学、核前向散射谱学、核振散射谱学等同步辐射谱学散射方法都可以协助探索生物分子的几何和电子结构问题。其中，我们第 4 章介绍的核振散射谱学已经迅速兴起，正在成为被生物化学工作者普遍接受的第三种同步辐射谱学方法。

　　由于同步辐射的谱学测量与蛋白分子纯化和样品制备工作通常是在不同的实验室、不同的机构，甚至不同的国家分别进行的，而且两者的工作时段也不一定能够十分接近，因此需要对所制备的生物样品进行较长时间的有效保存。这样，经过提取、纯化和化学状态调控的生物样品多数要先在生化实验室经过液氮、液氮冷气或干冰速冷，放入液氮杜瓦罐内，或有放入 $-80\,^{\circ}\mathrm{C}$ 冰箱内进行长期储存，如图 5.14(a) 所示；当同步辐射机时接近时，人们会利用由能吸附大量液氮的多孔材料制成的隔热液氮托运罐 (Dry Shipper)，通过商业快件公司寄往同步辐射中心的实验束线上。图 5.14(b) 中的箭头描述了样品由液氮杜瓦罐到液氮托运罐到快件运输飞机的流程。样品到达光束线后再转存到线上的液氮杜瓦罐中保存，以待测量。在测量装置中样品时，人们需要从液氮杜瓦罐中取出样品，并迅速将其装在冷阱内的样品座上。因为样品离开液氮后的温度将变得无法控制，这一操作过程要尽可能迅速，有时还需进行一定的预演。这样的流程支持了以同步辐射为中心的全球化科研合作的进行，并且行之有年。

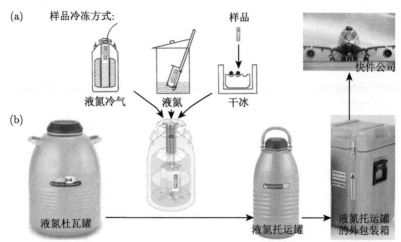

图 5.14　(a) 准备好的生物样品先在生化实验室经过液氮、液氮冷气或干冰冷冻，放入液氮杜瓦罐内进行储存的示意图；(b) 箭头指向描述了样品由液氮杜瓦罐转移到液氮托运罐，包装后再送上飞机进行快件运输的流程

参 考 资 料

[1]　沈同，王镜岩，赵邦悌. 生物化学. 北京：高等教育出版社, 2002

[2]　沈仁权，顾其敏. 基础生物化学. 上海：上海科学技术出版社, 1993

[3]　李冠一. 核酸生物化学. 北京：科学出版社, 2007

[4]　郑穗平，郭勇，潘力. 酶学. 2 版. 北京：科学出版社, 2009

[5]　戴安邦. 配位化学 (无机化学丛书). 北京：科学出版社, 1993

[6]　Gu W W, Jacquamet L, Patil D S, et al. Refinement of the nickel site structure in *Desulfovibrio gigas* hydrogenase using range-extended EXAFS spectroscopy. J Inorg Biochem, 2003, 93:41-51

[7]　Wang H X, Ralston C Y, Cramer S P, et al. Nickel-edge soft X-ray spectroscopy of nickel-iron hydrogenases and model compounds evidence for high-spin nickel(II) in the active enzyme. J Am Chem Soc, 2000, 122:10544-10552

[8]　Wang H X, Patil D S, Cramer S P, et al. L-edge X-ray absorption spectroscopy of some Ni enzymes: probe of Ni electronic structure. J Electron Spectrosc Relat Phenom, 2001, 114:863-865

[9]　Zhou Z H, Wang H X, Yu P, et al. Structure and spectroscopy of a bidentate bis-homocitrate dioxo-molybdenum(VI) complex: insights relevant to the structure and properties of the FeMo-cofactor in nitrogenase. J Inorg Biochem, 2013, 118:100-106

[10] Holm R H, Kennepohl P, Solomon E I. Structural and functional aspects of metal sites in biology. Chem Rev, 1996, 96:2239-2314

[11] Ralston C Y, Wang H X, Ragsdale S W, et al. Characterization of heterogeneous nickel sites in CO dehydrogenases from *Clostridium thermoaceticum* and *Rhodospirillum rubrum* by nickel L-edge X-ray spectroscopy. J Am Chem Soc, 2000, 122:10553-10560

[12] Bergmann U, Glatzel P, deGroot F, et al. High resolution K capture X-ray fluorescence spectroscopy: a new tool for chemical characterization. J Am Chem Soc, 1999, 121:4926-4927

[13] Sawai H, Ishimori K. Biophys Physicobio, Adv Publication, 2020, doi: 10.2142/biophysico.BSJ-2020017

[14] Gu W W, Jacquamet L, Patil D S, et al. Refinement of the nickel site structure in *Desulfovibrio gigas* hydrogenase using range-extended EXAFS spectroscopy. J Inorg Biochem, 2003, 93:41-51

[15] Wang S Y, Jin W T, Chen H B, et al. Comparison of hydroxycarboxylato imidazole molybdenum(iv) complexes and nitrogenase protein structures: indirect evidence for the protonation of homocitrato FeMo-cofactors. Dalton Trans, 2018, 47: 7412-7421

[16] Jin, W T, Wang H X, Wang S Y, et al. Preliminary assignment of protonated and deprotonated homocitrates in extracted FeMo-cofactors by comparisons with molybdenum(IV) lactates and oxidovanadium glycolates. Inorg Chem, 2019, 58:2523-2532

[17] Jin W T, Yuan C, Deng L, et al. Isolated mixed-valence iron vanadium malate and its metal hydrates (M = Fe^{2+}, Cu^{2+}, Zn^{2+}) with reversible and irreversible adsorptions for oxygen. Inorg Chem, 2020, 59:12768-12777

[18] Deng L, Wang H X, Dapper C H, et al. Assignment of protonated *R*-homocitrate in extracted FeMo-cofactor of nitrogenase *via* vibrational circular dichroism spectroscopy. Commun Chem, 2020, 3:145

第 6 章　研究的问题：分子的振动和结构

在第 5 章中，我们综述介绍了研究的对象：生物样品和与之有关的生物化学问题、配位化学问题等。本章我们来讨论一下要研究的具体问题：分子的振动。虽然我们已在第 3、4 两章中的几处探讨过有关振动和振动谱学的话题，但要指出的是：在那里，我们关心的是振动与 X-射线之间的散射关系，或者说是如何测量振动能谱的问题；而本章将聚焦于振动模态与分子结构间互为表征的关系，或者说是如何从振动能谱解读、获取分子的几何结构、电子能级、离子价态等化学信息的问题。虽然有些内容与前述内容略有重叠，但互为补充，绝非简单的重复。

振动是宇宙中普遍存在的一种现象，总体上分为宏观振动和微观振动：宏观振动包括最常见的机械振动，也包括自然界中的地震、海啸等大规模的波动；微观振动则主要包括分子内部或固体内部各个原子之间的相互振动等。按产生振动的起因，振动又可以分为自由振动和受迫振动两大类，而当受迫振动体系的外部激励频率正好等于系统自由振动的固有频率时，系统将会产生共振，振幅会急剧增加。在机械设计中，人们要想方设法地防止共振，以确保系统平稳、安全。而与机械设计的思路正好相反，在谱学研究中，共振是一项要加以充分利用的、可以大大提高能谱信号强度的重要手段。比如，红外吸收光谱就是一种共振光谱；而共振拉曼散射的信号也要比非共振拉曼散射的信号强几个数量级。

振动谱学是指测量和研究一个系统中各种振动模态的光谱学或能谱学，本书研究的当然是分子，特别是生物分子的振动谱学。那么，我们为什么要研究分子振动能谱学呢？这是因为晶体或其他凝聚态样品中的原子或离子不是静止在晶格的平衡位置上的，而是围绕其平衡位置做微振动的。这样，不同结构的分子或局部的簇团将呈现不同的振动谱图，因此振动谱图将是鉴定分子的整体结构或判断其中是否含有某些较为独立的官能团的有力工具。比如在图 6.1 中，$4000 \sim 2500$ cm^{-1} 区间为 X—H 的伸缩振动区，其中 X = O、N、C、S 等。有谱峰出现在这一区域表明样品中可能有相应的 OH、NH 或 CH 等化学键存在；$2500 \sim 2000$ cm^{-1} 区间为 C≡C、C≡N 等非氢轻原子间的三键伸缩振动，或 C=C=C、N=C=S 等累积双键的伸缩振动，该区间的谱线出现与否可以作为鉴定分子中是否含有相关化学键的根据；$2000 \sim 1200$ cm^{-1} 区间的谱线可以作为鉴定样品中是否存在 C=C、C=O 等简单双键的根据；而 1550 cm^{-1} 以下的区间主要包括弯曲振动，或是 C—C、C—O、C—N 等单键的伸缩振动；频率再低的远红外区则主要是金属元素或其他重元素参加的如 Fe—X 等的振动谱区，其中 X = S、O、N、C 等原子或 CO、CN 等基团。这样，某些特定的振动谱峰或振动谱峰群是否出现将可以作为分子中是否含有对应的特定官能团的判断依据。

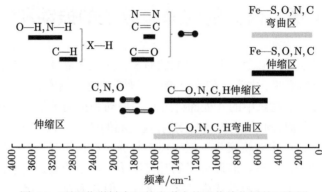

图 6.1　不同化学键在红外光谱中的吸收峰位置的示意图

　　振动谱还可以指出某些更细致的结构信息，比如在某一氢酶分子中：第一，特定频率范围的 C ═ O、C ≡ N 的谱峰将标志着样品中存在 NiFe 中心或 FeFe 中心，因为氢酶分子中其他地方并不存在 C ═ O 或 C ≡ N 键；第二，这些 C ═ O、C ≡ N 峰的具体位置还表征氢酶处于的氧化还原态；第三，由核振散射方法测量得到的 Fe—CO 和 Fe—CN 振动模式则将更直接地表征与中心原子 Fe 有关的配位结构及变化的细节；第四，由于所推知的力常数的高低表征化学键的强弱，Fe—CO、Fe—CN 谱线的频率位置当然还能反映 Fe 原子本身的化学价态、电子自旋态等电子信息。对于那些已知静态结构的系统，测量分子振动谱学还可以动态跟踪分子结构的变化规律，而动态学研究对于研究生物分子和化学分子都十分重要。与其他能谱学相比，振动谱图的结构通常比较丰富，往往有着如 "指纹" 一样的细节，可以非常有效地鉴定分子的结构细节。

　　虽然以同步辐射为光源的高能振动散射谱学具有诸多的优越性，是本书讨论的中心内容，但由于如下几个原因，本章重点以红外振动谱学为主线来介绍分子的振动原理：一是较简单小分子中多数的振动模式之固有频率与红外线的频率范围相符合，这是人们理解振动谱图与分子结构的关系的必要台阶；二是红外吸收光谱是人类使用的第一种振动谱学方法，数据颇多；三是在研究分子结构方面，红外吸收光谱学、拉曼散射光谱学与高能振动散射能谱学基本是相通的，研究着同样的问题，可相互借鉴。

　　根据定义，人们通常将红外谱峰出现的频率位置大致分为：

近红外区：13000 ～ 4000 cm^{-1}；

中红外区：4000 ～ 400 cm^{-1}；

远红外区：$400 \sim 10 \text{ cm}^{-1}$ 这三个红外波段。

近红外区从红色可见光的末端开始，这里只有部分倍频和合频峰会出现。由于它基本上不包括基频振动峰，在研究振动方面没有直接的应用。在谱学的另一头，远红外区对应于含金属等重元素的化学键的振动，它与本书要讨论的配位化合物结构以及生物大分子中的金属中心结构有着密切的关联。我们将在本章 6.3 节专门讨论远红外光谱学。中红外吸收谱学包括 H—Cl、C=O、N=O 等处于自由态的双原子分子和许多简单的有机官能团的振动光谱，它在原理上最容易理解，资料最多，是我们阐述振动谱学基本概念的最好起点。

6.1 双原子分子：最简单的振子

要想理解如何由振动能谱信息来解析分子的结构，我们必须对分子振动的分析有一个由简入繁的过程，而最简单的例子则是双原子分子的振动。这里我们首先讨论最简单的局部振动，再向大分子的整体振动过渡，与第 3、4 章中从整体振动入手的讨论方向恰好相反，但殊途同归。

6.1.1 谐振子模型

一个双原子分子 (如 A—B) 只有一个化学键和一个振动模态：即 A 和 B 两个原子沿着化学键方向做节奏性的伸和缩的运动，与单个弹簧的谐振运动相仿。我们还要假设振动的谐振子模型，即：分子中的两个原子核在其平衡距离附近做小幅度的往复振动，人们完全可以用胡克定律来分析其振动规律，其弹性势能曲线如图 6.2(a) 所示。

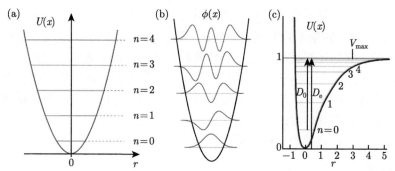

图 6.2 谐振子的势能曲线和能级图 (a)、谐振子的波函数 (b) 以及非谐振子的势能曲线和能级图 (c)

这样：

$$\nu = (2\pi c)^{-1} \times (k/\mu)^{1/2} \tag{6-1}$$

式中 ν 为化学键的振动基频，单位为 cm^{-1}；c 为光速；k 为化学键的力常数，代表其化学键伸和缩的难易程度，相当于弹簧的弹性常数；μ 是原子 A 和 B 的折合质量，在数值上等于 $m_A m_B/(m_A + m_B)$。如果一个原子的质量 m_A 比另一个原子大得多 $(m_A >> m_B)$，则 μ 近似于质量较小的那个原子，$\mu \sim m_B$，而振动的位移量也基本发生在质量明显小的那个原子上。同时请注意，频率与能量之间只差一个普朗克常量 h 这一系数。

上式表明：①振动的基频与化学键的力常数的平方根成正比，力常数愈大，振动的频率愈高；②振动的基频与分子折合质量的平方根成反比，折合质量越小，化学键的振动频率就越高，比如：C—H 的振动频率比 C—O 的频率要高很多 (参考图 6.1)。

在经典理论中，这样一个谐振子的能量是连续的，是可以取任何数值的。但按照量子力学理论，它们的能量必须是量子化的，只能取某一能量数值 $(h\nu)$ 或它的整数倍。根据薛定谔方程：

$$\left(-\frac{h^2}{2m}\frac{d^2}{dx^2} + V(x)\right)\varphi = E\varphi, \quad V(x) = \frac{1}{2}kx^2 \tag{6-2}$$

将谐振子的势能项 $V(x)$ 和边界条件代入 (6-2)，我们可求得谐振子的波函数如图 6.2(b) 所示，其振子的振动能级为

$$E_n = \left(n + \frac{1}{2}\right)h\nu \tag{6-3}$$

如图 6.2(a) 和 (b) 中的横线所示。也就是说，谐振子能量是振动对应的量子数 n 的一次函数，能级间隔均匀为 $h\nu$。这种量子化了的能态间距的最小单位 $h\nu$ 被人们称作声子，振动量子数 $n = 0$ 时的能量为 $\frac{1}{2}h\nu$，而不是 0，它被称为振子的零点能量 E_0。这一能量不为零说明即使在无限接近 0 K 时，分子也不是处于绝对静止状态的，它是还有振动。这一能量的存在是一种量子效应，它其实是不确定原理的表现形式之一。声子与其他真实粒子最大的不同就在于它不能脱离样品振动而独立存在。声子可以产生，也可以湮灭，比如，温度越高，振动越剧烈，其声子数越多；有相互作用的声子数目也不守恒；等等。但因为声子可以具有能量 $h\nu$ 或 $\hbar\omega$，它可以被视为一种能量量子。

6.1.2　选律

当红外线照到处于自由状态的双原子谐振子后，如果红外线的能量正好等于谐振子的能级差别，两者将产生共振，实现振动跃迁。

然而，吸收光谱并非可以测量任意振动能级之间的量子跃迁，它要受整体选律和具体选律的限制。其中，整体选律指只有那些能够引起分子固有偶极矩产生

变化的振动模态才会存在红外吸收。由一个正电性原子和一个负电性原子组成的极性双原子分子 (如 HCl) 是具有固有偶极矩的。它们的偶极矩在分子振动过程中会发生变化，因此可以产生红外吸收共振。而相反，高度对称的非极性双原子分子，如 O=O、N≡N，或局部的双原子结构 HC≡CH 和 H_2C=CH_2 等就没有红外吸收共振。这里的 HC≡CH 不是严格的双原子分子，但它们的局部结构 C≡C 是双原子结构，因此 C≡C 只有一个振动模态。总之，什么样的双原子谐振子决定它的振动有什么样的共振吸收，这一规律称为红外吸收的整体选律。

除此之外，共振跃迁还要受到具体选律的限制，也就是说：即便对于偶极矩有变化、存在红外跃迁的振动模态，也只有某些能级间的跃迁才是允许的跃迁。根据第 2 章的公式 (2-10)，只有当振动模态符合整体选律时，它才能有偶极矩作用项，否则偶极矩作用项本身为零，系统只能产生强度低得多的其他高阶跃迁；而只有当整体选律和具体选律均得到满足时，其跃迁公式中的交叉积分项 $\langle k_1^{(0)}|r|k_2^{(0)}\rangle$ 才不为零，跃迁才为真正的允许跃迁。否则，$\langle k_1^{(0)}|r|k_2^{(0)}\rangle$ 为零，跃迁依然为禁忌跃迁。由量子力学的推导可以得到：只有当 $\Delta \nu = \pm 1$ 时，谐振子的 $\langle k_1^{(0)}|r|k_2^{(0)}\rangle$ 项才不会为零，才有红外吸收谱线。这一规律称为双原子谐振子振动的具体选律。

振动的激发还可以同时伴随着转动的激发。如果采用具有超高分辨率的测量方法，人们原则上可观察到振动-转动的光谱带，或简称振转谱带：它让一条振动谱线变为一系列线宽极窄的振转谱线。但由于转动能量往往远小于振动能级，一般的振动测量装置将无法分辨出这些振动谱带中的转动谱线，而只是观察到一条振动谱线。

6.1.3 非谐振修正

值得指出的是：以上关于谐振子的描述和结论都是建立在原子振动的振幅与原子间距相比小很多的假定基础之上的。此时，原子振动的势能展开式中只取到平方项，而忽略其他高次项，这样的近似称为简谐近似，其振动的模型就是上面讨论到的谐振子模型。无论是双原子分子的振动，还是前几章讨论到的复杂晶体的振动都是如此。如果振动超过了小振动的范围，那么人们就必须采用非简谐振动的理论来描述或修正以上的分析结论。

在谐振子中，能级是等间隔的，而具体选律因此只允许 $\Delta \nu = \pm 1$ 的跃迁。这样，无论跃迁是从哪个能级开始，其跃迁的能量只有一个，而这样的振动谱就只有一个振动峰：基频峰。但在实验谱学的观察中，人们发现：除了基频谱峰之外，还有一些波数几乎等于基频波数整数倍的倍频峰出现；复杂分子的振动谱图中，除了多个振动模态的基频峰之外，还总是有一些由不同基频相加或相减的合频峰，只是它们的强度要小一些罢了。这些谱带被人们统称为泛音谱带。而这些泛音谱带的存在表明谐振子模型明显有缺陷，不能反映实际的振动情况。

　　一个理想的谐振子模型意味着有两个基本假设：一是在分子中，原子与原子间的势能曲线为严格的抛物线，势能严格满足公式 (6-2)，即 $V(x) = \frac{1}{2}kx^2$；二是原子与原子的间距可以无限拉长，而化学键永远不会断裂。很显然第二点肯定是不真实的，其实第一点也是不准确的。因此，人们提出了如图 6.2(c) 所示的非谐振子模型，其势能曲线改写为

$$\widehat{V} = \frac{1}{2}k\left(r - r_{\mathrm e}\right)^2 + k\left(r - r_{\mathrm e}\right)^3 \tag{6-4}$$

其中第一项为谐振子的势能项，其后是一系列的高次修正项。当原子间距 r 非常接近平衡位置 $r_{\mathrm e}$ 的时候，V 接近于谐振子结果；而当原子间距 r 离开平衡位置 $r_{\mathrm e}$ 较远时，V 将包括其他高次修正项。在式 (6-4) 中，我们仅包括到紧接着谐振项的 3 次方项。即便如此，以下的推演也基本解释了实验观察到的倍频现象。由公式 (6-4) 建立的薛定谔方程解出的振动能级等于下式：

$$\begin{aligned}
E_p &= \left(v + \frac{1}{2}\right)h\nu - \left(v + \frac{1}{2}\right)^2 h\nu x \\
&= \left[\left(v + \frac{1}{2}\right) - \left(v + \frac{1}{2}\right)^2 x\right]h\nu \\
& \qquad v = 0, 1, 2, 3, \cdots
\end{aligned} \tag{6-5}$$

此处，我们仅展开到与振动量子数有关的平方项，式中 x 为非谐性系数。当 x 接近于 0 时，其结果与谐振子模型的结果一致；当 x 不能忽略时，我们就无法得到振动能量的线性分布。

　　非谐振子的整体选律与谐振子的情况完全相同：只有偶极矩产生变化的振动模态才会有红外吸收。但是，由于高阶势能项的存在，具体选律将允许 $\Delta n = \pm 1$，± 2，± 3 等的跃迁，而不是只允许 $\Delta n = \pm 1$ 的跃迁。在室温或更低的温度下，由于大部分分子处于 $n = 0$ 的振动基态，则导出从 $n = 0$ 跃迁到 $n = 1, 2, 3, 4$ 等能级的吸收能量差公式如下：

$$\begin{aligned}
0 \to 1, & \quad \nu_1 = \nu_{\mathrm e}(1 - 2x) \\
0 \to 2, & \quad \nu_2 = 2\nu_{\mathrm e}(1 - 3x) \\
0 \to 3, & \quad \nu_3 = 3\nu_{\mathrm e}(1 - 4x) \\
0 \to 4, & \quad \nu_4 = 4\nu_{\mathrm e}(1 - 5x)
\end{aligned} \tag{6-6}$$

由于 x 一般很小，其他频率几乎等于基频 (ν_1) 的整数倍。经过这样的非谐振修正后，理论就可以很好地解释实验上观察到的倍频、合频等泛音谱带了。其中，基频吸收峰 (Fundamental Band) 是指分子从一个能级跃迁到最邻近的能级所产生的吸收 ($\Delta n = \pm 1$)，它直接等于分子振动模态的固有频率，多为强峰。而由 $n = 0$ 到 $n = 2$、3、4 等的跃迁分别是 (ν_1) 第一、第二、第三 ······ 倍频带 (Overtone Band)。倍频的级别越高，其强度通常越弱。在多原子的分子中，几种基频相加或相减的位置会有合频峰 (Combinational Band)。比如在同一基团中的 $\nu_{\text{X–C}} + \delta_{\text{X–C}}$ 和 $\nu_{\text{X–CC}} - \delta_{\text{X–C}}$ 都是合频带。

另外，从 $n \neq 0$ 的能级跃迁到其他能级的谱峰，称为热峰。因为这些峰在极低温度下测量时会因为初始状态全部处于 $n = 0$ 态而消失。倍频峰、合频峰和热峰的出现干扰了人们对基频峰的鉴定。因此，人们应该认识到它们的存在，并在谱图分析中加以辨认和剔除，而经过正确鉴定的基频峰对应于振动的固有频率。

6.2　多原子分子：由简到繁

如果一个分子是由 N 个原子组成的非线形分子，它有 $3N$ 个自由度，其中三个为转动、三个为平动、剩下的 $3N{-}6$ 个应该为独立的振动方式的数目；如果是线形分子，则振动模态的数目多一个，为 $3N{-}5$ 个。

6.2.1　简正振动

双原子分子很形象地描述了振动和结构的关系，如 C—H 的频率远高于 C—C 的频率，那是由于 H 的质量很小；而 C=C 的频率高于 C—C 是由于前者的力常数更高；非极性双原子分子没有红外吸收等等。尽管双原子分子似乎可以作为多原子分子的结构基元，在局部化学键的讨论上好像也很直观，但如果将多原子分子的振动简单分割为一系列的双原子分子的振动来加以研究的话，由于各化学键的振动频率各不相同，相位各不相同，在能谱的研究上将很困难。更重要的是：这样的多个振子不是相互独立的，在这样分割的量子力学体系中，薛定谔方程和哈密顿量中就会存在交叉项，导致微分方程不能用分离变量法来解。因此，人们需要建立一套将同一个分子中的多个非独立振动模态转化为各个振动模态相互独立的、无交叉作用项的广义坐标体系，而每个广义坐标实际上是一系列原来坐标的线性组合。这样的坐标变换就叫做 "简正变换"，变换后的坐标叫做 "简正坐标"。在这样的简正坐标系之下，同一振动模态将包括多个化学键，是它们的线性组合，但在同一振动模态中各原子的振动频率和振动相位是完全相同的，它们同时到达各自的平衡点，同时到达各自的最大位移点。在第 3 章中，我们描述了整体振动，并给出了一维原子链的实例。虽然那里有 N 个原子，但却只有一个独立的振动模态和广义坐标。经过这样变换的坐标体系中的不同振动模态之间是相互独立的，可以分开研究。

　　在简正坐标系下，非线性的水分子 (H_2O) 有三种振动模态：对称伸缩、非对称伸缩和弯曲振动，如图 6.3(a) 所示。这三个振动模态之间是完全独立的，互不影响；线形的二氧化碳分子 (CO_2) 具有四种不同的振动模态，但只有对称伸缩、弯曲和不对称伸缩三个不同的类型。由于它的分子结构是线性的，它的弯曲模态可以有两个独立的振动方向：向上下弯曲和向里外弯曲，但它们的能量相同，因此这个弯曲振动具有二重简并度。可以看出，对这些振动模态的描述并不是对单个化学键上振动的描述，而是一系列化学键上振动的组合。请注意，振动的特点是分子的质量中心应该保持不动，否则就应该是平动了。

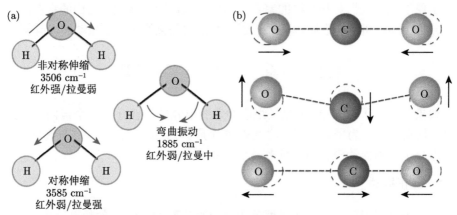

图 6.3　(a) 水分子的 3 个简正振动模态及其简正振动频率；(b) CO_2 的 3 类简正振动模态：
　　　　其中中间的弯曲振动为二重简并，分别对应于 C 原子的上下和内外位移

　　如果两个化学键属同一分子，而且它们的局部振动频率相距较近，一个振子的振动频率会影响另一振子的振动频率，并因此耦合为两种新的振动状态并伴随着能量转移：前者的频率低于原来的振子频率，而后者的频率高于原来的振子频率，例如，乙烷中的 C—C 伸缩振动的频率为 992 cm^{-1}，而丙烷中的两个 C—C 伸缩振动的频率分别为 1054 cm^{-1} 和 867 cm^{-1}，不是 992 cm^{-1}：这一现象被称为费米共振，在分子中广为存在。类似地，当微弱的泛频峰位于某一强基频峰附近时，弱吸收峰的强度也会随之增加，有时或伴随有谱峰分裂。

　　随着原子数目的增加，振动模态的数目也将不断上升，这时每个分子或基团将具有很多振动模态。但它们总可分为两个大的振动类型：一是描述原子沿化学键方向做节奏性伸或缩的伸缩振动，用符号 "ν" 表示。如果多个化学键同时向外或向内伸缩，称为对称伸缩振动 (ν_s)。若是有的键向外伸展，有的键向内收缩，则为非对称伸缩振动 (ν_{as})；二是引起化学键之间键角变化的弯曲振动，用符

号 "δ" 表示。同时向左或向右的振动称为非对称弯曲振动 (δ_{as})，它包括整体性摆动；同时相对中心的振动称为对称弯曲振动 (δ_s)。无论分子和振动形态多么复杂，将它们大致归纳起来就这四类振动：ν_s、ν_{as}、δ_s、δ_{as}。比如，中心原子沿着由两个化学键组成的平面的垂直方向上的振动称为摇动 (wag)，但它实际上是属于弯曲振动的一种形态。

6.2.2 选律

多原子振动的整体选律应该与双原子分子的原则一致，即只有对分子电偶极矩产生改变的振动模态才会有红外吸收谱峰。如水在 3506 cm^{-1} 处的非对称伸缩振动有强红外活性，其他两个对称振动只有弱红外谱线，因为在后两个振动当中偶极矩的变化很小，但还有点变化。在二氧化碳分子的两种伸缩振动方式当中，只有非对称伸缩振动有红外活性，因为对称伸缩在此时没有任何偶极矩的改变。二氧化碳分子从 (001) 态跃迁到 (100) 态时可辐射 10.6 μm 的红外线。

然而,非极性分子是不是一定没有红外线吸收谱呢? 非极性的双原子分子的确如此，那是因为它们只有一种振动: 伸缩振动。如果分子本身是对称的 (如 O=O)，伸缩振动本身也一定是对称的，因而无法带来新的偶极矩。这样，对称的双原子分子一定不会有红外跃迁。但如果是非极性的多原子分子，就不能说它们也一定没有红外吸收谱峰了。具体到某一种简正振动模态是否可能具有红外活性，应该具体看该振动模态是否引起偶极矩的变化，这与双原子分子的情况有着明显的不同。例如，苯是由 12 个原子组成的高度对称的非极性分子，它共有 $3 \times 12 - 6 = 30$ 种简正振动方式，其中有多种振动模态还是能够引起分子固有偶极矩的变化，并可观察到相应的红外光谱，如图 6.4(a) 所示。

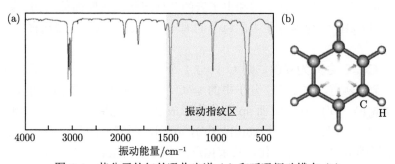

图 6.4 苯分子的红外吸收光谱 (a) 和呼吸振动模态 (b)

当然，苯分子也有一些振动模态是没有红外活性的。比如，有一种高度对称的 "呼吸振动" 就没有红外活性。这是因为苯分子本身是高度对称的，而这种振动模态也是高度对称的，因此它不会引起分子固有偶极矩的变化 [图 6.4(b)]，自然不会有红外吸收跃迁。请注意，不同谱学的跃迁选律并不一样，没有红外吸收跃迁的振动模态，完全有可能存在其他谱学的跃迁，如拉曼散射跃迁、核振散射跃迁等等。例如，在拉曼等散射谱学中，由于跃迁机制和作用项不同，其选律往往与红外选律相反；而核振散射谱学的共振选律就是 ^{57}Fe 同位素有位移的模态有核振散射谱峰等。

6.2.3　杂化轨道和特征谱线

对于多原子分子，虽然建立全分子的简正振动坐标系是最合理的和最准确的振动模态分析方法，但有些分子中含有一些内部化学键很强而外部化学键相对较弱的小基团，如含 C 的有机化合物中的 C—H、—C—C—、—C=C—等，形成相对比较独立的官能团和子简正坐标体系。这与在高速运动的陀螺可以不受或少受外界环境影响的原理相似。当然，具有同一结构的官能团在不同分子中的振动频率也会略有区别，但应该比较接近。因此，在某个位置上是否出现振动谱线，往往可以作为判断分子中是否含有某一种官能团的谱学依据，其官能团这些特有的振动频率称为特征频率。

那么，特征频率与官能团的结构是如何相关的呢？由于历史沿革，我们将集中讨论特征频率在 $4000 \sim 1000~cm^{-1}$ 区间的、以 C 原子为骨架的有机分子。而分子杂化理论是理解这一联系的最佳起点。

分子轨道杂化的概念最早由美国化学家鲍林提出，现已成为当今化学键理论的重要组成部分。如图 6.5(a)，(a′)，(a″) 所示：在 CH_4 这样的全单键的 —C—H 结构中，C 原子中 1 个 s 轨道将和 3 个 p 轨道发生 sp^3 杂化，形成 4 个具有相同能量的 sp^3 杂化轨道，并与 4 个 H 构成共价键。此时，4 个化学键分享 8 个电子 (C 上 4 个，每一个 H 上 1 个) 构成的 4 个电子对。这 4 个轨道在空间上是完全对称的，这样的化学键和电子云的几何形状为正四面体结构。除 CH_4 之外，CCl_4 和 C_2H_6 等化学分子中的每个 C 原子的局部结构都呈现这样的正四面体构型。

如果 C=C 之间为双键，则 C 只与 1 个 C 和 2 个 H 结合，形成 3 个等能量的 sp^2 杂化轨道，如 C_2H_4 分子中的 =C—H 局部结构呈平面三角形，键角为 120°[图 6.5(b)，(b′)，(b″)]。而 sp 杂化将形成 2 个等能量的 ≡C—H 轨道，使得 C_2H_2 分子呈直线形结构 [图 6.5(c)，(c′)，(c″)]，两键之间夹角为 180°。如果有过渡族金属的 d 轨道参与杂化，其杂化形态和分子构型将会有更多、更丰富的形式，比如：sp^3d^2 杂化会形成具有正八面体构型的络离子 $[FeF_6]^{3-}$ 等。如果读者想更深入地了解这些内容，请参见有关的配位化学书籍。第 5 章 5.4.3 节和 5.4.4 节中也有部分关于过渡族金属的 d 轨道杂化的简单介绍。

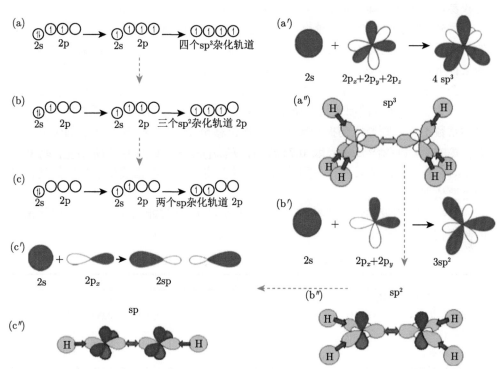

图 6.5　分子中 (a) sp^3、(b) sp^2 和 (c) sp 杂化轨道的能级变化示意图；(a′) sp^3、(b′) sp^2 和 (c′) sp 轨道杂化前后电子云形状的变化示意图；(a″) 具有 sp^3 轨道杂化的 C_2H_6 的结构图；(b″) 具有 sp^2 轨道杂化的 C_2H_4 结构图；(c″) 具有 sp 轨道杂化的 C_2H_2 结构图

　　在由经 sp^3、sp^2 和 sp 杂化形成的—C—H、=C—H 和 ≡C—H 三种碳氢键中，s 轨道所占的比例各为 1/4、1/3 和 1/2。由于 s 轨道的径向分布较为集中，因此 s 轨道的成分越多，形成的化学键键长就越短，力常数就越大。这样，饱和碳氢键 ≡C—H 的力常数为 $\sim 15 \times 10^5$ dyn/cm(1 dyn = 10^{-5} N)，双键碳氢键 =C—H 为 $\sim 10 \times 10^5$ dyn/cm，而单键碳氢键—C—H 是 $\sim 5 \times 10^5$ dyn/cm。因此，键的伸缩振动波数随化学键中 "s" 成分的增多而升高：$\nu_{—CH} < \nu_{=CH} < \nu_{≡CH}$，参见表 6-1。

表 6-1　饱和碳氢、烯氢和炔氢键的波数　　　　　　　(单位：cm^{-1})

	—CH_3(sp^3)	=C—H(sp^2)	≡C—H (sp)
ν_{CH}	$\sim 2962, \sim 2872$	$3040 \sim 3010\uparrow$	$3320 \sim 3310\uparrow\uparrow$
δ_{CH}	~ 1450	$\sim 970 \downarrow$	$700 \sim 600\downarrow\downarrow$

　　弯曲振动与伸缩振动的变化规律正好相反。由于 p 轨道的方向性比 s 轨道的方向性更强，当化学键中的 s 轨道成分减少而 p 轨道成分增多时，其键的伸缩变

得较易，同时弯曲却变得更难，也就是 $\delta_{-CH} > \delta_{=CH} > \delta_{\equiv CH}$。

另外，振子的折合质量越小，振动能量越高，例如 C—H 的折合质量比 C—C 的折合质量小，因此 C—H 伸缩振动波数高于 C—C 的伸缩振动波数；同为单键的条件下，$\nu_{C-H} > \nu_{C-C} > \nu_{C-Cl}$。当振子一端的元素被其同位素取代后，其振动频率会发生位移，位移量与原本的频率位置和同位素类型有关。假设一种原子折合质量为 A 的元素被原子折合质量为 B 的另外一种元素或同位素替代，假设此时力常数不变，则原本的振动频率 E_A 将位移至 $E_B \sim (A/B)^{1/2}E_A$ 的位置。比如，$E_{FeD} \sim (1/2)^{1/2}E_{FeH}$ 或 $0.71E_{FeH}$；$E_{Fe(13C)} \sim (12/13)^{1/2}E_{Fe(12C)}$ 或 $0.96 E_{Fe(12C)}$ 等等。同位素替代是用纯实验方法鉴定某一频率谱线属于特定振动模态的重要依据。

根据实际测量的谱学数据库，一些最常见的 C 基官能团的红外特征吸收谱带的频率范围列于表 6-2 供参考，其中有的已经示于图 6.1。

表 6-2　一些有机物官能团的红外波数

基团	化合物类型	频率范围/cm^{-1}
烷基 (—C—H)	烷烃	2850 ~ 2960
烯基 (—C=C—, =C—H)	烯烃	3020 ~ 3080, 1640 ~ 1680
芳基 (—C=C—, =C—H)	芳烃	3000 ~ 3100, 1500 ~ 1600
炔基 (—C≡C—)	炔烃	2100 ~ 2260
羟基 (—OH)	醇、酚、羧酸	3610 ~ 3640, 2500 ~ 3000
羰基 ($\diagdown$C=O)	醛、酮、酯等	1690 ~ 1760

除了这些最常见的官能团外，已有几种标准红外光谱汇集成册出版，如《萨特勒标准红外光栅光谱集》就收集了十万多个化合物的红外光谱图。近年来又将这些图谱储存在计算机中，方便对比和检索。人们将未知物的谱图和标准红外图谱中的特征吸收峰位置和相对强度进行比较，可推定未知物的结构和立体构型。以下给出几个目前的振动谱学数据库，供参考：

美国化学文摘社 (http://scifinder.cas.org)；

日本 AIST (http://sdbs.db.aist.go.jp)；

上海有机化学研究所 (http://202.127.145.134/scdb)；

美国化学会的 Science Finder 数据库中化学物质的光谱数据等。

最后，影响吸收峰位置和强度的外在因素也很多，如样品是固态、液态还是气态；是溶液还是晶体、什么溶剂、结晶条件是什么；谱学测试温度等均能影响官能团的吸收峰位置及强度。比如，同一官能团伸缩振动波数升高，而吸收峰变尖的顺序为气态 → 溶液 → 纯液体 → 结晶固体。这是因为分子间距离随上述顺序渐次缩短，相互之间的作用增强。这些细节在化合物结构鉴定时当然也要考虑。

6.3 金属–配体的振动谱学

6.3.1 金属–配体的振动能量范围

6.2 节举例讨论的分子基本上是由 C、N、O、H 组成的分子或官能团，频率多数处于中红外区。尽管生物大分子主要也是由与氨基酸中有关的这些元素 (如 —NH$_2$、—COOH、—SH、—OH 等化学组分) 组成的，但一些含量甚微的 3d 或 4d 过渡族金属元素，如 V、Mn、Fe、Ni、Co、Cu、W、Mo 等等，往往处于生物大分子的活性中心，比如：血红蛋白中的 Fe(0.28%)、氢酶中的 Fe(0.72%) 和 Ni(0.06%)、固氮酶中的 Fe(0.45%) 和 Mo(0.05%) 等都是处于相关酶分子的活性中心，催化着各式各样的生物学和化学反应，是人们最为关心的重点问题之一。

这些金属离子与它们的配体之间的伸缩振动和弯曲模态的基频并不处于最常见的中红外区间，而是处于能量更低的远红外区间。这主要是因为金属原子的质量比 C 原子的质量要大很多，致使其金属–配体的折合质量比同结构的含 C 分子的折合质量要大很多，比如，Fe—C 的折合质量约为 9.9，而 C—C 的折合质量为 6。另外，金属原子的半径较大，化学键因此较长，因而力常数也比 C 基结构的力常数相对要略小，导致了相关的振动频率的进一步下降。

能量在 10 ~ 400 cm^{-1} 的辐射被定义为传统意义上的远红外区。它主要有以下几类振动模态：

第一是 3d、4d 金属元素与重元素的变角振动，例如，与铁硫基团有关的弯曲振动 δ(X—Fe—S) 或 δ(X—S—Fe) 在 100 ~ 250cm^{-1}；

第二是 3d、4d 金属元素和重元素的伸缩振动，一般在此区的高端。比如，铁硫中的伸缩振动 ν(Fe—S) 在 250 ~ 400 cm^{-1}；

第三是一些非金属重元素与其他非金属重元素之间的各种振动模态，与第一、第二类的振动相类似。

但是，有的金属元素或重元素与配体之间的伸缩振动或弯曲振动已经超过了传统意义上的远红外区的范围，比如，Fe—CO 的伸缩和弯曲振动在 600 cm^{-1} 左右；X—Fe—H 的弯曲振动多在 670 ~ 800 cm^{-1}；Fe^{IV}—O 伸缩振动出现在 800 cm^{-1} 附近；而 Fe—H 的伸缩振动更是高达 1400 cm^{-1} 以上。这些振动模态对研究生物分子中的金属–配位体结构十分重要，与 Fe—S 等振动模态同属于蛋白质中一个问题的几个侧面。因此，为了统一叙述上的方便，我们将 800 cm^{-1} 以下的能量范围在本书的范围内 (不十分严格地) 暂时称为广义远红外谱区。这样的广义远红外区就包含了大部分的金属–配位体振动，其中包括与 Fe—H 有关的弯曲振动。这一范围 (10~800 cm^{-1}) 实际上包括了原来中红外谱区的最低能区间和原来远红外谱区的全部区间。

　　总的来说，能量相对较低的振动模态的吸收峰位置大多受到官能团外围结构的影响较大，或者说特征频谱不明显。例如，同是烯烃分子，顺式烯烃的吸收峰在 $675 \sim 730$ cm^{-1}，而反式烯烃的吸收峰则在 $965 \sim 975$ cm^{-1} 处，位置有较大的不同。基于同样的原理，由于远红外区的金属-配体振动谱峰一般具有较低的能位，因此容易受到整个分子环境，甚至外界环境的影响，使得它的特征频率范围较宽，如上面讲到的 δ(X—Fe—S) 或 δ(X—S—Fe) 在 $100 \sim 250$ cm^{-1}，ν(Fe—S) 在 $250 \sim 400$ cm^{-1} 等等都只能是一个范围。即便如此，特征频率的概念对研究远红外谱学或其他在此区间测量的谱学仍具有一定的指导作用，这就好比说：一个速度较慢的陀螺会比较容易受到外界环境的影响，没有那么好使，但它依然有一定的作用。

　　图 6.6(a)、(b) 中有关 $[Fe_4S_4(PPh_4)_4]^{2-}$ 的远红外吸收光谱图给出了另外一个例子。首先，$[Fe_4S_4(PPh_4)_4]^{2-}$ 在 160 K 存在相变，导致大范围的晶体结构发生变化，但那主要是对声学波的影响，对每个分子内部振动的光学波的影响将会较小。对应地，其谱图在 100 K 和 300 K 时有不同的振动谱线细节，但它们的主体频率位置大致上还是一致的。这说明官能团和特征谱线的概念在远红外区依然有用。

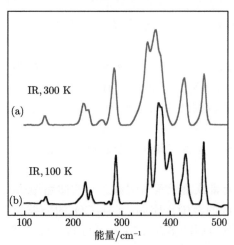

图 6.6　$[Fe_4S_4(PPh_4)_4]^{2-}$ 在 300 K (a) 和 100 K(b) 测量时的远红外吸收光谱图

　　特征频率因为分子环境或测量环境的不同而不同这一现象本身不一定就是缺点，它也有应用价值，可以用来跟踪金属-配体的几何结构或电子状态等随环境的细微变化。比如，在镍铁氢酶的研究中，人们常用中红外吸收光谱测量 NiFe 中心中 C≡O 的振动频率，并用于表征氢酶所处的不同的反应态。同样，用拉曼散射光谱或核振散射能谱方法可以测量 Fe—CO 的振动频率，也可以直接跟踪这些不同的反应态。

6.3.2 金属–配体的全部振动模态

至此，我们的描述都是假设一个分子是完全独立存在的，分子与分子之间是毫无任何键合联系的，我们称之为单分子振动模型。这种假设为读者给出了一个简单、直观、形象的机理，但这一模型只有在分子间作用十分微弱的气体分子中才近似成立。在固体或冷冻液体等凝固态样品中，它们的分子与分子之间是相互联系的，人们因此只能使用全样品 (而非一个分子内) 的简正坐标来描述整个晶体的简正振动。

另一方面，由单一或相近类型原子组成的金属或合金样品则具有完全非定域的特点：一是晶体的结构由原子核组成的晶格骨架和自由电子共同构成；二是它们的电子云并不隶属于任何一个原子核，而是属于整个晶体骨架；三是振动为整个晶体参与的、完全非定域的弹性波，正如我们在第 3 章中讨论过的一维原子链的晶格振动。此时由于参加振动的原子和自由度很多，振动模态的频率分布接近于连续，形成一个大谱包，而不是分立的谱线。同时，由于金属键作用力不是十分强，因此能谱的谱包位置具有的能量位置不会很高。比如，一个含 ^{57}Fe 的纯铁或铁合金样品的核振散射能谱基本上是一个波数小于 320 cm^{-1} 的连续大谱包，如图 6.7(a) 中的虚线所示。

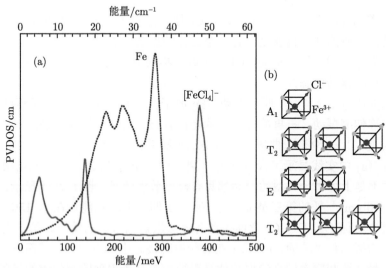

图 6.7 (a) 金属 ^{57}Fe(虚线) 和模型化合物 [NEt$_4$][FeCl$_4$](实线) 由核振散射测量获得的振动能态密度图 PVDOS。(b) 为 [FeCl$_4$]$^-$ 离子结构及 9 个简正振动模态示意图

然而，配位化合物中的各个分子间既不等同于气态分子的相互自由、相互独

立的情况，也不完全符合合金样品中电子云隶属于整体骨架的完全非定域模型。因此，将配位化合物的振动简单归属于全晶体的、完全非定域振动也有一定的局限性。而包括生物金属中心和配位化合物在内的金属–配体结构的振动通常具有以下几个特点：

(1) 配位化合物或生物金属中心常具有较多的配位，而且一个配位体多由多个原子参与，而非如 Na—Cl 那样简单的晶胞结构，因此其振动能谱具有较为复杂和丰富的光学波分支。

(2) 金属–配体间的配位键作用力通常很强，导致振动谱线的光学波频率或能量较高，至少比金属键要高很多。

(3) 由于同样的原因，金属–配体将形成一个相对独立的子简正坐标系。这样，光学波的振动自由度基本上就是一个分子内直接参与配位作用的几个原子决定的自由度，数目相对较小，使得光学波的谱线多呈分立或半分立状态。

(4) 而分子与分子之间虽然存在不可忽略的相互作用，但作用强度明显比配位键的作用弱得多，因此能位较低，一并归于声学波的大谱包。而分子–分子之间的作用本身就代表大范围的振动，机理上也接近声学波。

如图 6.7(b)，由 5 个原子组成的 $[FeCl_4]^-$ 离子具有 9 个振动自由度，对应于 9 个简正振动模态。又由于 $[FeCl_4]^-$ 离子具有高度对称性，这 9 个模态又可以归纳为 4 类振动模态。图 6.7(b) 展示了 $[^{57}FeCl_4]^-$ 离子的这 9 个简正振动模态和它们分属的振动 4 种类型：

第一类 (A_1)，Fe 原子不动，4 个 Cl 原子沿着 Fe—Cl 连线的方向做对称性伸缩振动，没有简并，也就是只有一个这样的振动模态；

第二类 (E)，Fe 原子不动，Cl 原子做对称的剪切运动，二重简并，也就是说有两个这样的振动模态；

第三类 (T_2)，4 个 Cl 原子不动，Fe 原子在与某一 Fe—Cl 原子连线上运动，形成非对称伸缩振动，三重简并，也就是说有三个这样的振动模态；

第四类 (T_2)，伞形弯曲振动，也是三重简并。

图 6.7(a) 中实线显示了含 $[FeCl_4]^-$ 离子的 $[NEt_4][FeCl_4]$ 分子的核振散射谱。当然，并不是上述每一类型的振动都具有核振散射信号。图 6.7(a) 显示：只有能量在 $\sim 380~cm^{-1}$ 处的第三类非对称 Fe—Cl 伸缩振动和能量在 $\sim 150~cm^{-1}$ 处的第四类非对称 Cl—Fe—Cl 弯曲振动有核振散射信号。而第一、第二类的振动，因为它们的振动是对称的，Fe 原子在这些振动模态中没有位移，因而没有核振散射跃迁信号。这些频率较高的振动就是表征一个分子内部的配位键的光学波。它们是研究配位键和金属–配体结构最重要的谱学信息。即便是分子量更大、结构更复杂的生物分子，只要具有较高的对称性，它们的金属–配体结构和光学波就具有相同的规律，也总可大致归类为以上的对称伸缩、非对称伸缩、对称弯曲和非对

称弯曲这四大类型的振动模态。我们之所以选用核振散射图谱作为例子，一是尽可能多地联系本书的中心话题；二是它的选律为 ^{57}Fe 有位移，对谱峰–振动模态的分析形象直观，容易理解。

金属配合物分子毕竟不是自由分子，除了具有这些光学波之外，$[NEt_4]^+$ 与 $[FeCl_4]^-$ 的正负离子之间、分子与分子间、大分子团与大分子团之间的相互作用和声学波是客观存在的。这些大范围振动的能谱包还叠加有其他较弱的远程非键作用 (如氢键) 导致的振动。氢键是由非成键的 H、O 之间形成的弱相互作用，是范德瓦耳斯力的一种，它是生物分子中多级结构可以形成的关键作用力之一，因而对它的研究对于解析生物大分子中多级结构有十分重要的意义。由于远程振动作用力要明显小于配位键的作用力，而这些振动模态所涉及的分子数目较大，振动自由度较大，这导致在振动谱上形成了一个频率较低的、谱形连续的谱包，它既包括声学波，也包括其他的弱作用振动的贡献。配位化合物的连续谱包的能量位置比合金样品的谱包位置还要低一些，如图 6.7(a) 的实线谱图中的 $< 80 \text{ cm}^{-1}$ 的部分。这些低能结构虽然看上去很笼统，但其谱形细节往往能够灵敏地反映出物质在整体结构上的细微变化，对异构体的研究特别重要。有时，人们也将这些 $< 100 \text{ cm}^{-1}$ 的谱包笼统地称为金属–配体振动的声学波。这些讨论不仅对核振散射谱学如此，对于其他谱学也是如此，只是核振散射谱可以真正从 0 cm^{-1} 开始，可以很好地测量获得声学波谱包。

远红外吸收光谱学和拉曼散射光谱学也可以对 $[FeCl_4]^-$ 离子进行测量。对于上面分析的四类振动中只有 ν_3 和 ν_4 在振动中有电偶极矩的改变，因此有明显的红外跃迁；而 ν_1 和 ν_2 因为是完全对称的振动，电偶极矩在振动中没有改变，因此没有红外跃迁。红外测量与核振散射谱学测量的结果正好一致，但这只是对这个配位化合物或类似样品的特殊情况，因为它的 Fe 原子位于配位化合物的对称中心，只有非对称伸缩和非对称弯曲这两类振动才会有 Fe 的位移，同时也才会有电偶极矩的改变。若是 Fe 原子不处于分子的对称中心，则它们的绝大多数振动模态都会有 Fe 原子的位移，核振谱峰因而与红外谱峰不同，读者可以参见第 4 章的图 4.4。另外，完全对称的 ν_1 和 ν_2 振动具有较强的拉曼散射信号。

最后需要指出的是：这里全部的描述和讨论也都是建立在原子振动振幅比原子间距小得多、原子振动势能只需展开到平方项而忽略高次项的谐振子模型基础上的。如果振动超过小振动假设的范围，则晶格振动也要用非简谐振动理论来描述或修正，并伴随着倍频声子的参与。

6.4　振动谱学的实验测量方法

本节中，我们将具体介绍几种实验测量振动谱学的方法。由于本书侧重对金属–配体的研究，我们将突出介绍对广义远红外谱区间 ($< 800\ \mathrm{cm}^{-1}$) 的测量。当然，最简单和最直接的方法就是红外吸收光谱学了。

6.4.1　红外吸收光谱学的测量

红外谱的谱峰强度一般可用透过率 ($T = I/I_0 \times 100\%$)、吸收率 ($100\% - T$)、吸光度 [$A = \log(I_0/I)$] 和摩尔吸光系数 ($\varepsilon = A/(c \cdot l)$) 等来表示。其中，$I_0/I$ 为红外线通过样品前后的强度比；T 为吸收峰的透过率；A 为吸收峰的吸光度；c 为溶液浓度 (mol/L)；l 为样品厚度 (cm)；ε 为摩尔吸光系数。以上各量中只有这个摩尔吸光系数 (ε) 属于样品的本征性质，与实验条件完全无关，其他均含有实验因数的影响。由于红外线，特别是远红外线的强度较弱，加之样品制备、测试技术等不容易达到标准化，测量得到的 ε 值与真实的 ε 值可能会有较大的误差。因此，除了极少数吸收较强的官能团外，大多数红外谱峰都用极强、强、中、弱和极弱等文字来定性地描述它们的吸收强度。

人们对远红外区间的吸收光谱的测量与对其他波段的红外光谱的测量相类似，一开始是采用扫描入射红外线的波长和分光探测透过光的波长，后来选用FTIR，即傅里叶变换红外谱学方法。它是一种 20 世纪 50 年代以后发展起来的、先进的红外光谱学方法，它利用红外线的迈克耳孙干涉原理，先测量出干涉强度与时间的关系图，再对干涉谱图进行傅里叶变换，转换为强度与波长之间的吸收光谱图。傅里叶变换是指将一个满足一定条件的函数变换表示为正弦/余弦函数或其他周期函数的加和或积分的线性组合的过程。除了 FTIR，傅里叶变换还在一系列的其他领域有着广泛的应用。

讲得更细致一点，FTIR 谱仪实际上就是一台迈克耳孙干涉仪 [图 6.8(a)]，其最中心的部分是一个分光光栅：它可以将红外线分为两个光束，分别在两个反射镜处进行反射折回，再在这个分光光栅处重新合并为一束。这样，两个反射镜的位置就决定了这两束光的光程差和重合时产生的干涉光束的强度：由于干涉的存在，两束光线的强度或相互加强，或相互减弱。如果其中一个镜面的位置处于往复运动的状态中，则在某一个特定的时间点 t，只有具备某个特定波长 λ 的红外线才会被加强到最大，而在另一个特定时间点 t'，具备另一特定波长 λ' 的红外线会被加强，如图 6.8(b) 和 (b′) 所示。测量时，FTIR 测得的原始图谱是相干光束的总强度与测量时间 t 的关系图，即干涉谱图，如图 6.8(c)。这些干涉谱图隐含了各种波长的信息：即在不同的时间点，各种波长的强度组分比例不同。人们对这样强度与时间关系的干涉谱图进行傅里叶变换，就可以得到强度与波长的关系图或红外吸收光谱图, 如图 6.8(b′) 和 (c′) 所示。

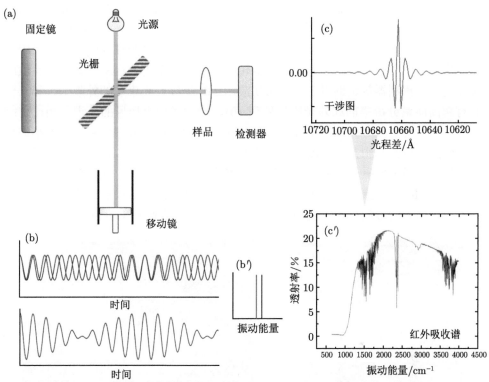

图 6.8 迈克耳孙干涉仪工作原理图 (a) 和由干涉图 (b) 转化为光谱图 (b′) 的过程示意图。图 (c) 和 (c′) 分别为一个实际测量的红外干涉图谱和转换获得的红外吸收图谱

选用 FTIR 的主要优点是: 对多波长组分的同时测量提高了红外测量的信号量和信噪比; 没有入射、出射狭缝的限制, 提高了测量过程的整体光通量和仪器的灵敏度; 它以氦氖激光器波长为标准原位的校准, 使得 FTIR 波数值的测量精确度达到 0.01 cm⁻¹, 因而测得的红外光谱无须额外的波长校准; 波长的分辨率可以通过增加可移动反射镜的移动距离来灵活提高等等。

由于传统的分光光栅必须具有严格的周期性和适当的闪耀角, 工艺要求很高。同时, 分光式的单色器、分析器和很窄的狭缝又使得单色红外线微弱到几乎难以测量的程度。这些因素导致了红外光谱学的实际应用在 FTIR 谱仪出现之前一直没有起色。对于本书最关心的测量范围, FTIR 的出现使得人们对远红外光谱的测量第一次成为可能。当然, FTIR 的主要缺点是它的最佳时间分辨率有限, 对于的确需要超高时间分辨率的动力学实验来说, 分光式光谱仪仍然是不可缺少的选项之一。

现代 FTIR 的光源多为硅碳棒。它运用黑体辐射的原理，将惰性固体通过电热发光的方式来产生集中于红外波段的连续光谱。在 1500 ~ 2000 K 的温度范围内，硅碳棒产生的最大辐射强度出现在 6000 cm^{-1} 左右，因此在远红外波段的辐射较弱。此外，还有使用能斯特灯或其他红外光源的例子，不一一列举。此外，红外光源还可以通过全频的同步辐射来提供。在包括上海光源在内的多个现代中低能同步辐射中心中都有红外光束线在运转，并配备有现代 FTIR 光谱仪和灵敏度极高的红外探测器等辅助设备。图 6.9 展示了一个红外光束线的外景 (a) 和一台具有超高能量分辨率的红外光谱仪外观 (b)，给读者一个形象的认识。相比传统光源，同步辐射红外光源最主要的优越性在于它的光斑可以聚焦到很小很小的尺寸，因此可以具有很高的亮度：这对于红外显微术非常有用。还有就是同步辐射在远红外波段依然有较好的辐射强度。与 X-射线的情形不同，红外辐射是在与同步辐射环切线相垂直的方向上引出的，引出后的红外线可用反射式或透射式光学元件来调节光的方向。由于使用 FTIR，红外光束线上没有单色器。

图 6.9　一个同步辐射红外光束线外景 (a) 和一台具有超高能量分辨率的 FTIR 光谱仪外观 (b)，照片引自网络

微弱的远红外谱信号多用微测辐射热计 (Bolometer) 来探测，而中红外谱信号多用碲化汞镉探测器 (MCT) 来测量，前者需要用液氦，而后者需要用液氮。这样获得的信号将再经过放大、傅里叶变换，最后记录在电脑中。

6.4.2　测量远红外谱学的困难

对远红外谱学的实验测量存在着许多具体困难和局限性。首先，这一区间的光源普遍较弱，无论是硅碳棒、灯光光源，还是同步辐射光源几乎无一例外。因此，除非在其他红外波段不存在合适的谱带可供研究，人们不会将远红外吸收光谱学作为研究问题的首选，尤其是对于信号微弱的样品。

其次，对于浓度适中的固体样品的远红外光谱是可以测量的，但程序麻烦，比如，对于 100 ~ 500 cm^{-1} 波段的测量，人们一般是将固体样品研磨成极细的粉末，并将其与矿物油一起制备成均匀的粉液混合体，再装入由聚乙烯材料制成的两片窗口之间进行测量，这是由于该波段的红外线可以透过矿物油；而对于 400 ~ 4000 cm^{-1} 波段的测量，人们是将样品粉末和溴化钾小晶体混合研磨并挤压制成压片样品进行测量，这是由于该波段的红外线在溴化钾中穿透良好。因此，样品本身、介质材料、样品窗口材料、谱仪窗口材料、分光光栅、红外探测器、探测器窗口材料等都需要在测量时进行分波段考虑。比如，分光光栅：多层膜分光光栅的工作范围在 500 cm^{-1} 以下，溴化钾分光光栅在 400 cm^{-1} 以上。窗口材料：聚乙烯窗口的透射曲线基本在 680 cm^{-1} 以下的区间；硫化锌窗口在 700 cm^{-1} 以上的区间；金刚石窗口的透过范围比较宽，但却十分昂贵；溴化钾窗口在 400 cm^{-1} 以上的区间，范围较宽，但它比较容易受潮损坏，不易保持。探测器：微测辐射热计由于使用聚乙烯窗口等多用于测量 600 cm^{-1} 以下波段的谱图；而宽频碲镉汞探测器的最低探测波数在 450 cm^{-1} 左右。这样的话，想要获得一幅在 100 ~ 800 cm^{-1} 范围内的红外光谱，人们必须经由多个分光光栅、多种样品介质、多种窗口材料，甚至多个探测器的多次排列组合才能完成，十分麻烦。

再次，更为麻烦的是：远红外线在水和水溶液中的透过深度几乎为零。因此，到目前为止，人们还未见过有关生物样品或其他水基样品、在 600 cm^{-1} 以下的远红外吸收光谱学的报道。将固体溶于有机溶剂的远红外光谱测量是可行的，但无法在生物分子上进行操作。对此，人们不得不寻求以散射为基础的其他谱学方法来获得相当于远红外谱学的信息。

6.4.3 拉曼散射谱学的介绍

对于振动能级之间的跃迁，人们可以直接测量，比如红外吸收谱学。也可以通过观测样品的散射过程来间接测量，如第 3、4 章中讲过的高能 X-射线的散射谱学，或是下面将要讲述的拉曼散射谱学。拉曼散射谱学是用可见光或紫外线照射样品，并记录散射光的强度随入射光与散射光之间的能量差 (= 能量转移量) 的变化图，即拉曼散射光谱图。在拉曼散射测量中，散射光频率正好等于入射光频率的超强峰，为弹性散射峰，或称瑞利散射峰；强度明显较小而谱线频率比入射光频率或高或低的谱峰，为拉曼散射峰。其中，频率低的那一分支为斯托克斯 (Stokes) 散射谱峰；频率高的分支为反斯托克斯 (Anti-Stokes) 散射谱峰，如图 6.10 所示。频率或增或减的量正好等于入射光子与分子振动能级 (声子) 之间的能量交换量，因此人们可以用拉曼散射光谱来间接测量振动模态的性能。

拉曼的散射过程还可以分为共振和非共振两类。如图 6.10 所示的过程为非共振拉曼散射过程；如果入射光频率正好等于样品的某个大能级的跃迁 (如某个电子跃迁)，也就是图 6.10 中的虚拟能级变为真实能级，则其散射为共振拉曼散射。共振拉曼散射的信号往往比非共振的拉曼散射信号要高出几个数量级，称为共振增强。在测量上，人们多选用短波长的可见光或紫外线激光照射样品，这是由于本波段的光线有可能产生金属离子的 d-d 跃迁或金属-配体间的电荷转移跃迁，容易产生共振散射。在这区间，可供选择的激光器很多，还包括波长可以人为调控的蓝宝石激光器等。对于某些样品，人们却专门选择 1064 nm 等近红外波长的激光器作为光源，进行非共振拉曼散射测量，以减少光源对于样品的辐照损伤。在测量的几何关系上，拉曼散射的测量还分为在入射光的垂直方向上对侧散射光进行测量和在相反方向上对背散射光进行观测两种形式。后者散射信号明显较强，而前者可以测量有偏振特性的拉曼散射，各有特点。

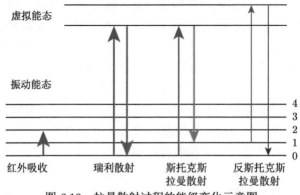

图 6.10　拉曼散射过程的能级变化示意图

在机理上，拉曼光谱的整体选律为：能够让分子极化率产生变化的振动模态存在拉曼散射跃迁。作为对比：可以引起电偶极矩变化的振动模态可以产生红外吸收跃迁。根据群论知识，红外吸收和拉曼散射的光谱强度与下列矩阵元的平方成正比：

$$\text{红外吸收：} \langle \psi_i | \hat{\mu} | \psi_j \rangle = \int \psi_i \hat{\mu} \psi_j \mathrm{d}\tau, \quad g \otimes u \otimes u = g$$

$$\text{拉曼散射：} \langle \psi_i | \hat{P} | \psi_j \rangle = \int \psi_i \hat{P} \psi_j \mathrm{d}\tau, \quad g \otimes g \otimes g = g \qquad (6\text{-}7)$$

简单说，为保证矩阵元不为零，被积函数、算符的总体宇称必须为 g。决定红外光谱跃迁的偶极矩算符 $\hat{\mu}$ 的宇称为 u，而决定拉曼散射的极化率算符 $\hat{P}$ 的宇称为 g：这一差别决定了红外吸收和拉曼散射应该具有不同的整体选律。对于具有对称性结构的样品，由于大多数分子的初始态波函数 ψ_i 的宇称为 g，终态波函数 ψ_j 的宇称在红外与拉曼光谱中就必须分别为 u 和 g 才能使得以上跃迁矩阵不为零 [参见公式 (6-7) 右边的算符计算式]。

由双原子组成的对称分子 (如 O_2、N_2) 只有一个振动自由度：伸缩振动，如 O═O、N≡N。由于它会引起分子极化率的变化，但不会引起偶极矩的变化，因此 O=O 等对称振动只有拉曼散射谱峰,而没有红外吸收谱峰。当如 NO 等非对称分子进行振动时,其结构的变化会导致偶极矩变化,也会导致极化率的变化,因此它在拉曼和红外光谱中都会有谱峰出现。

三原子分子的振动情况要更复杂一些,它有三种振动模式:对称伸缩、不对称伸缩和对称弯曲。对称伸缩的振动模态会引起较大的极化率变化,因而有强的拉曼散射谱线。而它只有很弱的偶极矩变化 (如在非线性的 H_2O 分子中) 或干脆没有偶极矩变化 (如在线性的 CO_2 分子中,图 6.3),因此这一模态只有很弱或没有红外吸收谱峰。推而广之,概括来说:对于存在对称中心的分子 (如 CO_2),任何一种振动方式都不应该同时具有红外与拉曼两种跃迁,它们构成互斥,形成谱学上的绝对互补关系;如果分子存在准对称中心,对称的振动模态具有较强的拉曼散射谱线和较弱的红外吸收谱线;反之则反,两者形成大致上互补的关系。如果分子不存在基本的对称性,则多数振动模态在红外、拉曼光谱上都应该有信号出现,强度应据具体情况而定。远红外吸收光谱学和拉曼散射光谱学在理论上和方法上都分属两种截然不同的谱学方法,在发展历程上也无因果和传承关系。但在今天的应用中,两者在许多场合正好形成了应用上的互补关系:比如两者在谱峰位置上的互补;又比如因为入射光是可见光或紫外线,拉曼散射成功地绕过了远红外线无法穿透水溶液的局面。

由 5 个原子组成的四氯化碳分子 (CCl_4) 有 9 个简正振动模态和四种类型的不同振动类型,类似于前面讨论过的 $[FeCl_4]^-$ 离子,它是拉曼散射光谱学的经典样品。其中,ν_1 为对称的伸缩振动,ν_3 为对称的剪切振动,它们没有引起电偶极矩的改变,因此没有红外跃迁;非对称的 ν_2 和 ν_4 有电偶极矩的改变,因此存在红外跃迁。而这四类振动全部都有极化率的变化,都有拉曼散射信号,但也有强弱之分。表 6-3 总结了这一分子的这些振动谱学特征。

表 6-3　四氯化碳分子振动模态、简并度及存在红外和拉曼光谱谱峰的振动模态

模式	频率/Hz	简并	描述	红外活性	拉曼活性
1	459	1	对称伸缩	N	Y
2	218	2	剪式振动	N	Y
3	762	3	反对称伸缩	Y	Y
4	314	3	叶轮振动	Y	Y

在拉曼光谱学中,通过理论计算得出分子的拉曼散射频率是可以做到的,但最通常的方法是通过实验测定,或从文献、图库中查找对比,或根据具有类似官能团的分子光谱进行对比估计。由于小官能团几乎与大分子的其他部分相对独立或半独立,类似于远红外光谱学的谱线,这些小基团也具有相对稳定的拉曼散射的特征频率范围。当然,由于拉曼光谱的能量范围多数位于远红外区间,振动模

态的刚性较差，因而小基团的特征频率与分子的其他部分并非完全无关，这样导致每个官能团给出的是一个大致的范围：与核振散射的情况类似。尽管如此，对大部分拉曼谱学应用来说，特征频率范围仍然是一个十分有用的指导工具。

6.4.4　拉曼散射谱学的测量

拉曼散射光谱仪由光源、样品装置台、分光单色器、检测器 (探测器)、放大器及记录器等部件组成，如图 6.11 所示。由于非弹性散射光强度很弱，因此现代拉曼光谱仪都使用激光器作为强光源，这是让谱仪具有起码的探测灵敏度和能量分辨率的保证和前提。

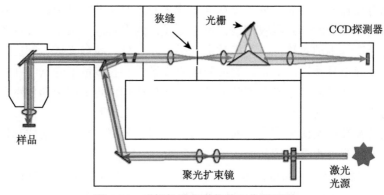

狭缝　　　光栅　　　　　　　CCD探测器

样品　　　　　　　　　　　　　　聚光扩束镜　　　激光光源

图 6.11　光栅拉曼光谱仪的工作原理图

目前的拉曼光谱仪多采用功率大、单色性好、准直性好、相干性好，但波长固定的激光器作拉曼光源照射样品 (图 6.11 中红线)，以保证样品可以产生具有足够强度的拉曼散射信号。因此，人们通常使用有几个固定波长可供选择的离子激光器，但有时也选用波长可以连续调控的蓝宝石激光器。经样品散射后的散射光线 (图 6.11 中紫线) 包含不同波长的散射光，人们选用光栅单色器对其进行分光并用 CCD 探测器来同时测量和记录不同波长的散射光的强度，形成拉曼散射谱。拉曼散射光栅单色器本身又有单光栅、双光栅和三光栅等几种类型，其中单光栅和三光栅较为常见，而三光栅分光单色器实际上是用前两级光栅作为一个强有力的波段滤波器，过滤掉高强度的瑞利散射。因此，拉曼散射分光单色器的波数中心和范围必须随所使用的光源波长的不同而做相应的调整。三光栅的拉曼散射分光仪适用于需要从强大背景中测量萃取微弱信号、需要尽可能多地剥离弹性散射背景的生物分子样品，但价格比较昂贵，测量时间也比较长。

由于属于散射式测量，拉曼光谱方法可直接测定各种气体、液体和固体样品；试样管或样品池可以是玻璃管、玻璃毛细管、各种夹片、聚乙烯塑料，或是样品浓度较高的溴化钾混合压片等，范围很广；此外，拉曼光谱方法还可较为方便地对高温样品、深冷低温样品、高压样品、强磁场样品等进行测定，可以跟踪研究不同温度下的结构变化等。而对于我们最关心的问题而言，拉曼光谱学可以实现对水基生物样品的测量，弥补了远红外吸收谱学的不足。

入射激光光束的单色性保证了入射光能量具有十分狭窄的线宽，因此拉曼散射分光单色器的能量分辨率和入射狭缝的宽窄就决定了整个拉曼谱仪的能量分辨率：狭缝越窄，能量分辨率越高，但信号量越小。因此，对多数生物大分子样品，信号量的大小将成为限制实际可选用的能量分辨率的最终因素。

6.4.5　激光光致荧光光谱学

人们还可以用激光光致荧光光谱学 (Laser Induced Fluorescence，LIF) 的方法来测量比入射激光能量本身要小很多的振动能级跃迁。当然，它与拉曼散射在原理上是不同的：①拉曼散射的上态可以是一个真实的能态 (如共振拉曼散射)，也可以是一个虚拟能态 (如非共振拉曼散射)，而 LIF 的上态一定是要有一个真实的能态；②拉曼散射测量的是与入射光同时发生的、相干的散射光，而 LIF 测量的是一个先吸收、再发射的一个非相干的荧光过程。也就是说：LIF 谱学必须依赖于一个具有比如 ns 弛豫时间的荧光过程可供测量。

通常的 LIF 谱学的实验方法是用波长可以扫描同时其线宽又很窄 (如 $0.1 \sim 1\ cm^{-1}$) 的激光器作为入射光源，照射样品：这样的激光器可以是传统的染料激光器或是更现代的蓝宝石激光器。样品受激发后产生共振吸收和具有弛豫时间的荧光发射。微弱的荧光信号可以不经过再次分光，而是利用其具有较长弛豫时间的特点，在时间域上与入射的激光或其弹性散射进行分辨，并利用相应的时间电子线路将其从无弛豫的瑞利散射的强背景中萃取出来，积分形成 LIF 谱学的信号。这个信号的强度与入射频率的关系图，即为 LIF 光谱图，如图 6.12 所示。因为荧光过程的弛豫时间较长，荧光上态的线宽就很窄，其荧光辐射的能量可以认为基本上是固定在一个位置的，无须再经分光单色器来分辨，这将使光通量大大提高。由于 LIF 的可以达到的能量分辨率很高 (通常由入射激光的分辨率决定)，它不仅可以测量振动谱线，而且可以测出更为细致的振转谱带，如图 6.12 所示：在其 SO 振转谱带中的一系列谱线线宽约为 $0.8\ cm^{-1}$(这一实验的入射激光线宽为 $0.2\ cm^{-1}$)。当然，对于大分子体系来说，由于谱线变得拥挤，这样的振转谱带还是无法被分辨。

严格上讲，LIF 光谱应该不属于散射光谱，因为它的出射光不是与入射光同时出现的相干散射光，而是在共振吸收之后再发射的荧光，但如果从差频谱的角度来认识，则它们都是一样的。它与拉曼散射谱学的实验方案正好对应于第 2 章中讲述的时间分辨测量和能量分辨测量这两种 X-射线谱学的测量方案，在原理上它们分别对应于第 3 章和第 4 章中介绍的两种高能振动散射谱学方法。

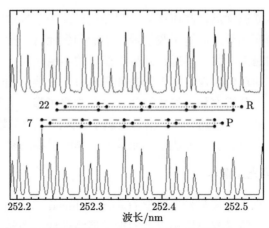

图 6.12　用激光光致荧光光谱学测量的 SO 分子中振转光谱带图 (上)，相对应的计算光谱图 (下). 中间横线上的圆点代表计算对光谱跃迁的标定 (分辨率为 $0.1\ \mathrm{cm}^{-1}$)

6.4.6　选用核振散射能谱学

在振动能谱的测量中，红外光谱具有测量直接、灵敏度高、重复性好等许多优点，而拉曼散射光谱也有若干突出的优点。从选律上看，对于具有中心对称性的分子来说，红外光谱学测量非对称的振动模态，而拉曼光谱学测量对称的振动模态，两者互为补充。在实践中，拉曼散射也弥补了远红外谱学无法测量生物分子样品的不足，两者已经共同形成了一套比较全面的振动测量方法。既然如此，我们为什么还要颇费周折，选用核振散射或 X-射线振动散射这些相对复杂、实验费用昂贵，并且需要以同步辐射这一庞然大物作为光源的高能射线的散射谱学技术呢？它们有哪些无法替代的优点呢？

在实验上，红外光谱学基本上是获取薄膜样品或是样品表面的振动信息。用于研究拉曼散射光谱学的可见光、紫外线辐射虽然可以在纯水中有较深的穿透能力，但对于浓度较大的实用样品，其透过的厚度其实也比较浅。这样，无论是红外谱学还是拉曼散射谱学，它们实际上都是研究较为表面的实验谱学。因此，寻求用能够穿透 1 mm 或更深的其他射线来测量样品的真正体信息成为谱学研究者长期追求的目标。还有，远红外光谱无法测量水基生物样品，拉曼光谱虽然可以测量水基生物样品，但某些样品还会受到光学荧光或 X-荧光的困扰：这也迫使人们去发掘其他新的散射谱学方法。虽然中子散射可以探测振动的新信息，但它的另外一些特征又大大限制了其实用性 (3.2 节)，而且辐照损伤过高使得它特别不适合于测量生物分子。X-射线振动散射能谱学 (第 3 章) 和核振散射能谱学 (第 4 章) 与传统的拉曼散射方法、LIF 光谱学方法都属于散射谱学，只是前两者用的是高能射线作为光源，其能量比可见光、紫外线要高得多而已。由于使用了高能射线，这些散射谱学具有测量体信息的功能和一系列突出的优越性，同时它们又克服了中子散射中的一些缺点，因而异军突起，走上了历史舞台。

将这两种高能射线的散射谱学相互比较得知，X-射线振动散射谱学因为是相干散射，可以研究能态密度函数，还可以研究能量转移量和动量转移量之间的色射关系，因此它的研究范围较宽、研究的细节较多，具有比核振散射谱学更多的优势。其次，X-射线振动散射则可以测量任何分子和几乎任何振动模式，而不含 ^{57}Fe 的分子或 ^{57}Fe 没有位移的振动模式不存在核振散射信号。X-射线振动散射最大的缺点和目前工作的主要障碍是它的光通量很小、灵敏度极为有限，远远不如核振散射。以配位化合物 $[NEt_4][FeCl_4]$ 样品为例，X-射线振动散射谱学的入射射线光通量为 10^{10} 光子数/s，Fe—Cl 非对称伸缩的信号量为 1 计数/s；而核振散射谱学的入射射线通量通常约为 10^9 光子数/s，Fe—Cl 的信号量为 10 计数/s。这样，X-射线振动散射谱学不仅具有较差的灵敏度，而且单位辐射剂量可以测得的能谱信息量也远远小于核振散射谱学，这让它特别不适合于测量害怕辐照损伤的生物样品。也就是说，从实用性方面，核振散射谱学有着更广泛的应用。

对于研究生物大分子金属中心结构的人们来说，他们最关心的问题是金属–配体的配位化学问题，是光学波和能态密度函数，而色散关系对研究配位结构贡献不大。而同时大多数最重要的生物分子均含 Fe 并可以进行 ^{57}Fe 标记，核振散射谱学因此十分适用于对生物化学问题的研究。如第 4 章所述，核振散射谱学还有一系列的其他优越性。其中，最主要的与实验科学直接有关系的优越性就是除了具有一般 X-射线能谱学具有的元素甄别性之外，该方法还具有针对 ^{57}Fe 等同位素的甄别性，从而大大提高了探测的选择性和信噪比。例如，如果人们选择仅仅将氢酶的活性中心中的 Fe 元素标记为 ^{57}Fe，而对铁硫簇中的 Fe 不做标记，这样，对应于活性中心的 ^{57}Fe 核振能谱信号将会提供更明显的、更突出的 Fe—CO 和 Fe—CN 的谱峰结构，而不是将这些微弱的信号埋没或半埋没在含有多个 ^{57}Fe 原子的一系列铁硫蛋白的尾部信号计数中。

相比传统振动谱学，它测量深度 > 1 mm 的体信息，避免了某些样品的光学荧光或 X-荧光的困扰。与生物谱学中最常见的晶体学和扩展 X-射线吸收精细结构能谱学相比较，核振散射能谱学可以更明确地分辨出配位原子 O、N 或 C 的类型和化学键的强弱。而晶体学和扩展 X-射线吸收精细结构能谱可以更精确地推断出配位原子的数目和它们的键长，互为很好的补充。这样，核振散射谱学正在成为继晶体学、扩展 X-射线吸收精细结构能谱学之后，被生物化学研究者所普遍接受的第三种同步辐射谱学方法。

我们将在第 7~10 章中分别介绍核振散射方法对一系列重要和具有代表性的含铁生物分子的研究和探索。而在最后的第 11 章再回过头来介绍有关 X-射线振动散射谱学的实际应用。

参 考 资 料

[1] Tasumi M, Sakamoto A. Introduction to Experimental Infrared Spectroscopy: fundamentals and Practical Methods. New York: John Wiley & Sons, 2015

[2] Peter L. Infrared and Raman Spectroscopy: Principles and Spectral Interpretation. Amsterdam: Elsevier Ltd Press, 2011

[3] Barth A, Haris P I. Biological and Biomedical Infrared Spectroscopy. Amsterdam: IOS Press, 2009

[4] Nakamoto K. Infrared and Raman Spectra of Inorganic and Coordination Compounds. Part A, Theory and Application. New York: John Wiley & Sons, 2009

[5] Nakamoto K. Infrared and Raman Spectra of Inorganic and Coordination Compounds. Part B, Applications in Coordination, Organometallic, and Bioinorganic Chemistry. New York: John Wiley & Sons, 2009

[6] 尹显洪. 简明红外光谱与核磁共振氢谱识谱法. 广西: 广西科学技术出版社, 2010

[7] 刘建学. 实用近红外光谱分析技术. 北京: 科学出版社, 2008

[8] 陆婉珍. 现代近红外光谱分析技术. 北京: 中国石化出版社, 2007

[9] 戴姆特瑞德, 杨国桢. 激光光谱学第 2 卷: 实验技术 (现代物理基础丛书). 姬扬译. 北京: 科学出版社, 2012

[10] Xiao Y M, Koutmos M, Case D A, et al. Dynamics of an $[Fe_4S_4(SPh)_4]^{2-}$ cluster explored via IR, Raman, and nuclear resonance vibrational spectroscopy (NRVS) — analysis using ^{36}S substitution, DFT calculations, and empirical force fields. Dalton Trans, 2006: 2192-2201

[11] Wang H X, Chen X R, Weiner B R. $SO(X^3\Sigma^-)$production from the 193 nm laser photolysis of thionyl fluoride. Chem Phys Lett, 1993, 216: 537-543

[12] Chen X R, Wang H X, Weiner B R, et al. 193 nm photodissociation of dimethyl sulfoxide in the gas phase. J Phys Chem, 1993, 97: 12269-12274

[13] Wang H X, Chen X R, Weiner B R. Laser photodissociation dynamics of thionyl chloride: concerted and stepwise cleavage of S—Cl bonds. J Phys Chem, 1993, 97: 12260-12268

第 7 章 核振散射：对简单铁蛋白的研究

在自然界中，铁元素广泛存在于生物体中，含铁的蛋白分布十分广泛，种类也十分丰富。在人体中，铁元素的作用十分重要，从合成血红蛋白，到增强体细胞和脑细胞的功能、新陈代谢的能力、免疫的能力，再到平衡内分泌水平等等。铁元素的广泛存在使得人们有可能运用 ^{57}Fe 核振散射谱学来研究许多生物学和生物化学问题，而核振散射具有的针对 ^{57}Fe 同位素的甄别性这一特点使它成为定点研究与 Fe 有关的生物活性中心的电子结构和配位结构的好工具。

人们有时将含铁的蛋白质粗略地划分为铁硫蛋白、含血红素的铁蛋白 (如肌红蛋白、血红素类、细胞色素 c 等)，以及其他类型的铁蛋白等。在本章中，我们将介绍这几类蛋白中的一些结构较为简单的蛋白的核振散射谱学的研究结果。我们选择含单个铁中心 Fe_1S_0 的玉红氧还蛋白、含多铁的其他铁硫蛋白、含血红素基的肌红蛋白和单铁氢酶，分别作为以上几种蛋白的典型代表。它们的核振散射谱学结果可以作为下面几章研究固氮酶和氢酶等更复杂的生物大分子样品的核振散射谱学的基础。除非特殊说明，从本章开始，核振散射谱图一律指已经转换过的振动能态密度函数 PVDOS，而不是指实验测得的核振散射原始能谱图。其转换过程请参见第 4 章的图 4.13。

7.1 分析最简单的铁配合物

在介绍含铁蛋白分子的核振散射之前，本节选用结构最为简单的四氯合铁阴离子 ([FeCl$_4$]$^-$) 为例，来了解一下核振散射图谱是如何展示以 ^{57}Fe 为中心的配位结构和对应的振动模态的。这一离子的分子量很小，与 Fe 原子相连的原子只有 4 个 Cl，共有 $3N-6=9$ 个振动模态，很简单。因为简单，它的谱线背景会很小，在没有谱峰的地方散射基本为零。那么，这个简单的、具有正四面体结构的 [FeCl$_4$]$^-$ 离子的核振散射谱能够告诉人们什么样的信息呢？比如说，四乙基铵四氯合铁配合物 ([NEt$_4$][FeCl$_4$]) 和四苯基铵四氯合铁配合物 ([PPh$_4$][FeCl$_4$]) 这两种分子都具有 [FeCl$_4$]$^-$，它们的核振散射谱有哪些相同和不同之处呢？为什么会有相同和不同之处呢？以这样简单的能谱图作为起点，可以帮助和引导人们更好地去理解结构较为复杂的生物分子等的核振散射谱图。

首先，以上两个配合物分子都含有相同的中心离子 [FeCl$_4$]$^-$，那么它们在光学波部分应该具有较为相近的核振散射谱峰，实测图谱也的确如此，如图 7.1(a1)

和 (b1) 所示：它们的核振能谱的确都有两个明显的谱峰，而且位置和强度也大致类似。$[FeCl_4]^-$ 离子虽然有 9 个独立的振动模态，但它们之间有简并存在 (有关这一离子之振动简并的分析请参见 6.3.3 节)，只有以下四类不同的振动：对称的伸缩振动、非对称的伸缩振动、对称的弯曲振动和非对称的弯曲振动，这些类似于拉曼谱学中经常讲到的 CCl_4 分子。其中，只有两类非对称的振动模态存在 ^{57}Fe 的位移，因而具有核振散射强度，分别为大约在 380 cm^{-1} 处的 Fe—Cl 的非对称伸缩振动 (T_2，对应于 6.3.3 节中描述的第三类振动) 和大约在 140 cm^{-1} 处的 Cl—Fe—Cl 的非对称弯曲振动 (T_2，第四类振动)。

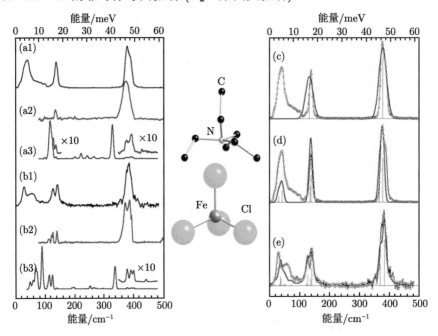

图 7.1   左侧：四乙基胺四氯合铁配合物 ($[NEt_4][FeCl_4]$) 的核振散射能谱图 (a1)、红外光谱图 (a2) 和拉曼光谱图 (a3)；四苯基胺四氯合铁配合物 ($[PPh_4][FeCl_4]$) 的核振散射能谱图 (b1)、红外光谱图 (b2) 和拉曼光谱图 (b3)。右侧：对左面的两幅核振散射能谱图进行的简振模式分析的拟合结果 (红色实线为计算结果，黑色连线空心圆为测量结果)，(c) 假设 $[FeCl_4]^-$ 正四面体结构并不考虑补偿阳离子的情况下对其进行计算的拟合能谱；(d) 和 (e) 分别为引用全分子晶体结构对四乙基胺四氯合铁配合物 ($[NEt_4][FeCl_4]$) (d) 和四苯基胺四氯合铁配合物 ($[PPh_4][FeCl_4]$) (e) 进行计算的拟合能谱。中间插图为 $[NEt_4][FeCl_4]$ 全分子的结构示意图

虽然这两个分子都含有一个接近正四面体结构的 $[FeCl_4]^-$ 阴离子，但它们具有非常不同的配阳离子：四苯基胺 ($[PPh_4]^+$) 比四乙基胺络阴离子 ($[NEt_4]^+$) 要大得多，结构也复杂得多。我们注意到两分子的核振谱图在 Fe—Cl 伸缩峰处基本相同，但在 Cl—Fe—Cl 弯曲峰处已有区别，特别是位于 80 cm^{-1} 以下的低能声

学波谱包处则非常不同。这其实不难理解：Fe—Cl 伸缩比较局域化，仅与 Fe 附近的结构有关，基本不会受到包括配阳离子在内的其他外围原子或分子的影响；作为 "旁观者" 的配阳离子的质量和体积大小对弯曲振动则可能有一定的影响；而这些结构如此简单的小分子的低频区本身就主要是由正负离子之间的振动所贡献的，因而受配阳离子状态的影响很大。

相比直观读图，运用理论拟合往往可以从测量能谱图中得出更多、更细致、更深入的几何信息和能态信息，是将核振散射图谱可靠地联系到分子结构的有效途径之一。运用最简单的简正模态的计算拟合，从图 7.1(c)→(e) 可以看出：如果人们仅仅考虑含铁的 $[FeCl_4]^-$ 阴离子本身 (忽略配阳离子的存在)，并假设阴离子具有完全对称的正四面体结构 (T_d)，则拟合计算只能给出两条单一的对称谱线 (c)，与测量的结果相差较大。除了谱线线形无法得到满意的拟合之外，低频区的谱包根本得不到拟合；如果引用包括正、负离子在内的全分子的晶体结构数据进行理论拟合，并加入正负离子之间的相互作用和其他远程原子间的弱作用，则其计算结果在全区间与两分子各自的测量结果基本吻合：分别如图 (d) 和 (e) 所示。

另外，我们还注意到：此处两个含 $[FeCl_4]^-$ 的分子的核振能谱图在能谱峰的位置上与各自样品的红外光谱十分相近 [对比 (a1) 与 (a2)；(b1) 与 (b2)]，与拉曼散射光谱则相差很大 [对比参看 (a1) 与 (a3) 和 (b1) 与 (b3)]。然而，这只是此处的铁原子正好位于 $[FeCl_4]^-$ 离子的中心，而使得非对称振动与 Fe 有位移振动这两者相一致的特殊情况所致，并不具有普遍性：反例请参考第 4 章的图 4.4 中的双铁配位化合物的情况。

7.2 对玉红氧还蛋白的研究

接下来，我们将要介绍在含铁蛋白中结构最为简单的玉红氧还蛋白的核振散射图谱，它与 $[FeCl_4]^-$ 有很多大致的相似之处，但也有着明显的不同之处。

7.2.1 什么是玉红氧还蛋白？

玉红氧还蛋白分子，英文名称为 Rubredoxin，或简称 Rd，存在于硫代谢细菌和古细菌中，在绝大多数情况下溶于水，但在细胞膜结合处也有少数不溶于水的玉红氧还蛋白。它是一个分子质量为 6 kDa(千道尔顿) 的大分子，但它同时应该属于最小的蛋白分子之一。一般的铁硫蛋白除了终端 S 是处于蛋白链中的氨基酸上之外，在 Fe 与 Fe 连接的桥上还有一个单质的 S，它不属于任何氨基酸。因为玉红氧还蛋白不含有这样的单质 S 或无机化合物的硫桥，所以它与其他的铁硫蛋白有着明显的区别，因此有人认为它不应该属于正常的铁硫蛋白。但它含有 Fe、S 元素，其还原电位通常在 +50～ −50mV 的范围内，与其他铁硫蛋白也较为类似，因此也有人认为它是最简单的铁硫蛋白，简称为 Fe_1S_0 系统：Fe_1 代表系统中只有一个 Fe；S_0 代表没有无机 S 的存在。

玉红氧还蛋白在功能上主要是参与催化生物系统中的电子转移过程：它的中央原子 Fe 可以在 +2 和 +3 这两个氧化态之间变化，从而可以协助实现单电子的承载和转移工作。在 Fe 中心的氧化态的变化过程中，Fe 的电子排列始终保持着高自旋状态，即 $S = 2$ 或 $5/2$。因为电子自旋态没有变化，根据配位化学 (比如参考第 5 章的 5.4.3 节、5.4.4 节)，Fe 的配位结构在氧化态变化过程中的变化不会太大。而假如是自旋态发生变化，则 Fe 的配位结构可能会发生很大的变化。作为一种电子的载体，它当然具有很强的电荷转移跃迁的谱带，并很容易由此辨别出对应金属中心的氧化态。比如，由于配位体与金属 Fe 之间的电荷转移跃迁发生在红光范围，其氧化态的玉红氧还蛋白样品呈红色；而到了还原态时，由于这一跃迁的能量降低到红外线的范围，对可见光没有吸收，则样品呈现为无色。由于这一原因，普通的激光光源无法激发还原态样品的共振拉曼散射，则人们无法对它进行拉曼光谱学的研究。

X-射线晶体学数据和其他一些谱学研究显示：它的三维蛋白结构属于 α + β 型，具有 2 个 α 螺旋和 2~3 个 β 链，如图 7.2(a) 所示。该蛋白的生物活性中心含有一个 Fe 离子，而这个 Fe 离子和 4 个半胱氨酸 (Cys) 残基中的 S 原子配位，结构上比较类似于 7.1 节中提到的 $[FeCl_4]^-$ 离子。但 Rd 中的 Fe 是处于畸变的四面体结构的中心 [图 7.2(b)]，其中两个 Fe—S 键明显较长，而另外两个 Fe—S 键明显较短，与严格的正四面体结构相差较远。

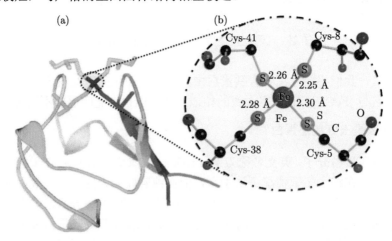

图 7.2　玉红氧还蛋白的晶体结构图 (a) 及其活性中心的局部结构示意图 (b)

7.2.2 核振散射能谱图的概述

图 7.3(a) 和 (b) 是从激烈热球菌 (*Pyrococcus furiosus*) 中提取的、分别处于氧化态 (Fe^{3+}) 和还原态 (Fe^{2+}) 的 Rd 蛋白的核振散射能谱图。具体的实验样品实际上是以上生物体的 D14C 的变种,即用半胱氨酸 (C) 代替原来在 14 位处的天冬氨酸 (D),这样的替代使得样品更加稳定,有利于谱学和结构的研究及分析。我们再次强调,从此以后各处文字中的核振散射谱图实际上是指能态密度函数 PVDOS。

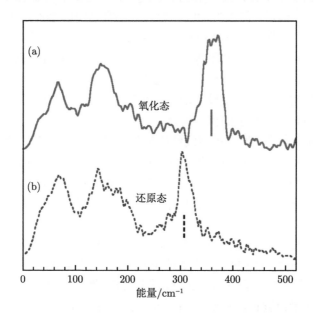

图 7.3   处于氧化态 (a) 和还原态 (b) 的玉红氧还蛋白的核振散射谱图

我们在前面多处提到过:任何复杂的振动模态总可以大致划分为:非对称伸缩、对称伸缩、非对称弯曲、对称弯曲、非键合的远程键合 (如氢键等) 和样品骨架的整体性振动这么几大类的振动模态。对于一个大致上具有四面体结构的金属–配体结构的振动,由于 Fe 离子处于金属配位体的对称中心,因而在对称振动模态没有 Fe 的位移,没有核振散射强度。这样,只有非对称伸缩和非对称弯曲这两大类振动模态以及弱振动、声学波具有核振散射谱峰、谱包。处于氧化态的 Rd 的核振能谱 [图 7.3(a)] 在 $345 \sim 375 \text{ cm}^{-1}$ 具有一个较宽、很强的谱包,主要是与非对称的 Fe—S 伸缩振动有关的模态。与 $[FeCl_4]^-$ 离子不同的是,它可能包括了多条谱线,而不是一条谱线,强度最高的一条谱峰在 360 cm^{-1} 左右。而位于大约 150 cm^{-1} 处的谱峰为以 S—Fe—S 为代表的一系列非对称的弯曲振动模态。

第三个谱峰出现在 100 cm^{-1} 以下，代表着弱相互作用和整体振动的模态。这些基本结构与同是四面体结构的 [FeCl$_4$]$^-$ 离子的核振能谱图 (图 7.1) 大体上类似。

当然，玉红氧还蛋白与 [FeCl$_4$]$^-$ 的核振能谱图在细节处有着许多明显的不同之处。首先，Rd 的每一个谱峰都比 [FeCl$_4$]$^-$ 的谱峰要明显宽得多。这可能是由于 Rd 的结构比 [FeCl$_4$]$^-$ 的结构要复杂得多，因而要牵涉到更多的光学波振动模态的组合 (总模态数目 $=3N-6$，其中 N 代表一个分子内的原子数目)；其次，基于同样的原理，能量在 100 cm^{-1} 以下、代表弱作用和大范围振动的低频振动谱包不仅谱线结构非常丰富，而且谱包的强度也几乎达到和弯曲振动模态谱包强度不相上下的程度；最后，伸缩振动区和弯曲振动区之间的 200 ~ 345 cm^{-1} 的 "空白" 地带并不空白，振动谱线并没有如 [FeCl$_4$]$^-$ 能谱图那样基本回归到基线，而是具有明显的背景强度。这些不等于零的背景强度实际上可能也是由许许多多强度很小但数目很多的谱线组合形成的，这在后面的拟合讨论中可以得到证明。这些现象又一次说明：与分子量较小的 [FeCl$_4$]$^-$ 模型分子相比较，Rd 分子含有更多的振动模态和具有更复杂的模态组合。

当然，更加 "杂乱" 的 Rd 谱线结构也与它具有比 [FeCl$_4$]$^-$ 离子更加不对称的中心结构有关系。我们知道，虽然 Fe 原子在两结构中大致都符合四面体结构，但由于 Rd 中的 Fe 原子配位具有明显两长、两短的 Fe—S 键，所以 Fe 元素处于明显畸变的四面体中央，具有接近 D$_{2h}$ 或更低的对称结构，这将导致振动简并度下降，谱图中会有更多的谱线产生分裂。

当 Rd 蛋白被还原到它的还原态时，Fe—S 的非对称伸缩振动的谱包位置下移到 300 ~ 320 cm^{-1} 的区间，其最高峰位置也下移到 ~309 cm^{-1}，比处于氧化态的 Rd 谱线的能量位置下降了 51 cm^{-1}，非常突出 [图 7.3(b)]；非对称的 S—Fe—S 等弯曲谱线的能量位置也红移到 ~140 cm^{-1}，下降了 10 cm^{-1}，但位移量没有伸缩振动的变化那么明显。低频区谱包的变化则显得微乎其微。这可能是因为氧化态的变化主要发生在中心原子 ^{57}Fe 上，其变化对 Fe—S 伸缩振动的力常数影响较大；弯曲振动一般会与多个原子同时有关，因而其中一个原子氧化态的变化对其整体力常数的影响相对较小。同时，弯曲振动的能量位置本身较低，其绝对位移量也会适度小些；而代表大范围振动的低频模则要与更多个原子有关，如果其中某一个原子的氧化态发生变化，对其振动模态的影响几乎可以忽略不计。这些规律与其他传统振动光谱学的结果相似，但核振散射能谱可以定点并且定量测量与 ^{57}Fe 位移有关的振动模态，更加一目了然。

除了谱峰能量位置的变化之外，还原态 Rd 能谱的其他基本特征则与氧化态 Rd 能谱相同，其中包括具有较 [FeCl$_4$]$^-$ 离子明显宽很多的谱峰和不回归为零的背景强度等等。

7.2.3 对比拉曼散射光谱

由于远红外线无法穿透水溶液，因而无法对生物学样品中 Fe—S 或 S—Fe—X 等处于远红外区的振动模式进行直接的吸收测量。但对于一些没有荧光干扰又存在电子转移能带的样品，可以对它们进行共振拉曼光谱的测量，与我们获得的核振散射能谱进行对比。

为此，我们选用了波长为 488 nm 的蓝色光、515 nm 的绿色光和 568 nm 的黄色光作为激发光源对处于氧化态的 Rd 样品进行共振拉曼光谱的测量。与核振散射能谱不同，拉曼散射光谱的最强谱带位于 314 cm^{-1} 附近，如图 7.4 所示：这大致对应于四面体 (T$_d$) 结构中 Fe—S 的对称伸缩振动。由于在该振动模式中 Fe 原子没有位移，其核振散射强度基本为零。在我们之前，人们已经对存在于其他生物菌种当中 [如在巨大脱硫弧菌 (*Desulfovibrio gigas*)、脱硫弧菌 (*Desulfovibrio desulfuricans*) 和埃氏巨球型菌 (*Megasphaera elsdenii*) 中] 的 Rd 进行过共振拉曼光谱学的研究，得到了与这里大约相似的结论，即：最强的拉曼谱线出现在 312 ~ 314 cm^{-1}，对应于 Fe—S 的对称伸缩振动。但由于当时的频谱分辨率有限，仅仅检测出一个谱峰，而对一些出现在主峰高频一侧的次级谱线的台阶结构等细节当时还无法进行分辨。由于我们是第一次分别使用了 488 nm、515 nm、568 nm 三个激光波长对同一 Rd 样品进行研究，而且选用了极窄的光学狭缝、采用了很长的测量时间、运用了浓度较高的样品，因此可以在主峰 314 cm^{-1} 之外清晰地分辨出 323 cm^{-1} 和 332 cm^{-1} 两个次级谱峰，这些次级谱峰在用波长为 568 nm 的黄色光进行激发时显得尤为突出。

接下来，在 347 cm^{-1}、360 cm^{-1}、375 cm^{-1} 三处存在着三条强度较弱，但仍然十分清晰的拉曼散射谱线 (图 7.4)。位于 360 cm^{-1} 处的中间峰在用 568 nm 的光源激发时显得最为清楚。这些波带位于 Fe—S 非对称伸缩振动区的范围，与核振散射谱峰相重叠，但也有可能来源于 T$_d$ 对称结构中 ν_3 振动模式的衍生带。比如，在简单模型配合物 [Fe(SCH$_3$)$_4$]$^-$ 中，Sipro 研究组就观察到类似的 ν_{3c} 振动模式可以与 Fe—S—C 弯曲模式的倍频和合频模式产生费米共振，使之产生频率分裂和谱峰增强。在更高的频率区，我们还观察到在 395 cm^{-1} 和 440 cm^{-1}、强度微弱但依然可见的拉曼散射谱线，与齐藤等观察到的谱线类似。

对比核振散射能谱图，拉曼光谱图具有以下几点明显的现象：首先，拉曼光谱可以测量到没有核振散射强度的对称振动模式区，发现了以 314 cm^{-1} 为中心的强谱峰群；而对于核振散射很强的非对称伸缩区 (345 ~ 375 cm^{-1})，拉曼光谱只给出了较弱的散射强度，形成互补；再次，对于图 7.4，由于目前的拉曼散射谱学仍然具有较高的能量分辨率 (如 3 cm^{-1})，因而可以获得某些更为细致的谱线结构；最后，拉曼光谱图中谱线的位置在对核振散射谱图进行理论拟合时可以提供更多的限制，因而经过这样的双重拟合得到的结果变得更加可信。

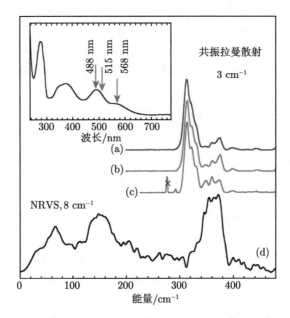

图 7.4　Rd 在 488 nm (a)、515 nm (b) 和 568 (c) nm 离子激光激发下的共振拉曼散射光谱图和它的核振散射能谱 (d)。上插图为 Rd 在可见光波段的光学吸收光谱图

　　既然拉曼散射可以获得更高分辨率的谱图，那么人们为什么还要追求昂贵又复杂的核振散射谱学呢？首先，由于散射背景的限制，拉曼光谱学较难测得位于弯曲振动区的振动模态，更不用说频率更低的、代表大范围振动的低频区的振动模态了。而核振散射谱图的测量则真正从零波数开始，可以测量包括分子骨架振动和非直接键合等作用产生的许多低频振动的谱包。而这些低频振动的细节对解读分子的整体结构有时候更加重要。其次，许多生物学样品存在光学荧光问题或化学态的光敏问题，因而无法用激光光源对这些样品进行拉曼散射光谱的测量，人们因此必须寻求替代的谱学方法；最重要的是：在对分子量大和结构复杂的固氮酶、氢酶等大生物分子进行谱学研究时，人们希望对这些复杂系统和问题进行定点探测。此时，核振散射具有的同位素甄别性就变得不可或缺了。还有，对于处于还原态的 Rd 样品，由于其电荷转移跃迁在红外线范围，因此很难对它进行共振拉曼散射的研究，而远红外光谱又无法对水基生物样品进行测量。因此，人们在核振散射之前一直没有取得任何有关还原态 Rd 的任何传统振动谱学的数据。核振能谱首次使人们能够对于它的 Fe—S 伸缩和 S—Fe—S、Fe—S—C 弯曲等振动模态进行实验研究。

　　总之，具有较高能量分辨率的共振拉曼散射光谱学是核振散射谱学的必要补充，而并非竞争对手，而远红外吸收光谱学则只能作为这一能量区间内生物谱学研究的"观众"。

7.2.4　拟合氧化态的核振谱图

基于第 4 章 4.6.2 节的公式 (4-8)，人们可以根据简正模态分析方法对核振散射谱图进行计算拟合。尤里·布拉德利力场的势能面计算主要可划分为伸缩振动势能项、弯曲振动势能项、整体骨架振动势能项这三大部分。此前，人们已经研究过许多类似 Rd 样品的拉曼散射光谱，并对它们进行过类似的简正模态分析的拟合：这些工作为我们的核振能谱的拟合提供了参考样本、模型结构和初始的力常数等起点参数。利用公式 (4-8) 的原理和前人的这些力常数，人们可以用尤里·布拉德利力场来计算出核振散射的理论能谱 (PVDOS 谱)；再让输入的力常数等参数在一定范围内小幅浮动，让计算能谱和实测能谱实现优化拟合，最终得出接近于实验测量谱的计算能谱和对应的最佳拟合力常数。

最粗略的理论计算的起点是将 Rd 的中心简化为一个具有正四面体 T_d 对称的 $Fe-S_4$ 结构，并仅仅计算到 Fe 与单层配位原子 S 的相互作用。当然，我们首先也仅关心光学波的振动模态，而完全忽略有关样品整体骨架振动的声学波模态。很显然，这样的拟合仅仅能得到有一定线宽的两条相互独立的对称谱线，分别对应于大约在 360 cm^{-1} 的非对称 Fe—S 伸缩振动和大约在 150 cm^{-1} 的非对称 S—Fe—S 弯曲振动 [无图示，但与图 7.1(c) 中 $[FeCl_4]^-$ 离子的情况很相似]。这样的计算谱图与实验谱图差距甚远，这说明：Rd 的活性中心的实际配位结构与标准 T_d 结构相距很远。

第二步，我们考虑到 Fe—S 键有两长两短的现实，假设 Fe 原子处于更接近于实际晶体结构的 D_{2d} 对称结构中，同时将计算拟合的层数增加到第二层，形成 Fe—S—C 的双层配位链，或 $Fe(SC)_4$ 的配位结构，并考虑到声学波模态：也就是加入分子骨架的振动项。由此计算得到的拟合结果有六条核振谱线，其拟合能谱与测量能谱开始有所相像，如图 7.5(a) 所示。它对实验谱图在 Fe—S 伸缩区、Fe—S—C 弯曲、S—Fe—S 弯曲和低频振动区中最主要的几处谱峰提供了具有代表性和有一定相似度的拟合。它在低频区的 67 cm^{-1} 和 85 cm^{-1} 两处给出了两个谱峰，主要来源于 FeS—SC 之间的扭曲振动等弱振动。当然，这样拟合的理论结果和测量结果在细节之处依然存在着显而易见的差别。最主要的差别表现在 200~345 cm^{-1} 过渡区的背景强度完全没有得到任何拟合；其次，虽然该模型将 T_d 中简并的 ν_3 振动模态分裂为 $E+B_2$ 两个模态，成功地模拟出位于 348 cm^{-1} 和 366 cm^{-1} 处的这两条谱线，但实验测量的能谱在整个 345~375 cm^{-1} 范围内至少存在三个次级谱峰的现象并未得到很好的拟合。拟合给出的理论双峰一高一低，与实测谱的 3 个次级谱峰的分布情形相距很大；再有，对于低频区的拟合谱包与实验谱包差别依然较大。这说明：假设的 D_{2h} 对称结构与 Rd 的实际结构还有很大的差距。

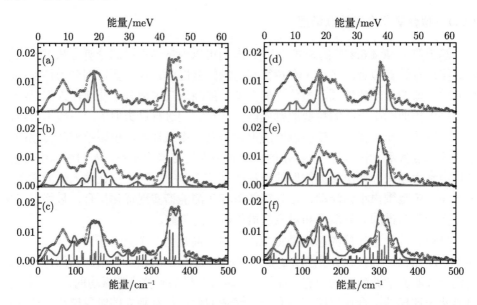

图 7.5　左为氧化态玉红氧还蛋白的核振能谱的简正振动分析拟合图，其中 (a) 为假设具有 D_{2d} 对称性和 Fe—S—C 双层配位原子结构的拟合结果；(b) 为引用真实晶体学结构数据的 Fe—S—C—C 三层配位原子的拟合结果；(c) 为引用真实结构数据，并对 Fe—S 和外面 5 层原子 (Fe—S—X5，共 6 层) 进行的拟合结果。图中空心圆圈代表测量的核振散射能谱。右为还原态玉红氧还蛋白的核振能谱的简正振动分析拟合图：(d)~(f) 的拟合条件分别与左边的 (a)~(c) 拟合条件相对应，只是采用了处于还原态的玉红氧还蛋白的晶体结构

接下来，我们假设 Rd 具有 C_1 对称性，也就是不作任何对称假设，而是直接引用分子的实际晶体学结构数据，并将计算的配位层数增加一层，计算至 Fe—S—C—C 链，或 Fe(SCC)$_4$ 结构，并同样包含远程、弱作用项。这样计算得到的拟合能谱获得了进一步的改进，见图 7.5(b)。相比运用具有 D_{2h} 对称的 Fe(SC)$_4$ 结构，具有 C_1 对称的 Fe(SCC)$_4$ 结构对于理论拟合的改善主要概括为以下几个方面：① 它成功地反映了 Fe—S 伸缩振动的 ν_3 谱峰分裂为 348 cm^{-1}、354 cm^{-1} 和 372 cm^{-1} 三条谱线而非前面提到的两条谱线；② 尽管拟合能谱依然有高低分布，但拟合能谱与实验能谱在 345~375 cm^{-1} 的整体谱线线形已经开始吻合；③ 拟合的拉曼散射能谱与拉曼谱学测得的三个次级峰的谱线位置相符合；④ 在弯曲谱带和伸缩谱带之间的"空白"地带增加了几条谱峰，部分拟合了这一区间无法归零的背景强度。

再接下来，我们还是直接引用具有 C_1 对称性的晶体学分子结构，但将计算的

层数增加到半胱氨酸 S 原子之外的第五层，即共六层的配位原子链 Fe—S—X5，或 $Fe(SX5)_4$ 的模型结构。此外，这一模型中还加入了半胱氨酸残基的羧基上的 C 和 O，以及和半胱氨酸结合的酰胺上的 N。还有，计算中还将一个大质量点附加在最后一个原子上来代表剩余的、未加入计算的其他原子的总体影响。这样拟合的能谱如图 7.5(c) 所示。其中，3 条最强的核振散射谱线分别位于非对称 Fe—S 伸缩区的 $375\ cm^{-1}$、$358\ cm^{-1}$ 和 $350\ cm^{-1}$ 三处。它们中的每一条谱线各具有约 50% 的 Fe—S 伸缩成分，其他的 50% 为各种复杂模态的组合。在整个 $340\sim 375\ cm^{-1}$ 的谱包内还有位于 $365\ cm^{-1}$、$363\ cm^{-1}$ 和 $340\ cm^{-1}$ 处的强度较弱的另外 3 条谱线。由于在这些谱线对应的振动模态中 Fe 的位移量很小，因此具有较小的核振散射强度，但这 3 条在对称伸缩区的弱谱线在频率上与拉曼光谱的实验频率十分吻合。这样的 6 条强、弱谱线几乎完整地拟合了整个 Fe—S 伸缩区的核振散射谱包线形。其他谱包的谱线线形和背景区强度的整体形状也得到了良好的拟合，整个谱图十分相像。

综上，采用了 C_1 模型进行计算后，拟合谱的相像程度明显得到改善，其中包括实验谱的主要特征和它的背景强度开始得到一定程度的拟合。而进一步采用 $Fe(SX5)_4$ 模型进行拟合后，人们在 $200\sim 340\ cm^{-1}$ 的背景区间获得了多条核振散射谱线，使得计算谱实验和测量谱基本完全吻合。前人的拉曼光谱实验已经将当时发现的 $174\ cm^{-1}$ 和 $184\ cm^{-1}$ 处的谱线归于 Fe—SC、S—FeS 或它们的混合弯曲振动模态，与我们的拟合相一致。虽然核振散射谱还无法一一分辨这些背景谱峰，但由核振能谱拟合得出的力常数可以完全再现从前报道的拉曼频率，并获得更准确的力常数和更优化的拟合谱，这是因为人们可以同时对核振散射谱图的频率和谱线强度进行理论拟合。

需要采用较为复杂的和非对称的模型才能得到良好的拟合谱是因为：整个 Rd 结构呈现出突出的非对称性，使得振动谱峰的能量位置分散。很自然，越是表征多原子的、大范围的振动谱峰就越需要采用包含有多层原子的配位模型才会有较好的拟合结果。文献 [9] 给出了一个利用 Rd 分子的全部原子进行理论计算的例子，有兴趣者可以参考。

7.2.5　拟合还原态的核振谱图

对处于还原态的 Rd 的拟合与对氧化态的 Rd 的拟合十分相似。图 7.5(d)~(f) 分别展示了人们采用 D_{2h} 对称的 $Fe(SC)_4$ 模型 (d)、C_1 对称的 $Fe(SCC)_4$ 模型 (e) 和 C_1 对称的 $Fe(SX5)_4$ 模型 (f) 对实验测量的核振谱图进行拟合的结果。当我们采用 D_{2h}—$Fe(SC)_4$ 模型进行理论拟合时，虽然有一定的相像度，但拟合能谱与实验能谱的差别依然较大 (d)。除了各个谱峰的形状没有得到很好的拟合外，最主要的差别在于实验谱在背景区的散射强度没有得到任何拟合。而当我们最终采用了具有六层配位原子的 C_1—Fe(SX5)$_4$ 模型进行拟合计算后，这两方面的拟合都得到了极大的改善，实测的核振散射能谱图 (空心圆圈) 在整体的强度分布上和具体的谱峰线形上都得到了很好的拟合 (f)。

与拟合氧化态 Rd 谱图的情况相类似，如果我们仅仅包括与 Fe 直接相连的少数几层配位原子，而完全忽略那些看上去好像与 Fe 并不直接有关的原子，则其理论拟合效果不会很好。也就是说，对复杂分子的核振散射图谱的拟合必须包括较多的配位原子层数。当然，对于包括骨架整体振动和非键合振动等的低频谱包的拟合，包含多层原子则显得尤为重要。运用 C_1—Fe(SX5)$_4$ 模型进行拟合计算的特点之一还在于人们将剩余的氨基酸链以一个大质量质点的形式附加在 Fe(SX5)$_4$ 模型中每一个配位链的最后，进一步接近真实结构。

通过拟合，我们得知：Fe—S 伸缩振动峰能量位置下移的原因是还原态 Rd 的 Fe—S 伸缩力常数由于 Fe 原子上电荷数下降而明显下降。我们还发现：还原态 Rd 的对称伸缩与配位原子之间的相互弯曲、相互扭曲等振动的耦合较氧化态 Rd 更强。比如，还原态 Rd 在 270 cm^{-1} 附近有一个非常明显的斜坡，比氧化态 Rd 要强，它就是 Fe—S 对称伸缩振动与其他弯曲振动的耦合。总体上，还原态 Rd 在弯曲谱线和伸缩谱线之间的背景区的核振散射强度也的确比氧化态 Rd 要明显很多，这说明：Fe^{2+} 原子会与更多的其他原子有联系，而更合理、更细致的拟合可能需要包括到整个 Rd 分子中的每一个原子，而非仅仅依靠 C_1—Fe(SX5)$_4$ 模型。

7.2.6　对力常数的一些讨论

对于分别处于氧化态和还原态的 Rd 核振散射图谱，人们运用 C_1—Fe(SX5)$_4$ 模型拟合可以得到经过优化的各主要振动模态的力常数，如表 7-1 所示。比如，氧化态 Rd 的伸缩力常数 K_{Fe-S} 为 1.24 mdyn/Å，基本上同过去从拉曼散射光谱拟合得到的 1.27 mdyn/Å 和 1.36 mdyn/Å 相一致；核振能谱拟合的弯曲力常数 H_{SFeS} 为 0.18 mdyn/Å，明显小于从前文献中报道的 0.35 mdyn/Å 或 0.43 mdyn/Å。这是因为人们只能拟合拉曼光谱频率位置，不能拟合其散射强度，而弯曲振动往往涉及多个原子，谱线结构重叠，而且拉曼散射光谱在能量较低的弯曲振动区的谱图噪声也较大。这些都使得人们难以从拉曼光谱得到十分可靠的弯曲力常数。相比之下，对核振散射能谱的拟合具有可以同时拟合频率和强度的先天优势，使得计算能谱几乎在整个谱图区间都与测量能谱高度一致，而且主要谱峰间的背景地带也都几乎被完全填充，如图 7.5(c) 所示。对散射强度或谱线线形的定量拟合能力可以使人们能从一个谱包中逐一拟合和辨认出单个的振动模态。比如 7.2.5 节提到，虽然核振谱图无法一一分辨每一个跃迁，但它拟合出的力常数却完全再现可分辨的拉曼频率。我们因此有理由相信：由频率和强度双重限制而拟合得出的弯曲振动力常数 0.18 mdyn/Å 应该比从前的报道更加可信。其他各种复杂振动的对应力常数也如表 7-1 所示，某些数值为第一次获得。

表 7-1　玉红氧还蛋白 (Rd) 的部分力常数一览。K 代表伸缩，单位为 mdyn/Å；H 代表弯曲，单位为 mdyn·Å/rad^2；F 代表远程原子间的相互 (伸缩) 作用，单位与 K 相同

		氧化态	还原态	升降%
伸缩	$K_{\text{Fe}-\text{S}}$	1.24	0.92	↓26%
	$K_{\text{S}-\text{C}}$	3.05	3.05	—
	$K_{\text{C}-\text{C}}$	4.8	4.8	—
	$K_{\text{C}-\text{N}}$	5.2	5.2	—
	$K_{\text{C}=\text{O}}$	8.6	8.6	—
	$K_{\text{C}-\text{H}}$	4.7	4.7	—
	$K_{\text{N}-\text{H}}$	6.1	6.1	—
弯曲	H_{FeSC}	0.3	0.2	↓33%
	H_{SFeS}	0.18	0.15	↓17%
	H_{SCC}	0.82	0.82	—
	H_{SCH}	0.62	0.62	—
	H_{HCH}	0.54	0.54	—
	H_{CCC}	0.31	0.31	—
	H_{CNH}	0.26	0.26	—
	H_{NCH}	0.23	0.33	↑43%
	H_{CCN}	0.2	0.3	↑50%
	H_{CNC}	0.2	0.32	↑60%
非键	$F_{\text{Fe}\ldots\text{C}}$	0.11	0.06	↓45%
	$F_{\text{S}\ldots\text{S}}$	0.066	0.066	

在还原态 Rd 的核振谱图中，Fe—S 非对称振动的谱峰位置下降了 51 cm^{-1}，谱峰重心位置下降了 65 cm^{-1}。相应的，由 C_1-Fe(SX5)$_4$ 配位链模型拟合得到的 Fe—S 伸缩力常数 $K_{\text{Fe}-\text{S}}$(=0.92 mdyn/Å) 比氧化态 Rd 的 $K_{\text{Fe}-\text{S}}$(=1.24 mdyn/Å) 下降了 31%。这是人们第一次从实验上获得有关还原态 Rd 的振动数据和力常数。因为它的电荷转移跃迁带位于红外线波段，人们无法对其进行共振拉曼谱学的实验测量。作为旁证，人们从前由二铁氧还蛋白的拉曼光谱实验中求得：Fe^{2+}—S 伸缩比 Fe^{3+}—S 伸缩的 $K_{\text{Fe}-\text{S}}$ 力常数大约下降 30%，与玉红氧还蛋白几乎相同 (31%)。

另一方面，弯曲力常数 H_{SFeS} 仅仅从氧化态 Rd 的 0.18 mdyn/Å 变化为还原态 Rd 的 0.15 mdyn/Å，其变化量较小，与弯曲谱峰位置的变化甚微相一致，也与弯曲振动包含多个原子的机理相符合。而其他与 Fe 无直接关系或关系很弱的远程、大范围振动力常数基本不受 Fe 的氧化还原态变化的影响，与 Fe"无关"的某些弯曲力常数还有升高，如表 7-1 所示。我们的研究说明核振散射能谱学的可信性和简正振动分析方法的适用性，这些工作奠定了我们今后研究、探索结构更为复杂的其他生物大分子的核振散射能谱学的工作基础。

7.3　晶体与溶液的核振散射谱图

核振散射是共振散射，属于非相干型的散射，它的动量守恒规律已经不复存在，因此该谱学无法研究散射过程中的动量转移量和色散关系。这样，人们在多数情况下并不测量晶体样品，而是选择测量比较方便的、各向同性的冷冻溶液样品。但是，由于核振散射强度是正比于 ^{57}Fe 核在某个振动模态中沿着 X-射线入射方向上的位移量的平方，其散射强度仍然可以因为晶体样品取向的不同而不同，该谱学仍然可以用来研究晶体样品中的各向异性问题；同时，晶体的核振散射还有可能定向加强某一振动模态的信号；最后，晶体样品的浓度一般也较溶液样品为高，如果有足够多的晶体样品或是有足够小的 X-射线光斑，则晶体的核振散射强度将高于溶液样品的强度。因此，我们有必要研究一下有关晶体核振散射谱学的问题。

图 7.6(a) 展示了入射 X-射线沿着氧化态 Rd 晶体的晶向 a 和晶向 c 的核振散射能谱图的对比；而图 7.6(b) 则展示了入射 X-射线沿着 a、b、c 三个晶向之核振散射谱图的平均能谱与溶液谱图之间的对比。

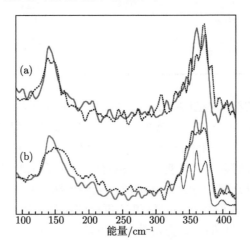

图 7.6　处于氧化态的 Rd 的核振散射谱图：(a) 沿着晶向 c(实线) 和沿着晶向 a(虚线) 测量的 Rd 晶体的核振散射谱图；(b) 沿晶向 a、b、c 测量的核振散射的平均谱图 (实线) 和冷冻溶液的核振散射谱图 (虚线) 的对比。(b) 右下方的细曲线为冷冻溶液样品的共振拉曼光谱图

首先，沿着 a、c 两个晶向测量的晶体 Rd 能谱与溶液 Rd 能谱在谱图的大体结构上相类似。氧化态 Rd 晶体的能谱大约也是在 360 cm^{-1}、150 cm^{-1} 和 70 cm^{-1} 附近的 3 个谱带区，分别对应于 Fe—S 的非对称伸缩、X—Fe—S 或 Fe—S—X 等的非对称弯曲，还有其他大范围或弱作用的振动贡献。但是，溶液能

谱在 360 cm^{-1} 附近基本表现为一个大谱包，而晶体能谱则显示为更清晰的 3 个亚峰 [图 7.6(a)]，它们分别位于 375 cm^{-1}、358 cm^{-1} 和 350 cm^{-1} 处。当入射的 X-射线平行于晶向 c 时 [图 7.6(a) 的实线]，358 cm^{-1} 处的谱峰强度为最高，375 cm^{-1} 处的谱峰次之，350 cm^{-1} 处的谱峰基本上没有核振散射强度；而当入射光束平行于晶向 a 时 [图 7.6(a) 虚线]，375 cm^{-1} 处的谱峰变为最强，358 cm^{-1} 处的谱峰次之，350 cm^{-1} 处的谱峰再次之，但仍有散射强度。

乍看上去，晶体 Rd 在两个晶向上的核振散射谱图虽有明显差别，但不十分突出。这是因为晶体 Rd 的晶向 a 大体上沿着两个较短的 Fe—S 键方向，而晶向 c 大体上沿着两个较长的 Fe—S 键方向。它们之间虽然有差别，但各向异性并不突出，这样导致了沿晶向 a 和 c 的两幅核振散射谱图之间的差别不是十分突出。塞奇 (Sage) 教授领导的研究组曾经报道过沿着 [Fe(TPP)(Im)(NO)] 配合物晶体不同晶向上的核振散射能谱，它的各向异性特征则十分突出：X-射线从卟啉面内的方向入射和从与之垂直的方向上入射所得到的核振散射谱图十分不同。由于篇幅等原因，我们无法直接引用和讨论 [Fe(TPP)(Im)(NO)] 的谱图。有兴趣做详细了解的读者请参看本章后面的原文献 [15]。

另外，我们还注意到：在图 7.6(a) 中，沿着 a、c 两个晶向的核振散射谱图的差别主要在它们的伸缩振动区，而在弯曲振动区和低频振动区的差别则较小。这是由于伸缩振动比较具有特定的方向性，弯曲振动因为本来就是转向运动，而且它涉及多个原子，能量较低的振动往往也容易与其他振动模态产生耦合，这些都使得弯曲振动的方向性变得更加复杂和不太明显。更高阶的整体振动则因为会涉及很多的原子、更多的耦合，其方向性已经变得无法界定了。

在图 7.6(b) 中，人们可以看出：沿着 a、b、c 三个晶向的平均核振散射谱图与冷冻溶液样品的核振散射谱图的谱形轮廓基本一致；但是，平均的晶体能谱还是具有比冷冻溶液能谱明显更高的谱图精细度，甚至接近具有 3 cm^{-1} 分辨率的拉曼散射谱线的精细度 [对比图 7.6(b) 下面的细黑曲线]。这一切都说明了进行晶体核振散射实验的价值。

7.4 对铁硫蛋白的核振散射研究

7.4.1 什么是铁硫蛋白？

铁硫蛋白 (Iron-sulfur Protein) 具有的特殊的物理化学性能，是生物化学研究中最常见和最重要的蛋白质之一。虽然它们最突出的、最普遍的功能为促进电子的传递，但它们在生物分子中具有多种生物学功能，参与、协助、涉及的生物化学过程包括呼吸作用、光合作用、羟化作用、吸氢、放氢、重组氢分子、生物固氮等等。因此，它们在自然界中广泛地存在于各种金属酶之中，如铁氧还蛋白、氢化酶、固氮酶等，生物载体包括各种植物、动物、微生物。

铁硫蛋白的基本结构是其中存在着铁硫簇，即含有与无机 S 连接着的 2、3、4、6 或 8 个 Fe 的原子组成的团簇 (Cluster)。含有超过 8 个 Fe 的铁硫簇骼的铁硫蛋白很难纯化，目前世界上只有极少的几例获得成功，因此一般尚未被普遍归纳为铁硫簇的范围。本章 7.2 和 7.3 节讲到的玉红氧还蛋白 (Fe_1S_0) 中没有无机 S，因此它一般也不被普遍接受为铁硫蛋白。

铁硫蛋白分子的活性中心是由 Fe 和 S 组成的铁硫簇，它们也被称为辅基或铁硫中心 (Iron-sulfur Center)。因为 Fe_1S_0 不被认为是铁硫蛋白，含有两个铁的 Fe_2S_2 蛋白分子是结构最为简单的铁硫蛋白，它的中央含有 4 个原子，其中两个是 Fe 原子，另外两个是无机 S。此外，铁硫中心的 Fe 还与蛋白质中的半胱氨酸残基中的 4 个 S 原子相连。含四个铁的 Fe_4S_4 蛋白是自然界中最常见的铁硫蛋白之一，其中央的核心簇团含有八个原子，4 个是 Fe 原子、4 个是桥联的无机 S 原子，形成一个四方笼子的形状，结构十分稳定。此外，还有 Fe_3S_4 蛋白。当然，也有人怀疑这一 Fe_3S_4 蛋白其实是 Fe_4S_4 蛋白在其纯化过程中有一个 Fe 原子意外脱落而形成的，但现在大多数的生物科学工作者还是认为它是一种在自然界里独立存在的铁硫蛋白形式。有关 Fe_2S_2、Fe_4S_4 和 Fe_3S_4 蛋白的铁硫中心结构，读者可以参看本书第 5 章图 5.9 给出的示意图，并参考图 7.7(a) 和 (b)。

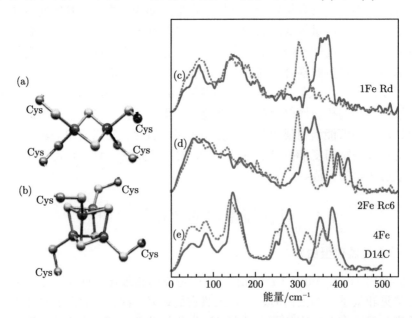

图 7.7　典型的 Fe_2S_2 簇的核心部分 (a) 和典型的 Fe_4S_4 簇的核心部分 (b) 的结构图；分别处于氧化态 (实线) 和还原态 (虚线) 的、含 Fe_1S_0 的玉红氧还蛋白 (c)、含 Fe_2S_2 的 Rc6 铁氧还蛋白 (d)、在突变种火球菌中含 Fe_4S_4 的铁氧还蛋白 (D14C)(e) 的核振散射谱图

铁硫蛋白的自然状态为氧化态，多呈褐色，在 400 nm 左右具有较强的电荷转移谱带，往往是鉴定待测样品中是否含有铁硫蛋白的重要依据之一。铁硫蛋白整体可以处于各种可变化的氧化还原态上，它的电子传递机理就是通过其中各个 Fe 原子价态在 Fe^{3+}/Fe^{2+} 之间的循环变化来实现的。一个分子的铁硫蛋白往往可以传递多于一个的电子，比如含 Fe_4S_4 簇的铁氧还蛋白就可以同时传递两个电子。

研究铁硫蛋白的核振散射能谱的主要目的之一是为今后研究固氮酶和氢酶等更复杂的生物分子打下基础，因为每一个固氮酶或氢酶分子中都会含有多个铁硫蛋白分子。

7.4.2 对 Fe_2S_2 簇的研究

处于氧化态的 Rc6 铁氧还蛋白含有一个 Fe_2S_2 簇骼。它的核振散射能谱图在 $300 \sim 360$ cm^{-1} 的范围内有一个突出的峰带，其中包含 319 cm^{-1}、333 cm^{-1}、340 cm^{-1}、350 cm^{-1} 等多个可以部分分辨的谱峰。这些谱峰主要是由 Fe 和位于终端位置的半胱氨酸中的 S 原子构成的非对称伸缩振动 Fe—S^t 所产生的。对比图 7.7(d) 和 (c) 可以看到，这一峰群的能量位置其实也与 Rd 中的非对称伸振动的缩峰位置相差不远。但由于 Rc6 含有两个 Fe，非对称伸缩的简正振动肯定也不只包括 Fe—S^t 的振动，而是要与 Fe—S^b(Fe 和硫桥中的无机 S 的伸缩振动) 等其他振动有一定的关联和耦合。总体来说，含有 Fe_2S_2 中心的 Rc6 的核振散射谱图的谱线比较宽，结构比较模糊，其中弯曲振动区更是与低频振动和谱图背景区完全混合为一体，无法单独分辨。这主要是由于 Fe_2S_2 具有两个 Fe，因此具有比 Rd 更复杂的结构，同时 Fe_2S_2 结构的刚性又不够高，出现许多振动相互耦合的状况，使得很多谱线因为耦合而合并变宽，这样就埋没了 "主流" 的弯曲振动谱峰，使之无法显现。当然，我们通过理论拟合还是可以进行分析的。

在 395 cm^{-1} 和 420 cm^{-1} 左右的两个谱峰不仅谱峰独立、清晰，并且谱线相对较窄：它们主要是与 Fe—S^b 有关的振动。通过对比图 7.7 中 (c)~(e)，读者可能已经注意到这两个谱峰在 Fe_1S_0 簇或 Fe_4S_4 簇中均不存在 (其实在 Fe_3S_4 簇中也不存在，无图)，为 Fe_2S_2 簇的核振散射谱图的特征谱峰之一。因此，这些谱峰是否出现可以作为鉴定在复杂的酶分子中是否含有 Fe_2S_2 簇骼的论据之一：我们将在第 9 章中给出一个具体的应用例子。

当 Rc6 转变为还原态时，其 Fe_2S_2 簇骼的主峰群位置出现在 276 cm^{-1}、295 cm^{-1}、302 cm^{-1}、310 cm^{-1} 等几处，其谱带重心位置出现了超过-30 cm^{-1} 的明显红移，谱线依旧突出，而弯曲振动谱线依旧无法分辨。主要表征 Fe—S^b 振动的两个谱峰也从 395 cm^{-1} 和 420 cm^{-1} 处红移到 381 cm^{-1} 和 402 cm^{-1} 处，这两条谱线线形依旧十分清晰和尖锐。

对比不同氧化态的 Rc6 核振散射谱图，除了可以跟踪观察它们的结构在氧化还原过程中的可能变化之外，还可以对谱线的来源有更深入的了解，我们在第 9 章的例子中也将会用到这些操作。人们还可以通过对处于特定位置上的 S 运用 ^{36}S 标记，在实验上直接观察某个谱峰位置的主要成分。比如将 S^b 标记为 ^{36}S，其他的 S 不做标记，则可以准确鉴定出哪些谱峰与 Fe—S^b 振动有关以及关联程度：这在许多生物分子的谱学研究中经常用到。当然，由于核振散射具有强度和谱线线形的可计算性，运用理论拟合也可以帮助人们理清或至少缩窄推测谱峰的具体来源。无论是氧化态还是还原态的 Rc6 蛋白，有很多拉曼谱峰与各自的核振散射谱峰是重合的，这与在 Rd 中拉曼与核振散射完全不重合的情况不同。这是由于在 Fe_2S_2 簇中，每一个 Fe 不是位于分子或簇骼的对称中心，因此 Fe 在对称振动模态中也同样会有位移和核振散射信号。

最后，同样含有 Fe_2S_2 簇但存在于不同菌种内的 Aa5 蛋白分子具有与 Rc6 十分相近的核振散射谱图。这说明：核振散射谱图主要与关键的 Fe_2S_2 簇有关，当然谱图的细节会涉及更大范围内的相互作用，需要包括很多层的配位原子来加以拟合。

7.4.3　对 Fe_4S_4 簇的研究

Fe_4S_4 簇具有立方烷结构，具有较高的结构刚性，因此含 Fe_4S_4 簇的铁氧还蛋白的核振能谱具有较高的谱峰离散性，形成典型的四谱带结构。它的各个谱带比含 Fe_2S_2 簇的核振散射图谱具有更分立的结构，而各谱带回归基线的程度甚至比单铁的玉红氧还蛋白还要好。这些典型的谱峰结构往往被作为鉴定样品中是否含有 Fe_4S_4 簇的基本依据之一。例如，处于氧化态的 D14C 突变种火球菌中的铁氧还蛋白 (我们下面一律简称为 D14C) 的核振散射谱图如图 7.7(e) 中的实线所示，它具有如下描述的典型的四谱带结构：首先，能量在 $100\ \mathrm{cm}^{-1}$ 以下的低频区与样品骨架的整体振动以及氢键等远程相互作用的振动有关，与其他的核振散射图谱在原理上一致；其次，能量在 $120 \sim 180\ \mathrm{cm}^{-1}$ 区间的谱峰与 X—Fe—S 等的弯曲振动有关，我们在这里将其称为 A 区；第三是位于 $180 \sim 260\ \mathrm{cm}^{-1}$ 的 B 区；最后是能量位置最高的 C 区，位于 $340 \sim 400\ \mathrm{cm}^{-1}$。通常，B 区的谱峰与 FeS 的多个伸缩和弯曲振动模态有关，耦合较多，振动组分比较复杂。C 区有时还会分裂为两个谱峰，例如：D14C 的 C 区可大致分以 $\sim 355\ \mathrm{cm}^{-1}$ 为重心的谱峰区和以 $\sim 390\ \mathrm{cm}^{-1}$ 为重心的谱峰区：前者主要与终端的 Fe—S^t 伸缩振动有关，而能量更高的后者则与铁硫桥的 Fe—S^b 伸缩振动有关。Fe—S^b 比 Fe—S^t 具有更高的振动能量表明前者具有更高的力常数。这是合理的，因为 S^b 被刚性很高的 Fe_4S_4 簇所框定，位移需要更高的能量，而 Fe—S^t 的振动则仍然具有一定的松散性。其实，这一规律在 Fe_2S_2 簇图谱中已经显现，它的能量最高的两个突出的小谱峰就是与 Fe—S^b 有关。

C 区中两个谱峰的相对强度和谱峰线形等细节还与 Fe—S—C—C 二面角是接近于 90° 还是接近于 0°(或 180°) 这些几何结构的细节相关。如文献 [16] 所示，如果蛋白内的 Fe—S—C—C 二面角接近于 0° 或者 180°，Fe—S^t 伸缩振动和 S—C—C 弯曲振动是同面的，此时两个振动模态的耦合最强，会使位于 355 cm^{-1} 左右的谱峰强度明显降低。而 D14C 的这个二面角在 19° ~ 90°，并有多个二面角十分接近 90° 的数值，因此它的 Fe—S^t 伸缩和 S—C—C 弯曲的耦合较少，两者相对独立，导致位于 355 cm^{-1} 处的谱峰强度没有因为耦合而发生变化，位于 355 cm^{-1} 处和位于 390 cm^{-1} 处的两个谱峰具有几乎相同的强度。在第 9 章中，我们还将看 DvMF 氢酶和 HiPiP 高能铁硫蛋白中有较多的 Fe—S—C—C 二面角接近于 0° 或 180°，因此它们在 355 cm^{-1} 左右的谱峰强度就明显变小，与 D14C 的图谱形成鲜明对比 (请参见图 9.8)。核振能谱的这些特征使得它不仅可以被用来推测、鉴定样品中是否有铁硫簇、有什么样的铁硫簇，还可以被用来研究探讨这些铁硫簇在几何结构上的某些细微的差别。

当 Fe$_4$S$_4$ 被还原之后，其核振散射图谱的谱峰出现红移，但以代表 Fe—S 伸缩振动的 C 区的变化为最大，其次是代表混合振动的 B 区，而代表弯曲振动的 A 区的变化很小，低频区则基本没有位移 [图 7.7(e)，虚线]。如前对 Rd 的分析，当铁的氧化态发生变化时，伸缩振动的力常数的变化最大；弯曲振动由于涉及多个原子，Fe 的价态变化对其振动的影响较小，力常数和谱峰的变化自然不如伸缩振动的变化那么大。与含 Fe$_1$S$_0$ 的 Rd 和含 Fe$_2$S$_2$ 簇的 Rc6 的情况相似，经过简正模态分析，人们还可以准确拟合得出各振动模态的力常数，从而进一步获得相关的结构信息和化学价态信息。

对比图 7.7 中的 (a)、(b)、(c)，伸缩振动在氧化还原过程中的红移量在 Fe$_1$S$_0$ 簇中最大，51 cm^{-1}；在 Fe$_2$S$_2$ 簇中居中，约 30 cm^{-1}；而在 Fe$_4$S$_4$ 簇中则最少，不足 20 cm^{-1}。这实际上是与一个 Fe 上的价态变化的平均值有关：Fe$_1$S$_0$ 簇中只有一个 Fe，它的价态变化就是这个 Fe 从 +3 还原到 +2，变化为 -1；Fe$_2$S$_2$ 簇中有两个 Fe，它的价态变化也是 -1，但平均到每个 Fe 上的变化只有 -0.5；同理，Fe$_4$S$_4$ 簇中有四个 Fe，平均到每个 Fe 上的变化只有 -0.25 了，因此红移量也随之不断变小。

7.4.4 对 Fe$_3$S$_4$ 簇的研究

含 Fe$_3$S$_4$ 簇的蛋白具有与含 Fe$_4$S$_4$ 簇的蛋白基本类似但又不完全一样的核振散射谱图。它们也有四谱带区结构 (无图)，还原蛋白的谱峰位置也会产生红移，而且也是：代表 Fe—S 伸缩振动的 C 区变化最大，其次是混合振动模态的 B 区，而代表弯曲振动的 A 区的变化很小，低频区没有位移。读者最需要了解的是：Fe$_3$S$_4$ 簇和 Fe$_4$S$_4$ 簇的核振散射图谱差距不大，如果一个生物大分子中含有两者或两者其一时，人们必须用两者谱图的组合来进行拟合。

7.5　对肌红蛋白的核振散射研究

含血红素基的铁蛋白是在铁硫蛋白之外的另一大类的含铁蛋白，它包括比如肌红蛋白 (Myoglobin, Mb)、血红蛋白 (Hemoglobin, Hb)、细胞色素 c (Cytochrome c) 等等。其中，肌红蛋白是这一类铁蛋白中分子量最小、结构最简单的分子，因此经常被人们称为这一类蛋白分子的代表。如血红蛋白就是由 4 个肌红蛋白单元组成的 [图 7.8(a)]。分子式为 $C_{34}H_{32}N_4FeO_4$ 的血红素基含有一个卟啉环和一个 Fe 离子：Fe 离子大致居于卟啉环平面的中央，并与环面上的四个 N 相接，如图 7.8(b) 所示。除了与血红素中的卟啉环相结合外，Fe 离子还可以在垂直于卟啉环面的方向上与蛋白质链上的一个或两个氨基酸连接。虽然在血红素中 Fe 离子也会略微离开卟啉环平面，但轴向配位键保持不变。

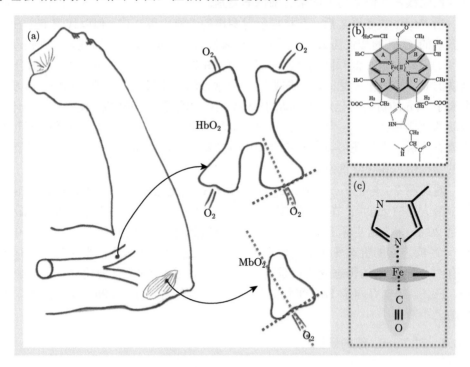

图 7.8　(a) 肌红蛋白和血红蛋白来源的卡通示意图；(b) 血红素中心的卟啉环平面结构示意图；(c)MbCO 中心的纵向结构示意图

如图 7.8(a)，血红蛋白实际上是由 4 个肌红蛋白单元组成的，单个肌红蛋白存在于肌肉之中，而血红蛋白存在于肺和血液之中，两者在功能上十分相近：都可以结合氧和传输氧。这是因为它们的血红素中的 Fe 除了与卟啉环平面上的 4 个 N 相连之外，只与蛋白质链上一个组氨酸相连，尚有一个空的配位位置可以用于结合氧。根据环境酸碱度的不同，血红蛋白可以在人体肺组织内结合氧分子 (O_2)，而在血液中又释放出 O_2，如此往复，达到传输氧的目的。健康的人即使是吸入 100% 的纯氧，血液运载的 O_2 浓度也不会因此更高，而是保持特定的浓度，其过程非常神奇。如果一旦有 CO、CN 离子和血红素结合，那就很难再被释放，因此破坏了它们具有的结合和传输 O_2 的能力；这就是煤气中毒和氰化物中毒的化学机理。

　　细胞色素 c 中的 Fe 在垂直方向上已经与两个氨基酸残基相连，因此再无剩余的空配位，无法结合或输送 O_2 或其他化学基团，而只能催化电子传递。尽管如此，细胞色素 c 活性中心的几何结构与肌红蛋白中的血红素的几何结构几乎是完全一致的，只是第六配位这一细节略有不同。

　　由于经过一氧化碳结合的 MbCO 分子具有更稳定的结构，这一样品往往是人们测试许多新技术和新谱学方法的经典实验样品。众多新型的光谱学或能谱学研究都是首先从 Mb 或 MbCO 入手，然后再逐步拓展到其他结构更复杂的生物分子上的，核振散射能谱学也不例外。塞奇教授领导的研究组于 2001 年发表了首例有关 Mb 和 MbCO 的核振散射谱。尽管当时的信噪比还不是十分令人满意，但这是世界上第一例将核振散射谱学应用到生物分子研究中的实例，是这一新的生物能谱学方法的开端，引领人们在探索复杂生物大分子的道路上不断前行。而今，在对包括固氮酶、氢酶等在内的复杂大生物分子的研究上，核振散射谱学正在发挥着不可或缺的重要作用，并不断取得突破性的进展。

　　图 7.9(a) 是 MbCO 分子的纵向结构示意图；图 (b) 是塞奇研究组发表的 MbCO 分子的核振散射谱图。为了解读 MbCO 的核振散射谱图，塞奇研究组同时测量了一系列含卟啉环的配位化合物的核振能谱。其中之一的 [Fe(TPP)(CO)(MeIm)] 的核振图谱如图 7.9(c) 所示。根据从前的远红外谱图、拉曼谱图以及用简正模态分析得出的拟合振动图谱，这一配合物分子的核振能谱图在 $250 \sim 475$ cm^{-1} 区域的谱峰属于 Fe 与卟啉环面内原子的 Fe—N 振动；在 100 cm^{-1} 以下的低频区的振动模态是 Fe 与卟啉环的微量倾摆等整体性、大范围的振动；位于 172 cm^{-1} 和 215 cm^{-1} 处的小峰为 Fe 与纵向键合的咪唑酰亚胺基因的弯曲振动和伸缩振动；506 cm^{-1} 处的谱峰对应于 Fe—CO 的伸缩振动，而频率更高的 561 cm^{-1} 和 587 cm^{-1} 处的两个谱峰则是与 Fe—C—O 的弯曲振动模态有关的谱峰。在这里，Fe—CO 的伸缩和弯曲振动的谱峰位置明显高于其他谱峰的位置，一目了然。而 Fe—C—O 弯曲振动比 Fe—CO 伸缩振动具有更高的能量位置，表明此处弯曲比伸缩更困难。许多含一氧化碳的金属配合物或生物金属–配体结构都存在着类似的现象。

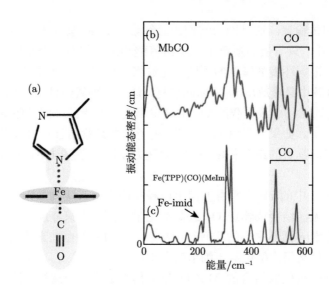

图 7.9　MbCO 分子纵向结构示意图 (a) 和它的核振散射谱图 (b)。作为对比，
[Fe(TPP)(CO)(MeIm)] 的核振散射谱图如 (c) 所示

　　与这一模型配合物相类似，MbCO 在 $200 \sim 475$ cm^{-1} 的谱峰对应于 Fe 与
卟啉环的面内 Fe—N 振动，其中几个典型的振动模态如表 7-2 中的 Mb 所列出。
MbCO 中 Fe—CO 的伸缩振动是在 502 cm^{-1} 处的谱包，Fe—C—O 弯曲振动为
572 cm^{-1} 处的谱包。虽然它们在能量的具体位置上与 [Fe(TPP)(CO)(MeIm)] 分
子有所区别，但它们的能量范围和谱线分布与模型配合物十分相似。对比模型分
子图谱，MbCO 由于具有更复杂的分子结构，包含有更多的配位原子层和更多的
振动模态的耦合，其核振散射能谱也呈现出更宽的谱带，并不是可以清晰分辨的
一系列尖峰谱线，而谱带在背景区依然有可观的散射强度：这些现象与 7.2 节中
讨论过的 Rd 分子很相似。如果对 MbCO 进行理论拟合，人们同样需要选用非常
接近实际晶体结构的模型，并需要计算到氨基酸链上的多层原子。

表 7-2　MbCO 的几个核振能谱谱峰的能量位置和对应的振动模态种类

	频率/cm^{-1}	e_{Fe}^2	振动模态指认
MbCO	502	0.45	Fe—CO 伸缩振动
	572	0.16	Fe—C—O 弯曲振动
Mb*	234	0.25	Fe—His 伸缩振动
	251	0.48	Fe—N$_{pyr}$ 伸缩振动
	267	0.48	Fe—N$_{pyr}$ 伸缩振动
	285	0.13	$\cdots$

7.6 对单铁氢酶的核振散射研究

氢酶是一种能够催化氢气的氧化或者 H^+ 的还原这一可逆化学反应的金属酶。不同的氢酶在组分、结构和含铁量上各不相同,多数氢酶中含有几个各类的铁硫簇:这些我们将在本书第 9 章中专门展开讨论。本节仅仅选择对单铁氢酶的核振散射谱图进行讨论,并作为在铁硫蛋白和含血红素的铁蛋白之外的其他铁蛋白的代表。

7.6.1 什么是单铁氢酶?

单铁氢酶是除了常见的镍铁氢酶、铁铁氢酶之外的第三类氢酶。它的英文全称是 Iron-Sulfur Cluster-Free Hydrogenase,简称 Hmd。因为它不含任何铁硫簇,最早曾被人们误认为是不含铁或不含任何金属的氢酶,并将其误称为无金属氢酶或无铁氢酶。既然人们现在已经知道该氢酶中实际上是含有铁的,只是没有铁硫簇而已,这些旧称已经不适合再用,现改称为单铁氢酶。

单铁氢酶仅在某些产甲烷的古菌中发现,它催化的可逆反应不是像常见的镍铁或铁铁氢酶那样仅仅包含了氢气和质子,而是将次甲基四氢甲蝶呤阳离子 (methenyl-H_4MPT$^+$) 和 H_2 一并还原为亚甲基四氢甲蝶呤 (methylene-H_4MPT) 和 H^+,或相反,如图 7.10 所示。也就是说,这个酶同时催化次甲基四氢甲蝶呤 (methenyl-H_4MPT$^+$) 和氢气两者的可逆还原反应:在此反应过程中,H^- 从 H_2 中转移到 H_4MPT 的亚甲基碳上的 *pro*-R 位置,还原了甲基四氢甲蝶呤。

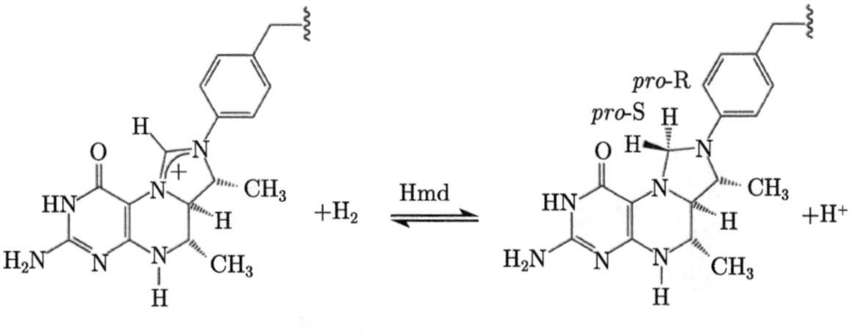

图 7.10 单铁氢酶 Hmd 催化的化学反应过程

2006 年 Pilak 等报道了单铁氢酶 (Hmd, EC 1.12.98.2) 的晶体结构,其结构是一个同型二聚体,分子尺寸约为 $90 \times 50 \times 40$ Å^3。它由三个球状单元组成:两个同样的外周单元和一个中心单元,活性位点裂隙位于酶分子中心单元和外周单元之间。有的 Hmd 的活性位点裂隙是开放式的,如詹氏甲烷球菌 (*Methanococcus jannaschii*) 的 Hmd 的裂隙结构;有的则是闭合的,如嗜热古细菌 (*Methanopyrus kandleri*) 的 Hmd 的裂隙结构。

　　活性中心中 Fe 离子的配体结构和电子结构一直是人们最关心的问题之一。在核振散射谱学出现之前，科学工作者已经有了以下的研究结果。首先，穆斯堡尔谱学指出：Fe 离子在有无反应底物的时候均呈现 $S = 0$ 的低自旋态，有可能是 Fe(0) 或是 Fe(II)；从红外光谱学得知：它有一对互为顺式的 CO 基团 (*cis*-CO) 和另有一个可能是 CO 或是其他的含 N 基团与 Fe 离子相连。单铁氢化酶分子中共含有三个半胱氨酸 Cys10、Cys176 和 Cys250，但其中只有 Cys176 对分子的活性有贡献、有影响，因此我们有理由猜测只有这一个半胱氨酸才与活性中心的 Fe 离子形成一个 Fe—S 键。红外光谱同时倾向于认定只有单个 Fe—S 键，并与一个 Fe—CO 键处于互为反式 (*trans*-) 的位置；从 EXAFS 谱学得到：这个 Fe—S 的键长为 2.31 Å，两个 Fe—C 的键长约为 1.80 Å，一个 Fe—N 或 Fe—O 的键长为 2.03 Å。由于 EXAFS 谱学很难分辨出是 N 还是 O，因此假定为 Fe—N/O。

　　当然，以上这些只是对从前的研究结果的罗列，结论并非十分严格，有些结果之间还互有一定的矛盾。在综合分析了各方面的发现之后，人们只能大致推测出以下几种可能的结构模型：① 首先推测 Fe 可能处于一个四配位的 T_d 结构的中心，配体包括一对顺式的 Fe—CO 键，一个 Fe—S 键和一个 Fe—N 键，如图 7.11(a) 所示；② Fe 可能处于一个金字塔形的四方锥结构，Fe 本身为一个顶点，四个配体 CO、CO、S 和 N 构成四方形的底面，如图 7.11(b) 所示；③ 更复杂一些，Fe 可能与五个配体形成一个五配位的三角双锥体结构，包括上面提到的四个配位，外加一个松散配位，如图 7.11(c) 中 H_2O 分子。其中一个 CO 与 N、H_2O、Fe 处于同一平面，另一个 CO 和 S 分别处于上下顶点的位置。当三角双锥

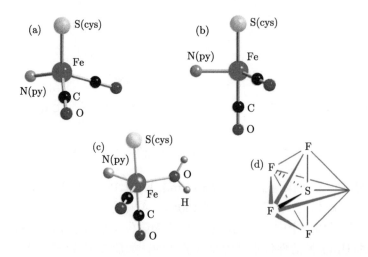

图 7.11　有关单铁氢酶中铁配位结构的几种假设：(a) 四面体结构；(b) 金字塔形的四方锥结构；(c) 五配位的三角双锥体结构；(d) 具有孤对电子的三角双锥 SF_4 结构示意图

的平面位置被孤对电子取代，见 SF$_4$ 结构 [图 7.11(d)]。如果在五配位三角双锥结构中的第五个松散配体消失，则它将变回到畸变的四面体结构 (a) 或金字塔形状的四方锥结构 (b)。而无论是 (a)、(b)、(c) 中的哪一种结构，它们始终保持有两个互为顺式的关系的 Fe—CO，而其中一个 Fe—CO 与 Fe—S 之间则处于接近于 180° 的反式位置。

7.6.2　单铁氢酶谱图的初探

从甲烷热杆菌 (*Methanothermobacter marburgensis*) 中提取的单铁氢酶的核振能谱如图 7.12 所示。具体图谱为：在 pH = 8.0 条件下制备的 H$_2$O 溶液样品的核振散射谱图 [图 7.12(a)]；在 pH = 8.0 条件下制备的 H$_2$^{18}O 溶液样品的谱图 (b)；在 pH = 6.0 并且加入底物 H$_2$+ 亚甲基四氢甲蝶呤的条件下制备的 H$_2$O 溶液样品的谱图 (c)。这三幅核振散射能谱图具有许多相同之处，也有很多不同之处。让我们首先来看一看它们的共同之处。

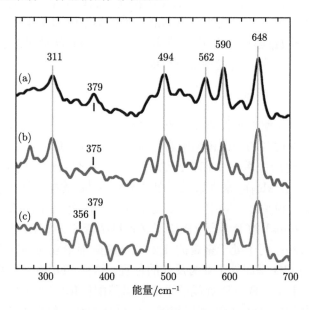

图 7.12　(a) 在 pH=8.0 缓冲剂下制备的单铁氢酶的核振散射能谱图；(b) 在与 H$_2$^{18}O 水交换的 pH=8.0 缓冲剂下制备的单铁氢酶的核振散射能谱图；(c) 在 pH= 6.0 缓冲剂和 H$_2$+ 亚甲基四氢甲蝶呤条件下制备的单铁氢酶的核振散射能谱图

首先，三个图谱均从 494 cm^{-1} 附近开始的高能区间具有非常明显并且相似的谱线结构。根据从前的红外／拉曼光谱数据和已经介绍过的 MbCO 的核振散射谱图，这些谱线可以基本划归为 Fe 与两个顺式 CO 之间的 Fe—CO 伸缩和 Fe—C—O 弯曲等的振动模式。

其次, 三个谱图都在 311 cm^{-1} 处具有核振散射谱线。这一谱线可以暂时归于与 Fe—S 的伸缩有关的振动模态, 因为它与前面介绍过的有关 Fe—S 振动频谱位置很接近。

再次, 在 250 cm^{-1} 以下的区间, 虽然三者的谱包结构略有不同, 但它们均具有难以分辨的宽频结构, 这很可能是由于分子中包括了太多的振动模态和耦合, 与 Rd 或其他铁硫蛋白的核振散射能谱有些类似。

当然, 这些谱图之间也存在着明显的不同之处, 尤其是在细微之处。最突出的特征是位于 379 cm^{-1} 附近的谱峰在三幅谱图中的具体位置略有不同。其中, 图 (a) 和 (c) 均明显有这一谱峰, 说明它在 pH=8.0 或 6.0 的 H_2O 溶液样品中存在相同的谱峰结构; 图 (b) 没有这一谱峰或谱峰分散而变得不明显, 说明这一谱峰在 $H_2^{18}O$ 溶液样品中可能产生了位移。虽然根据其频率位置人们可以认为它是有关 Fe—S(Cys) 的振动, 但这一谱峰位移现象使人们更倾向于认为该峰为与 O 有关的 Fe—OH_2 振动, 而非 Fe—S(Cys) 振动。这些结果显然与图 7.11 中的几种模型结构都不矛盾, 如果认为 379 cm^{-1} 附近的谱峰属于 Fe—OH_2 振动, 则图 7.11(c) 的三角双锥结构更有可能; 如果认为这一谱峰就是属于 Fe—S(Cys), 则图 7.11(a)、(b)、(c) 的三种模型都有可能。

7.6.3 模型配合物的研究

如果要对单铁氢酶的核振谱图做更细致而可靠的推论。我们必须首先对结构相对简单、对称性比较明确的模型配合物进行充分的研究, 以建立起结构和核振散射谱峰之间的对应关系。我们在此选择了一个具有六配位结构的配位化合物 Fe($S_2C_2H_2$)(CO)$_2$(PMe$_3$)$_2$ 来大致模拟单铁氢酶中 Fe 的配位结构, 如图 7.13 上插图所示。在这一模型配合物中, 一个处于低电子自旋态的 Fe(II) 中心具有两个互为反式位置 (*trans-*) 的 P 原子 (P 原子又各自结合了三个甲基); 两个互为顺式位置 (*cis-*) 的 CO; 两个处于螯合的 1,2-乙二硫醇根中互为顺式位置的 S 原子, 而每个 S 原子与 CO 基团处于互为反式的位置。这样, Fe 离子和两个 CO、两个 S 形成一个垂直于 P—Fe—P 连线的平面。虽然配位化合物与 Hmd 中心结构的几个推想模型 [图 7.11(a)~(c)] 不尽相同, 但这样的结构包含了 $S=0$ 的 Fe、互为顺式的两个 CO 配位和互为反式的 S 与 CO 配位这些基本元素。而且, 模型分子中的 P 也可以近似代表氢酶中的三价 N。

该模型分子的核振散射能谱图 (a)、远红外吸收光谱图 (b) 和拉曼散射光谱图 (c) 如图 7.13 所示。核振散射能谱在高频端具有 624 cm^{-1}、598 cm^{-1}、556 cm^{-1}、502 cm^{-1} 这四条分立的谱峰, 其中三条频率最高的谱峰与远红外谱线相重合。根据对已有的含 CO 的铁基配合物的远红外谱图、拉曼谱图和核振散射谱图的对比研究, 我们推断频率最高的两条核振谱线对应于 Fe—C—O 的弯曲振

动；频率略低的、位于 556 cm^{-1} 和 502 cm^{-1} 处的两条谱线对应于有关 Fe—CO
的伸缩振动。位于 502 cm^{-1} 处的核振散射谱线没有对应的远红外谱线，也没有对
应的拉曼散射谱线，说明核振散射具有更宽的选律覆盖面。而位于 672 cm^{-1} 处
的远红外谱线没有相应的核振散射谱线，这说明：这是一个非对称的振动，但 Fe
离子在这其中几乎没有位移。这说明，即便是 Fe 大致处于结构的中心，核振散射
谱与远红外谱也未必总是重合的。另一方面，该分子在 484 cm^{-1} 处有明显的拉
曼谱线，同时几乎没有红外和核振散射谱线，推测它是一个对称的振动模态：被
初步推定为 P—Fe—P 的对称伸缩振动。当然，它也可能耦合有 $P(CH_3)_3$ 等基因
的伸缩振动的模态。

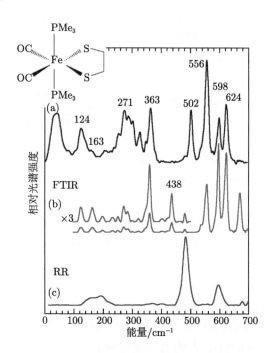

图 7.13　配位化合物 $Fe(S_2C_2H_2)(CO)_2(PMe_3)_2$ 的核振散射能谱图 (a)、远红外吸收光谱图
(b) 和拉曼散射光谱图 (c)

　　在频率较低的区域，位于 363 cm^{-1} 处的谱线为非对称 Fe—P 伸缩振动模
态；在 270~340 cm^{-1} 区域处的谱峰可能是与 Fe—S 伸缩有关的振动模态，与其
他铁硫簇的核振散射谱峰相近；在 100~200 cm^{-1} 的区域则可能为与 Fe—P—C、
Fe—S—C、S—Fe—S 等弯曲有关的振动模态；而 100 cm^{-1} 以下的低频谱包可
能为多原子的扭曲等有关整体骨架的大范围振动模态。尽管具体细节不同，这些
与前面讲过的对其他核振散射谱图的分析方法非常相似。就整体谱图而言，Fe—S

具有谱峰相连的宽谱包，而 Fe—CO 和 Fe—P 振动则具有谱峰较窄的谱线，这说明 Fe—CO、Fe—P 振动具有集中的定域性，而 Fe—S 则可能更具有非定域性，更容易与其他振动耦合而变宽。

运用简正模态分析方法对这一模型分子进行计算，人们可以得到以下推论：两个频率最高的核振散射谱峰中有 >80% 为 Fe—C—O 的弯曲振动模态，其中位于 624 cm^{-1} 的谱峰实际上是频率为 626 cm^{-1} 的 Fe 在 S—S—C—C 平面内的对称振动与频率为 623 cm^{-1} 的 Fe 在垂直于该平面的离面的对称振动的耦合。对称振动之所以在这里还能有核振散射强度是因为离面振动时 Fe 离子存在位移。在拟合谱中 (无图)，这两个对称振动出现少量的分裂，但拟合谱基本上与实验图谱一致。在 598 cm^{-1} 处的核振散射谱峰被拟合为非对称的 Fe—C—O 弯曲振动。

密度泛函理论的计算得到的频率分布略有不同，其中：最高频率的谱峰在两种具体的密度泛函理论计算方案中分别为 636 cm^{-1} 和 630 cm^{-1}，它们被鉴定为与 Fe—C—O 面内的对称弯曲振动有关；而有关 Fe—C—O 的离面对称振动则主要贡献于频率次高处，也就是测量谱 598 cm^{-1} 的谱峰，它在两种密度泛函计算中的谱峰位置分别为 607 cm^{-1} 和 600 cm^{-1}。这样，对应的面内对称弯曲和离面对称弯曲具有的分裂比采用简正模态分析的计算结果要大得多和复杂得多。注：经密度泛函理论计算获得的谱峰能量的具体位置一般不可能直接符合测量谱，人们需要对它的能量比例尺进行适度放缩，但谱峰分布的整体状况应该跟随测量图谱。

在 502 cm^{-1} 和 556 cm^{-1} 处的两个谱峰被简正模态分析鉴定为主要是 Fe—CO 伸缩振动的贡献。同时，密度泛函理论也拟合得到了相同的鉴定，只是拟合谱峰的具体能量位置有所不同而已。位于 363 cm^{-1} 处的谱峰主要来自于 Fe—P 伸缩，并与 Fe—P—C 的伸缩相关，而位于能量更低的 271 cm^{-1} 处的谱峰则主要与 Fe—S 的伸缩振动有关，并掺杂有与 P—C 有关的弯曲振动，这些结果同样得到了密度泛函理论拟合的佐证，其他与 Fe—S 伸缩有关的振动被锁定在 350~250 cm^{-1}。而在 100~180 cm^{-1} 的谱峰则对应于 Fe—P—C、S—Fe—S、Fe—S—C、C—Fe—C 等一系列弯曲振动。当然，在 < 100 cm^{-1} 区间的谱包则主要是与整体分子骨架有关的振动。

在更高频端，红外活跃而无核振散射谱峰的 672 cm^{-1} 谱峰主要为与 P—C 伸缩有关的振动。因为没有 Fe 的参与，因而没有核振散射强度。

7.6.4 单铁氢酶谱图的理论拟合

在 7.6.2 节，我们大略地勾画出了对于单铁氢酶核振能谱在整体上的初探和直观认识。在那里的直观推测中，我们主要依据的是实践经验和对比其他类似的核振散射谱图。7.6.3 节中，我们对它的模型配合物 Fe(S$_2$C$_2$H$_2$)(CO)$_2$(PMe$_3$)$_2$

进行了核振散射测量和理论拟合，准确地鉴定了这一模型分子的各个振动模态，如 Fe—S、Fe—CO、Fe—P 等，理清了各个模态核振谱线的能量位置、谱峰线形，以及它们与分子配位结构之间的关系，还得到了有关 Fe—CO、Fe—S 等化学键的力常数，为我们拟合研究单铁氢酶的核振能谱图奠定了基础。当我们将单铁氢酶的核振散射能谱与 $Fe(S_2C_2H_2)(CO)_2(PMe_3)_2$ 的核振散射能谱进行直接比较时，可以发现两者在高能部分无论是谱线的能量位置还是谱峰的强度分布都非常相近。由于这一部分主要包括针对 Fe—CO 的谱带，这一相像度证明了单铁氢酶中的确含有一对类似于 $Fe(S_2C_2H_2)(CO)_2(PMe_3)_2$ 中的顺式 (cis-)CO 结构。

单铁氢酶中的 Fe 有三种可能的配位结构，分别如图 7.11 (a)，(b)，(c) 或如图 7.14 (a)，(b)，(c) 的右插图所示。用从 (7.6.3 节) 对模型分子能谱的拟合而得到的力常数等作为起点，对这三种推测的结构 (a)、(b)、(c) 分别进行理论拟合，就可以计算得出每一结构对应的振动态密度函数 $D_{Fe}(\nu_j)$，也就是理论上的核振散射能谱。然后再通过与实验谱图的对比，对力常数等参数进行微调，并反复拟合，就可以推测得出最终的力常数和最可能的配位结构。

首先，三种假设结构的简正模态分析都可以大致地计算出 450 cm^{-1} 以上的核振谱峰位置，但结构 (b) 和 (c) 对整个谱图各谱线强度和整体线形的拟合比 (a) 的拟合明显要好，而且以 (c) 为最好。由对于结构 (c) 的拟合得知：简正模态计算得到的最强的几个谱峰出现在频率较高的 493 cm^{-1}、558 cm^{-1}、591 cm^{-1} 和 648 cm^{-1} 等处，它们主要的振动模态是 Fe—CO 伸缩和 Fe—C—O 弯曲等振动。因此，尽管两个 CO 之间总是保持相互垂直的，但 Fe—CO 与周边的其他配位原子或配位链之间的相互耦合随着 Fe 配位结构模型的不同有着略微的不同，并会轻微地影响到两个 CO 之间的相互关系。在这些谱线附近的 469 cm^{-1}、515 cm^{-1}、533 cm^{-1} 和 620 cm^{-1} 处，还存在着一些微弱的谱线。这些弱谱线不仅与 Fe—CO 的伸缩和弯曲有关，同时也和 Fe 与半胱氨酸侧链的键合有关，和 Fe—S 或 Fe—N 的振动相耦合有关，振动模态比较复杂。

其次，在频率较低的其他区域，拟合能谱将 274 cm^{-1} 和 311cm^{-1} 处的两个谱线鉴定为主要是与 Fe—S 有关的振动模态。这些鉴定的结论应与我们对模型分子的拟合结论相呼应：在那里，我们也是将从 250 cm^{-1} 到 363 cm^{-1} 之间的谱线归于与 Fe—S 有关的振动跃迁。

至此，关于单铁氢酶的核振散射谱线已经基本鉴定完毕。其最大的不确定性只有位于 379 cm^{-1} 处的一个谱峰了。如前述，单单从频率位置上看，它可以属于与 Fe—S(Cys176) 有关的振动或属于与 Fe—OH$_2$ 有关的振动。在假定四面体 (T_d) 结构的拟合中 [图 7.14(a)]，我们没有发现这一谱峰。这说明结构 (a) 应该与单铁氢酶中 Fe 的实际配位结构差距较大，应该予以淘汰。当我们运用结构 (c) 来进行简正模态拟合时，发现这一谱峰有大约 17% 的 Fe—O 伸缩振动。这样，当人们用 $^{18}OH_2$ 来制备样品时，谱线的能量位置应该下移。在测量的核振散射谱图中 [图 7.12(b)]，我们观察到 $^{18}OH_2$ 样品有 4~5 cm^{-1} 的下移并使得整个区间的强度变得平缓，线形变宽。这说明我们的样品中可能只是部分被 $^{18}OH_2$ 取代，与 OH_2 形成混合体；或说明 Fe—OH_2 与其他振动相耦合。同时，运用模型 (b) 的拟合依然可以计算出 379 cm^{-1} 处的谱线，因此简正模态分析的拟合并未能得出有关 (b)、(c) 结构的唯一性结论。由于样品浓度、纯度较低，所以测量得到的实验能谱本身具有相对较高的噪声。在这些限制下，尽管结构 (c) 的拟合质量略高，我们还是倾向于认为结构 (b) 或 (c) 均有可能是单铁氢酶的铁中心的配位结构。其实，这样的非唯一结果也不意外，因为这两种结构 (c) 和 (b) 本身之间的差别就很小。毕竟它们之间只是有或没有处于松散配位上的 OH_2 的差别，其他的结构都很相似。

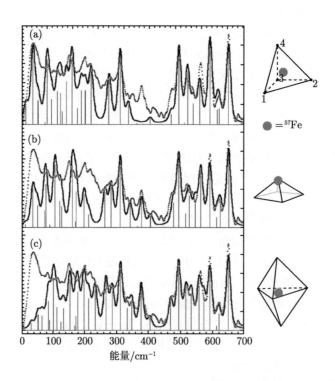

图 7.14   假设正四面体结构 (a)、金字塔形四配位结构 (b) 和三角双锥五配位结构 (c)，以简正模态分析方法对单铁氢酶的测量核振能谱图 (虚线) 的理论拟合 (实线)。右插图为对应的 3 种配位模型的结构示意图，小球代表 ^{57}Fe

最后，Fe—N 可能处于从 200 cm^{-1} 到 250 cm^{-1} 的区间内。由于本区间同

时包含有很多的弯曲振动模态，所以太多的谱线在此重叠相加，因而无法一一分辨。由于模型分子中含有的是 Fe—P 键，而不是 Fe—N 键，我们也无法直接对比，而只能做间接的对照参考。在 7.5 节有关 MbCO 的讨论中，其中 215 cm^{-1} 处的小峰就被认定为是轴向的 Fe—N，与这里的谱峰范围也大致吻合。

7.6.5 不同酸碱度对核振谱图的影响

我们还用核振散射对弱碱性 pH = 8.0 [图 7.12(a)] 和弱酸性 pH = 6.0 [图 7.12(c)] 的单铁氢酶样品分别进行了核振散射研究，以此来研判样品酸碱度对 Fe 的配位结构可能产生的影响。由于两者的核振散射谱图差别很小，谱图信噪比有限，我们因此暂时无法确定差别的细节。但差别很小本身也至少可以排除 Fe 的配位数或其氧化还原态在不同酸碱度时产生变化的可能性。因为如果是那样的话，其能谱图的区别将会很大。

根据初步原理上的研判，不同 pH 值样品的 Fe—CO 核振散射频率之间的差别仅仅在 5 ∼ 7 cm^{-1}，略小于实验时单色器的分辨率 1.0 meV(8.0 cm^{-1})。如果人们想要研究酸碱度对单铁氢酶结构的细微影响，除了谱图的信噪比需要改善之外，单色器的能量分辨率也需要进一步提高。

总之，本章介绍了核振散射谱学在研究几种结构相对比较简单和分子量相对比较小的铁蛋白分子中的应用。对这些较小的生物分子的研究是将同一谱学方法应用于研究其他更复杂的生物大分子的前提。

参 考 资 料

[1] Wang H X, Peng G, Miller L M, et al. Iron L-edge X-ray absorption spectroscopy of myoglobin complexes and photolysis products. J Am Chem Soc, 1997, 119:4921-4928

[2] Smith M C, Xiao Y M, Wang H X, et al. Normal-mode analysis of FeCl$_4^-$ and Fe$_2$S$_2$Cl$_4^{2-}$ via vibrational Mössbauer, resonace Raman, and FT-IR spectroscopies. Inorg Chem, 2005, 44: 5562-5570

[3] Scheidt W R, Durbin S M, Sage J T, Nuclear resonance vibrational spectroscopy – NRVS. J Inorg Biochem, 2005, 99:60-71

[4] Xiao Y M, Wang H X, George S J, et al. Normal mode analysis of Pyrococcus furiosus Rubredoxin via nuclear resonant vibrational spectroscopy (NRVS) and resonance Raman spectroscopy. J Am Chem Soc, 2005, 127:14596-14606

[5] Zeng W, Silvernailv N J, Scheidt W R, et al. Nuclear resonance vibrational spectroscopy (NRVS)// Scott R A. Encyclopedia of Inorganic and Bioinorganic Chemistry, 2011. DOI:10.1002/9781119951438.eibc0298

[6] Xiao Y M, Koutmos M, Case D A, et al. Dynamics of an [Fe$_4$S$_4$(SPh)$_4$]$^{2-}$ cluster explored via IR, Raman, and nuclear resonance vibrational spectroscopy (NRVS) – analysis using S-36 substitution, DFT calculation, and empirical force fields. Dalton Trans, 2006, 35: 2192-2201

[7]　Cramer S P, Xiao Y, Wang H X, et al. Nuclear resonance vibrational spectroscopy (NRVS) of Fe—S model compounds, Fe—S proteins, and nitrogenase. Hyperfine Interact, 2006, 170:47-54

[8]　Leu B M, Silvernail N J, Nathan J, et al. Quantitative vibrational dynamics of iron in carbonyl porphyrins. Biophysical J, 2007, 92:3764-3783

[9]　Tan M L, Bizzarri A R, Xiao Y, et al. Observation of terahertz vibrations in *Pyrococcus furiosus* rubredoxin *via* impulsive coherent vibrational spectroscopy and nuclear resonance vibrational spectroscopy—interpretation by molecular mechanics. J Inorg Biochem, 2007, 101: 375-384

[10]　Xiao Y M, Tan M L, Ichiye T, et al. Dynamics of *Rhodobacter capsulatus* [2Fe-2S] ferredoxin VI and Aquifex aeolicus ferredoxin 5 *via* nuclear resonance vibrational spectroscopy (NRVS) and resonance Raman spectroscopy. Biochemistry, 2008, 47:6612-6627

[11]　Guo Y S, Wang H X, Xiao Y M, et al. Characterization of the Fe site in iron-sulfur cluster-free hydrogenase (Hmd) and of a model compound *via* nuclear resonance vibrational spectroscopy (NRVS). Inorg Chem, 2008, 47:3969-3977

[12]　Bell C B, Wong S D, Xiao Y M, et al. A combined NRVS and DFT study of Fe(IV)=O model complexes: a diagnostic method for the elucidation of non-heme iron enzyme intermediates. Angew Chem Int Ed, 2008, 47:9071-9074

[13]　Tinberg C E, Tonzetich Z J, Wang H X, et al. Characterization of iron dintrosyl species formed in the reaction of nitric oxide with a biological Rieske center. J Am Chem Soc, 2010, 132: 18168-18176

[14]　Tonzetich Z J, Wang H X, Mitra D, et al. Identification of protein-bound dinitrosyl iron complexes by nuclear resonance vibrational spectroscopy. J Am Chem Soc, 2010, 132: 6914-6916

[15]　Lehnert N, Sage J T, Silvernail N J, et al. Oriented single-crystal nuclear resonance vibrational spectroscopy of [Fe(TPP)(mi)(NO)]: quantitative assessment of the trans effect of NO. Inorg Chem, 2010, 49:7197-7215

[16]　Mitra D, Pelmenschikov V, Guo Y S, et al. Dynamics of the [4Fe-4S]cluster in *Pyrococcus furiosus* D14C ferredoxin *via* nuclear resonance vibrational and resonance Raman spectroscopies, force field simulations, and density functional theory calculations. Biochemistry, 2011, 50: 5220-5235

[17]　Do L H, Wang H X, Tinberg C E, et al. Characterization of a synthetic peroxodiiron(III) protein model complex by nuclear resonance vibrational spectroscopy. Chem Comm, 2011, 47:10945-10947

[18]　Moeser B, Janoschka A, Wolny J A, et al. Nuclear inelastic scattering and Mössbauer spectroscopy as local probes for ligand binding modes and electronic properties in protein: vibrational behavior of a ferriheme center insider a β-barrel protein. J Am Chem Soc, 2012, 134: 4216-4228

[19]　Galinato M G I, Kleingardner J G, Bowman S E J, et al. Heme-protein vibrational couplings in cytochrome C provide a dynamic link that connects the heme-iron and the

protein surface. Proc Natl Acad Sci U.S.A., 2012, 109: 8896-8900

[20] Guo Y S, Brecht E, Aznavour K, et al. Nuclear resonance vibrational spectroscopy (NRVS) of rubredoxin and MoFe protein crystals. Hyperfine Interact, 2013, 222:77-90

[21] Mitra D, George S J, Guo Y S, et al. Characterization of [4Fe-4S]cluster vibrations and structure in nitrogenase Fe protein at three oxidation levels *via* combined NRVS, EXAFS, and DFT analyses. J Am Chem Soc, 2013, 135:2530-2543

[22] Li J, Peng Q, Oliver A G, et al. Comprehensive Fe-ligand vibration identification in {FeNO}^{6} hemes. J Am Chem Soc, 2014, 136:18100-18110

[23] Serrano P N, Wang H X, Crack J C, et al. Nitrosylation of nitric-oxide-sensing regulatory proteins containing [4Fe-4S]clusters gives rise to multiple iron-nitrosyl complexes. Angew Chem Int Ed, 2016, 55:14575-14579

[24] Lauterbach L, Gee L B, Pelmenschikov V, et al. Characterization of the [3Fe-4S]$^{0/1+}$ cluster from the D14C variant of *Pyrococcus furiosus* ferredoxin *via* combined NRVS and DFT analyses. Dalton Trans, 2016, 45:7215-7219

[25] O'Dowd B, Williams S, Wang H X, et al. Spectroscopic and computational investigations of ligand binding to IspH: Discovery of non-diphosphate inhibitors. Chembiochem, 2017, 18:914-920

[26] Scheidt W R, Li J, Sage J T, et al. What can be learned from nuclear resonance vibrational spectroscopy: vibrational dynamics and hemes. Chem Rev, 2017, 117:12532-12563

[27] Wagner T, Huang G, Ermler U, et al. How [Fe]-hydrogenase from methanothermobacter is protected against light and oxidative stress. Angew Chem Int Ed, 2018, 57:15056-15059

[28] Watanabe T, Wagner T, Huang G, et al. The bacterial [Fe]-hydrogenase paralog HmdII uses tetrahydrofolate derivatives as substrates. Angew Chem Int Ed, 2019, 58:3506-3510

[29] Pan H, Huang G, Wodrich M D, et al. A catalytically active [Mn]-hydrogenase incorporating a non-native metal cofactor. Nat Chem, 2019, 11:669-675

第 8 章 核振散射：对固氮酶的探索

由于固氮酶的活性中心含有多个金属，结构复杂，活性中心的金属含量很低，不容易进行探测分析。因此，核振散射对固氮酶的研究才刚刚起步，还远不全面，但也已经对一些关键问题进行了有甄别性和富有成效的研究，至少展示了这一谱学方法的优越性。随着该谱学方法的发展，以及结构生物学、生物化学、其他波谱学方法、理论化学、合成化学等学科和新型研究手段的同步发展，有关固氮酶的综合研究将会在将来取得更大的突破，并反过来为核振散射的进一步研究提供了更广阔的平台。

由于这样的原因，我们在本章介绍固氮酶的核振散射工作的同时，将用较大的篇幅对有关固氮酶的基本概念、结构、机理和模型配合物的合成等各方面的研究做较多的介绍，而且许多介绍是与核振散射谱学的介绍穿插进行的。这一点与我们在其他各章中主要围绕核振散射谱学本身进行突出介绍的叙述方法略有不同。

8.1 有关固氮酶的基本概念

氮元素是生物体中最需要、最重要的组分之一，是氨基酸、蛋白质、核酸等许多重要的生物分子的必备元素。氮、磷、钾这三种元素又是植物生长所必须的和收获时带走量较多的营养元素，对农业生产十分关键。如果土壤中的含氮量充足，即便是缺少磷肥和钾肥，人们或自然界还可以选择性种植或生长某些适合当地土壤的作物；而氮含量严重不足的土壤则被认为是极度贫瘠的土壤，基本上连树木也无法生长。实际上，空气中有着非常丰富的氮气，含量高达 78%，原则上应该是不会缺氮的。但因为氮气分子 N_2 具有高度稳定的三重化学键 $N\equiv N$，键能高达 940 kJ/mol (大约 9.5 eV)，使得 N_2 无法被生物体直接吸收或利用，而必须首先转变为氨 (NH_3) 等可以被生物分子吸收并加以利用的氮源，才能进一步参与生物的氮循环。这一将氮由氮气 N_2 转化为可以为生物体直接吸收利用的固态无机氮的化学过程称为固氮过程，其方式包括以下三种。

(1) 原则上，少量的氮会在雷雨过程中经电击氧化、水合等过程，被直接固定为硝酸或亚硝酸，并转入土壤中，加上少量的矿物氮源，这些固氮量大约占总固氮量的 5%。

(2) 工业固氮方法：21 世纪初，哈伯和博施发明将氮气和氢气反应生产氨的

方法。其简单的化学反应式如下:

$$3H_2(g) + N_2(g) \longrightarrow 2NH_3(g), \quad \Delta G = -34kJ/mol \tag{8-1}$$

这一过程为放热反应,符合热力学要求,可以自发进行。但它的势垒很高,无法完全自然发生,而必须首先降低反应势垒。因此该反应必须在高温、高压和有工业催化剂的条件下进行,并且需要消耗很大的能量来启动反应过程。一种说法是:每年用于合成氨生产的能量消耗量占全球能量总消耗量的 2%。这样产生的化肥固态氮占全球生物圈固氮总量的 30%,占人类食物圈固氮量的 50%。

(3) 生物固氮方法:在土壤中,有一种特别的酶能够结合气态的 N_2 分子,并将其催化还原成氨分子 NH_3 或氨根离子 NH_4^+,实现生物固氮。地球表面每年通过生物固氮作用获得的生物氮约为 2 亿吨,占全球生物圈固氮总量的 65%。

在以上描述的生物固氮过程中能够催化固氮过程的酶被称为固氮酶。在自然中存在着三种固氮酶体系,它们分别是钼铁固氮酶、钒铁固氮酶和铁铁固氮酶。顾名思义,钼铁固氮酶含有 Mo、Fe 两种金属元素,钒铁固氮酶含有 V、Fe 两种金属元素,铁铁固氮酶则仅含 Fe 一种金属元素。有时,人们也将这些固氮酶更加简单地称为钼固氮酶、钒固氮酶和铁固氮酶。其中,钼固氮酶的存在范围最为广泛,固氮能力最强,人们对它的研究也最为长期和深入。铁固氮酶和钒固氮酶并不太常见,还原 N_2 为 NH_3 的能力也弱于钼固氮酶。但钒固氮酶有一特点,就是它的费托合成一氧化碳加氢制乙烯的选择性高达 92%,高于钼固氮酶。三种固氮酶在生物遗传上是同源的;尽管它们所含的金属元素不完全相同,固氮活性中心的结构也很相似。

各种固氮酶基本上都是由两大部分的蛋白质组成的。以钼铁固氮酶为例:一部分只含有 Fe,称为铁蛋白,它基本上是 Fe_4S_4 簇;另一部分含 Fe 和 Mo,称为钼铁蛋白:它含有 M 簇和 P 簇两个中心簇骼。其中,M 簇又被称为铁钼辅基,是钼固氮酶的催化活性中心。然而,单独的 M 簇并不能发挥固氮功能,要使固氮酶具有固氮作用,还同时需要具有 P 簇和铁蛋白,即便是含有 M 簇 +P 簇的钼铁蛋白也无法单独实现固氮:这反映出固氮反应机理的复杂性之一。另外,固氮酶对氧极端敏感,一旦遇氧就很快导致固氮酶的失活,因此其生物固氮反应必须在严格的厌氧微环境下才能顺利进行。另一方面,作为固氮酶寄主的多数固氮微生物菌又需要氧气来进行呼吸和产生能量:这反映出固氮酶反应机理的复杂性之二。这些复杂性使得人们对固氮酶的研究变得十分困难。

相比于需要高温、高压才能进行的工业合成氨过程,生物固氮过程能在常温、常压下进行,具有节能、环保、高效的优点。用谱学、化学模拟以及其他现代研究方法来探究固氮酶的结构、催化机理、结构与其功能之间的具体关系,对农业、生态等许多方面的应用有着重要的意义。近年来,由于人类在世界范围内面临能源、粮食、环境等几大问题的共同挑战，固氮酶的研究又重新受到重视。以美国化学评论为例，该杂志先后于 1996 年、2004 年和 2014 年几次专辑对固氮酶的研究方法进行过专题评论；国际固氮大会每 4 年召开一次，对其进行综合研讨；国内分别从植物学和生物化学出发也有众多相关的评论发表，并举办过 20 余届的全国性生物固氮学术研讨会。尽管如此，确切的固氮机理至今仍不十分清晰。

8.2　固氮酶的结构和催化机理

8.2.1　铁钼辅基的结构解析

从簇骼上看，固氮酶含有 M 簇、P 簇和铁蛋白，其中被称为铁钼辅基的 M 簇的英文缩写为 FeMo-co 或 FeMoco。虽然固氮作用需要固氮酶中各种蛋白簇骼同时存在才能最终产生作用，但大量的证据证实：固氮酶的底物结合位置和催化活性中心就是在铁钼辅基上，比如：① 一些不含铁钼辅基的突变菌种不能对底物进行络合活化和还原，但加入铁钼辅基后，固氮菌就可恢复对底物的络合和催化还原活化作用；② 光谱学数据显示一氧化碳在固氮酶上的络合位置是位于铁钼辅基上，而不是在 P 簇或铁蛋白上；③ 对钼铁蛋白的光谱性质研究表明，如果铁钼辅基附近的氨基酸种类被改变，催化功能和光谱谱图也将随之改变；④ 如果改变铁钼辅基上的高柠檬酸结构，如用柠檬酸替换高柠檬酸，其对 N_2 分子的还原活性会大幅度降至高柠檬酸固氮酶的 7%。这些现象都有力地证明了铁钼辅基是结合和还原底物的活性中心。

结构上，铁钼辅基的中心部分由 $MoFe_7S_9$ 的笼形基本结构组成，如图 8.1 所示。对于该复杂的笼形结构，不熟悉的读者可以大致这样记忆：图 8.1 中最右端的第一个金属原子是 Mo，最左端是 Fe，中间还有两层各由 3 个 Fe 原子组成的 3Fe 层，而 9 个 S 原子则组成三个 3S 层，分别介于 Mo 层与 3Fe 层、3Fe 层与 3Fe 层和 3Fe 层与 Fe 层之间，形成各金属层之间的硫桥。整个笼子中心拥有一个现在被鉴定为元素 C 的原子。两个 3Fe 层的 6 个 Fe 原子与中心的 C 原子相键合，形成 Fe_6C 的稳定结构。除此之外，铁钼辅基在单 Fe 的一端与半胱氨酸 (S-Cys) 连接，在 Mo 的一端与组氨酸 (N-His) 和高柠檬酸 (R-Hhomocit) 连接，完整形式的分子式为 $\{(S\text{-}Cys)[MoFe_7S_9C(R\text{-}Hhomocit)](N\text{-}His)\}$。在钒固氮酶和铁固氮酶中，最左端的 Mo 分别为 V 和 Fe。

铁钼辅基的基本结构，尤其是中心配位原子 X 的有无和种类 (X=C、N、O 等)，长期以来一直困扰着研究人员。对这一结构的研究在 20 世纪 90 年代开始有了较大的突破。首先，Rees 等在 1992 年测定了具有 2.1 Å 分辨率的钼铁蛋白大分子的三维晶体结构，得到了如图 8.2(a) 所示的铁钼辅基结构图，其中没有提到中心原子 X；随后，Peters 和 Mayer 等分别得到了具有 2.0 Å 和 1.6 Å 分辨率的钼铁蛋白分子的晶体结构；2002 年，Rees 等对固氮酶的晶体学结构数据进行了细致研究，具有 1.16 Å 分辨率的晶体学数据发现铁钼辅基笼状簇骼内含有一个中心原子 X[图 8.2(b)]，并推测它很可能是 N 原子，但也不能排除是 C 或 O；2011 年他们又得到了具有更高分辨率 (1.0 Å) 的蛋白结构，并确认了其中心原子为 C [图 8.2(c)]。同时，^{13}C 同位素标记法和脉冲电子顺磁共振光谱也验证了这个发现。几乎在同一时间，Lancaster 等通过 X 射线发射谱学对铁钼辅基的结构进行了表征，从谱学角度确定了它的中心原子为元素 C。我们从具有不同价态的模型螯合物的配位化学、结构化学出发，推测了如图 8.2(d) 的 MoFe$_7$S$_9$C(R-**H**homocit) 模型作为固氮酶催化活性中心加氢的新结构，认为高柠檬酸以 α-羟基

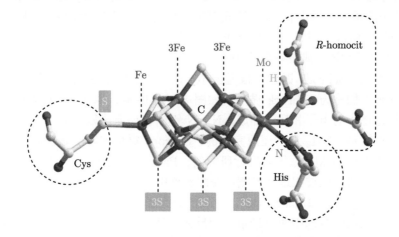

图 8.1　铁钼辅基 FeMo-co 的基本结构图

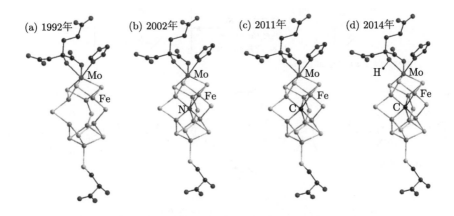

图 8.2　不同时期解析获得的钼固氮酶铁钼辅基结构图

和 α-羧基氧与钼螯合，即固氮酶活性中心加底物氢，并通过红外振动光谱和圆偏振振动光谱 (VCD) 加以证实。对固氮酶铁钼辅基结构的探索对固氮酶催化作用机理和进一步进行化学模拟具有里程碑式的重要意义。

8.2.2　铁钼辅基的络合方式

尽管研究者对固氮酶催化作用进行过大量的理论计算和光谱分析，但人们对底物络合活化以及质子 H^+ 的迁移机理这两个关键环节的细节仍不十分清楚。

首先，N_2 到底是络合在 Fe 原子上还是络合在 Mo 原子上或者 Fe、Mo 协同作用还存在比较大的争议。目前大部分的理论模型倾向于 N≡N 与单核或者多核的 Fe 原子配位活化，并且更多的科学家认为 N≡N 是以 μ_2 配位模式络合在多个 Fe 原子的桥上。尽管 μ_2 配位模式有可能且具有能量上的优势，但是如果采用 μ_2 配位模式络合，则只有直接结合的那一个 N 能够和 H 原子发生反应，N≡N 末梢的 N 被同时还原则变得较为困难。

另一方面，Schrock 课题组报道了 N_2 在单核金属 Mo 的配合物上的还原机理，现在被人们称为 Schrock 循环，如图 8.3(a) 所示。氮气 N_2 首先和金属 Mo 络合，通过逐步的电子和质子加成，N≡N 键断裂还原成氨。第二个氨分子的形成是通过亚氨基—NH_2 参与还原完成的：Schrock 循环实际上是把固氮酶的活性中心简化为单核的 Mo 原子来进行研究的。Patrick 课题组利用 β-双亚胺双氮铁配合物和氢气的反应过程进行推测：在固氮酶中，N_2 与 Fe 原子形成三配位的构型更有利于 N_2 的还原 [图 8.3(b)]。他们的研究还认为 HN≡NH 和 H_2N—NH_2 是固氮酶固氮还原机理中两个最重要的反应中间体。虽然这些金属配合物在结构上与铁钼辅基结构本身差距尚大，但这些简单的有机金属化合物的成功合成提供

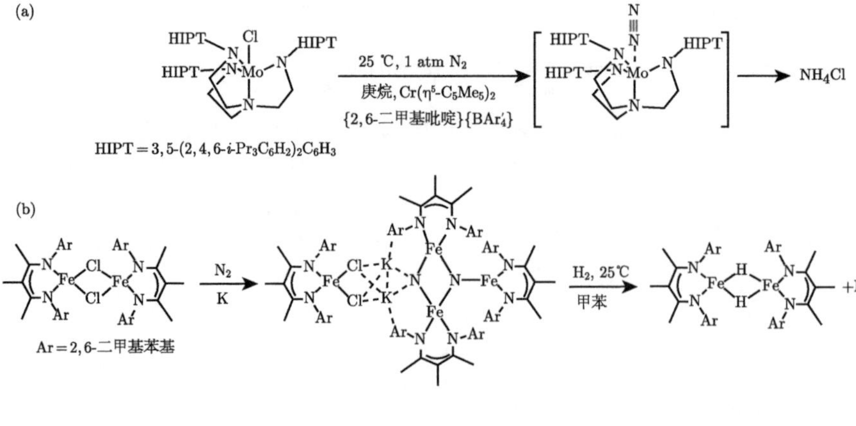

图 8.3　Schrock 反应 (a)；双氮铁化合物与氢气的反应 (b)

$1\ atm = 1.013 \times 10^5\ Pa$

了可实现、可参考的固氮酶 $+N_2$ 这一中间体模型，并给推断固氮酶的反应机理提供了一些化学原理上的启示。

8.2.3 铁钼辅基中的高柠檬酸

高柠檬酸是固氮酶铁钼辅基的重要组成部分，也是固氮酶底物还原所必需的有机组分。高柠檬酸在固氮酶铁钼辅基的体外合成中可以被其他的一些有机羧酸替换，如柠檬酸、苹果酸和乙醇酸等。显然，用这些有机羧酸来取代铁钼辅基体上的高柠檬酸并观察其谱学或其他实验结果的变化，对固氮酶的研究具有重要的参考意义。由不同羧酸取代的固氮酶还原底物的活性不同：例如苹果酸有明显的放氢活性，但是其固氮活性十分低；柠檬酸的化学结构只比高柠檬酸少了一个亚甲基，目前已有含柠檬酸的固氮酶突变种的结构报道，但它的固氮能力依然较弱，只有野生菌固氮酶的 7.3%。这些事实再次说明：高柠檬酸是固氮酶铁钼辅基还原作用的必要组分。

结构上，高柠檬酸通过邻位 α-羟基和 α-羧基氧原子与铁钼辅基上的 Mo 原子双齿配位。这样，Mo 原子分别与三个 S 桥、高柠檬酸中的两个配位 O 和组氨酸咪唑中的一个 N 形成 6 配位的八面体构型。在固氮酶生物环境中，除了作为双齿配位到 Mo 上的两个配体外，高柠檬酸的 α-羟基 (或者烷氧基) 和 α-羧基还与周围的氨基酸和水分子以氢键等形式结合，镶嵌在固氮酶分子中。固氮酶反应时需要的大量 H^+ 有可能就是由高柠檬酸周围的水分子通过氢键提供，再通过高柠檬酸分子迁移到铁钼辅基上的。

机理上，有的研究认为高柠檬酸的存在有利于加强铁钼辅基与多肽环境间的相互作用。

有研究认为由于高柠檬酸上的羧基较多，因此其主要作用是在底物还原时参与质子和电子的迁移或传递。比如：萃取的铁钼辅基可以和 PhS^- 反应，并且结合 CN^-、H^+, N_3^- 离子对铁钼辅基与 PhS^- 的反应速率并没有什么影响。但当选用咪唑络合后，其铁钼辅基 $+PhS^-$ 的反应动速率则明显不同。这可能是由于高柠檬酸的 γ-羧基 $CH_2CH_2CO_2^-$ 与组氨酸中咪唑侧基上的 NH 形成氢键，而这种氢键的形成和额外引入的咪唑被认为在底物络合还原时将干扰和调节铁钼辅基的电子密度，促进 N_2 的活化还原。

还有的研究认为是高柠檬酸在还原反应中从双齿配体变为单齿配体，配位结构发生变化，因而促进催化等等。总之，有关高柠檬酸在固氮酶底物配合物还原时所承担的作用是肯定的，但其具体的作用机理和作用细节目前还没有一个准确的说法。

8.2.4 固氮酶的催化过程

固氮酶还原底物的反应过程非常复杂，但总体反应过程可以概括为

$$N_2 + 8H^+ + 8e^- + 16MgATP \longrightarrow 2NH_3 + H_2 + 16MgADP + 16Pi \qquad (8\text{-}2)$$

它必须有氮气 N_2、质子 H^+、电子和能量加入才能开始反应；它在对 N_2 进行活化的同时也将 H^+ 还原成 H_2，放出氢气。通过理论研究表明，固氮反应的总体过程可能为：首先在 ATP 的水解作用下，电子由还原剂传递给铁蛋白，再由铁蛋白传递给钼铁蛋白中的 P 簇，再传给 M 簇 (即铁钼辅基) 的，为远程传递；H^+ 和 N_2 也都有各自的传递路径，最终到达 M 簇；接下来在质子 H^+ 的参与下，在铁钼辅基上将 N_2 还原为 NH_3，同时释放出 H_2。在理想的条件下，固氮酶每还原 1 分子的 N_2 会放出 2 分子的 NH_3，同时放出 1 分子的 H_2，并消耗掉相应量的电子流。但实际上，N_2 的还原和 H^+ 的还原之间的关系比这一平衡式要复杂得多：H^+ 抑制着 N_2 的还原，而 N_2 又是 H^+ 还原的非竞争性抑制剂，并非如上所述的相向而行。自 20 世纪 70 年代以来，研究者针对固氮酶对 N_2 的络合活化机理已经提出了几十种不同的理论模型，例如最有名的 Lowe-Thorneley 动力学模型。该模型描述了若干催化中间体和它们之间的动力学转化关系 $E_0 \to E_7$，其中涉及一系列的电子和质子的转化，并且 E_4 态是结合 N_2 和 H^+ 以及决定反应方向是向前还是向后的分水岭状态，如图 8.4 所示。固氮酶还原底物时，底物的络合和质子的迁移可能是一个协同的过程，两者相互影响，Rees 等已经把 E_0 修正为加合质子的模式，即 E_0H。

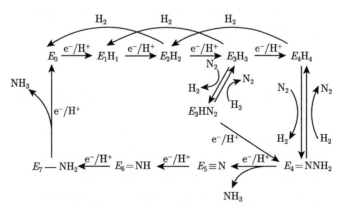

图 8.4　有关固氮酶的简化的 Lowe-Thorneley 动力学模型

最新的研究认为：质子 H^+ 是通过高柠檬酸的 α-羧基和 Mo 的配位 S 进入铁钼辅基的反应区域的；而如 N_2 等底物被认为很有可能是在簇骼中的两个 3Fe 面上形成双铁上的 N 络合。除了从 N 的络合来观察之外，人们还可以从 H^+ 的角度来观察，这时固氮酶底物活化反应的核心就是 H^+ 在铁钼辅基上的生成、迁移和聚集，以及随后如何和底物或中间产物进行络合的过程，如图 8.4 所示。实际上，由于 α-烷氧基的质子化，配位 α-羟基的去质子化和质子化平衡还可能参与到固氮酶的质子传递中去。另外，N_2 还原过程中可能会存在多种含 H 的还原中间体，如偶氮烯 (HN=NH)、肼 ($H_2N—NH_2$) 和 NH 等等 (也如图 8.4 所示)，而并非一步由 N_2 转为氨 (NH_3)。理论和实验研究以及模拟合成这些特殊的中间体也将为研究固氮酶的反应机理提供新的起点和方向。

在固氮酶与底物的反应过程中，质子的来源和迁移的途径目前仍不十分清楚。之前的研究表明固氮酶中存在着大量的氢键，这些氢键除了用于稳定铁蛋白和钼铁蛋白的空间结构之外，还有可能作为底物还原时质子传递的载体。但由于固氮酶的结构复杂，目前从实验上还无法测量质子迁移的速率，有关研究还主要集中在理论计算和推测上。研究人员还可以通过研究配合物中的氢键作用来研究质子传递的基础科学，为深入了解固氮酶的底物被催化还原时的质子传递提供理论参考。比如，利用羟基或氨基羧酸合成模型配合物时，由于这些配合物本身的质子化程度不同，分子内部或分子之间会存在多种多样的氢键作用。

由于电子是从 Fe_4S_4 簇传递至铁钼辅基上的，根据在固氮酶催化反应中质子转移偶合电子转移 (PCET) 的理论，质子也应该是从某个特定的 Fe_4S_4 簇附近开始进行传递，并与电子传递一路偶联。氢键是质子传递的载体，在蛋白中，质子一般是通过由碱基或水分子组成的氢键链来进行接力传递的。人们推测 ATP 水解产生的 H^+ 就是固氮酶催化反应所需要的质子来源，质子首先从钼铁蛋白的嵌合界面传递到 P-簇；再经两条氢链传到铁钼辅基上。

固氮酶除了能够结合、还原 N_2 以外，还能结合和还原 CO、C_2H_2 等其他多种底物，比如：钒固氮酶就可以催化一氧化碳加氢合成乙烯的反应。CO 与固氮酶的络合能力较 N_2 要强，可以抑制 N_2 分子的络合，类似于肌红蛋白与 CO 的结合会排斥 O_2 那样。在一定的实验条件下，让钼固氮酶和 CO 进行反应，并用液氮冷冻萃取，再用 EPR 或红外光谱来表征确认 CO 与钼固氮酶的铁钼辅基的络合状态，人们发现：CO 与金属 Mo 或 Fe 可以存在多种络合模式，而不同的络合模式会有着不同谱学特征的 EPR 光谱和红外吸收谱。这可以作为研究理解固氮酶与 N_2 络合的各种状态 $E_0 \rightarrow E_7$ (图 8.4) 的结构和机理的台阶。最近，科学家们还分别捕获了结合 CO 和结合 NH 底物的固氮酶的中间体，并取得了它们的晶体结构。研究显示，铁钼辅基加合底物 CO 或 NH 脱硫，形成 $MoFe_7S_8C(\mu\text{-}CO)(R\text{-}H\text{homocit})$ 等反应中间体，也就是说：CO 或 NH 其实代替了一个 S 桥的位置，证实络合点在 3Fe—3Fe 间的区域，其中一种络合形式如图 8.5 所示。人们对于含 CO 或 NH 的反应中间体的捕获为探讨含 N_2 的还原中间体提供了有力的支持和必要的台阶。此外，克莱默 (Cramer) 研究组用红外光谱表征了几种特殊情况下 CO 在铁钼辅基表面的络合状况，发现：CO 很可能是络合在 3Fe—3Fe 区域，与 EPR 的结论相符。核振散射谱学也对结合 CO 的固氮酶进行了研究。2020

年，Yilin Hu 等首次报道了结合 N_2 的固氮酶蛋白结构 (图 8.5)。晶体结构显示，三个 μ_2-S 桥的位置均可被 N_2 分子取代，并且 N_2 分子存在两种不对称桥联配位模式，如图 8.5 所示。尽管目前分子氮配位的蛋白结构存在争议，但此报道向深入理解固氮酶催化迈出了重要的一步。

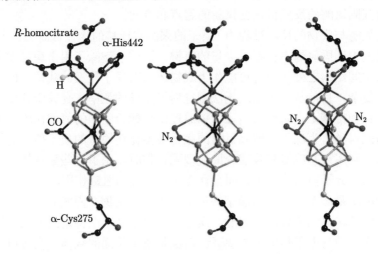

图 8.5　铁钼辅基加合底物 CO 和 N_2 脱硫的结构

Ribbe 等的研究发现：在没有 N_2 的条件下，钒固氮酶可以利用 CO 加氢还原得到乙烯，并具有高选择性 (92%)，而钼固氮酶的这一选择性则显著较低。这使得人们将对钒固氮酶的研究与对新能源的开发这一新世纪的课题联系起来。人们推测钒固氮酶之所以有还原 CO 的能力是因为钒固氮酶是比钼固氮酶更为古老的固氮酶，因此它在自然界中主要是参与碳的循环，而非氮的循环。钒固氮酶具有同时还原 N_2 和 CO 的能力这一事实还说明自然界中的氮循环和碳循环在起源上是有一定联系的。进一步对此机理的研究除了对固氮机理的认识有理论上的意义之外，对研究和优化关于合成氨的哈伯反应过程，和有关由一氧化碳加氢气生成液态烃或碳氢化合物的费托 (Fischer-Tropsch, FT) 合成过程等工业上的重要过程也有着重要的现实意义。

氮分子能抑制乙炔 C_2H_2 与固氮酶的结合，C_2H_2 因此也常被作为分子探针用于研究氮气还原的可能机理。一些研究认为：在野生固氮酶中，C_2H_2 的两个络合位点分别位于 M 簇的笼内和笼外，笼内的 C_2H_2 位点受 N_2 强烈抑制，而笼外的位点基本不受 N_2 的影响。氘代乙炔 C_2D_2 也常被用来研究固氮酶加氢反应的机制。人们发现野生固氮菌在催化还原 C_2D_2 时，只产生 4% 左右的 $trans$-$C_2D_2H_2$；而如果加入竞争性的抑制剂或固氮酶的 M 簇周围的多肽环境发生改变，则 $trans$-$C_2D_2H_2$ 的比例会增加，加氢的立体选择性会降低。

8.3 核振散射对固氮酶的初探

8.3.1 对固氮酶铁蛋白的研究

固氮酶中的铁蛋白含有 Fe_4S_4 簇，与前面介绍过的 Fe_4S_4 簇有所类似。它的作用也主要是用于传递电子，并在其上进行 ATP 的水解，因此提供钼铁蛋白在固氮过程中所需要的电子和能量，如图 8.6 所示。

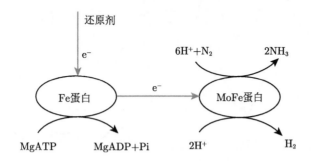

图 8.6　铁蛋白和钼铁蛋白在固氮过程中的作用机理原理图

从棕色固氮菌突变种 (*Azotobacter vinelandii*, Av_1) 中得到的铁蛋白可以为人们提供一个具有几乎完全同样的几何结构但处于三个不同氧化还原态的 $[Fe_4S_4]$ 簇样品。Cramer 教授领导的课题组细致地测量和研究了它们的核振散射能谱，并将其与它们的 X-射线拓展精细结构能谱以及密度泛函理论的计算进行了对比分析。

从处于氧化态的铁蛋白中的 $[Fe_4S_4]^{2+}$ 簇的核振能谱入手 [图 8.7(a)]，根据对其的密度泛函理论 (DFT) 的拟合计算，人们得知：位于 387 cm^{-1} 附近的谱峰基本上为 Fe 与位于硫桥位置的 S 的伸缩振动 Fe—S^b，而在 379~387 cm^{-1}、338 cm^{-1}、274 cm^{-1} 等几处的谱峰则为与 Fe—S^b 和 Fe—S^t 都有关的混合振动模态。这些结论与从前拉曼光谱研究的结论基本一致，与其他的含 Fe_4S_4 簇的蛋白分子的核振谱图也相类似。

当人们对这样一个样品进行单电子还原后，铁硫簇变为 $[Fe_4S_4]^{1+}$，但它的基本的几何结构和配位环境不变。它的核振散射谱峰位置普遍会下移 (或称红移) $20 \sim 30$ cm^{-1}，如图 8.7(b) 所示。这也与我们第 7 章中讲过的其他铁硫簇的振动规律基本一致，其谱峰的能量位置和谱峰线形也相同或相似。当然，不同的铁硫蛋白会有略微不同的谱峰位置和力常数。当这样的铁硫簇被继续还原而变为 $[Fe_4S_4]^0$ 时，它的 Fe—S^b 和 Fe—S^t 的核振散射谱峰位置会继续红移 $10 \sim 20$ cm^{-1}，如图 8.7(c) 所示。

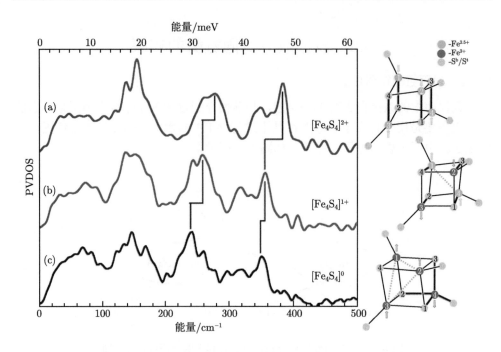

图 8.7　固氮酶中铁蛋白在几个氧化还原态上的核振散射谱图：(a) 含 $[Fe_4S_4]^{2+}$ 铁硫簇；(b) 含 $[Fe_4S_4]^{1+}$ 铁硫簇；(c) 含完全还原态的 $[Fe_4S_4]^{0}$ 铁硫簇。右插图为对应谱图的簇骼结构示意图，其中绿色球代表 $Fe^{2.5+}$，红色球代表 Fe^{2+}，黄色球代表 S

　　位于 $120 \sim 155$ cm^{-1} 处的较低能区的谱包主要由 S—Fe—S 和 Fe—S—Fe 等弯曲模态组成。这一部分的谱峰位置对于不同氧化还原态的铁蛋白样品的差别较小。这主要是由于弯曲模态涉及多个原子，这样 Fe 原子上的价态变化对 Fe_4S_4 簇骼的弯曲振动的影响不会太大，这些结论再一次与第 7 章中针对不同氧化态还原态的各种铁硫簇的测量分析基本相似，当然也与针对这一固氮酶铁蛋白的简正模态分析和密度泛函理论的计算结果相一致。

　　这一项工作体现出两方面的意义：一是这是人们第一次成功地运用具有 ^{57}Fe 甄别性的核振散射技术研究了具有一致的几何结构，但分别处于三种不同的氧化还原态的 Fe_4S_4 簇的振动模态。其中，有关 $[Fe_4S_4]^{1+}$ 簇的核振谱图是有关固氮酶铁蛋白中 $[Fe_4S_4]^{1+}$ 簇的振动谱学的第一次研究；而针对完全还原态的 $[Fe_4S_4]^{0}$ 的核振谱图则是第一次针对此类价态铁硫簇的振动谱学研究。对它们的成功测量和分析为人们理解在固氮酶催化过程中的电子传递过程和铁蛋白的对应的变化规律提供了第一手的实验资料。

　　二是这是人们第一次将具有甄别性地测量振动的核振散射谱学、测量原子间距的 EXAFS 谱学和针对结构性能关系的密度泛函理论计算结合在一起，对一个几何结构相同而电子结构不同的系统同时进行多方位的测量和研究。在这几种方法中,核振散射谱学使人们获得对 Fe—S 和 Fe—S—Fe、S—Fe—S 等振动的力常数,从而使我们能够估计每个 Fe 的结构变化范围,令对 EXAFS 谱的解释受到核振散射数据的约束和引导,更可靠和更准确地做出推论;类似地,EXAFS 和密度泛函理论的结合可以获得良好的优化结构参数,为核振散射能谱的详细解读提供了前提;而核振散射和 EXAFS 两种实验谱学的同时测试为密度泛函理论的计算提供了一个更好的框架和模型选择的指导。简而言之,这三种方法不仅提供了相互补充的信息,而且提供了相互制约的限制,以得出更合理和更可靠的拟合结果。因此,这一研究的结果突出显示了核振散射、EXAFS 和密度泛函理论等多方法的联合应用对于研究和表征包括固氮酶铁蛋白在内的生物分子的特殊能力。

8.3.2 对 P 簇的研究

比如提取自简称为 Av_1 的棕色固氮菌中的固氮酶,它的钼铁蛋白含有 M 簇和 P 簇两个金属簇骼。如果是棕色固氮菌的 $\Delta NifE$ 突变种,则它的钼铁蛋白中就只有 P 簇,而没有 M 簇,这样的样品简称为 $\Delta NifE{:}Av_1$。

从图 8.8 可以看出:只含有 P 簇的 $\Delta NifE{:}Av_1$ 样品的核振散射谱峰 [(a),虚线] 普遍显得较宽,几乎没有太突出的尖形峰。与典型的 Fe_4S_4 簇相比,尽管两者有着明显的区别,它们之间还是有着大致的相似性,即:位于 $130\sim160$ cm^{-1} 处的最强峰可以被认定为 Fe—S—Fe、S—Fe—S 等弯曲振动峰;位于 $240\sim260$ cm^{-1} 处和 $350\sim390$ cm^{-1} 处的可辨认谱峰包可能是有关各种 Fe—S 伸缩振动的谱峰。因为 P 簇的 Fe_8S_8 簇基本上是两套相互耦合的 Fe_4S_4 簇,其能谱也应该大致是两者的叠加。而 $300\sim340$ cm^{-1} 间不明显的宽谱峰可能是 Fe_8S_8 簇与 Fe_4S_4 簇的不同 (两套 Fe_4S_4 簇) 所致,也可能是由于 P 簇有可能处于几种不同的化学环境之中,因此带来多套谱线的叠加。这样,P 簇最终表现出明显的混合结构和非局域化。

在我们目前的核振散射实验中,P 簇谱图的作用往往还主要作为人们在求取纯的 M 簇谱图时需要从 MoFe 蛋白谱图中减去的背景谱图。

8.3.3 对 M 簇的研究

在实验中,我们可以分别培养、制备出 ^{57}Fe 标记的 Av_1 和 $\Delta NifE{:}Av_1$ 样品,并分别测量出含有 P 簇和 M 簇的 Av_1[图 8.8(a),实线] 和只有 P 簇的 $\Delta NifE{:}Av_1$[图 8.8(a),虚线] 的核振散射能谱。假定 P 簇在野生菌固氮酶 Av_1 中和在固氮酶突变种 $\Delta NifE{:}Av_1$ 中的结构是完全一样的,人们就可以采用 Av_1 和 $\Delta NifE{:}Av_1$ 的核振散射谱图的差值来代表纯的 M 簇的核振散射谱图,如图 8.8(b) 所示。相比钼铁蛋白的总体核振谱图 [图 8.8(a),实线],这一差值谱 [图 8.8(b)] 最大的特点是它的特征谱线变得更加突出，包括在 188 cm^{-1} 附近的主峰和在 172 cm^{-1} 处的一个可分辨的坡峰都变得更加明显和突出。这显然是由于去除了 P 簇的宽峰背景所致。

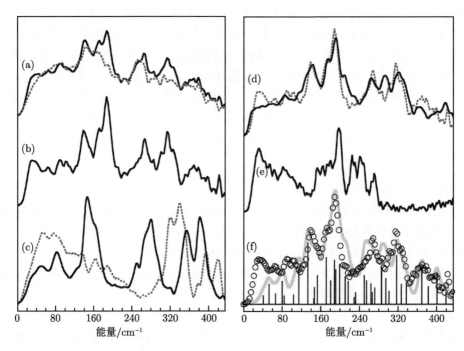

图 8.8   (a) 固氮酶样品 Av_1 中含 M 簇和 P 簇的钼铁蛋白 (实线) 和 $\Delta NifE{:}Av_1$ 中仅含 P 簇的突变种钼铁蛋白 (虚线) 的核振散射谱图；(b) 以上两者的差值谱图 (Av_1-$\Delta NifE{:}Av_1$)：代表 M 簇的核振谱图；(c) 作为参考对比的含 Fe_4S_4 簇的 D14C 样品 (实线) 和含 Fe_2S_2 簇的 Rc6 样品 (虚线) 的核振散射谱图；(d) 差值谱图 (虚线，=(b) 实线) 与直接测量的 NMF 萃取的铁钼辅基的核振散射谱图 (实线) 的对比；(e) 具有 Fe_6N 核心的模型配合物 $[Fe_6N(CO)_{15}]^{3-}$ 的核振散射谱图；(f) 固氮酶核振散射的差值谱图 (空心圆，与 (b) 实线和 (d) 虚线同) 与它的简正模态分析结果 (浅色实线) 和跃迁强度 (垂直黑实线) 的对比

    另一方面，早在 20 世纪 70 年代，M 簇就被生物化学家们成功地提取为铁钼辅基样品并溶于有机溶剂 N-甲基甲酰胺 (英文简称 NMF) 之中，可以直接对其进行谱学测量。在 2006 年，Cramer 领导的合作研究组成功地制备了经 ^{57}Fe 标记的铁钼辅基样品，并对其进行了核振散射实验。这样，我们有机会仅仅针对 M 簇 (铁钼辅基) 进行直接测量，并获得它的核振散射谱图。可以看出，它 [图 8.8(d)，实线] 与由差值谱图表征的 M 簇的核振谱图 [图 8.8(d) 中的虚线，或图 (b)] 基本一致。特别是，直接测量的铁钼辅基能谱有着与差值测量的 M 簇能谱大致同样的基本谱线分布，比如：它们都具有位于 188 cm^{-1}/172 cm^{-1} 处的谱线结构。有关

这一结构的性质,我们将在 8.3.4 节中进行专题讨论;都有着 ~140 cm^{-1} 处的谱线,对应于 S—Fe—S 和 Fe—S—Fe 等类的弯曲振动模态;都有着 270 cm^{-1} 和 320 cm^{-1} 处的双包谱线,对应于与 Fe—S 伸缩振动有关的谱线;因为铁钼辅基的分子量很小 (787),样品浓度因此可以比固氮酶高很多,因而它的核振谱图要比通过间接测量获得的 M 簇的差值谱图具有更高的谱学信噪比和更多可被分辨的谱峰结构。当然,测量需要的时间也短了不少。最后,和其他核振谱图一样,它们都有着低于 100 cm^{-1} 的超低能区,对应于整体性的声子模态,谱图呈连续分布。

具有 MoFe$_7$S$_9$C 的笼状结构的 M 簇也含有 Fe—S 键,因此它的部分核振散射谱峰 [(b)、(d) 实线、(f) 空心圆] 与含 Fe—S 结构的核振图谱中的某些谱峰相重合或接近:这包括上面讲到的在 ~140 cm^{-1}、270 cm^{-1} 和 320 cm^{-1} 等处几个谱峰。为了方便对比,我们从第 7 章的图 7.7 中选择了处于氧化态的 D14C(含 Fe$_4$S$_4$ 簇) 和 Rc6 (含 Fe$_2$S$_2$ 簇) 的核振散射谱图作为铁硫蛋白的典型代表列在图 8.8 中 (c)(实线和虚线),供对比。另外,文献 [19] 中还对比了几种含 Fe—S 的配位化合物,可供有兴趣的读者阅读参考。但是,M 簇谱峰中强度最高的、位于 188 cm^{-1} 处的主峰和位于 172 cm^{-1} 处的坡峰结构与普通铁硫簇的核振散射谱线没有任何重合或相像之处。这说明铁钼辅基的结构与含 Fe$_4$S$_4$、Fe$_3$S$_4$ 或 Fe$_2$S$_2$ 等簇的铁硫蛋白或含 Fe—S 键的配位化合物的结构有着很大的不同,尽管 M 簇本身也含有 Fe—S 键和这些与 Fe—S 有关的振动模态。简正模态分析还可以拟合出 [图 8.8(f) 浅灰色实线] 测量的铁钼辅基的核振散射图谱 [图 8.8(f) 空心圆],并得出相应的力常数。

那么,M 簇核振谱图中位于 188 cm^{-1}/172 cm^{-1} 处的谱线究竟是什么样的振动呢? 历史上,人们合成过许多化学分子来拟合可能的铁钼辅基结构,其中结构最接近的模型分子为 [Fe$_6$N(CO)$_{15}$]$^{3-}$ 和 [Fe$_6$C(CO)$_{15}$]$^{2-}$ 这两种配合物。在十几年前的核振散射实验中,我们当时尚无法获得对后者实现 ^{57}Fe 标定的样品,因此测量的核振能谱的信噪比较高,但我们成功地获得了对前者的经 ^{57}Fe 标定的样品,并对其进行了核振散射谱的测量 [图 8.8(e)]。将 [Fe$_6$N(CO)$_{15}$]$^{3-}$ 的核振散射能谱图与铁钼辅基的谱图进行比较可以看出:两者有着许多相似之处,特别是当时还无法认定的、在 188 cm^{-1}/172 cm^{-1} 处的谱峰。虽然 [Fe$_6$N(CO)$_{15}$]$^{3-}$ 核心部分的 Fe$_6$N 的呼吸振动模态的谱峰位于 195 cm^{-1} 处,而铁钼辅基的主谱峰在 188 cm^{-1}/172 cm^{-1} 处,但两者的谱峰结构十分类似,说明后者很可能为铁钼辅基的笼形呼吸振动模态。虽然六配位的络合离子 [Fe$_6$N(CO)$_{15}$]$^{3-}$ 与三角棱柱形的铁钼辅基结构并非完全一致,但它们都有相似的最中心的 Fe$_6$X 结构,至少可以互为参考。在此呼吸振动模态中,中心原子 N 或 X 应该基本上是不动的,而 Fe 会有较大的运动,因此导致核振散射强度很高。

8.3.4 对 M 簇中心元素的推测

最早的 X-射线晶体结构研究认为 MoFe$_7$S$_9$ 的笼形结构是中空的，没有中心原子，如图 8.2(a) 所示；2002 年的晶体结构结果指出：固氮酶中 M 簇的结构是一个 MoFe$_7$S$_9$X 的笼形结构，笼内中心存在电子密度，有一个中心原子 X，如图 8.2(b) 所示。当时，X 被认为最有可能是 N，但 C 或 O 的可能性也无法被排除：这是因为 X-射线晶体学很难分辨 C、N、O。当然，这个中心元素已经在 2011 年被更精密的晶体学数据确定为 C。几乎同时，经 ^{13}C 标记的固氮酶样品的 X-荧光谱学加上密度泛函计算也得出了同样的结论。

人们对铁钼辅基中心原子的种类和生物合成来源以及其是否在底物还原活化时发生作用一直很感兴趣。由于目前人们对 N$_2$ 在铁钼辅基的络合模式仍不清楚，之前的大部分理论模拟研究又是主要把中心原子定为 N 来研究的，那么中心原子被确认为是 C 以后会不会改变之前提出的模型呢？理论计算表明，铁钼辅基中 Fe、Mo、S 电荷分布的范围分别为 +0.4 ∼ +0.7、+0.94 ∼ 1.04 和 −0.45 ∼ −0.8。这些理论工作同时指出：用 C 替代 N 作为中心原子对铁钼辅基的电子结构和电荷分布不会产生大的影响。在结合有底物时，对作为络合底物的 H$^+$ 或 N$_2$ 上的电荷的影响也不大。除此之外，理论模拟研究还表明：用 C 替代 N 也不会影响底物催化的反应步骤等等。也许这就是人们在过去很长一段时间内很难确立中心原子 X 是 N 还是 C 的根本原因之一。

当中心原子 X 和其结构尚未被确定之前，用包括核振散射在内的各种谱学方法来研究和确定中心原子一直是科学家们长期追求的目标。Cramer 领导的课题组于 2006 年用核振谱学并辅以密度泛函理论，首次提出了 X = N 或 C 的可能性，参见文献 [19]。

我们注意到，铁钼辅基的呼吸振动的能量位置 (188 cm^{-1}) 要比铁硫蛋白中或 [Fe$_4$S$_4$(SR)$_4$]$^{2-}$ 配位化合物中的空心 [Fe$_4$S$_4$] 结构的呼吸振动模态的位置 (145 cm^{-1}) 高得多。除了笼形不同是原因之一外，更重要的是由于 [Fe$_6$N(CO)$_{15}$]$^{3-}$ 和铁钼辅基中的 Fe$_6$X 结构中具有一个中心原子，并非空心。这一中心原子的出现将会大大加强笼形结构的刚性和有关笼形呼吸振动的力常数，导致其振动频率上升。由于 C 和 N 本身有差异，它们会引起铁钼辅基簇结构振动频率的整体谱形发生微妙的变化，而人们可以用密度泛函理论计算来理解这些微妙的变化。也就是说，核振散射能谱学具有鉴定 M 簇是否存在中心元素的能力，以及鉴定中心原子种类的能力。从图 8.9 中的几个密度泛函理论的计算图谱，人们可以看出：图 (c) 和 (d) 与实验测量的铁钼辅基的实测核振能谱 (e) 较为接近，而图 (a) 和 (b) 与图 (e) 在整体上十分不同。这样，X 最可能是 C(d) 或 N(c)，最不可能为中空 (a) 或 O(b)。将核振散射实验与密度泛函理论相结合可以使得两者在今后的结构研究中，特别是在对固氮酶这样复杂的生物体系的研究中大有作为。

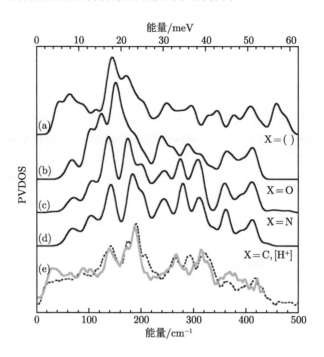

图 8.9　假设中心原子 X 为空 (a)、O(b)、N(c) 和 C 并结合质子 H^+(d) 时，用 DFT 对 M 簇核振散射谱图进行的理论计算拟合，以及铁钼辅基 (虚线) 的实验核振散谱图和 M 簇的实验差值谱 (浅色实线)(e)

尽管文献 [19] 的结论倾向于中心原子 X = N，但如果读者细致地对比图 8.9(c)、(d) 和 (e) 可以看出：假设中心元素为 C 的理论计算与实验测得的核振能谱之间实际上具有更好的相像度，至少可以说 X = C 的可能性 (d) 不比 X = N 的可能性 (d) 更小，而原文中也认为 X = C 的可能性无法排除。核振散射谱学当时并未能将 X = C 作为正式结论发表，没能在探索固氮酶铁钼辅基中心原子的科技竞赛中拔得头筹是多种复杂的原因决定的，包括：当时核振散射谱学在生物大分子的研究中刚刚起步，人们对该技术的认知度还相对较低；当时学术界普遍认定固氮酶的中心元素为 N，而非其他元素；当时作为配合项目的密度泛函等理论计算时间也比较仓促，没有进行大规模的各种探索；还有，我们当时未能测得经过 ^{57}Fe 标记的 $[Fe_6C(CO)_{15}]^{2-}$ 配合物的核振散射能谱也是使得 X = C 说服力不足的原因之一。这导致我们以 X = C/N 为结论问鼎《科学》杂志时，被一位评审认为该推断属于臆测。而后转投《美国化学年报》时只好改为 X = N，将 C 作为一种 "不太可能" 备用可能性加以评注，这让有关问题又原地踏步地过了

4 年，直到 2011 年 C 中心被 X-射线晶体结构和 X-射线荧光谱学所确定。我们并不想在这里探讨有关事情的缘由或是非曲直，只是希望指出：尽管有关的核振散射工作错失了在发表层面最辉煌的时刻，但我们不能因此就认定它在技术层面不如其他的实验技术。在今后的各种研究过程中，它将十分有可能发挥同样或更精彩、更重要的作用。

最新的研究成果表明，在固氮酶的生物合成过程中，铁钼辅基中心的原子 C 可能来自于腺苷甲硫氨酸 (SAM) 的甲基。Jare 等用同位素标记法标记中心原子 C，并以 CO 为底物，来研究反应时铁钼辅基中心原子 C 的化学状态。他们在反应产物中没有发现被同位素标记的 C 原子，因此中心 C 原子是否间接参与铁钼辅基的反应或直接参与底物的还原过程仍没有证据。但研究人员推断：中心原子 C 在底物还原时至少可以起到稳定 Mo—Fe—S 笼形簇结构，防止其严重扭曲或坍塌的辅助作用。另外，有六配位 C 的存在，使得 Mo—Fe—S 的笼形簇中最中间的 6 个三配位 Fe 原子成为饱和四配位 (呈现以各个 Fe 为中心的大致的四面体结构)，而 Mo—Fe—S 簇的配位饱和又增强了高柠檬酸 Mo 位参与生物固氮催化过程的可能性。因此，中心原子 C 的作用十分重要，只是现在人们还不知道细节。

8.4　核振散射对固氮酶 +CO 的研究

我们在 8.2.2 节中讲到：固氮酶除了能结合和还原 N_2 以外，还能结合和还原 H 和包括 CO 在内的其他许多替代底物。晶体结构和其他谱学研究证实 CO 的络合点在铁钼辅基上的多个 Fe 原子上，如在 Fe2 和 Fe6 (意即第 2 个和第 6 个 Fe) 之间。这基本上可以理解为：一个 CO 替代了 Mo—Fe—S 笼形簇上一个 S 的位置，并可生成具有类似于 $MoFe_7S_8(\mu\text{-}CO)C[R\text{-}Hhomocit]$ 的桥联结构。当然，在某些条件下也可以是一个 CO 连接在一个 Fe 上的端基配位结构。而由于 CO 与固氮酶结合比 N_2 与固氮酶结合更稳定，产率更高，研究 CO 与 M 簇的结合结构可以提供理解 N_2 与 M 簇的结合的反应中间体结构和固氮催化机理的必要台阶。红外测量 C=O 振动，核振散射测量 Fe—CO 的伸缩和弯曲振动，这些都有利于形成人们对 CO 结合模式的了解。

8.4.1　Fe—CO 振动区的谱学特征

图 8.10 左图是一系列未结合任何底物的 (蓝线) 和结合了 CO 底物的 (红线) 固氮酶分子的核振散射谱图的对比。图 (a) 代表野生菌固氮酶的情况；图 (b) 代表 α-H195Q 氨基酸置换的固氮酶的情况；图 (c) 代表野生菌固氮酶结合 CO 的产物 (红线) 和这一产物被可见光照射后的光化学产物 (蓝线) 的情况。其中，α-H195Q 氨基酸置换的固氮酶是指在野生菌固氮酶中 α-195 位点上的组氨酸 (histidine, H)

被谷氨酰胺 (glutamine，Q) 所取代后的固氮酶。这一取代更有利于 CO 的结合，产生更突出的 Fe—CO 的核振散射信号。

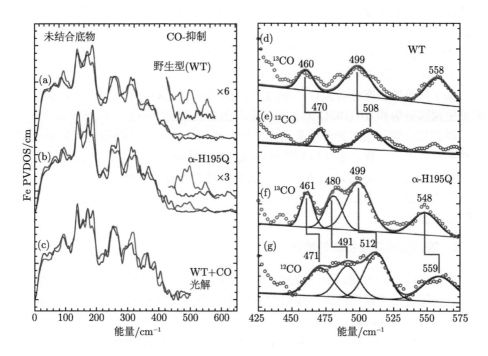

图 8.10　左：一系列未结合 CO 底物 (蓝线) 和结合了 CO 底物 (红线) 的固氮酶铁钼辅基的核振散射谱；右：对两种固氮酶 +CO 样品 (蓝线) 和固氮酶 +^{13}CO 样品 (红线) 的核振散射谱的正态分布谱线拟合。黑细线为一系列的正态分布单峰；空心圆为对应的实验图谱数据

从图 8.10(a)、(b) 可以看出：在能量相对较高的 460~560 cm^{-1} 区域内有着与 Fe—CO 有关的伸缩和弯曲的振动谱峰。密度泛函理论计算也成功预测了在 500 cm^{-1} 附近有这样的 Fe—CO 的谱线。这些 Fe—CO 谱线的能量位置比第 7 章中讲到的单铁氢化酶中 Fe—CO 的谱线的能量位置，或第 9 章中将要讲到的镍铁氢酶中的 Fe—CO 位置明显要低。这表明：固氮酶中的 Fe 与 CO 的结合力常数明显要比氢酶中 Fe 与 CO 的结合力常数要小，而更接近第 7 章中讲到的另一个系统 MbCO 的振动情况。固氮酶 +CO 和 MbCO 两者在振动能量的具体位置上也的确较为接近，而两者也正好是一个 Fe 上只连接一个 CO(当然，一个 CO 可能桥联两个 Fe)。对比图 (a) 中的野生菌固氮酶，图 (b) 中的 α-H195Q 固氮酶展示了更好的 Fe—CO 谱峰信号。如前所述，这是由于 α-H195Q 的氨基酸置换使得 CO 与 Fe 的结合具有更高的稳定性和更高的结合产率。

在图 8.10 右侧的 (d)、(e)、(f)、(g) 则是野生菌固氮酶和 H195Q 固氮酶突

变种分别与 ^{12}CO (蓝) 和 ^{13}CO (红) 结合的样品的核振散射能谱图在 Fe—CO 振动区间的局部放大图谱 (空心圆)。其中，相较于 ^{12}CO 样品，几个有关 ^{13}CO 的谱线位置均有着明显的和符合预期的红移。我们还对这些结合 ^{12}CO 和 ^{13}CO 的固氮酶样品的核振散射峰形做了正态分布的简单拟合 (蓝、红实线)。由于 CO 结合的 H195Q 样品具有更为突出和清晰的 Fe—CO 谱峰，它的 Fe—CO 至少存在 4 条正态分布的拟合单峰线，其中细节请参考资料 [20]。

除了简单的正态分布拟合之外，我们还分别对无 CO 的和结合 ^{12}CO 或 ^{13}CO 的野生菌固氮酶和 α-H195Q 固氮酶突变种的核振散射谱图做了简正模态分析，并因此得出相应的一系列振动模态的力常数。当然，我们最关心的是有关 Fe—CO 谱峰和对应的力常数。通过与有关相同或相似样品中 C≡O 振动的红外光谱进行对比讨论，人们可以对这些 Fe—CO 的具体键合结构和性质做出更深入的理解。但上述提到的这些观察是人们关于固氮酶中 Fe—CO 键合是否存在的第一次直接的谱学观察。

8.4.2　铁钼辅基呼吸模态的变化

细心的读者们可能已经注意到：图 8.10(c) 在 Fe—CO 区域没有核振散射谱图。这是因为这些谱图的原始数据的信噪比较差，人们无法在此区间对其谱线进行系统性的比较和辨认，因而只好人为舍弃。即便没有 Fe—CO 的直接观察，固氮酶和固氮酶 +CO 这两者之间的核振谱图在其他部分的谱峰上的差别依然明显存在。

我们在 8.3.3 节和 8.3.4 节中讲到，在 190 cm^{-1} 附近的谱学特征是由具有 C_{3v} 对称性的、与中心原子有关的、铁钼辅基的簇笼振动，它不仅可以作为这一笼形结构存在的标志，也可以作为跟踪观察该结构的对称性是否受到破坏或改变的标志。认真对比图 8.10(a)、(b)、(c) 中的核振散射谱图可以发现：这一谱峰的具体能量位置对于不同的样品会略有不同，但其差别较小，都在 190 cm^{-1} 附近；更重要的是：固氮酶是否结合 CO 会在此处具有不同的谱线线形和特征，表征着 Mo—Fe—S 笼形结构和对应的呼吸振动状态在结合 CO 或光解 CO 前后的可能变化。

当人们用简正模态分析对这些核振散射图谱进行综合拟合时，可以发现：除了少量的力常数具有某些差别外，有无 CO 结合的固氮酶状态的最主要区别在于它们的结构对称性不同。当样品为无 CO 结合的固氮酶时，或是为固氮酶 +CO 样品被光解之后 [图 8.10(a)、(b)、(c) 中的各条蓝谱线]，它们在 ~190 cm^{-1} 处的谱峰都存在十分强的尖峰结构。我们知道，这是具有 C_{3v} 对称性和中心原子 C 构成的笼形铁钼辅基结构的特征谱线，与图 8.8(b)、(d) 很相像。而当固氮酶结合 CO 时，其中一个或几个 S 要为 CO 所取代，大致上的笼形结构虽然还在，但其

C_{3v} 对称性遭到破坏, 因此其 $\sim$190 cm^{-1} 处的谱峰变弱变宽, 分裂为几条谱线, 给出了不同的谱峰形状和强度分布。这样的间接观察与在高能区间有无 Fe—CO 谱峰的直接观察十分吻合。这样, 当人们无法在高能区间直接观察到 Fe—CO 谱峰时, 就可以依据核振散射谱图在 $\sim$190 cm^{-1} 处的特征谱线的强度和形状的变化来判断样品中是否有 CO 等底物相结合: 细节请参考资料 [20]。

除了 CO 之外, H 或 D 也可以结合在固氮酶的铁钼辅基上, 但由于在 Fe—H/D 振动过程中主要是 H/D 在运动, 因此 Fe 的振动位移很小, 核振散射强度估计一定很低; 而固氮酶的浓度又通常较低, 人们因此至今还没有直接观察到固氮酶中的 Fe—H/D 谱线。此时, 固氮酶核振谱图在 190 cm^{-1} 附近的特征谱线就可以作为鉴定 Fe—H/D 是否存在的一个间接但灵敏的依据 (参考文献 [20]、[22]), 这对研究结合有 H/D 的固氮酶的反应分水岭 E_4 态显得特别有用。随着谱学测量的能量分辨率的不断提高和对谱图解读的不断深入, 以及密度泛函分析对谱图认识的不断细化, 这一谱学特征还有可能告诉人们更多、更细致的结构信息。

8.4.3 理论拟合和多谱学的综合运用

通过理论拟合来解读能谱图不仅可以使得人们的理解更加可靠, 而且也更为细致。密度泛函理论是从头开始的量子计算, 它的计算结果自然要比简正模态分析等经验拟合的计算结果更为可靠, 因此是解释各种实验谱图的好工具、好帮手, 对于核振散射谱图的解读也不例外。

运用密度泛函理论进行计算需要首先建立几何上的结构模型。图 8.11 展示了从测量结构 → 优化结构 → 选择结构模型 → 进行密度泛函理论计算 → 与测量的红外光谱或核振散射能谱进行比较, 然后或输出结果, 或另选模型继续进行循环计算的过程示意图。其中几个供选择的结构图综述给出了在 lo-CO 和 hi-CO 反应条件下几种可能的固氮酶 +CO 的中心结构。其中, lo-CO 是指参与反应的 CO 压力较低的情况, 而 hi-CO 是指 CO 压力较高的情况。尽管它们各有几种可能的结构模型, 但它们的共性是一个 CO 取代一个 S 的位置。由于人们希望获得较高的 CO 效应, 用于核振散射测量的样品首选 hi-CO 样品, 因此此处只有下行的四种模型结构可作为候选结构。尽管过去人们通常认为 lo-CO 导致固氮酶的 Fe—CO 的结合可能是发生在两个 Fe 原子间的桥式结合, 而 hi-CO 导致 CO 在多个 Fe 原子上采用端基配位的键连方式, 但这样的假设过于粗略。至于某一类的固氮酶: CO 具体具有哪一种结合结构, 往往需对其进行一一的实验测量、理论拟合和参考其他的谱学结果才能得出比较可靠的结论, 部分原因是铁钼辅基的结构太过复杂。

氢酶等其他金属酶虽然也会含有多个金属簇, 但它们往往可以分为几个普通的 Fe—S 簇和一个活性中心。在多数情况下, 活性中心只含有一个或两个金属原子，如 FeFe 或 NiFe 中心等。这样，其活性中心的结构和变化应该较为容易建立或者假设。而固氮酶中的 M 和 P 簇，尤其是 M 簇的结构十分复杂，而且含有 8 个金属原子，9 个 S 原子，并且形成特殊的笼形结构。几个晶体学数据已经对野生菌固氮酶的结构进行了详细的解读，得知铁钼辅基的结构是具有近似 C$_{3v}$ 对称性的 Fe—S—Mo 笼形结构。但由于其结构本身为复杂的多金属笼形结构，当固氮酶处于其他反应态或是结合有底物时，铁钼辅基的笼形结构究竟会有多大变化、变为什么样的结构，我们并不清楚，也不容易假设和猜想。因此，人们还必须选用其他实验手段来对其进行综合研究。

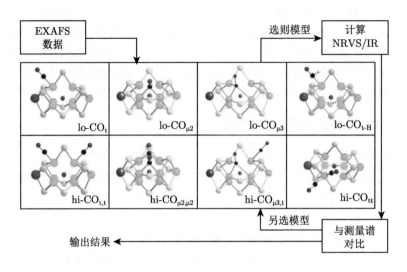

图 8.11   固氮酶铁钼辅基与 CO 结合的结构模型 (紫 =Mo，绿 =Fe，黄 =S，红 =O，黑 =C) 和密度泛函理论的能谱拟合流程示意图

扩展 X-射线吸收精细结构 (EXAFS) 是指吸收原子的 X-射线吸收系数在吸收边高能侧 100 ~ 1000 eV 区间特有的微弱振荡谱。由于这些振荡是由 X-射线的吸收原子产生的光电子被邻近的配位原子散射而产生的，通过对振荡谱的傅里叶变换，人们可以获得原子间距和配位数等局部的结构信息。对于无法结晶的样品，EXAFS 是探测或跟踪吸收原子周围局部结构和变化的有效工具，对于固氮酶 +CO 的研究也是如此。

图 8.12 左图为对 Fe(a) 和对 Mo(b) 金属元素的 EXAFS 谱学的分析结果。其中纵轴为在每个 Fe/Mo 原子上结合的每一层配位原子的平均数目，横轴为每一组化学键的键长值：Resting 为原生态的固氮酶，Hi-1 和 Hi-3 为结合 CO 的固氮酶。中图为密度泛函理论拟合中引用的三个结构模型 0、1、3[(c)、(d)、(e)]，它们基于 EXAFS 对样品的实验测量，并进行了对称性的优化，分别用于描述原生

态的野生菌固氮酶、结合 CO 的野生菌固氮酶和结合 CO 的 H195Q 固氮酶突变种这三个样品的结构，也就是左图中提到的 Resting、Hi-1 和 Hi-3 三个态。

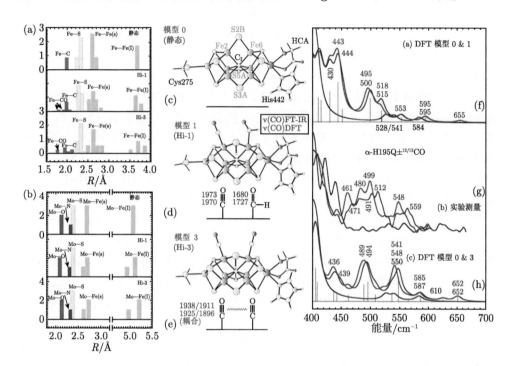

图 8.12　左图为对 Fe (a) 和对 Mo (b) 的 EXAFS 谱学分析结果。其中纵轴数字为平均在每个 Fe/Mo 上结合的每一层配位原子的数目，横轴为每一组化学键的键长值，颜色代表不同的原子。Resting 为原生态野生菌固氮酶，Hi-1 和 Hi-3 为结合 CO 的固氮酶。中图为固氮酶中铁钼辅基的几个模型：(c) 为用于模拟原生态野生菌固氮酶的模型，模型 0；(d) 为用于模拟野生菌固氮酶与 CO 结合的模型，模型 1；(e) 为用于模拟 H195Q 固氮酶突变体与 CO 结合的模型，模型 3。右图为运用模型 0/1 (f)、模型 0/3 (h) 对相关固氮酶样品核振散射能谱的密度泛函理论的计算结果，两者中间的 (g) 为相对应的固氮酶的实验核振散射图谱

　　首先是人们选用模型 0 对野生菌固氮酶进行拟合，并将拟合图谱 [(f)，黑线] 与实验测得的核振散射图谱 [(g)，黑线] 进行对比，发现两者基本相符合。这当然也包括 190 cm^{-1} 附近的谱峰，只不过它未在图 8.12 中给出范围。在此模型指引下，我们选用了几种模型对 CO 的结合方式进行了拟合。其中，模型 1 认为在 Fe2 的位置上结合了 CO，同时在 Fe6 上结合 CHO[图 8.12(d)]。相比模型 0，模型 1 具有较低的对称性和一个稍微扩张的 [6Fe—C] 的笼形结构，平均 Fe—C 距离从 1.95 Å 增加到 2.06 Å。基于模型 1 的密度泛函理论的计算谱图为图 8.12(f) 中的蓝、红线：蓝线代表结合了 CO 的固氮酶，红线代表结合了 ^{13}CO 的固氮酶。有关

野生菌固氮酶 +CO 或 +^{13}CO 的实验图谱，请读者参考图 8.10 中的图谱，而图 8.12(g) 中的蓝、红线则仅仅给出了 H195Q 固氮酶突变种 +CO 或 +^{13}CO 的实验能谱。其实，单单是对核振散射图谱的拟合还不能得出是 HCO 配位结合在 Fe6 上这样的结论。但只有假设存在 HCO 的模型才能使得计算结果与固氮酶 +CO 红外光解实验中的 C=O 频率相一致。这样，模型 1 不仅成功地拟合了野生菌固氮酶 +CO 的核振能谱，还与该样品 Hi-1 态的红外光谱吻合。

同理，略微不同的模型 3 更成功地计算出了 α-H195Q 固氮酶突变种 +CO 的核振散射能谱，如图 8.12(h) 所示 (黑 = 模型 0；蓝 = 模型 3，CO；红 = 模型 3，^{13}CO)。这一模型还成功地拟合了 Hi-3 态 +CO 样品对应的红外光谱。从图 8.10 中可以看出，α-H195Q 固氮酶突变种 +CO 与野生菌固氮酶 +CO 的核振散射图谱差距不太明显，但两样品实际上分别处于不同的态 (Hi-3 和 Hi-1)。与核振散射的情况不同，两样品对应的红外光谱图有着实质的差别：H195Q 固氮酶突变体 +CO 样品处于 Hi-3 态，其结构是分别在相邻的 Fe2 和 Fe6 终端各形成一个 CO 配体 [图 8.12(e)]，与野生菌固氮酶 +CO 样品的 Hi-1 态 [图 8.12(d)] 产生一个 CO 和一个 HCO 的情形完全不同。而 H195Q 型固氮酶除了有较高的 CO 结合产率外，两个相同的 Fe—CO 键也会产生频率相同的费米共振效应 (6.2.1 节末 2 段)，加强了 Fe—CO 谱峰的强度。在笼形结构上，模型 3 与模型 1 的畸变程度也不太一样，这反映出 α-H195Q 固氮酶突变种在结构细节上与野生菌固氮酶有所不同。这里得出的有关多个 CO 同时结合以及铁钼辅基构象变化的结论与已知的化学结论相一致，这些模型因此也可以作为 Fe—N$_2$ 结合时的参考模型。某些理论研究预测底物结合还有可能在铁钼辅基形成之前的簇重排时就发生，并有可能对插入碳化物的过程发挥过作用。对于更多具体的拟合过程、力常数数值和详细讨论请读者参见文献 [20]，这里不再复述，仅仅给出图 8.12 和上面的简单总结。

图 8.12(f)、(g)、(h) 显示：基于正确结构模型的密度泛函的理论拟合可以得到十分接近实验谱图的计算谱图，而这一理论拟合、核振散射谱学、EXAFS 谱学和红外谱学、光解等技术等的综合运用使得我们能够更准确和更有甄别性地研究铁钼辅基以及它与 CO 等底物相结合的复杂结构。

8.5　核振散射对固氮酶前驱体的研究

8.5.1　固氮酶前驱体简介

所有生物分子的合成都是由基因调控的。由于固氮酶辅基的笼形结构相当复杂，它的合成过程自然会涉及很多环节的综合作用，而这样复杂的生物合成过程会在多个基因的调控下综合进行。研究发现：钼固氮酶辅基的生物合成至少有 *Nif*Q、*Nif*S、*Nif*X 和 *Nif*U 等 9 个 *Nif* 系列的基因和生物体参与其中，而铁固氮酶辅基的生物合成至少需要 5 种基因和生物体参与。当然，*Nif* 系列的基因除了表达固氮酶辅基的合成之外，还参与固氮酶其他蛋白组分的合成。比如，固氮酶还原 N_2 的能力与其 *NifV* 基因有很强的关系，如果 *NifV* 基因缺失，固氮酶还原 N_2 的能力将大大下降；而且反应时释放氢气的能力也会受到影响。总之，*Nif* 系列基因在固氮酶的生物合成过程中必不可少。

以钼固氮酶为例，铁钼辅基的生物合成过程如图 8.13 所示。它大致包括以下几个步骤：首先，*NifB* 合成一个分子量较小的 *Nif*B-co(图 8.13 中的小实心圆)，并将它传输给 *NifEN*；接着，在基因 *NifX* 的协助下，*Nif*B-co 在 *NifEN* 中转化为铁钼辅基的一个前驱体 VK 簇，并存于 *NifX* 中；随后，Mo 和高柠檬酸在其他基因的作用下插入到 VK 前驱体，进而转化形成完整的铁钼辅基 FeMo-co；最后，在基因 *NifY* 的作用下，在 *NifDK* 中完成整个钼铁蛋白的合成。在这些过程中，*NifX* 还作为 *Nif*B-co 和 VK 簇的容库和中转站。还有就是，铁蛋白对铁钼辅基和钼铁蛋白的合成也会产生影响，研究表明铁蛋白影响 *NifEN* 复合体构象的改变以利于前驱体 VK 簇和铁钼辅基的插入和组装。

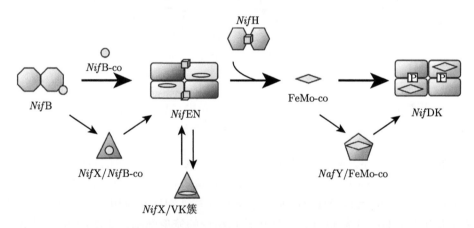

图 8.13 从前驱体 *Nif*B-co(实心圆) 到铁钼辅基 (实心菱形) 的生物合成步骤以及过程中的生物组织

Corbett 等利用 X-射线吸收谱学 XAS 和 EXAFS 对铁钼辅基的前驱体簇骼进行了表征，发现：在生物合成过程中，存在着与铁钼辅基相类似、但不含高柠檬酸，也不含 Mo 元素的特殊的铁硫笼形簇。由此可见：高柠檬酸和 Mo 可能是在铁钼辅基生物合成的最后阶段才插入到其前驱体中的，与图 8.13 展示的过程相似。进一步的研究还表明：在铁钼辅基前驱体中已经有中心原子 X，先于高柠檬酸和金属 Mo 到达这一笼形簇中。

8.5.2　前驱体 VK 簇的结构问题

最近, Hu 等用 2.6 Å 分辨率的单晶衍射解析分析了棕色固氮菌中处于 *Nif*EN 中的前驱体的结构, 发现它是一个 $\alpha_2\beta_2$ 四聚体, 与含固氮酶钼铁蛋白的 *Nif*DK 组分同源。*Nif*EN 前驱体结构中存在 O 簇和 L 簇: L 簇对应于最终产品钼铁蛋白中的 M 簇, 但结构为一个 Fe_8S_8 簇, 并至少有一端的 Fe 和 $Cys^{\alpha25}$ 中的 S 配位, 如图 8.14(a) 所示; O 簇对应于钼铁蛋白中的 P 簇, 但结构为一个 $[Fe_4S_4]$ 簇, 分别与四个半胱氨酸 $Cys^{\beta37}$、$Cys^{\alpha62}$、$Cys^{\alpha124}$、$Cys^{\alpha44}$ 配位, 如图 8.14(b) 所示。

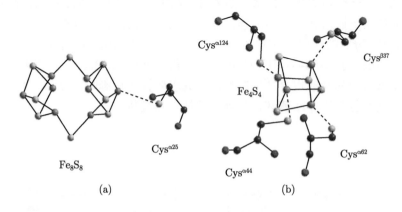

图 8.14　固氮酶前驱体中的 L 簇 (a) 和 O 簇 (b) 的结构 (PDB 1L5H)。绿 =Fe; 黄 = S; 红 = O; 蓝 = N; 黑 = C

如 8.5.1 节所述, 科学家们对 VK 簇和 *Nif*X:*Nif*B-co 中的特殊 Fe—S 簇进行了许多有意义的研究, 并对它们的特征和结构有了许多发现。这些簇骼之所以被称为前驱体是因为它们具有的某些谱学特征与铁钼辅基很相近。这样, 人们有理由认为这些 Fe—S 簇也具有与铁钼辅基相近的笼形结构, 比如图 8.15 中所示的 6Fe、7Fe 或 8Fe 的笼形结构。其中图 (c) 的 8Fe 结构与铁钼辅基的结构十分相似, 在它的笼形部分基本上就是用 Fe 代替了铁钼辅基中的 Mo; 7Fe 和 6Fe 的结构则是从 8Fe 结构出发, 截去了其中一端或两端的 Fe 原子; 值得注意的是这些结构都已经包括了一个中心原子 X 和最中心的 Fe_6X 结构。

然而, 从前对 VK 簇和 *Nif*X:*Nif*B-co 的研究结果并非十分精确, 许多时候人们得到的结论各有不同, 甚至相反。比如在几年以前, 对 *Nif*B-co 这一特殊 Fe—S 簇具有 6Fe、7Fe, 还是 8Fe 结构这样一个原则问题, 人们并没有明确的答案; 而对于在 *Nif*EN 中 VK 簇和在 *Nif*X:*Nif*B-co 中的 VK 簇是否具有相同 Fe—S 结构这一问题, 人们也无法确定。

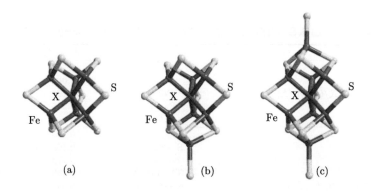

图 8.15　用于分析 *Nif*X:*Nif*B-co 核振散射谱和 EXAFS 谱的三种模型的结构示意图

8.5.3　核振散射对前驱体的研究

Cramer 课题组运用核振散射和 EXAFS 等现代 X-射线能谱学方法对 *Nif*X:*Nif*B-co 中和 *Nif*EN 中的 VK 簇进行了深入研究：其中铁钼辅基 (a)、*Nif*X:*Nif*B-co 中的 VK 簇 (b)、模型配位化合物离子 $[Fe_6N(CO)_{15}]^{3-}$(c) 的核振散射图谱如图 8.16 所示。通过对比可知：*Nif*X:*Nif*B-co 具有与铁钼辅基整体相近的核振散射谱图和相近的力常数 (表 8-1)，说明两者具有相近的结构。有兴趣了解更多内容的读者，请参见文献 [23]。

与铁钼辅基类似，在 190 cm^{-1} 附近的强谱线结构被解释为整个笼形结构的呼吸振动模态。VK 簇与铁钼辅基、$[Fe_6N(CO)_{15}]^{3-}$ 离子同样具有这一特征谱线的事实表明：它也具有类似于铁钼辅基和配位化合物的笼形结构 Fe_6X，包括中心原子 X，而这些均为针对核振散射图谱的密度泛函计算所证实。

和 8.4.3 节一样，综合运用核振散射谱学和 EXAFS 谱学使得整个研究得以相互验证和相互推进。比如 *Nif*X:*Nif*B-co 的 EXAFS 指出：2.26 Å 的平均 Fe—S 距离和 2.66 Å 和 3.74 Å 的平均 Fe—Fe 距离与一个 Fe_6S_9X 的模型结构相一致；二维的搜索剖面图显示在 2.04 Å 处存在一个 Fe—X 相互作用 (X 可能为 C、N 或 O)：这些与在铁钼辅基中发现 2.00 Å 处的 Fe—C 相近。这表明轻原子 X 在 *Nif*X:*Nif*B-co 中已经存在，并协助建立和稳定如图 8.15 所示的那些模型结构。在通过对比核振散射能谱、密度泛函计算、EXAFS 谱学数据之后，人们最终可以确认：在 *Nif*X:*Nif*B-co 中存在一个结构为三棱柱结构 Fe_6S_9X 的 VK 簇。它是一个 6Fe 结构的特殊 Fe—S 中间体，而非 7Fe 或 8Fe 结构；在该结构中没有金属 Mo 和高柠檬酸；该结构中已经有了笼形中心的轻原子 X，X 后来也被鉴定为 C。这里的 Fe_6S_9C 与图 8.15(a) 中的 6Fe 结构一致，也与铁钼辅基中心铁硫笼形簇结构截去两端的 Mo、Fe 后的结构十分相似。这些结论与前人关于中心原子先于 Mo 和高柠檬酸渗入到铁钼辅基之中的生物合成机理也相符合。

表 8-1　由拟合 *Nif*X:*Nif*B-co 核振散射能谱得出的部分振动力常数

		6Fe 模型	7Fe 模型
伸缩模式/(mdyn/Å)	Fe—S^U	1.136	1.200
	Fe—S	1.065	0.960
	Fe—N	0.265	0.300
	Fe—Fe	0.225	0.155
	Fe^T—S		0.960
弯曲模式/(mdyn·Å/rad^2)	S—Fe—S	0.130	0.140
	S—Fe—S^U	0.455	0.388
	S—Fe—N	0.179	0.140
	S^U—Fe—N	0.453	0.400
	Fe—N—Fe	0.056	0.250
	Fe—S—Fe	0.536	0.450
	Fe—S^U—Fe	0.556	0.450
	S—Fe^T—S		0.120
	Fe—S—Fe^T		0.120
非键模式/(mdyn/ Å)	S—S	0.00	0.00
	S—N	0.270	0.250
	S—S^U	0.047	0.118
	S^U—N	0.280	0.224
伸缩-伸缩和伸缩-弯曲模式/(mdyn/rad)	Fe—S^U/Fe—S^U	0.114	0.074
	Fe—S/Fe—S	0.124	0.070
	Fe—N/Fe—N	0.265	0.136
	Fe^T—S/Fe^T—S		0.113

注：S^U = 三角桥联 S (在 7Fe 或 8Fe 模型中三配位的 S)；Fe^T = 终端 Fe。

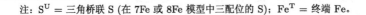
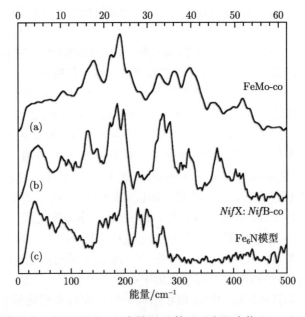

图 8.16　铁钼辅基 (a)、*Nif*X:*Nif*B-co 中的 VK 簇 (b) 和配合物 [Fe$_6$N(CO)$_{15}$]$^{3-}$ 离子 (c) 的核振散射谱图

而结构为 Fe_6S_9C 的 VK 簇和结构为 Fe_7S_9MoC 的铁钼辅基同样具有在 190 cm^{-1} 附近的谱线结构再次说明:这条谱线对应于最中心的 Fe_6S_9C 结构,与两端的金属原子 Fe 和 Mo 的关系较弱。固氮酶 +CO 中的 CO 也是结合到中段的 Fe_6S_9C 上才会导致笼形结构的形变和在 190 cm^{-1} 处核振散射特征谱线的明显变化。

当然,NifX:NifB-co 和铁钼辅基在 200 cm^{-1} 以上的谱图有着不同的谱线分布,比如 NifX:NifB-co 在 270 cm^{-1}、315 cm^{-1}、385 cm^{-1} 和 408 cm^{-1} 附近的有关 Fe—S 的伸缩模态与铁钼辅基并不相同:不仅能量位置不同,强度分布也有很大差异。这说明:两者的几何结构也不完全一样;同时,有无两端的 Mo、Fe 也会对这一部分的 Fe—S 的核振散射谱图有影响。对于两者详细的讨论,请读者对比参考文献 [19] 和 [23]。

8.6　固氮酶活性中心的化学模拟

对固氮酶结构和催化反应机理的化学模拟几十年来一直是固氮酶研究的一个重要分支。由于还没有一种配位化合物能够实现对固氮酶辅基在结构、性能、机理上的全面模拟,因此其化学模拟又分工为以下几个主要方面,它们包括:① 对固氮酶活性中心的铁钼辅基或铁钒辅基的 (MoFeS 或 VFeS) 的结构模拟,以期获得更为相像的光谱学特征;② 合成含有高柠檬酸及其类似有机酸的金属配位化合物,来着重模拟 Mo/V–高柠檬酸/有机酸之间的关系;③ 合成以含 Fe—N_2 或 Fe—N—X 等结构的小分子配位化合物,模拟 Fe 对 N_2 的可能的局部结合结构和反应机理,探索固氮催化的化学机理。总之,一类模型配合物模拟一方面的问题。

8.6.1　对铁钼辅基的结构模拟

第一类模拟物是以 Kim-Rees 模型中 M 簇 (铁钼辅基) 和 P 簇在亚基中 S、Fe、Mo 或 V 的缺口的立方烷为基础,致力于合成与铁钼辅基等簇在中心结构上相近的模型配合物,模拟 M 簇和 P 簇的主体几何结构和总体或某些谱学特征。铁钼辅基的结构 (图 8.1) 可以被近似地看作由 [MoFe_3S_3] 和 [Fe_4S_3] 两个立方烷簇组成,每个立方烷缺少一个桥接 S,并拼合组成笼形结构。这样,较早的模拟物为类似于 [MoFe_3S_3] 或 [VFe_3S_4] 的单立方烷型结构;后来又有了双立方烷型结构,通常的分子通式为 $[(L_{1\sim3})_2M_2Fe_6S_8L_4]^z$,M=Mo/V,它们处于六配位的八面体构型中,L 为配体,如图 8.17(a)、(b) 所示。

还有一些链状的合成配合物,它们具有 $Mo(\mu\text{-}S)_2Fe$ 的基本结构单元;以及较高的 Fe:Mo(V) 比,例如:$[Fe_6S_6X_6(Mo(CO)_3)_2]^{n-}$、$[MoFe_6S_4]$、$[MoFe_6S_6(CO)_{16}]^{2-}$ 等。它们与铁钼辅基中的 Fe:Mo 比相似,而不是如上双立方烷型结构中的 3:1,但结构并不相像。

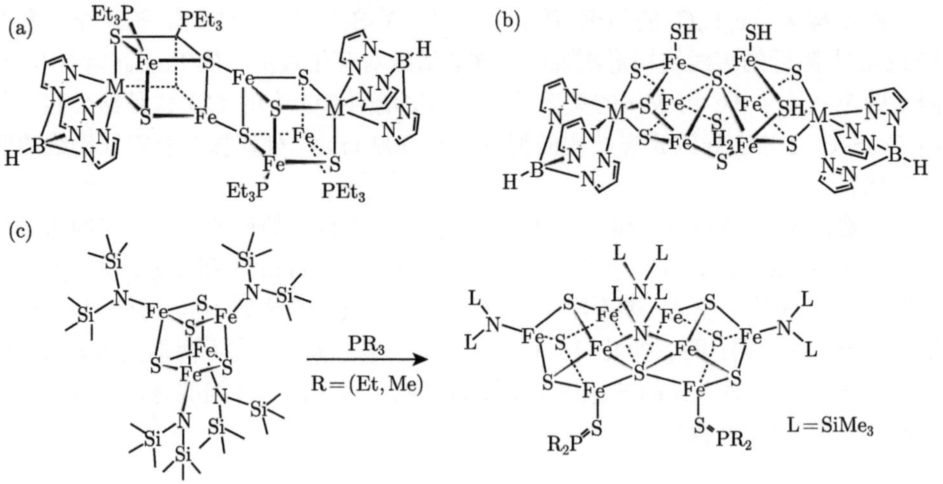

图 8.17　局部为 MoFe$_3$S$_4$ 立方烷型结构的模拟物 (a), (b) 和含 Fe$_8$S$_7$ 簇结构的配合物的合成示意图 (c)

　　日本名古屋大学的 Tatsumi 课题组报道过很多较为接近铁钼辅基结构的 Fe—S 簇配合物。例如，他们以二价的三甲基硅氮化铁为原料，合成了含有 Fe$_8$S$_7$ 簇中心结构的配合物 [Fe$_4$S$_3$(SiMe$_3$)$_2$(SPEt$_3$)]$_2$(μ_6-S){μ-N(SiMe$_3$)$_2$}$_2$，并对该配合物进行了结构表征，其合成过程和结构如图 8.17(c) 所示。这个配合物的结构与固氮酶 P 簇 Fe$_8$S$_7$ 的结构基本类似，但在 Fe 的端基和桥基上含有 NL$_2$ 小分子。

　　模拟合成的铁钼辅基结构的模型配合物中还包括我们用于核振散射能谱学实验的 [Fe$_6$N(CO)$_{15}$]$^{3-}$ 和 [Fe$_6$C(CO)$_{15}$]$^{2-}$ 等配合物。这些配合物模型虽然只含有 Fe 而不含 Mo 或 V，但其最中心的 Fe$_6$X 几何结构与铁钼辅基中心的 Fe$_6$S$_9$C 笼形结构很相似，而且还含有中心的轻原子，是解释实验图谱重要的结构模型。

8.6.2　高柠檬酸的金属配合物

　　研究发现：不含高柠檬酸的固氮酶没有固氮能力，说明高柠檬酸对固氮过程有重要的作用。由于有关高柠檬酸在固氮酶底物配合物还原时所承担的作用机理目前还没有一个准确的说法，因此合成高柠檬酸等有机小分子酸与 Mo 等金属的配位化合物，观察研究这些有机小分子的金属配合物结构对研究固氮酶作用机理也有着重要的意义。因此，第二类拟合物则是以 Kim-Rees 模型中的有机组分为基础，突出研究高柠檬酸及其同系物有机酸或氨基酸等有机小分子与 Mo/V 等金属的配位方式、键价规律和这些有机小分子在固氮酶底物还原中可能起到的作用。也就是说这类配合物并不拟合铁钼辅基的主体几何结构，而是拟合其中的金属 Mo/V 和高柠檬酸的局部配位结构。

目前报道的高柠檬酸的 Mo(V) 配合物的结构还比较有限。最主要的包括吉林大学报道的含硫桥的双核钼高柠檬酸配合物 $K_5(NH_4)[Mo_2O_2S_2(homocit)_2]\cdot$ $4H_2O$；我们合成的四核高柠檬酸钼配合物 $K_5[(MoO_2)_4O_3(R,S\text{-}Hhomocit)_2]\cdot Cl\cdot$ $5H_2O$、$K_2(NH_4)_2[(MoO_2)_4O_3(R,S\text{-}Hhomocit)_2]\cdot 6H_2O$ 和单核高柠檬酸钼配合物 $K_2[MoO_2(R,S\text{-}H_2homocit)_2]\cdot 2H_2O$，后者的结构如图 8.18(a) 所示。

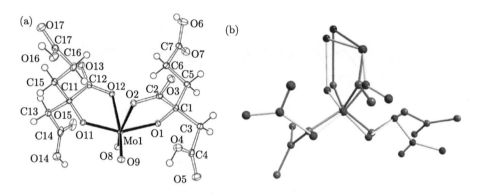

图 8.18　单核高柠檬酸钼配合物 $K_2[MoO_2(R,S\text{-}H_2homocit)_2]\cdot 2H_2O$ 的阴离子结构 (a)；它的 Mo 的配位结构 (红黄) 与固氮酶中心 Mo 的配位结构 (蓝绿，PDB 3U7Q) 的重叠比较 (b)

这一单核配合物中的 Mo 与 6 个 O 形成接近八面体的结构 [图 8.18(a)]。通过晶体学、^{92}Mo 和 ^{100}Mo 同位素标记的红外和核磁共振谱学的分析，显示：单核高柠檬酸钼配合物中高柠檬酸与 Mo 的配位模式与其在固氮酶中的配位模式很相似。如果将这一配合物中 Mo 的配位结构和铁钼辅基中 Mo 的配位结构相重叠，可以看到它们的重叠度很高，如图 8.18(b) 所示。

对该单核高柠檬酸钼配合物的核磁研究还表明：它在水溶液中会发生离解平衡。由此可以认为价态比它更低的固氮酶中的 Mo 会使得高柠檬酸钼更倾向于存在着类似的离解现象，形成如图 8.19 所示的结构变化过程。这种离解现象的存在可能与固氮酶的生物合成以及铁钼辅基的插入机理相关。

一个立体结构和它在镜子中的像互为对映异构体，分别用 Λ 和 Δ 来表示。固氮酶中心金属 Mo 的绝对构型有 Δ 或 Λ 两种选择，高柠檬酸的绝对构型有 R 或 S 构型两种选择，因此简单的逻辑将导致固氮酶铁钼辅基有四种结构选择。但对已知的多种野生菌固氮菌结构的分析结果表明：铁钼辅基只呈现出唯一的一种绝对构型，即 $\Delta\text{-}R$[图 8.20(a)]。

由于高柠檬酸的化学合成过程复杂，成品昂贵，在化学模拟中也常使用一些高柠檬酸的同系物有机酸来替代高柠檬酸进行配合物的合成，这些有机酸包括柠檬酸、苹果酸、乙醇酸、乳酸和酒石酸等等。以柠檬酸 Mo(VI) 配合物为例，它又

主要细分为 Mo:柠檬酸的摩尔比为 1:1、1:2 和 2:1 这三类配合物。柠檬酸配体主
要是通过 α-烷氧基、α-羧基和一个 β-羧基与 Mo 原子配位，柠檬酸的另一个 β-羧
基不参与配位。人们合成和表征了这些配体与 Mo 形成的不同类型的多样的配合
物，通过讨论配体对配合物结构的影响以及合成条件对配合物形成的影响等来探索内
在的成键规律，为开展高柠檬酸模拟物的合成和固氮酶固氮机理的研究提供条件。

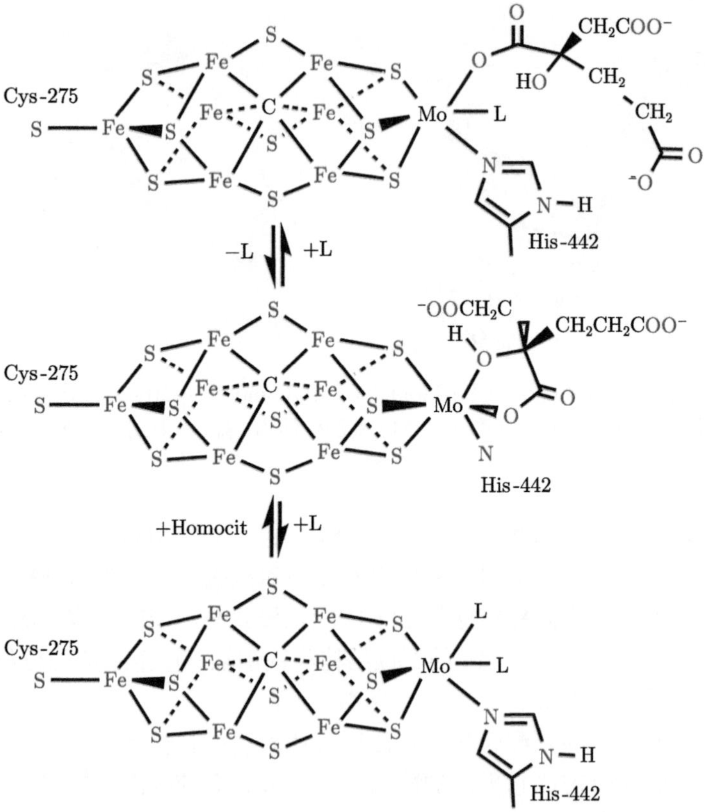

图 8.19　铁钼辅基中高柠檬酸在外加底物 L 时可能的离解示意图

对以柠檬酸替代高柠檬酸的固氮酶突变种的具有 1.90 Å 分辨率的结构解析
结果也表明：虽然配体由高柠檬酸换为柠檬酸，其中心金属 Mo 的绝对构型仍为
Δ 构型，固氮菌催化活性中心 Mo 的手性构型保持不变 [对比图 8.20(a) 和 (b)]。
但此时柠檬酸没有手性，因此整体配位为 Δ，而不是 Δ_R。

苹果酸是有手性的，而二苯羟乙酸和柠檬酸是无手性的：在合成模拟物方面，
不同构型的羟基羧酸配体对形成的配合物的绝对构型是有影响的。实验结果表明：
当以非手性的柠檬酸和二苯羟乙酸作为配体，反应得到的 Mo(VI) 或 W(VI) 的

配合物只是一比一的 Δ/Λ 或 $\Delta_S\Delta_S/\Lambda_R\Lambda_R$ 外消旋体或 $\Delta_S\Lambda_R$ 构型的内消旋体；而以 R-高柠檬酸或同样具有手性的 S-苹果酸为配体与钼酸盐反应时，光学纯的有机酸诱导了合成产物的手性分离，形成 Λ_S/Δ_R。由此解释或暗示了光学纯高柠檬酸在固氮酶铁钼辅基中的作用：在已经报道的 50 余种固氮酶晶体结构中，尽管这些固氮酶的来源、分辨率、缔合方式和氧化还原态各有不同，我们分析发现高柠檬酸钼中心的绝对构型呈现出唯一的 Δ_R 构型 (也就是上面讲的 Δ-R 构型)。因此，光学纯的 R-高柠檬酸配体的存在诱导含手性的中心金属 Mo 原子的 Λ_R 和 Δ_R 非对映异构体的选择性生成，从而得到唯一的绝对构型。而由非手性的柠檬酸配体参与的生物合成，得到的固氮酶铁钼辅基突变种为 Δ-构型 [图 8.20(b)]。

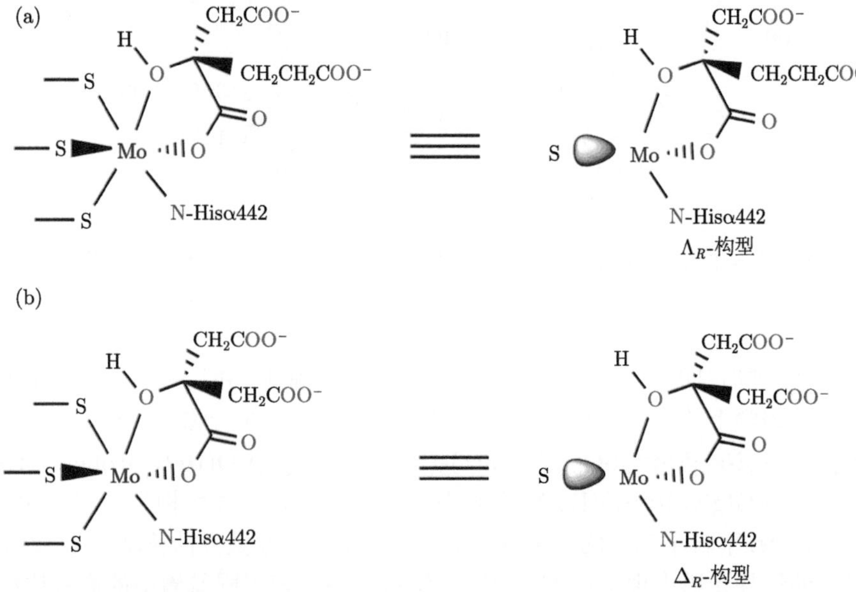

图 8.20　野生型固氮酶铁钼辅基 Mo 金属手性构型呈现出唯一的一种绝对构型 Δ_R(下)；
R-高柠檬酸配位的另一种可供选择构型 Λ_R (上)

高柠檬酸钒及其同系物的合成和研究开展得较晚。1996 年，Orme-Johnson 等第一次报道了高柠檬酸钒配合物 $[K_2(H_2O)_5][(VO_2)_2(R, S\text{-}H_2homocit)]\cdot H_2O$。我们后来分离和表征了混配配合物 $[VO_2(phen)_2]_2[V_2O_4(R, S\text{-}H_2homocit)_2]\cdot 4H_2O\cdot 2C_2H_5OH$ 和 $[V_2O_3(phen)_3(R,S\text{-}H_2homocit)]Cl\cdot 6H_2O$。对于高柠檬酸钒的同系物，文献报道的略多，它们主要是以 +4 和 +5 价为主的羟基羧酸钒配合物，如 $[VO(H_2cit)(bpy)]\cdot 2H_2O$、$[VO(Hmal)(bpy)]\cdot H_2O$、$[VO(H_2cit)(phen)]\cdot 1.5H_2O$、$[VO(Hmal)(phen)]\cdot H_2O$、$[VO(S\text{-}Hcitmal)(bpy)]\cdot 2H_2O$、$[VO(H_2cit)(phen)]\cdot 6.5H_2O$[12] 和 $[VO(H_2cit)(tpy)]\cdot H_2O$[26] 等钒混配配合物。其中羟基多羧酸的 α-羟基与 V

[图 8.21(b)] 的配位形式较为少见。通过对模拟物与钒固氮酶中的铁钒辅基结构的比较研究，我们推出铁钒辅基中高柠檬酸与 V 的配位新模式 [图 8.21(a)、(c)]，即高柠檬酸通过 α-羟基和 α-羧基与 V 配位。最新的价键计算表明固氮酶辅基中的金属 Mo 和 V 为 +3 价，详见参考资料 [25]。

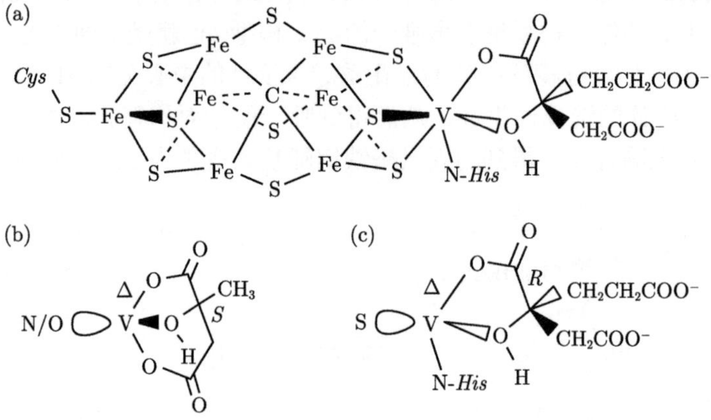

图 8.21　铁钒辅基加氢新结构 (a)；模拟物的中心金属 V 的构型 (b)；推测的铁钒辅基钒中心 V 的配位加氢模式 (c)

现在，这种加氢的新模式被进一步拓展到铁钼辅基上，并且得到了键长上的合理比较和光谱学上的验证。比较加氢的和不加氢的模型配合物 $[Mo^{IV}_3S_4(PPh_3)_3(Hlact)_2(lact)]$，$Na_2[Mo^{IV}_3SO_3(R,S\text{-}lact)_3(im)_3]\cdot10H_2O$, $[VO(Hglyc)(phen)(H_2O)]Cl\cdot2H_2O$ 和 $[VO(glyc)(bpy)(H_2O)]$ 的红外光谱，人们得知：加氢构型的 C—OH(羟基) 伸缩振动频率较不加氢的 C—O(烷氧基) 频率向低波数方向移动 (或称红移)。铁钼辅基的红外光谱出现特征 C—OH 伸缩振动峰，表明固氮酶中的高柠檬酸存在 α-羟基配位加氢的构型，详见参考资料 [27,28]。

另外，在缺乏钼源且钨源充分的自然条件下，W 会在固氮酶的合成过程中部分替代 Mo，这样合成的固氮酶的放氢活性基本保持不变，但它不具有固氮活性。Lopis 等发表过双核柠檬酸钨配合物 $Na_6[W_2O_5(cit)_2]\cdot10H_2O$。我们报道过 $Na_4K_2[W_2O_5(cit)_2]\cdot11H_2O$、$K_4[WO_3(cit)]\cdot2H_2O$、$(Hphen)_3[WO_2H(Hcit)_2]\cdot6H_2O$，并对它们进行了表征。

8.6.3　含氮、氢的金属配合物

除了以上两类主要的化学模拟外，双氮配合物的发现和研究在固氮研究方面有一定的意义。尽管它们往往在总体结构上与固氮酶并不相像，谱学特征也不一样，但很多研究者希望通过形成双氮金属配合物的方法来研究如何削弱氮分子的

叁键、活化分子氮，并在适当的条件下将其还原为氨的过程：也就是在功能上模拟固氮酶络合和还原氮分子的机理。

含双氮配合物又称分子氮配合物，通常是指含有 Fe—N_2 等键的一类金属配合物。由于双氮配合物分子量一般较小，结构相对简单，因此比较容易调控金属的电子结构，以及金属和 N_2 之间联系的键合强弱等。也就是说这类模拟物是在金属的电子结构方面和分子功能方面来模拟固氮酶或者说其中的金属对 N_2 的络合、还原作用，而非在几何结构上拟合。这类配合物的起步较晚，但自首次制得这类模拟物以来已有数以百计的配合物被制成，而且几乎涵盖了元素周期表上众多的过渡族金属元素，但人们最关心的还是元素 Fe 与 N_2 的配合物。

含 Fe—N_2 的双氮配合物的代表之一是由俄勒冈州立大学 Tyler 课题组成功合成的反式铁配合物 $[Fe(DMeOPrPE)_2(N_2)H]^+$ 和 $[Fe(DMeOPrPE)_2(N_2)D]^+$ 这一对，其中 DMeOPrPE 代表 1,2-二 ((二甲氧基丙基) 膦基) 乙烷 1,2-bis(bis(methoxypropyl) phosphino)-ethane。在配合物中心处是一个处于低自旋态的 Fe(II)，在赤道平面上有 $(DMeOPrPE)_2$ 中的四个 P 原子与 Fe 相接，Fe 平面上有一个 N_2 分子，Fe 平面的下面有一个 H 或 D 相连，构成大致上的 6 配位八面体结构，分子结构相对简单，如图 8.22(a) 所示。它在 2094 cm^{-1} 处存在尖锐、突出的红外谱峰，它的 N≡N 间的结合十分稳固。请注意：对称的双原子 N≡N 本不应该有红外谱线，但由于连接在 Fe 上以后，其完全对称性被打破，因而有了红外吸收谱峰。由于 N≡N 间键合很强，N_2 与 Fe 之间的连接就相对较弱，这与固氮酶一开始结合 N_2 的情形相类似，或者说有可能相类似。该配合物的另一特点是它同时具有分子 N_2 和原子 H，可以同时模拟 N_2 和质子 H^+ 在固氮酶中共同活动的状况。如果用化学方法去除 H^+ 会使得该分子中心的 Fe 变为 Fe(0)，而不是 Fe(I)，其红外谱峰位置下降到 1966 cm^{-1}。这时 N_2 向 Fe 原子输送电子使得 Fe—N_2 的键合加强而 N≡N 键合弱化，初步可以达到降低 N≡N 结合能的目的。接着，这个 Fe(0) 的双氮配合物在三氟甲磺酸的作用下发生反应，可以产生 15% 的 NH_4^+，已经表现出与固氮酶相似的功能。

人们可以对上面的这一对 $[Fe(DMeOPrPE)_2(N_2)H/D]^+$ 双氮配合物进行红外光谱、拉曼光谱、EPR、光解实验和具有 ^{57}Fe 甄别性的核振散射实验等等，去理解 Fe—N_2 和 Fe—H 的结合机理，以及两者在结合或光解过程中的相互关系，密度泛函计算还可以协助所有的谱学工作。这些工作对固氮酶研究的重要性和指导意义是显而易见的。

在固氮酶催化过程被捕获的中间产物中可以检测到具有桥接氢化物的高自旋 Fe 的结构。ENDOR 谱学证明处于 E_4 态 (或称 Janus 态) 的固氮酶中间体中存在两种铁氢配合物，中间体释放两个 H_2 后可返回到 E_0 态。那么，H 是如何结合在 Fe 上的呢？它们结合的位点在哪里呢？这些人们还不清楚。但这些信息对

于推测处于 E_4 态的铁钼辅基是如何结合 H 的机理则非常重要。

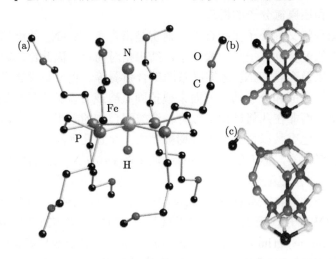

图 8.22　$[\mathrm{Fe(DMeOPrPE)_2(N_2)H}]^+$ 离子的结构 (a) 和铁钼辅基中的 Fe 与底物 $\mathrm{N_2}$ 键合时的两个可能模型的示意图 (b)、(c)

　　这样，合成具有高自旋 Fe 电子结构的配合物也是化学模拟固氮酶的重要工作之一。但高自旋金属的氢化物还很少被合成分离出来，至少很少见到报道。图 8.23 右上插图所示的配合物是目前极少数的高自旋 Fe(II) 桥联双氢配合物的实例之一：我们将之简写为 Fe(HH)Fe 的配合物。如果在固氮酶中，$\mathrm{H_2}$ 是与铁钼辅基中的两个 Fe 进行桥联结合的，那么这一配合物就是固氮酶 $+\mathrm{H_2}$ 底物的可能的结构模型之一，因此它对研究固氮酶固氮机理也有着重要的意义。

8.6.4　同步辐射对模型分子的研究

　　以同步辐射为基础的现代 X-射线能谱学为研究生物分子或配位化合物分子的中心结构提供了具有元素甄别性的测量手段。EXAFS 能谱学早在 20 世纪 80 年代就对固氮酶、铁钼辅基和化学模拟合成的配合物进行了大量的测量研究。后来又有软 X-射线能谱学、RIXS 散射能谱学、X-射线磁圆二色谱学等现代谱学加入到了研究固氮酶问题的队伍中来。本书讲述 X-射线振动能谱学和核振能谱学也是测定相关分子振动和局部结构的好帮手。其中核振散射能谱学因为具有 $^{57}\mathrm{Fe}$ 的同位素甄别性，针对性更强。

　　第一类要进行测量的配合物为铁钼辅基等簇骼的几何结构模拟物，也就是如 8.6.1 节中介绍的那些配合物。这些配合物在结构上较为接近铁钼辅基等固氮酶的中心结构的主体，是很好的几何结构模型。当然人们通常难以合成有多个价态的同一配合物，较为相像的配合物稳定性也较差，往往还需要在液氮温度下 (77 K)

萃取。因此，人们也较难随心所欲地对这些配合物进行同位素标记。比如：我们就较难获得 ^{57}Fe 标记的 $[Fe_6C(CO)_{15}]^{2-}$ 配合物，使得核振散射研究遭遇困难。但对这一类配合物进行晶体学、EXAFS 谱学探测应该相对容易。

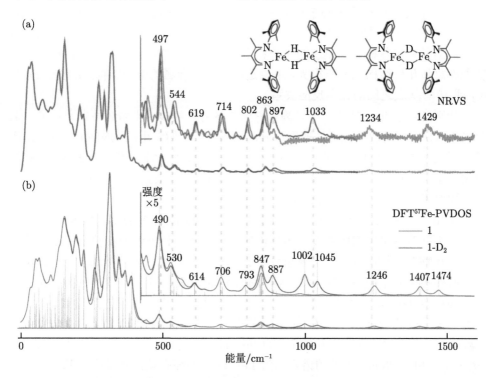

图 8.23　铁配合物 Fe(HH)Fe(蓝) 和 Fe(DD)Fe(红) 的分子结构 (右上插图)、实测核振散射图谱 (a) 和密度泛函理论的计算图谱 (b)

　　第二类是结合有高柠檬酸的金属配合物，也就是在 8.6.2 节中介绍过的那些配合物。它们多是用于研究金属元素 (特别是 Mo) 与高柠檬酸之间的局部配位关系。由于这类配合物多数是 Mo/V 的配合物，除了极少数 Fe 的替代配合物之外，很难对它们进行核振散射测量。但可以对这些配合物进行其他 X-射线谱学的测量，包括 EXAFS 谱学和我们第 3 章介绍的 X-射线振动散射谱学的实验测量。在目前条件下，只要有足够的实验机时和妥善的样品保鲜措施，人们对含 Mo 的配合物，甚至对已经被萃取的铁钼辅基样品的 X-射线振动散射谱学的测量应该是可行的。

　　同时，含 Fe 的高柠檬酸配合物，也就是类似于图 8.18 的但将 Mo 换为 Fe 的配合物也很重要。虽然它们对拟合铁钼辅基的结构没有直接的贡献，但由于对标记为 ^{57}Fe 的配合物可以进行核振散射的研究，对理清高柠檬酸和金属的配位关系有着十分重要的间接参考意义。

第三类是针对金属结合 N_2 或 H/H_2 等底物小分子的配合物进行测量。由于它们的分子量较小，因此金属浓度较高，能谱信号较好。而且合成上有可能获得几何结构相同但价态不同的多种金属配合物，方便进行不同价态的对比。这些小的配合物也比较容易实现中心金属元素或周围各种配位元素的同位素标记和对比，如 $^{57}Fe/^{54}Fe$、$^{36}S/^{32}S$、$^{15}N/^{14}N$、$^{18}O/^{16}O$、H/D 等等，而且特别适合于进行核振散射测量和对各种振动模态的实验鉴定。但它们与铁钼辅基或其他待拟合的固氮酶在总体几何结构上差距很大，主要是用于拟合金属的电子结构，并模拟 Fe 与 N_2 或 H 等基底之间的化学反应关系。

特别是对于 Fe—H 键，可以测量它的传统方法很少，比如红外光谱对 Fe—H 相当不敏感；拉曼散射也无法取得更好的敏感性；人们常用的 ENDOR、NMR 谱学也无法对 Fe—H 进行有针对性的研究；晶体学、EXAFS 谱学对 H 也不敏感。核振谱学可以对任何模态敏感，而且只针对 ^{57}Fe，具有很强的适用性和针对性，可以实现对 Fe—H 的测量，当然散射强度依然较低。

比如，图 8.23(a) 为 Fe(HH)Fe(蓝) 和 Fe(DD)Fe(红) 的实测核振散射图谱，而 (b) 为针对测量图谱的密度泛函理论的计算图谱。核振散射实验证实了它具有识别氢化物及结构的能力；而密度泛函计算详细地描述了这一菱形含 Fe 的氢化物核心的各种简正模态。为了突出显示强度较弱的 Fe—H/D 部分的振动，我们将位于 $400 \sim 1600 \ cm^{-1}$ 的谱图做了放大处理，并大致分析如下：位于 $1234 \ cm^{-1}$ 和 $1429 \ cm^{-1}$ 处的谱峰为 Fe—H 的伸缩振动，由于 H 位于桥联位置，这些也可以看作是两个 Fe—H—Fe 结构在各自的 Fe—H—Fe 平面的面内弯曲振动。而位于 $897 \ cm^{-1}$ 和 $1033 \ cm^{-1}$ 处的谱峰则为 Fe—D 的伸缩振动，或理解为 Fe—D—Fe 的面内弯曲。通过密度泛函的理论计算，这些谱峰的位置和强度均得到拟合和证实。而 Fe—H—Fe 或 Fe—D—Fe 的离面弯曲振动 (wag) 则被密度泛函计算证实为位于 $300 \sim 600 \ cm^{-1}$ 的区间内，与其他谱峰重合，需要细致拟合才可辨认。由于离面弯曲振动没有 Fe—H 伸缩的制约，它比面内伸缩要容易得多，因此能量位置要低得多。这些信息和谱峰数据均可作为未来对固氮酶中 Fe—H/D 结构进行直接测量的指导。当然，Fe(HH)Fe 或 Fe(DD)Fe 配合物的核振散射谱图还有很多其他的振动模态，但由于它们与固氮酶没什么关系，因而不在此处探讨。

参 考 资 料

[1] Burgess B K, Lowe D J. Mechanism of molybdenum nitrogenase. Chem Rev, 1996, 96:2983-3011

[2] Howard J B, Rees D C. Structural basis of biological nitrogen fixation. Chem Rev, 1996, 96:2965-2982

[3] Lee C C, Hu Y, Ribbe M W. Vanadium nitrogenase reduces CO. Science, 2010, 329:642

[4] Kim J S, Rees D C. Crystallographic structure and functional implications of the nitrogenase molybdenum iron protein from *Azotobacter-vinelandii*. Nature, 1992, 360:553-560

[5] Kim J S, Rees D C. Structural models for the metal centers in the nitrogenase molybdenum-iron protein. Science, 1992, 257:1677-1682

[6] Georgiadis M M, Komiya H, Chakrabarti P, et al. Crystallographic structure of the nitrogenase iron protein from *Azotobacter-vinelandii*. Science, 1992, 257:1653-1659

[7] Peters J W, Stowell M H B, Soltis S M, et al. Redox-dependent structural changes in the nitrogenase P-cluster. Biochemistry, 1997, 36:1181-1187

[8] Mayer S M, Lawson D M, Gormal C A, et al. New insights into structure-function relationships in nitrogenase: a 1.6 Å resolution X-ray crystallographic study of *Klebsiella pneumoniae* MoFe-protein. J Mol Biol, 1999, 292:871-891

[9] Einsle O, Tezcan F A, Andrade S L A, et al. Nitrogenase MoFe-protein at 1.16 Å resolution: a central ligand in the FeMo-cofactor. Science, 2002, 297:1696-1700

[10] Spatzal T, Aksoyoglu M, Zhang L M, et al. Evidence for interstitial carbon in nitrogenase FeMo cofactor. Science, 2011, 334:940

[11] Lancaster K M, Roemelt M, Ettenhuber P, et al. X-ray Emission spectroscopy evidences a central carbon in the nitrogenase iron-molybdenum cofactor. Science, 2011, 334:974-977

[12] Chen C Y, Chen M L, Chen H B, et al. α-Hydroxy coordination of mononuclear vanadyl citrate, malate and *S*-citramalate with *N*-heterocycle ligand, implying a new protonation pathway of iron-vanadium cofactor in nitrogenase. J Inorg Biochem, 2014, 141:114-120

[13] Sippel D, Rohde M, Netzer J, et al. A bound reaction intermediate sheds light on the mechanism of nitrogenase. Science, 2018, 259:1484

[14] Maiuri M, Delfino I, Cerullo G, et al. Low frequency dynamics of the nitrogenase MoFe protein *via* femtosecond pump probe spectroscopy — Observation of a candidate promoting vibration. J Inorg Biochem, 2016, 153:128-135

[15] Yan L F, Dapper C, George S J, et al. Photolysis of hi-CO nitrogenase — Observation of a plethora of distinct CO species using infrared spectroscopy. Eur J Inorg Chem, 2011, 2011:2064-2074

[16] Cramer S P, Xiao Y M, Wang H X, et al. Nuclear resonance vibrational spectroscopy (NRVS) of Fe—S model compounds, Fe—S proteins, and nitrogenase. Hyperfine Interact, 2006, 170:47-54

[17] Guo Y S, Echavarri-Erasun C, Demuez M, et al. The nitrogenase FeMo-cofactor precursor formed by *Nif*B protein: a diamagnetic cluster containing eight iron atoms. Angew Chem Int Ed, 2016, 55:12764-12767

[18] Hernandez J A, Igarashi R Y, Soboh B, et al. *Nif*X and *Nif*EN exchange *Nif*B cofactor and the VK-cluster, a newly isolated intermediate of the iron-molybdenum cofactor biosynthetic pathway. Molecular Microbio, 2007, 63:177-192

[19] Xiao Y M, Fisher K, Smith M C, et al. How nitrogenase shakes — Initial information about P-cluster and FeMo cofactor normal modes from nuclear resonance vibrational spectroscopy (NRVS). J Am Chem Soc, 2006, 128:7608-7612

[20] Scott A, Pelmenschikov V, Guo Y S, et al. Structural characterization of CO-inhibited Mo-nitrogenase by combined application of nuclear resonance vibrational spectroscopy, extended X-ray absorption fine structure, and density functional theory: new insights into the effects of CO binding and the role of the interstitial atom. J Am Chem Soc, 2014, 136:15942-15954

[21] Yang J G, Xie X Q, Wang X, et al. Reconstruction and minimal gene requirements for the alternative iron-only nitrogenase in *Escherichia coli*. Proc Natl Acad Sci USA, 2014, 111: E3718-E3725

[22] Pham C, Wang H X, Mishra N, et al. Nuclear resonant vibrational spectroscopy for observation of Fe—H/D bending modes in hydrogenases and nitrogenases. SPRING-8/SACLA Information, 2017, 22:104-109

[23] George S J, Igarashi R Y, Xiao Y M, et al. Extended X-ray absorption fine structure and nuclear resonance vibrational spectroscopy reveal that *Nif*B-co, a FeMo-co precursor, comprises a 6Fe core with an interstitial light atom. J Am Chem Soc, 2008, 130:5673-5680

[24] 陈全亮，陈洪斌，曹泽星，等. 固氮酶催化活性中心及其化学模拟. 中国科学，2014, 44:1849-1864

[25] Jin W T, Yang M, Zhu S S, et al. Bond-valence analyses of the crystal structures of FeMo/V cofactors in FeMo/V proteins. Acta Crystallogr Sect D, 2020, 76:428-437

[26] Jin W T, Zhou Z H. Novel bidentate oxovanadium(IV) glycolate, α-hydroxybutyrate and citrate with terpyridine and their conversions to nitrosyl products. J Inorg Biochem, 2020, 208:111086

[27] Wang S Y, Jin W T, Chen H B, et al. Comparison of hydroxycarboxylato imidazole molybdenum(IV) complexes and nitrogenase protein structures: indirect evidence for the protonation of homocitrato FeMo-cofactors. Dalton Trans, 2018, 47:7412-7421

[28] Jin W T, Wang H X, Wang S Y, et al. Preliminary assignment of protonated and de-protonated homocitrates in extracted FeMo-cofactors by comparisons with molybdenum (IV) lactates and oxidovanadium glycolates. Inorg Chem, 2019, 58:2523-2532

[29] Cramer S P, Eccles T K, Kutzler F, et al. Molybdenum X-ray absorption edge spectra-The chemical state of molybdenum in nitrogenase. J Am Chem Soc, 1976, 98:1287-1288

[30] Cramer S P, Gillum W O, Hodgson K O, et al. The molybdenum site of nitrogenase.2. A comparative study of Mo-Fe proteins and the iron-molybdenum cofactor by X-ray absorption spectroscopy. J Am Chem Soc, 1978, 100:3814-3819

[31] Cramer S P, Hodgson K O, Gillum W O, et al. The molybdenum site of nitrogenase-Preliminary structural evidence from X-ray absorption spectroscopy. J Am Chem Soc, 1978, 100:3398-3407

[32] Christiansen J, Tittsworth R C, Hales B J, et al. Fe and Mo EXAFS of *Azotobacter*

vinelandii nitrogenase in partially oxidized and singly reduced forms. J Am Chem Soc, 1995, 117: 10017-10024

[33] Mitra D, George S, Guo Y, et al. Characterization of [4Fe-4S] cluster vibrations and structure in nitrogenase Fe protein at three oxidation levels *via* combined NRVS, EXAFS and DFT analyses. J Am Chem Soc, 2013, 135:2530-2543

[34] Zhou Z H, Wang H, Yu P, et al. Structure and spectroscopy of a bidentate bis-homocitrate molybdenum(VI) complex: insights relevant to the structure and properties of the FeMo-cofactor in nitrogenase. J Inorg Biochem, 2013, 118:100-106

[35] Yan L, Dapper C H, George S J, et al. Photolysis of "Hi-CO" nitrogenase — Observation of a plethora of distinct CO species *via* infrared spectroscopy. Eur J Inorg Chem, 2011, 13:2064-2074

[36] George S J, Drury O B, Fu J, et al. Molybdenum X-ray absorption edges from 200~20000 eV, the benefits of soft X-ray spectroscopy for chemical speciation. J Inorg Biochem, 2009, 103:157-167

[37] Doonan C J, Zhang L, Young C G, et al. High-resolution X-ray emission spectroscopy of molybdenum compounds. Inorg Chem, 2005, 44:2579-2581

[38] Chen J, Christiansen J, Campobasso N, et al. Refinement of a model for the nitrogenase Mo-Fe cluster using single crystal Mo and Fe EXAFS. Ang Chem, 1993, 32:1592-1594

[39] Chen J, Christiansen J, Tittsworth R C, et al. Iron EXAFS of *Azotobacter vinelandii* nitrogenase Mo-Fe and V-Fe proteins. J Am Chem Soc, 1993, 115:5509-5515

[40] Eidsness M K, Flank A M, Smith B E, et al. EXAFS of *Klebsiella pneumoniae* nitrogenase MoFe protein from wild-type and *nif*V mutant strains. J Am Chem Soc, 1986, 108:2746-2747

[41] Cramer S P, Flank A M, Weininger M, et al. Single crystal EXAFS of nitrogenase. J Am Chem Soc, 1986, 108:1049-1055

[42] Stiefel E I, Cramer S P. Chemistry and biology of the iron-molybdenum cofactor of nitrogenase Metal Ions in Biology, 1985, 7:89-116

[43] Cramer S P. Molybdenum Enzymes Advances in Inorganic and Bioinorganic Mechanisms, 1983, 2:259-316

[44] Kang W, Lee C C, Jasniewski A J, et al. Structural evidence for a dynamic metallocofactor during N_2 reduction by Mo-nitrogenase. Science, 2020, 368:1381-1385

[45] Shah V K, Brill W J. Isolation of an iron-molybdenum cofactor from nitrogenase. PNAS, 1977, 74:3249-3253

[46] Mitra D, Pelmenschikov V, Guo Y S, et al. Dynamics of the [4Fe-4S] cluster in *Pyrococcus furiosus* D14C ferredoxin *via* nuclear resonance vibrational and resonance Raman spectroscopies, force field simulations, and density functional theory calculations. Biochem, 2011, 50:5220-5235

[47] Deng L, Wang H X, Dapper C H, et al. Assignment of protonated *R*-homocitrate in extracted FeMo-cofactor of nitrogenase via vibrational circular dichroism spectroscopy. Commun Chem, 2020, 3:145

第 9 章　核振散射：对氢酶的探索

9.1　有关氢酶的基础知识

9.1.1　什么是氢酶？

氢酶，英文名称为 Hydrogenase 或缩写成 H_2ase，是自然界厌氧微生物体内存在的一种金属酶。它能可逆地催化由质子 (H^+) 还原为氢分子 (H_2) 和由氢分子 (H_2) 氧化为质子 (H^+) 和电子的可逆反应，也就是催化如下的反应：

$$2H + 2e^- \Longleftrightarrow H_2 \tag{9-1}$$

值得注意的是，产甲烷杆菌能够还原 CO_2 产生甲烷，其中氢气氧化 ($H_2 + 2e^- \longrightarrow 2H^+$) 作为甲烷代谢的重要中间步骤，供给其代谢所需的能量。更多的例子还有如厌氧微生物的硫酸盐还原菌、乙酸还原菌等。它们均可利用 H_2 作为还原剂维持正常的新陈代谢，或是反过来产生 H_2。

氢酶广泛存在于自然界的细菌、古细菌、原核生物、低等真核生物中。这里的真核生物指其细胞具有细胞核的单细胞生物和多细胞生物。有一些氢酶分布在细胞质中，称为可溶性氢酶 (Soluble Hydrogenase, SH)；另一些则位于细胞膜上或胞外质中，不溶于水，称为膜结合态氢酶等。

早在 1891 年，人们就发现某些厌氧微生物中的某种物质能够促进分解甲醛产生氢气和二氧化碳的反应；1931 年 Stephenson 和 Strickland 首次将这种广泛存在于甲烷菌、醋酸菌、光合细菌和固氮菌等微生物体内，可以分解甲酸等产生氢气的金属酶正式命名为氢气·受体氧化还原酶，简称为氢酶，并沿用至今。尽管如此，人们当时对氢酶的研究并没有引起足够的重视。直到 20 世纪 70 年代爆发了石油危机加上环境污染问题，氢酶的重要性才从新的角度重新被人们所认识和重视。1974 年，Chen 和 Mortenson 第一次从巴氏梭菌中分离纯化出了可溶性的氢酶。从此，科学家们陆续在许多种生物体内发现了各种类型的氢酶分子。而今，人们已经在巨大脱硫弧菌 (*Desulfovibrio gigas*)、埃氏巨球型菌 (*Megasphaera elsdenii*)、大豆根粒菌 (*Rhizobium japonicum*)、光合细菌 (*Chromatium vinosum*)、深红红螺菌 (*Rhodospirillum rubrum*)、桃红荚硫菌 (*Thiocapsa rosepersicina*)、普通脱硫弧菌 (*Desulfovibrio vulgaris*) 等几十个不同的菌种中获得了纯化的氢酶，并对其大部分分子的结构、功能和机理进行了广泛和深入的研究。由于氢酶对氧很敏感,多数样品需要在严格无氧的条件下进行分离纯化。这也是直到 20 世纪 70 年代以后,人们才获得具有一定纯度的氢酶样品的主要原因。

9.1.2 氢酶的分类

根据氢酶中心结构中所含金属元素的种类和数目的不同,可将其大致分为三类,即含有 [FeFe] 中心的铁铁氢酶,也称为唯铁氢酶;含有 [NiFe] 中心的镍铁氢酶和 7.6 节中介绍过的单铁氢酶。

在这三大类氢酶中,铁铁氢酶具有特别高的催化 H^+ 还原生成 H_2 的能力,其催化活性可比镍铁氢酶高 100 倍。例如,人们从每摩尔 (mol) 的脱硫弧菌 (*Desulfovibrio desulfuricans*) 或巴氏梭菌 (*Clostridium pasteurianum*) 中分离得到的铁铁氢酶分别以每秒 9000 mol 或 6000 mol 的速率催化 $2H^++2e^- \longrightarrow H_2$ 的反应。由于铁铁氢酶的催化效率很高,在自然界中含量又最丰富,因此有着很好的应用前景。但它必须在严格无氧的条件下工作,这是它应用的主要障碍。而镍铁氢酶的反应效率虽然比铁铁氢酶低,但它可以在适度有氧的条件下工作,因此对今后有可能出现的氢气型的新能源、新经济形态也具有特别的意义。

现在已经有了很多关于氢酶的氨基酸排序和 X-射线结构分析的报道,大部分铁铁氢酶和镍铁氢酶都含有多个铁硫簇,催化的化学反应的方向在多数情况下由这些铁硫簇上的电位来进行调控,等电位点一般在 $4.5 \sim 5.5$ V,各种氢酶有许多共性。细菌氢酶的分子质量一般在 $60 \sim 200$ kDa。

根据氢酶的催化特性不同,人们还可将氢酶分为吸氢酶 (消耗 H_2,产出 H^+)、放氢酶 (消耗 H^+,产出 H_2) 和双向氢酶等类型。由于可能的应用价值,人们对放氢酶更加关注。

9.1.3 研究氢酶的意义

随着世界经济的迅猛发展和规模的不断扩大,全球对能源的需求日趋增长。同时,伴随着大量燃烧化石燃料带来的全球暖化、空气污染、雾霾等全球或局部的环境问题也越发严重。这样,面临着有限的化石燃料和日益严重的污染问题的双重压力,人类对开发清洁、可再生、零排放的新型能源有了越来越迫切的要求,这加速了研究开发替代能源的步伐。

在自然界中,水经过光合作用酶 (PS-II) 的催化分解为 O_2、e^- 和 H^+;O_2 直接释放到空气中,而 e^- 和 H^+ 则可经由氢酶作用,进一步转化为 H_2 而放出;也就是说在这两种酶的共同作用下让 H_2O 分解,产生 H_2、O_2,如图 9.1(a) 所示。催化反应速度和方向还会受到环境和 pH 值的影响,放氢反应最适宜的条件多为酸性,所催化的反应速度可随着酸度的增加而加快;而吸氢反应最适宜的条件多为碱性;当然也有一些例外。在研究氢酶的生物化学机理等基础问题的同时,如果人们能将这些自然酶或加以直接利用,或进行化学模仿合成,则有可能用于大规模工业产氢。而与传统的能源载体相比，氢不仅具有高燃烧值，而且燃烧产物只有水，对环境产生的污染为零。这样，它既可以缓解由于传统的石油、天然气和煤炭等物质的不可再生性所带来的日益严重的能源供应危机，还能同时解决由传统燃料燃烧而带来的二氧化碳日益积累和全球温室效应日益恶化等环境问题，具有突出的优点。因此，氢被视为 21 世纪最具发展潜力和最清洁的能源选项。

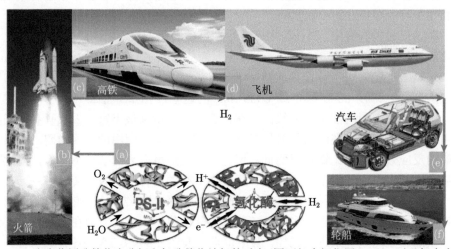

图 9.1　光合作用酶催化水分解和氢酶催化放氢的反应 [图下部中间位置，(a)]，以及氢在火箭发射 [左，(b)] 和在其他交通工具上 [(c)→(f)，顺时针旋转] 的应用示意图

　　氢可由水电解而成，其来源非常丰富，也就是说氢源不成问题。但由于电解水需要耗费大量的由其他能源转化的电能，目前选用以氢气作为能源的应用基本上仅限于发射火箭 [图 9.1(b)] 等特殊领域。但如果有大规模制氢和大规模储氢方法，则氢气可以作为日常能源广泛地应用到列车、飞机、汽车、轮船等交通工具 [图 9.1(c) ~ (f)，按顺时针方向]，当然还有发电厂、公司、商店、居家等一系列工业生产和生活中，推动实现零污染、百分百可再生循环的新型经济发展模式。其实，以氢为燃料的民用技术已经开始出现，例如：丰田汽车公司推出的 Mitia 氢电池汽车的单次行驶里程已经达到 500 km，一次充氢的时间也仅为 3 min，比蓄电池电车充电的时间要短得多，操作的方便程度也已经接近普通汽车加汽油的水平。随着气电转换效率和每公斤氢燃料的里程数的持续提高，这种汽车有可能成为今后最有希望的电动车类型之一。

　　在目前众多的、最有潜力的产氢方法中，生物产氢所需的能源和原料是自然界中的太阳光和水，它们取材丰富、廉价；产品具有热值高、热转化效率高、零污染等诸多优点，因此受到人们的广泛关注。其中利用微生物在常温常压下进行酶催化可能得到氢气的制氢技术，更是引起了科研工作者的极大兴趣，成为今后可再生能源的重要选项。而在自然界和生物体内繁衍、转化中一直有着重要作用的氢酶也许可以对这些工作助上一臂之力。

用氢酶作为电催化剂已有较为直接的应用，比如：氢酶可以置于电池装置的阳极，利用其活性催化氧化氢产生电流，同时加速阴极氧的还原，形成生物燃料电池。这一电池的主要优点是在阳极上产生的杂质是没有毒性的 CO_2，当然并非全能环保。此外，氢酶在厌氧微生物诱导的生物腐蚀中也起到了非常重要的作用，并有研究氢酶处理钢铁腐蚀机理的文献报道，比如：Laishely 和 Bryant 曾描述过一种模型来解释低碳钢的阴极去极化过程和腐蚀过程。在此去极化过程中，他们利用了普通脱硫弧菌 (*Desulfovibrio vulgaris hildenborough*) 的外膜细胞色素从钢表面的阴极迁移电子，并偶联到周缘的氢酶产生 H_2，同时释放 Fe^{2+}，从而控制钢材料的整个腐蚀或抗腐蚀过程的反应方向。

9.2 氢酶活性中心和催化机理

由于单铁氢酶的基本信息和其核振散射能谱已经在第 7 章中做过介绍，我们本章只限于介绍镍铁氢酶和铁铁氢酶这两类歧化酶，以及与它们相关的活性中心结构、催化产氢机理和核振散射能谱学等内容。

9.2.1 镍铁氢酶的中心结构

镍铁氢酶是在细菌和弧菌中发现的，它由大小不同的两个亚基组成。1995 年，Fontecilla-Camps 等在 *Nature* 上首次发表了 *Desulfovibrio gigas* 镍铁氢酶的晶体结构，1996 年 Volbeda 等对 *Desulfovibrio gigas* 镍铁氢酶又做了高分辨率的单晶结构解析，进一步明确了镍铁中心的空间结构。现在，人们对多种镍铁氢酶和它们的镍铁活性中心结构形成了如下的基本共识：镍铁氢酶为异二聚酶，两个亚基紧密相连形成一个近乎于球状的分子。比如，*Desulfovibrio gigas* 氢酶在小亚基 ($\sim$30 kDa) 上含有 2 个 $[Fe_4S_4]$ 簇和 1 个 $[Fe_3S_4]$ 簇，这三个 FeS 簇接近几何上的线性排列，$[Fe_3S_4]$ 簇位于中间，其电位调节着电子的传播方向，或者说决定着可逆的产氢/吸氢反应的进行方向。其他镍铁氢酶或含有不同数量、不同类型的铁硫簇。以宫崎脱硫小球藻 F (简称 *DvMF*) 为例，镍铁氢酶的总体结构如图 9.2(a) 所示。

镍铁氢酶的催化活性中心是位于大亚基上的异双核镍铁中心 ([NiFe] 中心)：金属 Ni 共有 4 个 S 配位，其中 2 个来自蛋白链上半胱氨酸的残基，作为端基 S 与金属 Ni 配位；余下的 2 个 S 也是来源于蛋白链上半胱氨酸的残基，但位于 Ni-Fe 之间形成桥联，称为硫桥。在 Ni-Fe 之间有时还有另外一个桥联，如处于氧化态的 Ni—A 镍铁氢酶可能有一个 $X = O^{2-}$、OH^- 或 S 的桥，但也可能没有这样的第三个桥联。

在电位最低的还原态 Ni—R 的镍铁氢酶中也有第三个桥联。人们在过去的很长一段时间里一直猜测它可能是一个氢桥，其结构如图 9.2(b) 所示，但氢桥很难被 X-射线检测到，无论是晶体学还是谱学，因此这一结构一直不清楚、不确定、无结论。直到 2015 年，Ogata 等首次报道了有关镍铁氢酶处于 Ni—R 还原态并结合氢桥时的晶体结构，对此问题给出了最直接的答案。与此同时，核振散射谱学也实现了对 $DvMF$ 镍铁氢酶中 Fe—H—Ni 氢桥的摇动 (wag) 模态的首次实验观测，两者都从实验上直接证实了氢桥的确存在于 Ni—R 态镍铁氢酶的 Ni 和 Fe 之间。

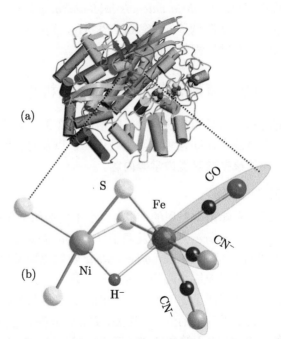

图 9.2   宫崎脱硫小球藻 F (简称 $DvMF$) 镍铁氢酶的总体结构 (a) 和它在完全还原状的 Ni—R 态的 [NiFe] 活性中心的配位结构 (b)。在 Ni—R 中，Ni-Fe 间的第三桥联为 H^-；在 Ni—A 中，此处的桥联可能为 $X = O^{2-}$、OH^- 或 S；在 Ni—L 中，此处无桥联，但存在 Ni-Fe 的直接金属键合

这样，镍铁氢酶中的 Ni 多为五配位构型。对于 Ni—R，虽然多数人认为它是类似于金字塔的四方锥构型 (Ni 在四方底面的中心附近)，但也有少数工作认为它是双三棱锥型 (Ni 在三角底面的中心附近)：这些工作包括密度泛函理论的计算结果认为双三棱锥在能量上更加合理和软 X-射线能谱认为 Ni—R 态的 Ni 处于高自旋态 ($S = 1$) 而非人们通常认为的低自旋态 ($S = 0$) 等等。

金属 Fe 与金属 Ni 有 3 个桥联配位，其中包括两个 S 桥配位；除了这两个 S

配位之外，Fe 的周围不再有其他的任何氨基酸配体了；但是，Fe 原子还有 2 个 CN⁻ 和 1 个 CO 基团与其单独相连，6 个配位形成大致的畸变八面体。其中，两个 S 桥与两个 CN⁻ 基本形成赤道平面，而 CO 与第三桥联 (比如 H⁻) 大致处于轴向上相对的位置，如图 9.2(b) 所示。由于 Fe 周围的强电场作用，Fe 中心始终保持在低自旋状态。

迄今为止，在已阐明的镍铁氢酶分子中，其折叠结构具有很高的相似性，不同的只是这些氢酶具有不同数量和类型的铁硫簇，以及 [NiFe] 中心的非蛋白配体等结构可能存在着一些细小的差异。而且，这些非蛋白配体的细小差异是否存在也是有争议的，并无定论。

处于氧化态 Ni—A 下的镍铁氢酶的 Ni-Fe 间距为 2.7～2.9 Å，它们之间没有化学键；处于 Ni—R 下的 Fe-Ni 间距为 2.5～2.6 Å，仍然没有 Ni—Fe 化学键；处于 Ni—L 态的镍铁氢酶只有两个硫桥，没有第三个桥联，这时在 Ni-Fe 之间存在一个真正的 Fe—Ni 金属键。晶体学或 EXAFS 谱学只能给出原子间距，无法告诉人们 Fe—Ni 键是否存在，而核振能谱学能够研究这个 Fe—Ni 键是否存在的问题。

9.2.2 镍铁氢酶的催化机理

要想理解镍铁氢酶的催化机理，我们必须首先认定一下该酶在催化过程中可能出现的各种反应中间态。根据电子顺磁共振谱 (EPR) 在这一催化反应过程中的变化，人们将它的反应中间态确定为 Ni—A、Ni—B、Ni—SI、Ni—C 和 Ni—R 等几个。其后，人们又获得了这些中间态所对应的特征红外光谱，为人们鉴定样品所处的反应状态提供了更加方便的途径。除了这些自然态以外，人们还可以对氢酶的 Ni—C 态或其 CO 结合态进行可见光光解从而获得它的 Ni—L 态。各态之间的氧化还原关系如图 9.3 所示。

当氢酶在隔绝空气的情况下氧化时，就会自行产生 A 态、B 态和总自旋为零 (EPR 不响应) 的 SI 态，其中 A、B 态是氢酶的非活性态 (Nonactive State)，它们不参加催化反应的循环过程，在图 9.3 中用红色表示。其中，处于 Ni—A 态的镍铁氢酶只有在强还原剂作用下，或者在氢气中培养数小时之后，才能被缓慢地活化，因此称之为非就绪 (Unready) 的未活性态；而与此不同，处于非活性的 Ni—B 态的镍铁氢酶则只要经数秒的氢气培养即可立即被活化，因此称之为就绪 (Ready) 的未活性态。就绪就是随时可以被活化的意思。

Ni—SI 态又可以分为 SU、SIr 和 SIa：前两者仍是非活性态 (图 9.3 中将其标示为红色虚线框)，后者则是活性态 (图 9.3 中标示为绿色虚线框)。镍铁氢酶催化循环中的 3 个活性态 (Active State) 分别是 Ni—SIa 态、Ni—C 态和 Ni—R 态，它们在图 9.3 中均为绿色。其中 Ni—R 态还可以分为三个子态 R、R′ 和 R″，它们全都是活性态。

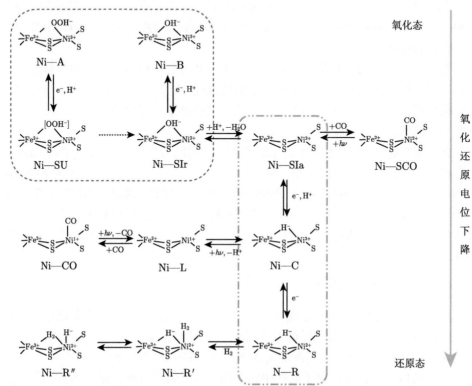

图 9.3　镍铁氢酶在催化反应中的各种中间态及相互关系示意图：红色虚线框内为非活性态，
绿色虚线框内为活性态，Ni—CO、Ni—L 和 Ni—SCO 为人为生成的态

　　综述来说，镍铁氢酶从 SIa 态开始正式加入了催化循环过程。当人们将 SIr→
SIa 的样品继续在氢气中进行培养时，氢酶会出现一个电子的还原，产生光敏的
Ni—C 态。Ni—C 有一个 $S = 1/2$ 的 Ni^{3+} 离子和一个在 Fe 和 Ni 之间的 H^- 桥
配位。这也佐证了 H_2 之间的键合很可能是在 [NiFe] 活性中心上被打开的 (正反
应) 或形成的 (逆反应)。

　　在 Ni—(A 或 B)→SIa→C→R 的过程中，样品的 EPR 谱显现活性 → 非
活性 → 活性 → 非活性之间变化，活性中心金属 Ni 的价态变化被普遍认为是
$Ni^{3+} \rightarrow Ni^{2+} \rightarrow Ni^{3+} \rightarrow Ni^{2+}$，而 Fe 则始终保持为低自旋态的 Fe^{2+}。

　　读者们可能已经注意到，图 9.3 中还包括了几个在黑色的态，比如 Ni—CO、
Ni—SCO、Ni—L 等，它们是人为生成的中间态，在自然情况下并不存在。比如，
由于人们对氢酶结合氢气的机理尚不清楚，而 CO 可以与氢酶形成较 H 更为稳

定的 "中间态"，Ni—CO 可以作为氢酶结合氢气或质子等底物的中间态的替代模型；另外，对处于 Ni—CO 或 Ni—C 态的氢酶进行可见光光解是目前可以得到 Ni—L 态的唯一途径。而人们获得较好、纯度较高的 Ni—CO 样品会比获得同样水准的 Ni—C 样品要容易得多。这样，Ni—CO 又成为有可能获得 Ni—L 的重要而不可缺少的一个工作状态。

Dole 等提出了比较有可能的几种催化机理，其第一个机理是：经过氢气的初步活化，镍铁氢酶由 Ni—A、Ni—B 态分别经 SU、SIr 态到达活性态的第一步 Ni—SIa 态；处于 Ni—SIa 态的活性中心在氢气进一步作用下，先形成 Ni—R 态；再放出 H$^+$ 和电子，实现 H$_2$ 的氧化裂解，并通过单电子转移将 Ni—R 进一步氧化成 Ni—C；而 Ni—C 进一步通过单电子转移又被氧化并再次放出一个 H$^+$ 和一个电子，回到 Ni—SIa 态，完成一个催化循环。这就是镍铁氢酶氧化 H$_2$ 分子的整个过程，如图 9.4 所示。如果是催化 H$^+$ 和电子生成 H$_2$ 分子的产氢反应，则态的变化顺序变为顺时针方向的 Ni—SIa→Ni—C→Ni—R。在这些过程中，活性中心的 Ni 会产生价态的不断变化。

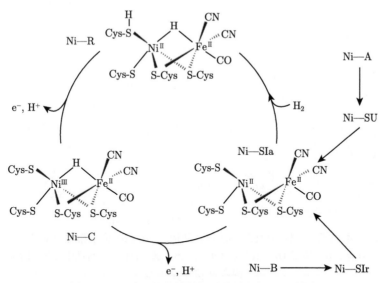

图 9.4　一种可能的镍铁氢酶的催化机理示意图

虽然以上机理为主流认识，但还有第二种反应机理的可能性。第二种机理不涉及 Ni 或 Fe 的价态变化，H$_2$ 或 H$^-$ 化合物能迅速转化成质子化状态，电子从活性中心转移出来也非常快，并且伴随有质子的转移。这两个机理的不同之处的关键点在于：第一个机理中有稳定的金属氢化物中间体的生成，而第二个机理中没有这样的金属氢化物中间体，因此核振散射对 ^{57}Fe 同位素的测量可以确定中间态是否存在 Fe—H 结构，并用于对这些机理进行选择判断。

9.2.3　铁铁氢酶的中心结构

铁铁氢酶是在细菌和真核生物中发现的。一般情况下，铁铁氢酶是由一个含双铁的活性中心 $[2Fe]_H$ 和若干个铁硫簇组成的。比如，在 *Clostridium pasteurianum* HydAI 中的铁铁氢酶 (或简称 *Cp*I 氢酶) 的总体晶体结构如图 9.5(a) 所示。其中含有位置上离活性中心分别为近、中、远的三个 $[Fe_4S_4]$ 簇 [(b)~(d)]；而且在近、中两个 $[Fe_4S_4]$ 簇之间还另有一个 $[Fe_2S_2]$ 簇 (e)，其中没有 $[Fe_3S_4]$ 簇。这些铁硫簇的组分与某些镍铁氢酶 (如 SH 氢酶) 的组分类似。它的活性中心是 H 簇，在英文文献中称为 H-cluster。它含有一个 $[2F]_H$ 中心，并通过一个半胱氨酸中的 S 与一个位置特殊的 $[Fe_4S_4]_H$ 相连，如图 9.5(f) 所示。虽然结构类似，这个 $[Fe_4S_4]_H$ 与上面讲到的几个 Fe—S 簇的作用有所不同，它与 $[2F]_H$ 中心有紧密的联系。

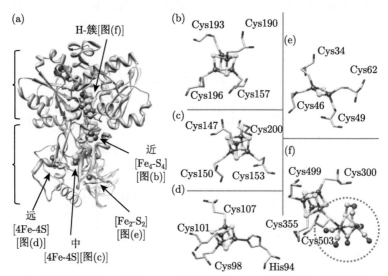

图 9.5　*Cp*I 氢酶的晶体结构示意图：(a) 整体结构；(b)~(d) 位于相对于 H 簇近、中、远位置处的 $[Fe_4S_4]$ 簇；(e) 位于 (b)、(c) 之间的 $[Fe_2S_2]$ 簇；(f) 作为活性中心的 H 簇，其中虚线圆内为 $[2Fe]_H$ 中心

在 1998 年和 2000 年，Peters 研究组先后测得 *Cp*I 氢酶处于 H_{ox} 态 (1.8 Å 分辨率，简称为结构 A) 和处于 $H_{ox}CO$ 态 (2.4 Å 分辨率，结构 B) 的单晶结构。而两者中的 H 簇的总体结构则非常接近，均由一个 $[Fe_4S_4]_H$ 簇和一个 $[2Fe]_H$ 中心组成，如图 9.6(a)、(b) 所示。A 和 B 两者之间的差别在于：在 $[2Fe]_H$ 中心，H_{ox} 态中的 H_2O 配位在 $H_{ox}CO$ 态中为一个 CO 所取代。

$[2Fe]_H$ 簇 (也称 $[2Fe]_H$ 中心) 的结构是根据晶体结构的电子云密度图并参考

了红外光谱数据分析而综合得出的。如图 9.6(a)：有几个 CO 和 CN⁻ 双原子基团作为配体与原子 Fe1 或 Fe2 配位；每个 Fe 原子都有 2 个硫桥上的 S、一个端基 CN⁻、一个端基 CO、一个桥基 CO 的配体；其中 Fe1 又通过一个半胱氨酸上的残基 S 与特殊的 $[Fe_4S_4]_H$ 簇相连，形成一个六配位的 Fe，而 Fe2 则为五配位结构，因此可以有一个额外的配位 H_2O (a) 或 CO (b)。两个 Fe 原子之间还有一个二硫配体桥联，但它们并非是半胱氨酸的残基，因此 $[2Fe]_H$ 簇不与任何氨基酸相连，有可能进行无机合成和人为插入。$[2Fe]_H$ 中心总体呈蝶状，看上去与镍铁氢酶的 [NiFe] 中心有些类似。但除了两个金属全为 Fe 之外，不同之处还在于：镍铁氢酶中的 [NiFe] 中心连接着 4 个蛋白链上的半胱氨酸，而铁铁氢酶中的 $[2Fe]_H$ 中心只连接有 1 个这样的半胱氨酸。最近的一些研究认为：以上的这种结构差别可能是镍铁氢酶能够更好地抵御氧的侵袭而铁铁氢酶则十分怕氧的部分原因。

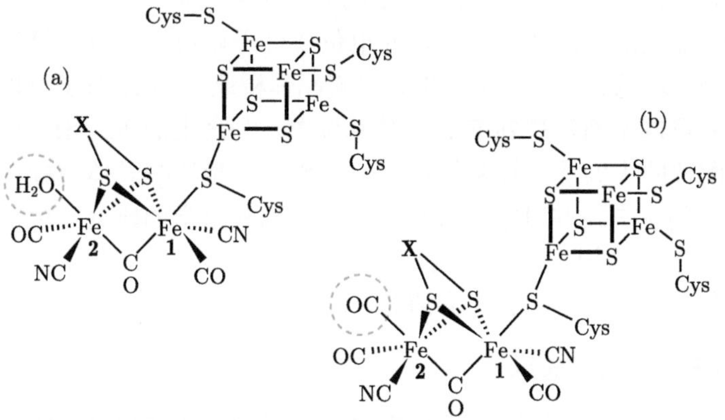

图 9.6 铁铁氢酶 *Cp*I 的活性中心 H 簇的晶体结构：(a) H_{ox} 态；(b) $H_{ox}CO$ 态。两者的主要区别在于 Fe2 上的额外配位是 H_2O [(a)，虚线圆中]，还是 CO [(b)，虚线圆中]

Peters 和 Lemon 认为 CO 对铁铁氢酶的抑制是可逆的，将氢酶置于 CO 氛围中可得到处于 $H_{ox}CO$ 态的氢酶，而 $H_{ox}CO$ 态在低温下光照则可发生光解，返回 H_{ox} 态。他们通过 EPR 谱学实验成功地跟踪证实了这一可逆的反应过程，并与之前 Kempner 和 Kubowitz 等的发现基本一致。

1999 年和 2001 年,Fontecilla-Camps 课题组又先后发表了从脱硫弧菌 (*Desulfovibrio desulfuricans* ATCC7757, *Dd*H) 中分离得到的分别处于 H_{ox} 态 (1.6 Å 分辨率, 结构 C) 和 H_{red} 态 (1.85 Å 分辨率, 结构 D) 的铁铁氢酶的单晶结构。结构 C 和 D 与结构 A 和 B 十分相似，它们的不同之处仅在于：D 是人们第一次得到的 H_{red} 态的晶体结构。其电子密度显示：原来位于 *Cp*I H_{ox} 和 H_{ox}—CO 态中 Fe2 原子上的第 6 个配位为端式 H_2O 或 CO 配位，可能被 H_2 或 H⁻ 占据取代；另外，在对 *Dd*H 氢酶的 H_{ox} 态晶体结构的研究中，人们第一次提出了铁铁氢酶中的二硫配体桥应为氮杂丙二硫桥 (azadithiolate 或简写为 adt^{2-}) 结构的推论，它的分子式定为 $[(SCH_2)_2NH]^{2-}$。这一推论被后来的理论计算进一步佐证。

9.2.4 铁铁氢酶的催化机理

一般认为，铁铁氢酶活性中心的 $[2Fe]_H$ 子簇中的 Fe2 为产氢反应发生的潜在位点，H_2 或 H^- 形成第 6 个配位；Fe2 被大量的疏水基团包围，从而避免与样品的溶剂接触；结构上，Fe2 由于空间位阻小，某些配体也可能容易被 H^- 取代形成一个端基的 Fe—H 结构。这一端基的 Fe—H 结构与镍铁氢酶中形成的桥基 Ni—H—Fe 结构有所不同；这一推论为我们的核振散射谱学所证实。

在一个催化还原 $H^+ \rightarrow H_2$ 的产氢的过程中，可能涉及多步途径，而非一步完成。其中之一的推测机理为：首先是水分子被一个空位所取代；接着是在 H^+ 存在的情况下，形成 Fe—H$^-$ 末端配位中间体；接着再质子化，加一个 H^+，从而形成 Fe—H$_2$ 配位的中间体；在一定的电位条件下就可以释放出氢气，完成一个产氢催化循环。理论计算的研究表明，二硫配体桥联上的 N 原子可以作为 H^+ 的结合位点，并可以不断转移到 Fe2 的端基位置，与之上的 Fe—H$^-$ 产生作用，形成 Fe—H$_2$ 配位的中间体，往复循环。但要想弄清楚这些具体过程，人们必须确认每一步的中间状态，并对它们进行一一的结构和谱学的研究。现在，人们萃取和研究了 Fe—H$^-$ 结构，但还未能获得关于 Fe—H$_2$ 的中间体，而有关铁铁氢酶的完整的催化机理目前尚未完全弄清楚。

9.2.5 氢酶中心的化学模拟

针对氢酶，因为还有更多细致的结构、机理等问题需要进行回答，科学家们选择了合成结构相对简单的化学配合物对镍铁和铁铁氢酶的活性中心的结构和机理进行结构、谱学、理论计算等研究。这些将协助人们进一步加深对天然氢酶的结构和催化机理的细致认识，为将来提高天然生物体的产氢效率提供指导。当然，人们对模型配合物研究的最终目的之一还包括用化学方法合成出具有与天然氢酶在功能上相类似的配位化合物，从而实现大规模工业产氢。比如，虽然目前尚未实现，但如果能在人工模拟合成的基础上对模型配合物的金属微观结构进行调变，降低其氧化还原电位，则有可能将其直接用于工业产氢。

Kruger 和 Holm 研究了富含 S 配体的化合物，它们在水中的氧化还原电位 (0.125 V) 有显著的降低，但其数值与天然氢酶的活性中心的氧化还原电位 ($-0.390 \sim 0.640$ V) 相比显然还有很大差距。Koch 等报道了带有 CN$^-$、CO 和 S 配体的铁基配合物 $[Fe(II)(PS_3)(CO)(CN)]^{2-}$：它的 Fe(II) 中心可以在溶液中被可逆地氧化为 Fe(III)。单从配位环境看，该模拟配合物非常接近镍铁活性中心中 Fe 的配位结构。Rauchfuss 等利用甲醛、伯胺和五羰基铁，在温和条件下反应，得到了模拟唯铁氢酶活性中心 $[2Fe]_H$ 结构的一系列双铁配合物, 其中之一如 (μ-SCH$_2$NRCH$_2$S)Fe$_2$(CO)$_6$。它们对于探索铁铁氢酶活性中心的结构、形成过程、配体功能、产氢机理等具有重要的协助作用。同时, 他们对镍铁氢酶的化学模拟也取得了可喜的进展, 我们将在后面各节中结合氢酶核振散射谱学的具体问题进行——介绍。

9.2.6 氢酶的同步辐射能谱学

以同步辐射为基础的现代 X-射线能谱学的一大优点就是它具有很突出的元素甄别性。在核振散射谱学出现之前, 人们已经运用了大量的同步辐射能谱谱学方法来研究氢酶分子的几何结构和电子结构 (指金属价态和其电子自旋态)。以镍铁氢酶为例, 在几何结构方面: [NiFe] 活性中心中 Ni 金属的配位结构如 Ni—S、Ni—O、Ni—Fe 的键长和配位数等可以通过 Ni 的 EXAFS 谱学来加以研究、修正和解释。人们之所以选择 Ni 的 EXAFS 谱学, 而不是选用 Fe 的 EXAFS 谱学来进行研究, 是因为镍铁氢酶中的许多铁硫簇中都有 Fe, 平均的效应很难反映出活性中心的特定状况。而 Ni 只有在活性中心中才有, 而且一个氢酶分子只有一个 Ni, 可以保证其针对性。在这里, 我们略去细节, 仅仅给出有关的配位数和键长的结论如表 9-1 所示, 供参考。

表 9-1　镍铁氢酶的拓展 X-射线精细结构谱学 (EXAFS) 的分析结果

类型	拟合键层数	配位原子	键长/Å	$\sigma^2/(\times 10^{-3} Å^2)$	F
直接分离	1a	4 S	2.19(2)	9.2	258.3
	2a	2 S	2.17(2)	3.1	113.4
		2 S	2.33(5)	11.1	
	3a	1 O	1.91(2)	2.5	40.7
		2 S	2.18(2)	2.7	
		2 S	2.35(5)	9.7	
H$_2$ 还原	1A	4 S	2.22(2)	5.6	605.7
	2A	2 S	2.20(2)	0.7	167.9
		2 S	2.35(5)	5.2	
	3A	2 S	2.21(2)	1.2	76.1
		2 S	2.43(5)	11.4	
		1 Fe	2.52(5)	2.6	
	3B	2 S	2.21(2)	1.0	91.9
		1 S	2.38(2)	1.8	
		1 S	2.66(5)	1.8	
	4A	1 O	2.03(2)	1.4	24.5
		2 S	2.21(2)	1.7	
		2 S	2.47(5)	8.5	
		1 Fe	2.54(5)	1.8	

虽然 Ni—R 态氢酶中的 H⁻ 桥是人们最为关心的问题之一，但由于 H⁻ 质量太小，晶体学或 EXAFS 谱学对它的测量还是无能为力，只能留给核振散射谱学等振动谱学来完成。在众多有关氢酶的 EXAFS 谱学工作中，其一是我们对 Ni、Cu 区间的 X-荧光信号分别积分，并从 Ni 信号中减去少量的 Cu 噪声，因而能够将氢酶中 Ni 的 EXAFS 谱学测量范围成功地延展到 Cu 的 K 吸收限之上，从而得到了更精细的键长数据。我们因此鉴定和发现了：① Ni—A 中存在 OH⁻ 作为第三个桥联；② Ni—R 中的 Ni—S 实际上可以分为两层或三层，而非再早时人们认为的一层。这使得其平均的 Fe—S 键长比原来的结果长很多，与处于高自旋态的而非处于低自旋态的 Ni(Ⅱ) 配合物相吻合，反转了前人的推测结果 (参见文献 [17])。

除了这些几何结构数据之外，氢酶活性中心的 Ni 元素的氧化态和自旋态等电子结构信息也是人们长期关心的话题之一。我们运用 Ni 的 L-边 X-射线近边吸收能谱学 (L XAS)(文献 [19]) 和 Ni 的 L-边 X-射线磁圆二色谱学 (L XMCD)(文献 [20]) 对经氢气还原生成的 Ni—R 和一系列处于其他还原态的镍铁氢酶样品进行了测量研究，结果如图 9.7(a)~(d) 所示。这些 Ni 的 L XAS 能谱都十分明显地具有一个处于高自旋态的 Ni(Ⅱ) 的谱学特征，包括它们在 L_3 处具有明显的主次峰结构和具有较高的强度分支比 $L_3/(L_3+L_2)$。作为对比，图 (d) 中的虚线是在 Ct 型-氧化碳脱氢酶 (CODH) 中具有低自旋态之 Ni(Ⅱ) 的 L XAS 的谱图，它在 L_3 处呈现出明显的单峰结构和具有较低的 $L_3/(L_3+L_2)$ 值。此外，图 (a) 中的虚线代表 Ni—A 中的、拥有低自旋态的 Ni(Ⅲ) 的 L XAS。对比表明：不同自旋态和氧化态的 Ni 具有明显不同的 L XAS 谱图，犹如人的手印一样。

Ni 的 L XMCD 能谱不仅具有同样丰富的谱线结构 [图 9.7(e)~(h)]，而且还可以至少半定量地用图 9.7 的积分数值 A、B、C 值求取 Ni 元素的轨道角动量和自旋角动量的具体数值 (具体请参见文献 [20])。更为形象的是：只有处于高自旋态的 Ni(Ⅱ) 离子才会有 XMCD 谱，处于低自旋态的 Ni(Ⅱ) 离子由于它的自旋 $S = 0$ 而不存在 XMCD 效应：这一规律成为人们选用 XMCD 来鉴定 Ni(Ⅱ) 是处于高自旋态还是处于低自旋态的最可靠的依据之一。请注意：L XMCD 表征的是针对具体元素的自旋量，而 EPR 表征的是代表整个簇骼或分子的自旋量，因此 L XMCD 更加具有元素或位点针对性。我们的 Ni L XAS 和 Ni L XMCD 是第一次发现和指出了镍铁氢酶中的 [NiFe] 中心很可能拥有一个高自旋态的 Ni(Ⅱ)，而非低自旋态的 Ni(Ⅱ)。后来，其他研究组的量子化学理论计算也证实了这一发现。当然，并非所有的实验和理论工作者都同意这一结论，争论还在继续。因此，应用同步辐射谱学对氢酶的研究推进了人们对氢酶的深入认识。

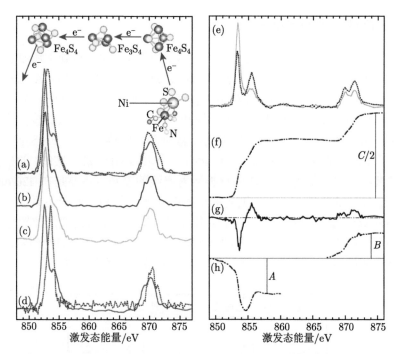

图 9.7 左图为 *Desulfovibrio gigas* 氢酶的 L-边 X-射线近边吸收谱图: (a) 处于 Ni—A 态 (虚线) 和 Ni—R 态 (实线) 的氢酶的谱图; (b) 用连二亚硫酸盐还原获得的还原态镍铁氢酶的谱图; (c) 用 CO 获得的还原态的镍铁氢酶的谱图; (d) 拥有高自旋态 Ni(Ⅱ) 的 Ni—R 氢酶 (实线) 和拥有低自旋态 Ni(Ⅱ) 的 *Ct*-CODH (虚线) 的 L XAS 谱图对比, 右图为处于还原态 的 *Desulfovibrio desulfuricans* 氢酶的 L-边 X-射线磁圆二色谱: (e) 左、右旋 X-射线吸收谱 图; (f) 对左、右旋 X-射线吸收的平均谱图的积分曲线; (g) 左、右旋 X-射线吸收谱图之差, 即 XMCD 能谱图; (h) XMCD 在两个区间的积分曲线

9.3 铁硫簇的核振散射能谱

许多的镍铁或铁铁氢酶分子中都含有各种类型的铁硫簇, 而且往往占据氢酶分子中 Fe 含量的大部分。比如, 在宫崎脱硫小球藻 F(简称 *DvMF*) 的镍铁氢酶中含有两个 Fe_4S_4 簇和一个 Fe_3S_4 簇, 三者共含有 11 个 Fe 原子, 占据 *DvMF* 氢酶中 Fe 原子总数的 11/12。在其他氢酶中, 铁硫簇的比例有时还会更高。因此, 氢酶的核振散射能谱图的主要部分是由铁硫簇的核振散射谱群组成的。人们首先必须对构成强大背景的这些铁硫簇的核振散射谱图进行分析和了解, 然后才有可能在其后鉴定出含量仅仅占 1/12, 或更少的 [NiFe] 中心中的 Fe 原子的核振散射谱图特征。同时, 这些有关铁硫簇的核振散射谱图还与氢酶所处的反应中间态有关, 也是直接研究氢酶氧化还原态的重要工具之一。

9.3.1　对 *DvMF* 氢酶的研究

　　图 9.8(b)，(c) 实线是处于氧化态 Ni—A 态 [(b)，实线] 与处于还原态 Ni—R 态 [(c)，实线] 的 *DvMF* 镍铁氢酶的核振散射的测量谱图，有关 Ni—A 态和 Ni—R 态的介绍，请参见图 9.3。由于铁硫簇中的 Fe 占据镍铁氢酶中总的 Fe 含量的绝大部分，氢酶的核振散射能谱在总体上的基本特征与几种铁硫簇的核振能谱相近甚至基本一致。图 9.8(a) 给出了处于氧化态的 D14C 样品 (含 $[Fe_4S_4]^{2+}$ 簇，虚线) 和处于还原态的 *HiPiP* 样品 (同样含有一个 $[Fe_4S_4]^{2+}$ 簇，实线) 的核振散射谱图，供参考。Ni—A 和 Ni—R 的核振散射谱线的差别也主要是在 420 cm^{-1} 以下的这些铁硫簇的谱线上。对比两者的核振散射谱图得知：处于还原态的 Ni—R 样品中的铁硫簇谱峰能量位置比处于氧化态的 Ni—A 样品的能量位置在总体上要低，特别是在桥联和终端 Fe—S 的伸缩振动谱区。这符合人们的预期，也与其他铁硫蛋白的核振散射能谱相一致，请读者参见 7.4 节和图 7.7。

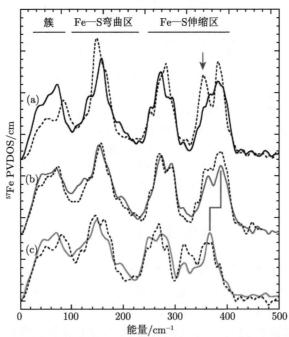

图 9.8　(a) 处于氧化态的 D14C (虚线) 和处于还原态的 *HiPiP* (实线) 的测量核振散射谱图。虽然两者的电荷数相同，两者也都含有 $[Fe_4S_4]^{2+}$ 簇，但它们的几何结构略有不同，造成核振散射图谱细节上的差别；(b) 处于 Ni—A 态的 *DvMF* 氢酶之测量图谱 (实线) 和按一个处于氧化态的 Fe_3S_4 簇，和两个处于 +2 价态的 *HiPiP* 分子的比例加权平均的拟合谱图 (虚线)；(c) 处于 Ni—R 态的 *DvMF* 氢酶的测量图谱 (实线) 和按一个还原态的 Fe_3S_4 簇骼，和两个处于 +1 价态的固氮酶铁蛋白的比例加权平均的拟合谱图 (虚线)

进一步比较图 9.8(a) 中的两个谱图可以看出：虽然具有氧化态的铁氧还蛋白 D14C [(a)，虚线] 和处于还原态的 *HiPiP* 铁硫蛋白 [(a)，实线] 均含有一个 $[Fe_4S_4]^{2+}$ 簇，但后者的谱线显然更接近处于 Ni—A 态的 *DvMF* 氢酶 [(b)，实线]。这一点在 $350 \sim 420 \text{ cm}^{-1}$ 的能谱峰群处显得更突出，这些谱峰处于 7.4 节中讲述过的 C 区。比如，D14C 在 355 cm^{-1} 处的谱峰强度与在 390 cm^{-1} 处的谱峰强度基本持平，而 *HiPiP* 和 *DvMF* 在 355 cm^{-1} 处基本上只有一个斜坡，强度比 D14C 要小很多。如 7.4 节中和在那里引用的文献中讨论的那样，这两个谱峰间的相对强度与蛋白分子中的铁硫簇的几何结构的细节有关：如果蛋白内的 Fe—S—C—C 二面角接近于 $0°$ 或者 $180°$，Fe—S 伸缩振动和 S—C—C 弯曲振动是同面的，它们之间的耦合最强，会使位于 355 cm^{-1} 左右的谱峰明显降低为一个斜坡。*DvMF* 镍铁氢酶和 *HiPiP* 蛋白的情形就是如此，如图 9.8(a) 所示。另一方面，由于 D14C 中的 Fe—S—C—C 二面角在 $19° \sim 90°$，而且有多个这样的二面角接近 $90°$，则 Fe—S 伸缩振动和 S—C—C 弯曲振动的耦合较少，使得 355 cm^{-1} 和 390 cm^{-1} 处的谱峰强度较为接近。

尽管处于还原态的 *HiPiP* 的核振能谱与 *DvMF* 的核振能谱基本相似，但两者还是有一些小的区别。如果我们更细致地按 *DvMF* 氢酶中铁硫簇的组分，按一个 $[Fe_3S_4]$ 簇和两个 *HiPiP* 分子中的 $[Fe_4S_4]$ 簇的比例来加权平均它们的核振散射谱图，则其拟合能谱 [图 9.8(b) 中的虚线] 与 *DvMF* 的实测核振散射能谱 (实线) 基本上是一样的。

处于 Ni—R 态的 *DvMF* 氢酶与处于还原态的 D14C 的核振能谱并不相似，两者在 C 区的峰群上差别比较大 (无图示)，这再次说明两者在 Fe—S—C—C 二面角上的差别可能较大。如果改用 +1 价的固氮酶中的铁蛋白来代表它处于还原态的 $[Fe_4S_4]^{1+}$ 簇，并与处于还原态的 $[Fe_3S_4]$ 簇的图谱按 2:1 的比例进行加权平均，其拟合能谱 [图 9.8(c) 中的虚线] 与 Ni—R 的实测核振能谱 (实线) 比较相像。这些成功的经验拟合使得人们至少可以半定量地拟合推测出氢酶或其他待测蛋白分子中的铁硫簇的组分和类型。而同时对具有不同氧化态的同类蛋白的核振散射能谱进行拟合，则可以使得其关于组分和类型的推论更加可信。如果有兴趣了解更详细的讨论，请读者参见文献 [23](*DvMF* 氢酶的核振能谱) 和文献 [24, 30-32] (其他 FeS 簇的核振能谱)。

9.3.2 对 SH 氢酶的研究

自然界中还有许许多多其他种类的镍铁氢酶，比如被简称为 SH 的可溶性镍铁氢酶。对这一氢酶进行的测序组分分析和元素分析都指出：它大致上可能含有 4 个 $[Fe_4S_4]$ 簇和 1 个 $[Fe_2S_2]$ 簇，没有 $[Fe_3S_4]$ 簇，与 9.3.1 节介绍过的 *DvMF* 氢酶有所不同。但它也是只具有 1 个 [NiFe] 活性中心，这一点与 *DvMF* 氢酶十分类似。

基于文献 [25]，图 9.9 是 SH 的实验核振散射谱图 (a) 和经验拟合谱图 (b) 的对比。在图 9.9(a) 中，实线代表处于氧化态的 SH，类似于 *DvMF* 氢酶中的 Ni—A 态；虚线代表处于还原态的 SH，类似于 *DvMF* 中的 Ni—R 态。图 9.9(b) 中的曲线则分别代表用 [Fe$_4$S$_4$] 和 [Fe$_2$S$_2$] 等簇的能谱对 SH 氢酶能谱进行的经验拟合图：对于氧化态 SH 氢酶，我们选用了 4 个处于氧化态的 D14C 分子和 1 个处于氧化态的 Rc6 分子分别代表 SH 中的 4 个 [Fe$_4$S$_4$] 簇和 1 个 [Fe$_2$S$_2$] 簇进行加权平均；对于还原态的 SH，我们选用 3 个处于氧化态的 D14C、1 个处于还原态的 D14C、半个处于氧化态的 Rc6 和半个处于还原态的 Rc6 的加权平均来进行拟合。从这些相像的拟合能谱，人们可以知道：① SH 的确有 4 个 [Fe$_4$S$_4$] 和一个 [Fe$_2$S$_2$]，没有 [Fe$_3$S$_4$]；② 当氢酶的氧化态发生变化时，SH 中仅仅有一个 [Fe$_4$S$_4$] 簇的氧化态会发生变化，其他 3 个 [Fe$_4$S$_4$] 簇的氧化态没有变化；③ [Fe$_2$S$_2$] 簇在还原过程中只有部分得到还原。我们还在各种可能的范围内进行了其他一系列的组合拟合，发现只有以上这一模型可以得到最接近于测量的 SH 核振散射能谱的拟合能谱。

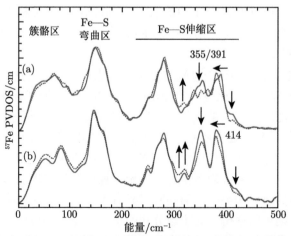

图 9.9 (a) 测量得到的和 (b) 经验拟合得到的可溶性镍铁氢酶 SH 的核振散射能谱：红线代表处于氧化态的 SH 氢酶的实验和拟合图谱；蓝线代表处于还原态的 SH 氢酶的实验和拟合图谱

其中，位于 414 cm^{-1} 的谱峰相对单独地存在于谱图中，未被 [Fe$_4$S$_4$](或 [Fe$_3$S$_4$]) 的谱峰所覆盖，属于 [Fe$_2$S$_2$] 簇的典型特征；因此，它是断定在 SH 中或其他样品中是否含有 [Fe$_2$S$_2$] 簇的重要依据 (参见 7.4 节)。当 SH 由氧化态变化到还原态时，这一谱峰发生了清晰可见的变化，但并未完全消失。我们因此半定量鉴定出 SH 氢酶中的 [Fe$_2$S$_2$] 簇只是部分 (比如 50%) 被还原的事实。如果我们假设 SH 中不存在 [Fe$_2$S$_2$] 簇,则无论如何拟合,也无法得到这一谱峰。对于 400 cm^{-1} 以下的谱图,如果我们假设有两个或两个以上的 [Fe$_4$S$_4$] 簇在 SH 氢酶的还原过程中被还原,则拟合的整体谱图的谱形变化量不会与实验测量的能谱图的变化量相吻合。最后,如果考虑加入或换入一个或多个 [Fe$_3$S$_4$] 簇骼,其核振能谱也会有所不同。经过细致的拟合比较,我们因此得出 SH 不含或至少不大可能含有 [Fe$_3$S$_4$] 簇的结论。当然,因为换入 [Fe$_3$S$_4$] 对拟合谱线的影响较为复杂,特征不十分突出,还需要对比氧化态和还原态的谱图,进行综合判断。

最后,因为 SH 和 *DvMF* 氢酶都是各自含有一个几乎一样的 [NiFe] 中心,它们都具有大致相似的 Fe—CO、Fe—CN 结构,我们可以假设它们的 Fe—CO 核振散射强度是相同的,并将两者的 Fe—CO 谱峰强度对齐。此时,它们在 FeS 振动区的总强度应该大致正比于其中含有的铁硫簇中的 Fe 原子的总和。这样重新归一的两个氢酶的谱图如图 9.10 所示:在 Fe—CO 谱峰强度对齐的前提下,SH 氢酶 (深色) 和 *DvMF* 氢酶 (浅色) 在 FeS 振动区的积分强度之比大约为 1.55,非常接近于它们含有的铁硫簇骼中的 Fe 原子总数之比:18/11 = 1.64。这也再次佐证了我们关于 SH 含有 4 个 [Fe$_4$S$_4$] 和 1 个 [Fe$_2$S$_2$] 簇骼的推测 (参见文献 [25])。

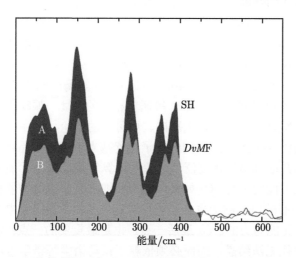

图 9.10 将 Fe—CO 部分的谱图对齐后,宫崎脱硫小球藻 F 镍铁氢酶 (*DvMF*,浅色) 和可溶性镍铁氢酶 (SH,深色) 的核振散射谱积分强度的比较

过去,人们用 EPR 谱学测得过处于还原态的 SH 氢酶中的 [Fe$_4$S$_4$] 簇骼数目仅为 1 或 2,这与由 DNA 组分分析得出的总共有 19 个 Fe 原子的结论相差甚远,因此长期备受质疑。实际上,因为 EPR 无法测量电子自旋数 S 为整数的簇

骼，因而根本无法测得氢酶中全部的铁硫簇数目。现在我们综合引用核振散射数据可知，在 SH 中，只有那个被还原的 $[Fe_4S_4]$ 簇骼拥有 $S = 1/2$ 的电子自旋态和 EPR 谱学信号，而其他处于氧化态的 $[Fe_4S_4]$ 簇骼没有 EPR 信号。基于同样的原因，EPR 谱学也无法测量处于氧化态的 SH 氢酶。虽然图 9.9 的拟合仅仅是纯粹的经验拟合，但它为人们提供了用结构相似的铁硫簇来拟合分析氢酶中的铁硫组分的理论基础。我们这里的拟合判断是人们第一次对 SH 氢酶中的铁硫组分的全部、完整的鉴定，同时也是第一次将核振散射谱学应用于对未知生物分子中的铁硫簇骼的类型和含量的定量分析。

9.4 镍铁中心的核振散射能谱

基于从 20 世纪 90 年代以来一系列有关氢酶晶体结构的报道，[NiFe] 中心的几何结构已经基本清楚。晶体学上的成功虽然对理解氢酶的结构至关重要，但它并非是研究工作的终点，而往往是人们进一步深入探索复杂问题的新起点。

晶体学数据为进一步研究氢酶中心金属的配位结构、电子结构和酶的催化反应机理等细节提供了条件，同时也提出了需要进一步理清的新问题。这时人们就需要其他谱学方法的帮助，比如：① 在几何结构方面，一开始的晶体学数据认为 *DvMF* 的 [NiFe] 活性中心中有两个 CO 和一个 CN^-，而不是如 *Desulfovibrio gigas* 中的两个 CN^- 和一个 CO。然而，CO 和 CN^- 在 X-射线晶体学中实际上是很难区分的，因此可能有错误。后来人们根据红外光谱信息最后还是修订为具有两个 CN^- 和一个 CO，与 *Desulfovibrio gigas* 氢酶的结构相同。对于 C、N、O 这些质量相近的原子和 CN^-、CO 等质量相近的基团，振动光谱学将会获得比晶体学数据或 EXAFS 谱学数据更准确、更可靠的结论。② 由于 H/D 等超轻原子对 X-射线的散射强度极低，它们的原子位置基本上很难由晶体学或 EXAFS 谱学直接给出，而是必须借用密度泛函理论的计算等辅助措施才能推定。而振动谱学将可以弥补这方面的不足。③ 如果人们想要细致了解氢酶的催化机理和催化步骤，对 [NiFe] 中心的电子结构也必须进行研究。晶体学对研究电子结构是非常间接的，或者说是无能为力的。④ 最后一点，也是最重要的一点：氢酶的各种关键的反应中间态往往无法结晶，因而必须依赖于振动谱学等谱学方法对溶液样品或冷冻溶液样品进行研究。

对生物分子进行振动谱学的研究可以对这些系统的结构做出更细致的鉴定和必要的补充，在对于氢酶的研究上也不例外。这些补充包括化学键中原子的种类，比如上段中描述的 C、N、O；化学键是单键、双键，还是三键；中心原子的氧化态和电子自旋态等。因此，振动谱学特别是具有 ^{57}Fe 同位素甄别能力的核振散射谱学在研究氢酶分子方面将会十分有用。我们下面系统地介绍如何从总的核振散射谱图中辨认、萃取出针对 [NiFe] 中心的核振散射谱峰，并对处于几个中间态的 [NiFe] 中心结构进行分析讨论，有关这些中间态的定义和介绍，请读者参见图 9.3。

9.4.1　Ni—A 态

由于只有在 [NiFe] 中心中的 Fe 原子才存在 Fe—CO 键，Fe—CO 的核振散射谱峰具有额外的位点甄别性，可以专门用于测量和表征氢酶的 [NiFe] 中心，这对于理解镍铁氢酶的反应机理往往具有相当重要的意义。我们首先选择处于原生态 Ni—A 态的酶和处于催化反应中具有最低电位的 Ni—R 态的酶来进行核振散射的测量，并进行比较和讨论。然后再转入对其他反应中间态的讨论。

在多数氢酶中，FeS 簇骼占全部 Fe 元素组分的绝大部分，而与 Fe—CO 有关的 Fe 仅占全部 Fe 元素的 1/12 ($DvMF$ 氢酶) 或更少的比例。加之高能区的散射强度较低能区为小，使得 Fe—CO 的谱线强度相对 Fe—S 的谱线强度要弱很多，测量难度要大很多。好在有关氢酶 Fe—CO 的振动谱线出现在 $600\ \mathrm{cm^{-1}}$ 左右或以上的区间，比任何有关 Fe—S 之振动的能量位置要高得多，使得两者的核振散射谱峰在能量位置上很容易辨认：这为有可能测量到微弱的 Fe—CO 振动信号提供了理论上的可能性。当然，生物大分子的溶液浓度通常较低，加上大量铁硫簇组分产生的巨大谱峰还是会带来强大的尾部背景计数，使得 Fe—CO 谱峰还是较难测量。

2012 年，在大量研究了各种铁硫蛋白分子和大量含一氧化碳、一氧化氮的模型配合物分子的核振散射谱图的基础上，同步辐射生物能谱学专家克莱默教授 (Cramer) 和他领导的研究团队率先发表了对 $DvMF$ 镍铁氢酶中 Fe—CO 和 Fe—CN 振动的核振散射的研究结果，如图 9.11(c)、(d) 所示：图 (c)、(d) 中的两条红线代表对 Ni—A 态氢酶的测量谱图；(d) 中的绿线代表对 Ni—R 态氢酶的测量谱图。相关的，(a) 代表对两个氢酶模型配合物分子的测量谱图；(b) 代表用简正模态分析对这些配合物的测量谱图的经验拟合谱图；(c) 中的细黑线则代表用简正模态分析对 Ni—A 的测量谱图的经验拟合谱图。有关这些分析的详细描述，请参见文献 [23]。

在当时的样品浓度和束线强度等条件下，核振散射在 Fe—CO 区域的平均计数水准在 $0.06\sim0.08\ \mathrm{s^{-1}}$，约 1.5 倍于核振散射测量的基础噪声水准 ($0.04\ \mathrm{s^{-1}}$)，因此我们的测量在当时还是十分困难的，而且需要用很长时间来积累计数和获得可以接受的信噪比。现在，由于 BL09XU 的光束强度上升了不少，而在 BL19LXU 上人们可以获得相当于 BL09XU 强度 3~4 倍的光束强度；同时，样品的浓度也从 $1\ \mathrm{mM}^{①}$ 上升到了 4 mM，使得 Fe—CO 的实际计数强度很容易达到 $0.8\sim1.0\ \mathrm{s^{-1}}$

---

① M 代表 mol/L。

的水平，20 倍于测量的基础噪声，现在应该很容易获得高质量的 Fe—CO 谱图。读者或已发现：Ni—R 的图谱质量要比 Ni—A 好得多。这正是由于此处引用的 Ni—R 图谱是后来重新测量的结果，而 Ni—A 图谱则是最初的测量结果，此后没有再次进行过长时间的测量。

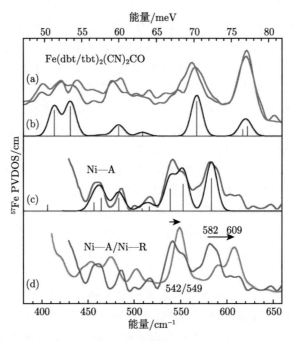

图 9.11　宫崎脱硫小球藻 F (*DvM*F) 镍铁氢酶与模型化合物的核振散射能谱图的综合比较：(a) 模型分子 Fe(dbt)$_2$(CN)$_2$CO(紫色线) 和 Fe(tdt)$_2$(CN)$_2$CO(蓝色线) 的实测核振散射谱图；(b) 为针对 (a) 中谱图进行的、运用简正模态分析获得的计算谱图；(c) Ni—A 氢酶的核振散射的测量谱图 (红色线) 和对其进行简正模态计算的拟合谱图 (黑色线)；(d) Ni—A 氢酶 (红色线) 和 Ni—R 氢酶 (绿色线) 的核振散射的测量谱图。图 (d) 中数字和箭头表示 Fe—CO 谱峰的能量位置和位移方向

　　图 9.11(a) 为对两个镍铁氢酶的模型配合物的核振散射谱图。尽管这两个模型配合物中没有 Ni，而且它们与 *DvM*F 氢酶中的 [NiFe] 中心的整体结构相差还是较大，但它们同样具有两个 CN$^-$ 和一个 CO，其结构与 [NiFe] 中心中 Fe 的配位结构高度相似。通过谱图对比可知：模型配合物分子的 Fe—CO 谱峰与 *DvM*F 氢酶的 Fe—CO 谱峰在分布和轮廓上较为相近，只是谱峰的具体能量位置有些区别。而两个模型分子本身的差别仅仅在于 tbt 比 dbt 多了一个质量较大、转动矩较大的 CH$_3$ 基团，因此两者的图谱在 Fe—CO 和 Fe—CN 区间是基本一致的。

接着, 我们运用简正振动模态分析成功地对模型分子 (b)、Ni—A[(c), 黑细线] 和 Ni—R (无图) 的核振散射谱图进行了成功的经验拟合。

在 Ni—A 态氢酶的谱图中, 位于 542 cm^{-1} 处的谱峰为 Fe—CO 的伸缩振动, 而频率更高的 582 cm^{-1} 的谱峰为 Fe—CO 的弯曲振动。这是由于 Fe—CO 上反馈 π 键的作用, 使得弯曲振动比伸缩振动更加困难, 因而具有更高的能量。这一现象在许多含 Fe—CO 的配位化合物中或类似的生物金属中心中都能见到, 比如: 我们在第 7 章中讲过的 MbCO 和单铁氢酶中的 Fe—CO 弯曲振动都比其伸缩振动具有更高的能量。

对于处于氧化态的 SH 氢酶, 我们还分别测量了经过 ^{13}CO 标记的 SH 样品 [图 9.12(b)] 和未标记的 SH 样品 (a) 的核振散射图谱 (Fe—CO、Fe—CN) 和两样品对应的红外吸收图谱 [(c)、(d), C═O、C≡N]。由于人们是使用 ^{13}CO 气体对样品进行标记的, 因此只有 CO 中的 C 被标记为 ^{13}C, 而 CN 中的 C 应该没有被标记, 这样, 存在频率位移的谱峰就一定是与 CO 有关的谱峰, 而那些在 450 ∼ 550 cm^{-1}、不随 ^{13}CO 标记而位移的谱线则被推测为与 Fe—CN 有关的核振散射谱峰, 使得两者的谱线分得一清二楚, 一目了然。这是人们对氢酶活性中心的 Fe—CO、Fe—CN 振动谱线的第一次纯实验性鉴定 (文献 [25])。

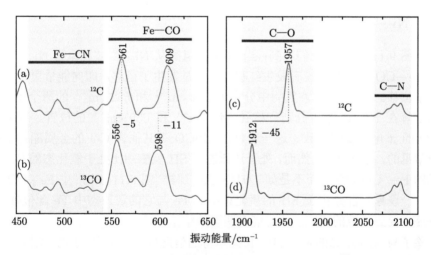

图 9.12 处于氧化态的可溶性镍铁氢酶 SH 中的振动频谱图: (a) 未做 ^{13}CO 标记样品的核振散谱图; (b) ^{13}CO 标记样品的核振散谱图; (c) 未做 ^{13}CO 标记样品的红外吸收谱图; (d) ^{13}CO 标记样品的红外吸收谱图

在核振散射谱学出现之前, 由于 Fe—CO 的振动频率处于水溶液的非透过区, 人们无法对其进行远红外光谱的测定; 而许多氢酶的活性中心又具有光化学反应特征，因而无法对其进行拉曼散射测量。Sipro 研究组以 MbCO、MbNO 和 MbO$_2$ 为例，长期研究和获得了 C=O、N=O、O=O 的红外振动频率与 Fe 和这些基团之间 (如 Fe—CO) 的拉曼散射频率的关联图。人们在无法直接测量的时候，可以根据 Spiro 等得出的关联图和由红外谱学测定的 C=O 频率来推测 Fe—CO 的谱峰位置。然而，Fe—CO 和 C=O 之间并非总是互补的关系，其定量关系更是很难直接套用到许多未知的系统上。因此，核振散射谱学的出现开辟了在实验上直接测量和研究氢酶中 Fe—CO 振动和结构的新途径。

对比 *DvMF* 和 SH 这两种镍铁氢酶同处于氧化态的样品的核振散射谱图，可以看出：它们的 Fe—CO 核振散射谱线明显处于不同的能量位置：*DvMF* 氢酶在 542 cm^{-1} 和 582 cm^{-1} 的位置 [图 9.11(c)]；而 SH 氢酶在 561 cm^{-1} 和 609 cm^{-1} 的位置 [图 9.12(a)]，明显高于 *DvMF*。一种可能的情况是 SH 的实际氧化还原状态并不十分清楚，SH 与 *DvMF* 在氧化还原态上可能有着真实的区别。但更有可能的情况是两者的局部配位结构不相同。现在已知 *DvMF* 的活性中心的 Fe 为 5 配位结构，而 SH 活性中心的结构尚未确定，某些研究已经认为它的 Fe 是 6 配位的。更细致的讨论可能需要进行理论分析，或综合其他谱学的研究结果进行对比。但核振散射能谱至少有能力在实验上发现两种镍铁氢酶在 Fe—CO 振动上有着这些细致的区别，这再次展示了这一谱学方法的优越性。

9.4.2　Ni—R 态

在图 9.11(d) 中，我们看到：当 *DvMF* 氢酶从 Ni—A 被还原为 Ni—R 之后，它的 Fe—CO 频率位置没有发生红移，反而是发生了蓝移，即向能量更高的方向产生了位移。在 Ni—A 态氢酶中分别为 542 cm^{-1} 和 582 cm^{-1} 的两个 Fe—CO 振动谱峰在 Ni—R 态中分别位移到 549 cm^{-1} 和 609 cm^{-1} 的位置。这主要是 C=O 的 π 电子反馈所致。这一现象在 MbCO 等其他含 CO 的金属配体中也是比较常见的，并不意外。然而，处于还原态的 SH 氢酶却比处于氧化态的 SH 具有更低的 Fe—CO 位置，而不是如 *DvMF* 氢酶那样 [图 9.11(d)] 产生 Fe—CO 的蓝移。这一现象可能是由于 SH 的氧化态中的 Fe 与它的还原态中 Fe 配位数不同。这些还需要更细致的研究，才可能有明确的结论。

除了与 Ni—A 态的对比，Ni—R 态本身的信息也十分丰富。让我们回到 *DvMF* 中的 Fe—CO 谱图。从前的某些实验结果已经推测：Ni—R 态氢酶有可能结合 H$^-$，形成 Ni—H—Fe 氢桥结构。为此，我们对 *DvMF* 样品分别进行了 H$_2$/H$_2$O 和 D$_2$/D$_2$O 的处理，由此生成了 Ni—R(H$_2$/H$_2$O) 和 Ni—R(D$_2$/D$_2$O) 两套样品。这里的 H$_2$/H$_2$O (或 D$_2$/D$_2$O) 是指氢酶被溶于 H$_2$O (或 D$_2$O) 中，并用 H$_2$ (或 D$_2$) 对样品进行活化。虽然当时的目的是想要直接观察 Ni—H—Fe 或 Ni—D—Fe 的振动谱峰，未马上获得成功。但在成功观测到 Ni—H/D—Fe 之前，我们已经能够清晰地看到 H/D 样品在 Fe—CO 和 Fe—CN 区间的核振散射谱图上有着好像是被放大了的、明显不同的特征,而这些谱峰成功地被密度泛函理论的计算所拟合,如图 9.13 所示。

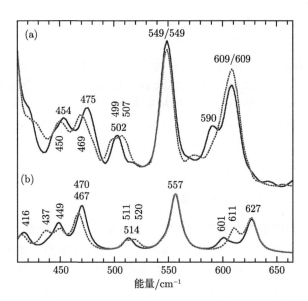

图 9.13　经 H_2/H_2O (实线) 和 D_2/D_2O (虚线) 处理的处于 Ni—R 态的 *DvMF* 氢酶的核振散射的实验测量谱图 (a) 和运用密度泛函理论计算得出的理论谱图 (b)

这样的现象并不奇怪。在第 8 章中讲述固氮酶的核振散射的谱图分析时,我们已经介绍过:在 $188\sim190$ cm^{-1} 附近的谱峰代表着铁钼辅基 FeMo-co 簇骼的整体呼吸振动模态,但它的强度和谱峰形状与铁钼辅基上是否结合 CO 等底物有着密切且灵敏的关系。尽管那时人们直接观测固氮酶上的 Fe—CO 谱峰还很困难,但结合了 CO 等底物的固氮酶在这个 $188\sim190$ cm^{-1} 谱峰上的强度有着十分明显的下降;而当 CO 被光解之后,这个谱峰的强度又恢复到原来 (指没有结合底物 CO 时) 的强度水平。这样,固氮酶核振散射能谱中铁钼辅基的呼吸振动模态的谱峰就可以作为表征 Fe—CO 是否存在的有用证据。同理,氢酶中的 Fe—CO 谱峰形状也会随着镍铁中心是有 H$^-$ 桥还是 D$^-$ 桥而不同,可以作为表征 H$^-$/D$^-$ 桥是否存在的间接证据。

在图 9.13(b) 中,密度泛函理论的计算谱图虽然没有完全拟合 Ni—R 态测量谱图中有关 Fe—CO/Fe—CN 谱峰的每一个细节,但轮廓上的拟合至少可以定性地指导我们对这些谱线的深入认识。由于 Fe—CO/Fe—CN 的振动与 Fe—S 的振动在能量位置上无交集、无耦合,人们可以仅仅对 [NiFe] 活性中心的原子进行理论计算就可以完全理解相关的 Fe—CO 图谱，这样可以大大减少计算量，使得细致的计算成为可能。人们现在知道：位于图 9.13(a) 中 549 cm^{-1} 处的核振散射谱线为 Fe—CO 的伸缩振动频率 ν_{Fe-CO}，它是一个独立、相对尖锐的谱带。在此之前的 454 cm^{-1}、475 cm^{-1} 和 502 cm^{-1} 附近的谱带为 Fe—CO 和 Fe—CN 几种振动模态式的混合谱峰。在 H_2/H_2O 样品 (或简称 H 样品) 中，590 cm^{-1} 和 609 cm^{-1} 附近的谱带为 Fe—CO 的弯曲振动模态；在 D 样品中，它们归一于 609 cm^{-1} 附近的一个单一的谱峰中。这些因 H/D 样品的差异而不同的 Fe—CO/Fe—CN 振动谱图可以基本上归因于 Fe—H 振动和 Fe—D 振动与 Fe—CO/Fe—CN 振动之间会产生不同的耦合。有关 Ni—R 的核振散射研究可以参见原文献 [23，26]。

　　密度泛函计算还可以协助人们从几种猜想的 Ni—R 态结构中确定出最有可能的 Fe 的配位结构和 [NiFe] 活性中心的整体结构。这些需要用到有关 Ni—H—Fe 和 Ni—D—Fe 的能量位置等细节，我们将在第 10 章中专题探讨。

9.4.3　Ni—L 态：Ni—Fe 金属键

　　金属与金属间的键合在有机化合物中还较为常见，某些处于某种还原状态下的金属酶中也会出现金属与金属键合的现象，Ni—L 态镍铁氢酶就是一例。目前，某些实验和理论研究已经指出：在 Ni—L 态中的 Ni-Fe 之间可能存在直接的 Ni-Fe 键。当然，是否存在键合的最直接和可靠的鉴定方法就是通过对其化学键的振动模态进行实验观察：有振动谱峰存在说明有键合，反之则无键合。因此，具有 ^{57}Fe 甄别性的核振散射谱学应该是研究这一 Ni—Fe 键的非常有效的手段。但由于人们尚未获得经 ^{57}Fe 标记的和具有足够纯度、浓度、样品量的 Ni—L 态氢酶样品，如图 9.14(a') 所示。目前尚未见到对 Ni—L 态氢酶直接进行核振散射研究的报道。因此，我们在这里选择讨论一下对 Ni—L 态的模型配位化合物中的 Ni—Fe 键的核振散射谱学研究。

　　现在有这样一个模型分子，它的正离子分子式为 [(OC)$_3$Fe(pdt)Ni(dppe)]$^+$，我们将之简写为 [1]，其中 pdt^{2-} = $^-$S(CH$_2$)$_3$S$^-$；dppe = 1,2-bis- (diphenylphosphino) ethane，它的结构如图 9.14(b) 所示，电子自旋 $S = 1/2$。人们可以合成得到具有两种不同氧化态但几何结构几乎完全一致的两个模型配合物，我们分别用 [1] 和 [1]$^+$ [分别如图 9.14(b') 和 (b) 所示] 或 [1]$^{0/+}$ 来代表它们：前者的镍铁氧化态分别为 Ni(I)Fe(I)，后者为 Ni(II)Fe(I)。由于它们的几何结构与 Ni—L 态的 [NiFe] 活性中心的几何结构 (a') 非常接近，而 Ni 和 Fe 的总电子数也与 Ni—L 态的 Ni(I)Fe(II) 较为相似，因此是目前最理想的 Ni—L 态镍铁氢酶的模型配合物之一。我们在这里略去该分子的化学合成和结构验证等基础工作的细节，仅仅讨论如何运用核振散射谱学对这两个模型分子 [1]$^{0/+}$ 进行的实际测量和理论研究，以及这些工作对将来用核振散射方法直接测量和研究 Ni—L 态氢酶提供的启示。

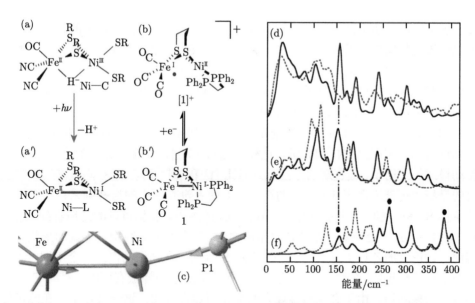

图 9.14 (a) 和 (a') 为处于 Ni—C 态和 Ni—L 态的氢酶镍铁中心的结构示意图；(b) 为处于不同价态的 Ni—L 模型配合物分子 [(OC)₃Fe(pdt)Ni(dppe)]{[1]⁺(b) 和 [1](b')} 的结构示意图；(c) 为位于 158 cm⁻¹ 处表征 Ni—Fe 金属键的振动模态示意图：基本上可以理解为 Fe 和 P 相对于 Ni 的对称伸缩模态；(d) [1](实线) 和 [1]⁺(虚线) 的测量核振散射谱图；(e) 为根据密度泛函理论计算的 [1]/[1]⁺(实/虚线) 的核振散射谱图；(f) 为由密度泛函理论计算得到的在 [1]/[1]⁺(实/虚线) 中各振动模态的动能分布曲线

有关 Ni—L 的模型配合物 (正离子)[1](b') 和 [1]⁺(b) 的几何结构和它们的核振散射谱图 (d) 如图 9.14 所示 (文献 [27])。图 (a)、(a') 分别为处于 Ni—C 态和 Ni—L 态的 [NiFe] 中心结构的示意图：当氢酶发生 Ni—C→Ni—L 的光解反应时，其 Ni—C 态上的氢桥 (H⁻) 消失并放出一个质子 H⁺，余下的两个电子促使 Ni(Ⅲ)→Ni(I) 的反应，呈现 Ni(I)Fe(Ⅱ) 的电子结构。在缺少配位体和富有电子的双重条件下，Ni 和 Fe 之间将形成 Ni—Fe 金属键，补充 Ni 和 Fe 配位的不足。目前，可以取得 Ni—L 态氢酶的方法仅限于光化学和电化学方法。图 (b)、(b') 展示了 Ni—L 态氢酶的模型配合物分子 [1]⁺ 和 [1] 的几何结构和电子价态分布。如上所述，它们具有与 Ni—L 非常相近的几何结构和相似的电子结构，而且 [1] 和 [1]⁺ 的几何结构没有区别，只是价态不同。离子 [1]⁺ 具有 Fe(I)Ni(Ⅱ) 的电子结构，它并无 Ni—Fe 键；[1] 具有 Fe(I)Ni(I) 的电子结构，存在 Ni—Fe 键；而 Ni—L 态的氢酶具有 Fe(Ⅱ)Ni(I)，存在 Ni—Fe 键。

图 (c) 是最可能的 Ni—Fe 键的振动模态。我们先来看看该配合物的核振散射谱图 [图 9.14(d)]，再回来讨论这个振动模态。谱图 (d) 的谱峰主要是集中在 440~630 cm⁻¹ 内的 ν(Fe—CO) 和 δ(Fe—C—O) 等伸缩和弯曲振动谱峰，其谱线位置与镍铁氢酶中的 Fe—CO 谱线位置相似。在 400 cm^{-1} 以下的区间中多数谱线应该是与铁硫有关的 ν(Fe—S)、δ(X—Fe—S) 等振动谱线。与前面讨论的镍铁氢酶的核振谱图不同，这一模型分子的核振谱图在能量较低的 Fe—S 区的谱线强度较低：这显然是与该分子 ([1] 或 [1]$^+$) 中仅仅有两个 Fe—S—Ni 桥而没有任何其他的 Fe—S 簇骼或结构的事实有关。

　　因为人们先前已经有其他理论和实验工作初步认为只有 [1] 中存在 Ni—Fe 金属键而 [1]$^+$ 中没有 Ni—Fe 键，这样，我们鉴定 [1] 中哪些谱峰对应于 Ni—Fe 振动模态的最简单、最直观的方法就是对比 [1] 和 [1]$^+$ 两者的区别：只有 [1] 中独有的谱峰才可能来源于 Fe—Ni 的贡献；而两者没有区别的谱峰则来自于分子中的 Fe—S、Fe—CO 等共有的结构。在图 9.14(d) 中，我们可以清楚地看到 [1](实线) 在 158 cm^{-1} 处有着一个非常突出的谱线。它的位置，特别是尖锐的形状与我们前面讨论过的各种 Fe—S—X、X—Fe—S 等铁硫弯曲振动谱线完全不同，而且只在 [1] 中才出现，在 [1]$^+$ 中没有 [(d)，虚线]，显示该峰极有可能就是与 Fe—Ni 键有关的振动峰。由于金属与金属之间的作用通常较弱，这一鉴定至少在能量位置上是合理的。该样品中相对较弱的 Fe—S 谱峰强度为我们探索这一谱峰提供了良好的条件。

　　比较系统和比较严格的鉴定当然是要通过密度泛函理论的计算拟合来完成的，如图 9.14(e) 所示：实线代表对 [1] 的计算，虚线代表对 [1]$^+$ 的计算，与 (d) 相呼应。对比发现，理论计算 (e) 得到了与我们的实验测量 (d) 几乎一致的谱峰分布和谱图特征，包括 [1] 和 [1]$^+$ 在 158 cm^{-1} 处有无谱峰的差别。在优化的理论计算模型中，这个振动谱峰被鉴定主要是为以 Ni 为中心的 Fe—Ni—P1 的"对称"伸缩振动，居中的 Ni 原子基本不动，而 Fe 原子和 P 原子的位移量都很大，因此有较强的核振散射谱峰。该振动模态如图 9.14(c) 所示。这一振动不是一个孤立、简单的 Ni—Fe—P1 的伸缩振动，而是有一定比例联系到更多的其他振动模态的一个复合振动。这也再一次告诉我们：在一个复杂的系统中，其 Fe—X 振动不可能是完全孤立的，而是要与许多其他振动模态相联系的，当然某一振动有可能占有较大比例；再者就是，在一个 Fe 原子不位于对称中心的系统中，对称的振动模态是有可能存在较大的 Fe 位移和较强的核振散射谱峰的。

　　图 9.14(f) 中实线代表 [1] 中各振动模态的动能分布曲线 (Kinetic Energy Distribution, KED)，虚线则代表各振动模态在 [1]$^+$ 中的 KED。其实，在此 KED 中，振动能量在 158 cm^{-1} 处的分布并不大，仅有 5%，但由于这一振动中 Fe 的位移量大，对核振散射强度的贡献占到与 Ni—Fe 有关的组合振动模态的 77%。具有更大 KED 贡献的振动模态分别位于 268 cm^{-1}、318 cm^{-1} 和 386 cm^{-1} 等几处 [图 9.14(f) 中实线]，但由于其中基本上是 Ni 的位移量大、Fe 的位移量小，它们对核振散射能谱的贡献则较小。我们再进一步综合考虑 Fe—Ni 和 C、P、S 等

原子的耦合，最后得到：在 $220 \sim 360$ cm^{-1} 的能量区间内，与 Fe—Ni 键有关的振动的贡献占该区间总核振散射强度的大约 14%。

晶体学衍射和有关结构的密度泛函理论的计算也得到：具有还原态的 [1] 中的 [Ni(I)Fe(I)] 会有 Ni—Fe 间的相互作用，而处于氧化态的 [1]$^+$ 中的 [Ni(II)Fe(I)] 没有，与我们的核振散射能谱学结果完全一致。

模型离子 [1]$^+$ 与 Ni—L 氢酶的总电子数相同；[1]$^+$ 是 Ni(II) 和 Fe(I)，而 Ni—L 是 Ni(I) 和 Fe(II)。那么，为什么 [1]$^+$ 中没有 Ni—Fe 键合，而 Ni—L 态酶中有 Ni—Fe 键合呢？这主要是因为两者的几何结构不同：模型分子 [1]$^+$ 具有接近于以平面四边形为底的金字塔形的结构，而 Ni—L 态的镍铁中心则接近于类 SF$_4$ 的三角双锥结构 [可参见图 7.11(d)]，而且有一个顶点是空置的 (没有配位)。这样，Ni—L 的电子轨道的位置和排序与 [1]$^+$ 不同，它的 HOMO 轨道含有 Ni 的 d(z^2) 和 d($x^2 - y^2$)，可以提供 2 个电子给 Ni—Fe 成键，而 [1]$^+$ 不行。在模型分子中，[1] 具有 Ni(I) 和 Fe(I)，此时 Ni 和 Fe 都有半满的 d(z^2)-HOMO 轨道，当它们的电子平行重合时正好成键。而 [1] 中的两个金属原子处于准八面体的结构中，与键合要求相符合。当模型分子被氧化后，[1]$^+$ 具有 Ni(II) 和 Fe(I)，此时只有 Fe(I) 的 d(z^2)-HOMO 轨道是半满的，而 Ni(II) 没有半满的轨道，因此 Ni 无法与 Fe 分享电子而成键，不存在 Ni—Fe 键。

从 Ni-Fe 间距上看，Ni—L 态氢酶中的 Ni-Fe 之间的间距为 2.47 Å；配合物 [1] 中的间距也是 2.47 Å；而 [1]$^+$ 中的 Ni-Fe 间距已经达到 2.8 Å，可能超过了可键合的距离。但请注意，原子间距的长短与成键与否不一定有直接的联系，比如：Ni—L 态和 Ni—C 态氢酶都有大约 2.47 Å 的 Ni-Fe 间距，但前者有 Ni—Fe 键，而后者没有。两原子之间究竟是否存在化学键是由原子的外层价电子间的联系所决定的，应该由表征键合电子的振动谱学来进行研究。化学键与原子间距有关系，但不是绝对的。

除了镍铁氢酶之外，金属间的共价键或配位键作用还在其他金属酶中广泛存在着，比如：一氧化碳脱氢酶 (CODH) 中的 Ni—Fe、乙酰辅酶-A 合成酶 (ACS) 中的 Ni—Ni、铁铁氢酶中的 Fe—Fe 等等。金属间键合作用的存在可以稳定低价的金属离子，使得它们处于结合底物、进行催化反应的就绪状态。由于远红外、拉曼光谱不具备特定的元素甄别性，很难细致挖掘金属间较弱的键合，而具有 ^{57}Fe 甄别性又可以从零波数开始测量的核振散射谱学技术是鉴定此类相互作用的最有效的工具之一。此处 (文献 [27]) 讨论的核振散射能谱数据是人们第一次直接观察到的 Ni—Fe 金属键之间的振动，它是实验研究各种生物酶中金属与金属间是否存在键合以及如何键合的一个重要开端。

9.4.4　Ni—C 态

在镍铁氢酶中，Ni—SIa、Ni—C、Ni—R 是催化反应过程中的三个具有催化活性的反应态。它们反复循环，如图 9.4 所示：Ni—C 由 Ni—SIa 态经过一次单电子还原而来，从此态出发再次经一次单电子还原又可以产生电位最低的 Ni—R 态，因而它居于催化循环链的中间，具有承上启下的功能，作用十分关键。EPR 研究指出：Ni—C 态氢酶中的 Ni 的原子的价态为 Ni^{3+}，电子自旋态为 $S = 1/2$，它有可能是结合并分裂 H_2 的关键一步。此外，因为它具有光敏性质，对它进行可见光的光解可以产生前面讨论过的 Ni—L 态氢酶。

目前，对 Ni—C 的核振谱学研究尚无报道。其原因并不是由于谱学本身或是测量条件的局限，而是由于高纯度的 Ni—C 态氢酶很难获得。目前 Ni—C 态氢酶样品的纯度只有 50% 或以下，其余部分多为 Ni—R 态，也混有少量的其他各种反应态。如果是研究它的 Fe—S 特征，(由于信号量大) 人们还可以将半纯的 Ni—C 态谱图和纯的 Ni—R 态谱图相减，从而间接得出 Ni—C 态的图谱。但 Fe—S 区域的谱图对研究 Ni—C 态显然没有太大的意义，人们真正需要的是对它的 Fe—CO/Fe—CN，甚至 Fe—H—Ni、Ni—(H_2)—Fe 等这些微弱或极为微弱的振动模态进行测量。而这些模态的核振散射谱线的强度很低，即便是对于纯度很高的样品进行直接测量，信号的积累也至少需要在 BL19LXU 上测量一天，这已经是极限了。对于非纯态样品的谱图，由于需要求取差值谱，则要求测量的原始数据必须具有更高的信噪比，这基本不可能。总之，人们还在等待和努力获得具有更高纯度和更高浓度的 Ni—C 样品。

当然，具有数倍更高亮度的 X-射线或更加灵敏和更高饱和度的探测器系统等实验条件也可以提供间接的支持，但这些同样需要等待。晶体样品通常可以保证较纯的化学态，且浓度通常也远高于一般的溶液样品，因此选用晶体样品也有助于提高能谱信号。但前提是人们要么能获得足够大的晶体，要么能获得足够小的 X-射线光斑。随着各方面的实验条件不断改善，对镍铁氢酶等小晶体样品的核振散射测量也提上了日程。

虽然 Fe—S 与 Fe—CO/Fe—CN 在核振谱图上并不直接重合，但大量的铁硫簇和相对强很多的 Fe—S 散射还是会给对 Fe—CO/Fe—CN 的核振散射测量带来相对强大的背景计数 (额外的噪声)。人们因此设法或者将氢酶中的铁硫簇分离出去，获得只含活性中心的氢酶大亚基；或者以其他小蛋白分子为起点培养或克隆只包含大亚基的氢酶分子；或者设法操控氢酶的生物合成过程，实现仅仅对活性中心的铁进行 [57]Fe 标记，而非对整个氢酶分子进行均匀标记；无论哪一种操作都可以大大降低核振谱峰谱图的背景计数。这对人们研究那些样品浓度低 (Ni—C)、散射强度也低 (如 Ni—H—Fe 或 Ni—H_2—Fe) 的振动显得尤其重要，而

Ni—H_2—Fe 的能量位置会比 Ni—H—Fe 更低，更接近于 Fe—S 类的振动谱峰。

9.5 铁铁中心的核振散射能谱

许多铁铁氢酶的活性中心 H 簇中的 $[2Fe]_H$ 簇与其他部分的联系只有一个半胱氨酸，结构相对独立，而它的生物合成路径又已经被人们研究清楚，其样品的生物培养或生物合成过程比较容易进行人为干预。人们因此可以有选择地对 $[2Fe]_H$ 子簇 (有时也称 $[2Fe]_H$ 簇) 或整个 H 簇实行 ^{57}Fe 标记，而不是整个氢酶样品进行均匀标记。这样，尽管一个氢酶分子中还是含有很多的 Fe 原子，但只有被标记为 ^{57}Fe 的那一小部分才会有核振散射信号，这样可以避免不必要的 Fe—S 等背景噪声。

9.5.1 对 *Cp*I 氢酶的研究

具体到巴氏梭菌铁铁氢酶 (简称 *Cp*I)，人们已经掌握了它的结构和生物聚合合成机制：相对独立的三个 $[Fe_4S_4]$ 簇和一个 $[Fe_2S_2]$ 簇可以由培养在大肠杆菌 (*Escherichia coli*) 中的造铁硫生物分子合成得到；$[2Fe]_H$ 子簇可以由三个外加的 HydE、HydF、HydG 蛋白合成得到；而与 $[2Fe]_H$ 直接相连的那个特殊的 $[Fe_4S_4]_H$ 子簇的形成机理比较复杂，我们在这里不做详细讨论，将之简单认定为不详。这样，人们可以将三个 Hyd 蛋白在 *Escherichia coli* 培养液之外的 ^{57}Fe 溶液中进行无细胞培养，并合成 $[2^{57}Fe]_H$；然后将 *Cp*I 中去掉 H 簇但包括了没有标记的一系列 FeS 簇的脱辅基蛋白与已经培养好的 $[2^{57}Fe]_H$ 和其他的辅助溶液按一定比例相混合，并在脱氧手套箱中放置 24 小时，让其充分反应。这样，人们至少从原理上有可能聚合合成仅对 $[2Fe]_H$ 中的 2 个 Fe 原子进行 ^{57}Fe 标定的铁铁氢酶样品，从而在测量时突出我们最关心的 $[2Fe]_H$ 子簇并减少 Fe—S 振动贡献的背景噪声。在我们当时的尝试中并没有成功实现仅仅对 $[2Fe]_H$ 进行 ^{57}Fe 标定，但实现了对 6 个 Fe 原子的 ^{57}Fe 标定。

基于文献 [28] 发表的结果，图 9.15 左侧是 *Cp*I 氢酶在 450 cm^{-1} 以下区域的核振散射能谱图 (a)，与分别处于氧化态 (b) 和还原态 (c) 的 D14C 铁硫蛋白 (含 $[Fe_4S_4]^{2+}$ 和 $[Fe_4S_4]^+$ 簇) 的核振散射能谱图 (文献 [24]) 的对比。和我们讨论过的其他铁硫簇的核振谱图相似，在 100 cm^{-1} 以下的低频区谱包主要为蛋白骨架相对于铁原子的大范围运动和氢键等的振动模态；100 ~ 200 cm^{-1} 为与 Fe—S 等有关的弯曲振动；200 ~ 450 cm^{-1} 的谱峰则对应于与 Fe—S 有关的伸缩振动，当然也包含一部分由 Fe—S 弯曲和 Fe—S 伸缩耦合的振动。对比图 9.15 之 (b) 和 (c) 可知：位于 300 ~ 420 cm^{-1} 的两个谱包的谱形和重心位置与蛋白样品的氧化还原状态直接相关。与前面讨论过的镍铁氢酶相似，*Cp*I 氢酶在 450 cm^{-1} 以下的谱峰应该与其中的 FeS 簇有关，与处于氧化态的 D14C 铁硫蛋白 (含 $[Fe_4S_4]^{2+}$ 簇) 的核振能谱最为相近：包括它们在 $152\,cm^{-1}$、$282\,cm^{-1}$、$355\,cm^{-1}$、$383\,cm^{-1}$ 等处的谱峰位置和谱图特征基本吻合。然而，CpI 氢酶的谱包明显比处于氧化态的 D14C 的谱包要宽，而且有多条 "多余的" 谱线存在。这些多出来的谱峰在能量位置上多数又与处于还原态下的 D14C 铁硫蛋白的谱峰位置相吻合。这说明：CpI 氢酶中的 FeS 簇的氧化还原态是混合的，介于氧化态和还原态之间，纯化取得的 CpI 样品中的各个 FeS 簇的氧化还原态并非均匀一致。我们这里不具体讨论每一谱峰的具体属性，而是将主要的谱峰位置列在图中，供读者自行对照参考，重点是从整体上将 CpI 氢酶与处于两个氧化还原态上的 D14C 蛋白进行对比。

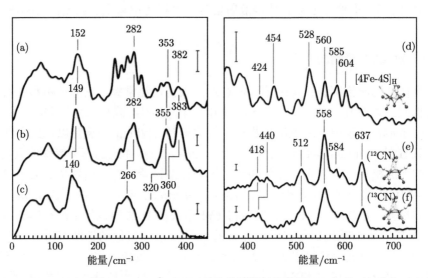

图 9.15　左：CpI 氢酶在 $450\,cm^{-1}$ 以下区域的核振散射能谱图 (a) 与处于氧化态 (b) 和还原态 (c) 的 D14C 铁硫蛋白的核振散射能谱图的比较；右：CpI 在 $450\sim750\,cm^{-1}$ 能量区间的核散射振能谱图 (d) 与模型分子 $[^{57}Fe_2(S_2C_3H_6)(CN)_2(CO)_4]^{2-}$ 的核振散射能谱 [(e) CN；(f) ^{13}CN] 的比较。左图最右边和右图最左边的竖线标尺的长度代表对应的 PVDOS 谱图有 $0.01\,cm$ 的强度

对同一样品的穆斯堡尔谱实验指出：我们用于核振散射实验的、有选择地进行 ^{57}Fe 标记的 CpI 氢酶样品中大约有 6 个 Fe 原子被标记为 ^{57}Fe，其他的 Fe 没有被标记。虽然比较直观的第一猜想是整个 H 簇中的 Fe 被全部标记，而其他 FeS 簇没有被标记，但对同一氢酶样品的 EPR 测量结果表明：被 ^{57}Fe 标记的是 $[2Fe]_H$ 子簇和另外一个普通的 $[Fe_4S_4]$ 簇，而并非 $[Fe_4S_4]_H$ 子簇，这否定了整个 H 簇被标记的简单假想。而因为被标记的那个 $[Fe_4S_4]$ 簇可能是铁铁氢酶中三个普通 $[Fe_4S_4]$ 簇中的任意一个，因此每一个被标记的单个 $[^{57}Fe_4S_4]$ 簇的氧化

还原态可能不完全一样，这与核振散射谱学发现其 FeS 簇为混合氧化还原态的实验结果相符合。这些结论说明：整个 H 簇的合成或交换机理比预想的要复杂得多。但我们至少通过对生物合成过程的控制，实现了减少 ^{57}Fe 标记数目的初步任务。以上这些观察为人们进一步研究 CpI 氢酶的生物聚合合成机理提供了基础和进一步研究的动力。

我们在核振散射谱图中有没有观察到在 $[2Fe]_H$ 之外的其他 $[Fe_2S_2]$ 簇骼呢？答案是否定的。让我们首先回顾一下 7.4 节中和图 7.7(d) 对 $[Fe_2S_2]$ 簇的核振谱图的讨论：在那里，处于氧化态的 Rc6 的核振谱图包含 319 cm^{-1}、340 cm^{-1} 处的主峰和 395 cm^{-1}、420 cm^{-1} 处的两个突出的小峰。其中，主峰与 $[Fe_4S_4]$ 的谱峰重叠较多，无法直观辨别，但 395 cm^{-1}、420 cm^{-1} 处的谱峰则明显在 $[Fe_4S_4]$ 谱峰之外，为 $[Fe_2S_2]$ 簇骼所特有；处于还原态的 Rc6 的核振谱图包含 302 cm^{-1} 处的主峰和 380 cm^{-1}、402 cm^{-1} 处的两个突出的小峰。后两个小峰为 $[Fe_2S_2]$ 簇骼所特有，而且清晰可辨。在 9.3 节中，我们还讨论了 SH 的核振能谱在 414 cm^{-1} 处的谱峰，并据此认为在 SH 中存在 $[Fe_2S_2]$ 簇。但在 CpI 氢酶的核振谱图中，我们没有在 380~420 cm^{-1} 内发现任何相似的、突出的小峰，说明样品当中的 $[Fe_2S_2]$ 簇骼并没有被 ^{57}Fe 标记。

尽管铁铁氢酶和镍铁氢酶有着很明显的差别，但它们的核振散射谱图中的 Fe—S 和 Fe—CO/Fe—CN 信号区都是不重叠的。对于 CpI 氢酶，由于仅仅标记了 6 个 Fe 原子，则 $[2Fe]_H$ 中的 Fe 占据整个已标记 ^{57}Fe 总量的 1/3。相对较高的 $[2^{57}Fe]_H$ 组分使得 CpI 在 ^{57}Fe—CO/^{57}Fe—CN 区间的谱峰显示出较高的信号强度和较为细致的谱线结构。

为了鉴定出 $450 \sim 750$ cm^{-1} 的 CpI 氢酶的谱峰 [图 9.15(d)]，我们将酶的核振散射谱图与 CpI 氢酶的模型分子 $[^{57}Fe_2(S_2C_3H_6)(CN)_2(CO)_4]^{2-}$ 的核振散射谱图 [图 9.15(e) CN；(f)^{13}CN] 进行了比较。通过 ^{13}CN/^{12}CN 模型分子的对比，我们可以明确鉴定出模型分子谱图中有关 Fe—CN 的振动谱线 (其他的为 Fe—CO 振动谱线)。在 CN 配合物中位于 418 cm^{-1} 和 440 cm^{-1} 的这两条谱线 (e)，在 ^{13}CN 标记的样品中红移到大约 400 cm^{-1} 和 422 cm^{-1} 的两处 (f)。由于只有 CN 被标记，因此只有 Fe—CN 的谱线位置才会发生同位素红移，这样：418 cm^{-1} 和 440 cm^{-1} 这两条谱线是与 Fe—CN 有关的振动谱线，而其他能量更高的谱线则为与 Fe—CO 有关的振动谱线。再将模型分子的核振谱图 (e)、(f) 与 CpI 氢酶的核振谱图 (d) 进行对比，我们可以鉴定出 CpI 氢酶中 Fe—CN 的核振散射谱线位于 424 cm^{-1} 和 454 cm^{-1} 处。在这两条谱线里，能量较低的谱线为 Fe—CN 间的伸缩谱线，而能量较高的谱线对应于 Fe—C—N 的弯曲振动。弯曲有着比伸缩更高的频率和力常数，说明此时的弯曲振动具有更大的难度和刚度，这同我们前面介绍过的 DvMF 氢酶中 Fe—CO 的振动情况相类似。同样，对于 CpI 氢酶中的 Fe—CO 也是如此。

从图 9.15(d) 可看出：CpI 氢酶的 Fe—CO 谱线与两个氢酶模型分子的 Fe—CO 的谱线 (e)、(f) 同区间。我们在此至少可见 9 条 Fe—CO 谱线，与前面讨论得到的、关于这个 CpI 氢酶具有混合氧化还原态的推论相符合。同时，$[2Fe]_H$ 中的 Fe1 和 Fe2 均含有端基 Fe—CO，两者之间还有一个桥基 Fe—CO，这些位于不同位置的 Fe—CO 的状况使得它们的振动频率也可能略有不同：这些使得 CpI 的 Fe—CO 谱线分布比 [NiFe] 氢酶中的 Fe—CO 谱线分布要更为复杂一些。

9.5.2 对 CrI 氢酶的研究

Cr-HydA1 结晶性氢酶 (或简称 CrI) 本身就只含一个 $[2Fe]_H$ 子簇和一个 $[Fe_4S_4]_H$ 子簇组成的 H 簇，总共 6 个 Fe 原子。也就是说：它没有任何其他的 FeS 簇。即便是对它进行均匀标记，其 ^{57}Fe 信号也将仅仅来自于 H 簇中的 6 个 Fe 原子，与 9.5.1 节讲过的、有选择标记的 CpI 相同。但我们还是想进一步实现对 $[2Fe]_H$ 子簇的单独标记。另外，我们还想实验另外一种样品标记方法的可行性，即用人工合成的模型分子作为 $[2^{57}Fe]_H$ 子簇的起点，并用生物聚合合成 (Maturation) 法合成整个氢酶分子，如文献 [29] 描述的那样。

比如，我们将经过 ^{57}Fe 标记的配合物 $(Et_4N)_2[^{57}Fe_2(adt)(CN)_2(CO)_4]$ 加入到没有经过 ^{57}Fe 标记的、可以合成氢酶的铁氢酶产氢关键酶 HydA1 中，聚合生成处于 H_{ox}—CO 态的铁铁氢酶样品，如图 9.16 中插图所示。这样的方法使人们可以从经过人工合成的、略微不同的活性中心结构出发，去生成各种特别的氢酶样品。我们首先选择合成和测量 H_{ox}—CO 是因为这一状态最容易得到稳定、均匀、纯度高的氢酶样品。

一个典型的 $[Fe_4S_4]$ 簇的核振散射能谱通常在 $150~cm^{-1}$ 附近具有一个能量较宽的谱包，代表立方烷结构的呼吸振动模式，比如在 CpI 氢酶的核振散射谱图中就有这样的谱包。但我们在聚合合成的、处于 H_{ox}—CO 态的 CrI 氢酶的核振散射谱图中没有发现这一宽频谱包 (图 9.16，红线)，这说明 CrI 中没有任何 $[Fe_4S_4]$ 簇被 ^{57}Fe 标记，那么就只有 $[2Fe]_H$ 子簇被 ^{57}Fe 所标记了。这一鉴定与针对 CrI 氢酶的穆斯堡尔谱学结果相一致。

由于成功地利用生物聚合合成了只有 $[2Fe]_H$ 得到 ^{57}Fe 标记的 CrI 铁铁氢酶，它的核振谱图 (红线) 中的 Fe—CO、Fe—CN 伸缩和 Fe—C—O、Fe—C—N 弯曲振动的谱线变得十分明显，并且与它的合成前驱体 $(Et_4N)_2[^{57}Fe_2(adt)(CN)_2(CO)_4]$ 的谱线 (蓝线) 多数呈重合或相近状 (图 9.16)。

参看 CrI 氢酶的能谱图 (图 9.16，红线)，在 $490 \sim 650~cm^{-1}$ 有 5 个主要的核振散射谱峰，在 $400 \sim 490~cm^{-1}$ 有 2 个谱峰。对比模型配合物的核振散射谱峰 (蓝线) 可知：能量较高的那 5 个谱峰对应于与 Fe—CO、Fe—C—O 有关的振动谱峰，它在从模型分子到 CrI 氢酶的聚合过程中产生了适度红移；而两个能量相对较低的谱峰则是对应于 Fe—CN、Fe—C—N 的振动谱峰，在聚合过程产生了适度蓝移 (图 9.16)。这些变化与模型分子插入合成氢酶并最终转化为 H_{ox}—CO 态的过程中 Fe 的配位环境略有变化有关。

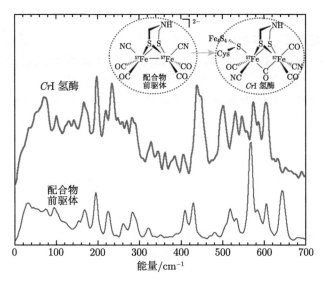

图 9.16　由铁氢酶产氢关键酶 HydA1 生物聚合合成的 CrI 氢酶 (红) 及其作为合成前驱体的模型配合物 $(Et_4N)_2[^{57}Fe_2(adt)(CN)_2(CO)_4]$ (蓝) 的核振能谱图比较。为了方便对比，图中配合物的谱峰强度 (蓝) 缩为其真实谱图的 35%。插图为配合物和 $[2Fe]_H$ 的结构示意图

　　参考已经发表的其他模型分子的核振能谱，$(Et_4N)_2[^{57}Fe_2(adt)(CN)_2(CO)_4]$ 在高能区 653 cm^{-1} 处的谱峰最主要的是有关二羰基合铁 $Fe(CO)_2$ 的伸缩振动模态。在 $^{57}[2Fe]_H$-HydA1 聚合合成的 H_{ox}—CO 态氢酶过程中，这一谱峰消失了，原因是：在配合物 $[^{57}Fe_2(adt)(CN)_2(CO)_4]^{2-}$ 中的两个羰基配体在合成的氢酶中已经消失，导致对应的谱峰消失。另外，$[^{57}Fe_2(adt)(CN)_2(CO)_4]^{2-}$ 的核振散射谱图具有比氢酶谱图较强、较集中、较尖锐的 Fe—CO 谱峰，在 576 cm^{-1} 处的主峰尤其突出。这是由于模型分子通常具有较高的对称性，而氢酶活性中心的分子对称性变低，导致谱线分散而加宽。

　　对比模型分子和 CrI 氢酶的核振散射能谱图还可以看出：在与 FeS 有关的 170 cm^{-1}、198 cm^{-1} 和 326 cm^{-1} 等处，两者的核振散射谱线基本一致，无大的区别。这说明：当模型分子插入聚合 CrI 氢酶时，它的 FeS 结构，即双铁之间的 S 桥结构没有发生什么变化，两谱图主要的变化来源于 Fe—CO/CN 的结构。位于 198 cm^{-1} 处的尖峰与 9.4 节介绍过的 Ni—L 模型配合物 [1] 中的 Ni—Fe 很

相似，因此它很有可能是 Fe—Fe 的金属键。如果要确定其谱峰的属性，人们需要对 H_{ox}—CO 态氢酶的核振散射谱图做进一步的密度泛函理论等量子计算，而不能仅仅根据猜测。

在 H_{ox}—CO 之后，我们还通过生物聚合合成获得了许多处于其他态或其他突变体的铁铁氢酶样品，并对它们进行了有意义的核振散射研究，比如对催化反应循环中两个关键中间态 $H_{red}H^+$ 和 $H_{sred}H^+$ 的鉴定和研究。当然，有关每一种氢酶的具体问题很多，本章只是列举了一些比较突出的重点问题作为例子，并非全面性的总结。有关的一些详细内容，如 CrI 与 CpI 核振散射谱图的比较以及氢酶各态间的比较等等，请有兴趣的读者查看本章后面的 [29, 35] 等文献。另外，本章主要讨论氢酶核振散射图谱的主体结构，其中包括与 FeS 簇和 FeCO、FeCN 等配位结构有关的谱峰，而有关 Fe—H 振动的问题，我们将在第 10 章中专题讨论。

9.6　Fe—CO 核振散射强度的对比

在本章结束之前，我们希望总结对比一下到此为止讨论过的一系列氢酶的核振散射谱图中的 Fe—CO 与 Fe—S 的相对强度。在图 9.17 中，我们对比展示了

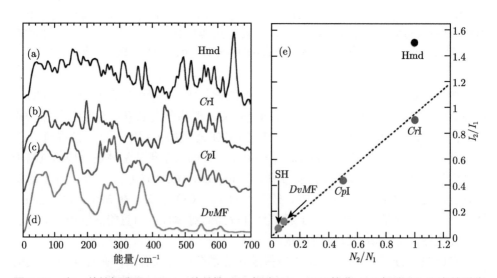

图 9.17　左：单铁氢酶 Hmd(a)、结晶性 CrI 氢酶 (b)、巴氏梭菌 CpI 氢酶 (c) 和宫崎脱硫小球藻 F (DvMF) 氢酶 (d) 的核振散射图谱的比较；右：各种氢酶中 I(Fe—CO):I(Fe—S)(或 I_2/I_1) 与它们对应的 N(Fe—CO): N(Fe—S)(或 N_2/N_1) 的关系图；N 代表对应的 ^{57}Fe 的数目

单铁氢酶 Hmd (a)、仅仅 $[2Fe]_H$ 被标记的结晶性 CrI 氢酶 (b)、有 6Fe 被标记的 CpI 氢酶 (c) 和全部 12Fe 都被标记的 $DvMF$ 氢酶 (d) 这四种具有代表性的氢酶 的核振散射图谱。请注意：一是如同其他核振散射图谱一样，这 4 个图谱的归一 化标准是使得各自的图谱曲线在全能量区间的积分值等于 3，而不是将其最大谱 峰的强度设为 1；二是这里的 Fe—CO 和 Fe—S 分别代表与 FeS 簇和 FeCO 配 位结构有关的伸缩和弯曲振动的总体，而不是仅仅代表伸缩振动。很明显，当与 Fe—CO 对应的 ^{57}Fe 原子数目仅占全部被标记的 ^{57}Fe 数目的一小部分时，Fe— CO 的相对强度很小，很不突出 (d)；而当 Fe—CO 中的 ^{57}Fe 占据可观部分时， Fe—CO 的相对强度很大，很突出 [(a)、(b)]。我们再将图中 Fe—CO 与 Fe—S 的谱峰强度之比 (I_2/I_1) 和对应的氢酶 Fe—CO 中和 Fe—S 中的 ^{57}Fe 数目之比 (N_2/N_1) 进行比较，得到表 9-2 和图 9.17(e)，供参考。

表 9-2　一系列氢酶系统内涉 FeS 簇和涉 FeCO 配位结构的 ^{57}Fe 数目及它们与 Fe—S 和 与 Fe—CO 有关的核振谱峰强度间的比较

样品简称	涉 FeS 簇的 ^{57}Fe 数目 N_1	涉 FeCO 结构的 ^{57}Fe 数目 N_2	比例 N_2/N_1	实测 I_2/I_1
Hmd	1	1	1	1.51
CrI	2	2	1	0.91
CpI	6	2	0.500	0.44
$DvMF$	12	1	0.091	0.12
SH	19	1	0.053	0.07

表 9-2 显示的大致规律是：核振散射强度之比 I(Fe—CO):I(Fe—S) 或 I_2/I_1 与对应的 ^{57}Fe 原子数之比 N_2/N_1 呈单调上升的关系。将这些数据作图 9.17(e) 可知：除了单铁氢酶 Hmd 的情况比较特殊之外，其他样品的 I_2/I_1 和 N_2/N_1 之 间大致呈正比关系。

比如，我们前面的讲到 $DvMF$ 氢酶有一个 ^{57}Fe 与 CO 有关，而有 11 个 ^{57}Fe 与 S 有关，两者比例 $N_2/N_1 = 1/11 = 0.091$，而它们在核振散射谱中的强度比 约为 0.15；对于 SH 氢酶，它的 $N_2/N_1 = 1/18 = 0.056$，核振散射谱强度比为 0.09。$DvMF$ 的 I_2/I_1 值与它的 N_2/N_1 值之比为 $0.12/0.091 = 1.32$，与 SH 的 I_2/I_1 值与其 N_2/N_1 之比的 $0.07/0.053 = 1.25$ 相近。依据这一发现，我们确定了 SH 氢酶中共有 18 个被标记的 ^{57}Fe。

同理，CpI 和 CrI 的对比也是类似的。在 CpI 中我们仅仅用 ^{57}Fe 标记了分 子中的 6 个 Fe 原子，而不是全部的 19 个 Fe 原子。这样，^{57}Fe—CO 在 CpI 核振 能谱图中的比例明显高于 ^{57}Fe—CO 在均匀标记的 $DvMF$ 或 SH 镍铁氢酶中的 比例。在 CpI 氢酶样品中，其测量的 I(Fe—CO):I(Fe—S)(或 I_2/I_1) = 0.44，而 含 ^{57}Fe 原子数目之比 N_2/N_1 为 $2/4 = 0.50$，两者之比为 0.88；而在 CrI 中，强

度比 $I_2/I_1 = 0.91$，^{57}Fe 原子数目比 $N_2/N_1 = 1/1 = 1$，两者之比为 0.91：两个铁铁氢酶都在 0.9 左右。总体上讲，这四个氢酶核振散射谱图中的 Fe—CO 相对于 Fe—S 的核振散射强度比与各自 Fe—CO 和 Fe—S 中含 ^{57}Fe 的原子数之比之间大致符合正比关系，如图 9.17(e) 所示。

当然，仅仅用与 Fe—S 有关和与 Fe—CO 有关的 ^{57}Fe 原子数目来估算两者的核振散射强度之比在计算上并不精确，在概念上也未必正确。真正的、正确的核振散射强度的比例应该通过细致的理论计算和拟合才能获得。但这一简单的大致上成正比的规律给读者提供了一个基于直接观察、粗略估计的半定量概念。这一简单的线性规律应该较好地适用于研究对比结构类似的氢酶，比如：这一规律让我们推测了：① SH 氢酶中含有多少 FeS 簇的问题 (文献 [25])；② CpI 氢酶中有多少个 FeS 簇被 ^{57}Fe 标记的问题 (文献 [28])。

对于全酶中只含有一个金属的单铁氢酶 Hmd，因为它的单铁结构与镍铁氢酶和铁铁氢酶的双金属中心结构差距较大，因此它的特殊性 [图 9.17(e) 中的黑圆点] 应该可以理解。

参 考 资 料

有关氢酶基础、晶体结构、其他谱学：

[1] Fontecilla-Camps J C, Volbeda A, Cavazza C, et al. Structure/function relationships of [NiFe]-and [FeFe]-hydrogenases. Chem Rev, 2007, 107: 4273-4303

[2] Ogata H, Lubitz W, Higuchi Y. Structure and function of [NiFe] hydrogenases. J Biochem, 2016, 160: 251-258

[3] Lubitz W, Ogata H, Rüdiger O, et al. Hydrogenases. Chem Rev, 2014, 114: 4081-4148

[4] Peters J W, Schut G J, Boyd E S, et al. [FeFe]- and [NiFe]-hydrogenase diversity, mechanism, and maturation. Bba-Mol Cell Res, 2015, 1853: 1350-1369

[5] Evans R M, Brooke E J, Wehlin S A M, et al. Mechanism of hydrogen activation by [NiFe] hydrogenases. Nature Chem Bio, 2016, 12: 46-50

[6] Senger M, Mebs S, Duan J, et al. Stepwise isotope editing of [FeFe]-hydrogenases exposes cofactor dynamics. PNAS, 113: 8454-8459

[7a] Zhou T J, Mo Y R, Liu A M, et al. Enzymatic mechanism of Fe-only hydrogenase: Density functional study on H—H making/breaking at the diiron cluster with concerted proton and electron transfers. Inorg Chem, 2004, 43: 923-930

[7b] Zhou T J, Mo Y R, Zhou Z H, et al. Density functional study on dihydrogen activation at the H cluster in Fe-only hydrogenases. Inorg Chem, 2005, 44: 4941-4946

[8] Kuchenreuther J M, Grady-Smith C S, Bingham A S, et al. High-yield expression of heterologous [FeFe] hydrogenases in Escherichia coli. PLoS ONE, 2010, 5: e15491

[9] Darensbourg M Y, Lyon E J, Smee J S. The bio-organometallic chemistry of active site iron in hydrogenase. Coord Chem Rev, 2000, 206-207: 533-561

[10] Peters J W, Lanzilotta W N, Lemon B J, et al. X-ray crystal structure of the Fe-only hydrogenase (*Cp*I) from *Clostridium pasteurianum* to 1.8 Angstrom resolution. Science, 1998, 282: 1853-1858

[11] Nicolet Y, DeLacey A L, Vernède X, et al. Crystallographic and FTIR spectroscopic evidence of changes in Fe coordination upon reduction of the active site of the Fe-only hydrogenase from *Desulfovibrio desulfuricans*. J Am Chem Soc, 2001, 123: 1596-1601

[12] Matias P M, Soares C M, Saraiva L M, et al. [NiFe] hydrogenase from *Desulfovibrio desulfuricans* ATCC 27774: gene sequencing, three-dimensional structure determination and refinement at 1.8 Å and modeling studies of its interaction with the tetrahaem cytochrome c_3. J Biol Inorg Chem, 2001, 6: 63-81

[13] Nicolet Y, Piras C, Legrand P, et al. *Desulfovibrio desulfuricans* iron hydrogenase: the structure shows unusual coordination to an active site Fe binuclear center. Structure, 1999, 7: 13-23

[14] Qiu S, Li Q, Xu Y, et al. Learning from nature: understanding hydrogenase enzyme using computational approach. 2019. WIREs. DOI: 10.1002/wcms.1422

[15] Schuchmann K, Chowdhury N P, Müller V. Complex multimeric [FeFe] hydrogenases: biochemistry, physiology and new opportunities for the hydrogen economy. Frontiers in Microbio, 2018, 9: 2911: 1-22

[16] Wittkamp F, Senger M, Stripp S T, et al. [FeFe]-Hydrogenases: recent developments and future perspectives. Chem Commun, 2018, 47: 5921-6076

[17] Gu W, Jacquamet L, Patil D S, et al. Refinement of the nickel site structure in *Desulfovibrio gigas* hydrogenase using range-extended EXAFS spectroscopy. J Inorg Biochem, 2003, 93: 41-51

[18] Van Elp J, Peng G, Zhou Z H, et al. Nickel L-edge X-ray absorption spectroscopy of pyrococcus furiosus hydrogenase. Dalton Trans, 1995, 34: 2501-2504

[19] Wang H X, Ralston C Y, Patil D S, et al. Nickel L-edge soft X-ray spectroscopy of nickel-iron hydrogenases and model compounds—evidence for high-spin nickel (II) in the active enzyme. J Am Chem Soc, 1998, 122: 10544-10552

[20] Wang H X, Patil S D, Ralston C Y, et al. L-edge X-ray magnetic circular dichroism of Ni enzymes: direct probe of Ni spin states. J Electron Spectrosc, 2001, 114: 865-871

[21] Shepard E M, McGlynn S E, Bueling A L, et al. Synthesis of the 2Fe subcluster of the [FeFe]-hydrogenase H-cluster on the HydF scaffold. J B Proc Nat Acad Sci USA, 2010, 107: 10448-10453

[22] Preissler J, Wahlefeld S, Lorent C, et al. Enzymatic and spectroscopic properties of a thermostable [NiFe] hydrogenase performing H_2-driven NAD(+)-reduction in the presence of O_2. Biochim Biophys Acta, 2017, 1859: 8-18

有关氢酶的核振散射谱学：

[23] Kamali S, Wang H X, Mitra D, et al. Observation of the Fe—CN and Fe—CO vibrations in the active site of [NiFe] hydrogenase by nuclear resonance vibrational spectroscopy. Angew Chem, 2013, 52: 724-728

[24]　Mitra D, Pelmenschikov V, Guo Y S, et al. Dynamics of the [4Fe-4S] cluster in *Pyro-coccus furiosus* D14C ferredoxin *via* nuclear resonance vibrational and resonance Raman spectroscopies, force field simulations, and density functional theory calculations. Biochem, 2011, 50: 5220-5235

[25]　Lauterbach L, Wang H X, Horch M, et al. Nuclear resonance vibrational spectroscopy reveals the FeS cluster composition and active site vibrational properties of an O_2-tolerant NAD^+-reducing [NiFe] hydrogenase. Chem Sci, 2015, 6: 1055-1060

[26]　Ogata H, Kraemer T, Wang H X, et al. Hydride bridge in [NiFe]-hydrogenase observed by nuclear resonance vibrational spectroscopy. Nature Commun, 2015, 6: 7890: 1-8

[27]　Schilter D, Pelmenschikov V, Wang H X, et al. Synthesis and vibrational spectroscopy of ^{57}Fe-labeled models of [NiFe] hydrogenase: first direct observation of a nickel-iron interaction. Chem Commun, 2014, 50: 13469-13472

[28]　Kuchenreuther J M, Guo Y S, Wang H X, et al. Nuclear resonance vibrational spectroscopy and electron paramagnetic resonance spectroscopy of Fe^{57}-enriched [FeFe] hydrogenase indicate stepwise assembly of the H-cluster. Biochem, 2013, 52: 818-826

[29]　Gilbert-Wilson R, Siebel J, Adamska-Venkatesh A, et al. Spectroscopic investigations of [FeFe] hydrogenase maturated with $[Fe_2^{57}(adt)(CN)_2(CO)_4]^{2-}$. J Am Chem Soc, 2015, 137: 8998-9005

[30]　Gee L B, Wang H X, Cramer S P. NRVS for Fe in biology: experiment and basic interpretation. Methods in Enzymol, 2017, 599: 409-425

[31]　Mitra D, George S J, Guo Y S, et al. Characterization of [4Fe-4S] cluster vibrations and structure in nitrogenase Fe protein at three oxidation levels *via* combined NRVS, EXAFS, and DFT analyses. J Am Chem Soc, 2013, 135: 2530-2543

[32]　Lauterbach L, Gee L B, Pelmenschikov V, et al. Characterization of the $[3F-4S]^{0/1+}$ cluster from the D14C variant *Pyrococcus furiosus* ferredoxin *via* combined NRVS and DFT analyses. Dalton Trans, 2016, 45: 7215-7219

[33]　Boral D K, Hu Y L, Thiess S, et al. Between photocatalysis and photosynthesis: synchrotron spectroscopy methods on molecules and materials for solar hydrogen generation. J Electron Spectrosc, 2013, A190: 93-105

[34]　Wang H X, Ogata H, Lubitz W, et al. A dynamic view of [NiFe] hydrogenase by means of nuclear resonance vibrational spectroscopy. 2012. SPRING-8 Research Frontiers: http: //www.spring8.or.jp/pdf/en/res_fro/12/080-081.pdf

[35]　Birrell J A, Pelmenschikov V, Mishra N. Spectroscopic and computational evidence that [FeFe] hydrogenases operate exclusively with CO-bridged intermediates. J Am Chem Soc, 2020, 142: 222-232

[36]　Pelmenschikov V, Birrell J A, Pham C C, et al. Reaction coordinate leading to H_2 production in [FeFe]-hydrogenase identified by nuclear resonance vibrational spectroscopy and density functional theory. J Am Chem Soc, 2017, 139: 16894-16902

第 10 章　核振散射：对氢酶中 Fe—H 结构的探索

10.1　探索 Fe—H 结构的意义和难度

10.1.1　探索 Fe—H 结构的意义和现状

近百年来，随着世界经济和社会的快速发展，地球上大量的煤、石油、天然气等化石能源日渐枯竭。因此，寻求可再生的能源已经成为经济和社会进一步发展的重大课题。据估计，自然界中的微生物每年消耗或产生 2 亿吨的 H_2。同时，在有氧微生物和嗜氧微生物的固氮过程和脱氢过程中，每年会产生上千万吨的 H_2 作为副产物。这些产 H_2 的过程一直在自然界稳定地存在着，但是由于自然 H_2 的产生速度很慢，且在生物体中的溶解度极低，很难储存；再加上质量极轻，大部分的 H_2 并没有富集在地球表面，而是扩散到大气层的上端和宇宙中去了。因此，研究氢酶中 Fe—H 结构的络合、活化和转化，阐明其中产 H_2 及利用 H_2 的具体过程，对探索清洁的能源载体 H_2 在温和条件下的制备以及收集、利用方式具有特别重要的意义。

在第 9 章，我们已经对与氢能利用息息相关的铁铁氢酶和镍铁氢酶的结构、化学模拟和催化作用机理作了一些介绍。本章文献 [4, 5, 13-18] 部分综述了有关氢酶研究在近年来的进展。但时至今日，人们对有关金属氢酶中 Fe—H 键的形成、活化和质子还原反应的催化机理等问题还是了解得非常有限。

以铁铁氢酶为例，它的活性中心对氢的活化有三种可能的途径：一是 Fe 原子上配位的氰基 CN^- 与质子 H^+ 形成氢键，经过电子转移后被还原成氢气 H_2；二是与连接双铁的二硫代甲基胺上的 N 形成季铵离子后，质子被还原；三是连接 $[2Fe]_H$ 与 $[Fe_4S_4]_H$ 簇的半胱氨酸上的氨基参与了质子的还原反应。因此，理论化学家对这些结构进行了大量的计算和推测。氢簇的电子云密度变化取决于双铁的价态变化，从而决定氢的还原和氧化。Dance 等用密度函数法计算了铁铁氢酶活性中心 $[2Fe]_H$ 的氧化还原态变化为：Fe(III)Fe(III) $\rightleftharpoons$ Fe(III) Fe(II) $\rightleftharpoons$ Fe(II)Fe(II)，并计算了铁与周围原子间的距离，提出 S 原子可能参与了氢质子还原反应的理论推论。Peters 等对氢酶氧化态结构的合理性进行了计算，提出：在氢的氧化还原过程中，处于氧化态的 $[2Fe]_H$ 的羰基桥可能被水或氢分子所取代。而 Hall 和 Cao 等认为：在催化过程中 $[2Fe]_H$ 的价态变化为 Fe(II)Fe(II) $\rightleftharpoons$ Fe

(II) Fe(I) $\rightleftharpoons$ Fe(I)Fe(I)，在反应中可以得到完全还原的 Fe(I)Fe(I) 形式，π 配位 CO 比桥联 CO 要稳定。他们用甲巯基代替半胱氨酸进行简化模型的计算，提出了氢的催化氧化还原机理。同时，该研究组还对 2-氮杂亚丙基的氮原子形成季铵离子的模型进行了理论计算，得到的氢的解离能最低。Hu 的计算也得出了类似的结果，并对各种状态的铁铁氢酶的红外谱峰进行了拟合计算，对氢的氧化还原反应历程及氢酶中 Fe 的价态变化过程提出了一些假设机理。Gioia 对各种氢簇模型化合物的状态能量差做了大量的计算，从热力学角度得到了一条能量较低的理论上的氢氧化还原的可能路径。我们的合作者用甲巯基代替半胱氨酸，通过密度泛函理论计算后认为：双铁上的桥式氢基配体和侧基络合的三元环 (η^2-H_2) 氢基配体在氢的活化中起着重要作用，由此统一了铁铁氢酶和镍铁氢酶的氢的活化、转化和催化作用机制。以上这些理论计算为人们对于 Fe—H 结构的实验研究做了很好的铺垫，同时也催促着人们对它做进一步的实验测量。比如，在我们对 Ni—R 镍铁氢酶的研究中，通过对其他谱峰的密度泛函理论的总体拟合未能准确预测出 Fe—H 谱峰的位置，而实验测得的 Fe—H 谱峰的位置和强度却可以很好地界定理论计算的模型和结构细节，使理论推断更可靠。

10.1.2　探索 Fe—H 结构的难度

文献 [19-22] 讨论了与 Fe—H 结构和振动相关的议题。人们对此重要议题的兴趣至少可以追溯到几十年前，而时至今日人们的兴趣依然浓厚。部分原因是在氢的络合、活化和转化的化学或生物化学过程中，对 Fe—H 配位结构的研究是个难点。晶体学或 EXAFS 谱学对 H 的测量基本上不可能：虽然在文献 [6] 中描述了对 Ni—R1 氢酶中含 H 的晶体结构的研究，但这一结果是人们唯一一次获得的对 H 的 X-射线衍射结果，而且是在具备极纯的 Ni—R1 态样品、极高质量的晶体、极高精度的衍射、极细致的分析以及辅以对电子密度的计算拟合等理论手段的一系列条件下才获得的，不具备普遍的适用性；而对 H 灵敏的 NMR、中子散射等谱学方法也因为生物样品中通常有太多的 H 而无法专门针对 Fe—H；传统的红外谱学对于 Fe—H 键的测量同样十分困难，比如 Fe—H，它的红外谱峰多呈宽而平的结构，不突出。加上氢酶样品的浓度一般较低，至今未见任何关于氢酶中 Fe—H 振动的红外谱学的报道；由于氢酶的活性态多属光敏态，因此人们也无法对它们进行拉曼散射光谱的测量。另一方面，核振散射谱学具有对 ^{57}Fe 同位素的甄别性，而无论是伸缩还是弯曲的、与 Fe—H/D 结构有关的振动的核振散射谱峰在绝大多数情况下呈现分散的独立单峰，不与任何其他核振谱峰相重合，因此核振散射谱学是研究 Fe—H 结构最好的帮手，可以帮助人们实现对这一微弱谱峰的探测。

当然，对 Fe—H 的核振散射的探测也不容易。难点在哪里呢？在我们引入具体的计数水准之前，让我们首先看一个极简的 Fe—X 双原子振子的伸缩振动模态，从概念上理解一下测量 Fe—H 振动模态的难点。

根据第 4 章中介绍的原理和公式，核振散射强度如下：

$$S(\nu) \propto \frac{\delta_{\mathrm{Fe}}^2}{\nu} \tag{10-1}$$

其中，δ_{Fe} 是 Fe—X 振动模态中 Fe 原子的位移量，而 ν 代表该振动模态所对应的能量位置，图 10.1(a) 也给出了同样的核振散射强度公式。图 10.1(b) 给出了 Fe—X 双原子振子的伸缩振动模型。在这个模型中，Fe 原子在某个振动模态中的位移量 δ_{Fe} 与化学键 Fe—X 的总伸缩量 $\delta_{\text{总}}$、两个原子的质量 M_{Fe} 和 M_{X} 之间有如下的关系：

$$M_{\mathrm{Fe}}\delta_{\mathrm{Fe}} = M_{\mathrm{X}}\delta_{\mathrm{X}} = M_{\mathrm{X}} \cdot (\delta_{\text{总}} - \delta_{\mathrm{Fe}}) \tag{10-2}$$

或

$$\delta_{\mathrm{Fe}}/\delta_{\text{总}} = M_{\mathrm{X}}/(M_{\mathrm{Fe}} + M_{\mathrm{X}}) \tag{10-3}$$

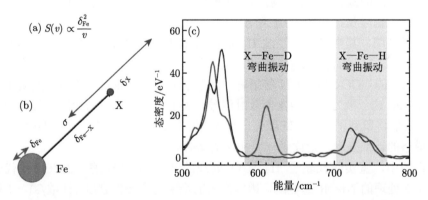

图 10.1　(a) 核振散射强度正比于 ^{57}Fe 位移量平方的公式；(b) 在 Fe—X 核振散射中 Fe 和 X 原子位移量示意图；(c) 配位化合物 H/DFeCO 的核振散射谱图：黑色 = H/红色 = D

如果 X 的质量比 Fe 轻得多，则大部分的位移将发生在 X 原子上，而 Fe 原子的位移量很小。如果 X = H，则 Fe 在 Fe—H 振动中的位移量 δ_{Fe} 微乎其微，而它的能量位置 ν 又比较高，则核振散射强度 $S(\nu)$ 就会很小。只有当 X 足够重时，Fe 原子才有可观的位移，对应于可观的核振散射信号，如 Fe—S。

下面，我们假设 X = H、D、C、S，并假设无论 X 为何，Fe—X 双原子振子取完全相同的力常数，也就是假设它们的位移总量 $\delta_{\text{总}}$ 总是相同的，此时我们得到：

当 X = H 时，$M_H = 1$，$\delta_{Fe} = 1$，我们假设此时 $\delta_{Fe} = 1$；

当 X = D 时，$M_D = 2$，$\delta_{Fe} \sim 4$，$S_{Fe-D}/S_{Fe-H} \sim 6$；

当 X = C 时，$M_C = 12$，$\delta_{Fe} \sim 10$，$S_{Fe-C}/S_{Fe-H} \sim 316$；

当 X = S 时，$M_S = 32$，$\delta_{Fe} \sim 19$，$S_{Fe-S}/S_{Fe-H} \sim 1537$。

从这些数据可以看出，Fe—S 键伸缩振动的核振散射信号约为 Fe—H 键伸缩振动信号的 1500 倍。换句话说，如果 FeS 和 FeH 在样品中的浓度比是 1:1 的话，Fe—S 振动的信号强度达到 100 计数/s 时，Fe—H 振动的信号仅为 0.06 计数/s，刚刚高于当前核振散射实验的背景噪声的水准。这就是测量 Fe—H 结构的核振散射实验会这么困难的根本原因。对于弯曲振动，由于它的力常数无法与伸缩振动的力常数进行直接比较，加之它们更容易与其他振动模态相混合，因此需要更具体、更复杂的拟合计算才能推知。但在图 (c) 中给出的 X—Fe—D 的强度只有 X—Fe—H 强度的 2 倍 (而不是 6 倍) 的原因主要是 D 样品中仍然有相当数量的 H 样品组分。在其他样品中，我们发现 X—Fe—D 的核振散射谱峰强度约为 X—Fe—H 强度的 6 倍。

10.1.3　Ni—R 氢酶中的 Fe—H 结构：一个真实的例子

有了上面的概念性认识之后，我们再来看一个氢酶中真实的 Fe—H 结构的核振散射谱的信号量，如图 10.2 所示。这是处于 Ni—R 态的 *DvMF* 镍铁氢酶的核振散射谱图，其中包括了经过 H$_2$ 活化的 H$_2$O 溶液样品 (简称 H$_2$/H$_2$O 或 H 样品) 和经过 D$_2$ 活化的 D$_2$O 溶液样品 (简称 D$_2$/D$_2$O 或 D 样品)。在谱图中包括 Fe—S、Fe—CO、Fe—CN 等谱峰，我们前面已经讨论过，本章将要着重探讨 Ni—H—Fe 这一极为微弱的核振散射信号。关于对这一模态的探测过程和详细的解读，我们将留到稍后再仔细展开，本节我们主要概述探讨 Ni—H—Fe 和其他各振动模态的计数强度，给读者一个初步的概念。

在图中，蓝实线代表经 H$_2$/H$_2$O 处理的 Ni—R 态氢酶，而红虚线代表经 D$_2$/D$_2$O 处理的 Ni—R 态氢酶。谱峰周围的数字为谱峰的强度 (计数/s)，上端的箭头及文字表示核振能谱的不同分段，下端的箭头及文字表示实验中对该段能谱进行测量所用的总测量时间 (min/点)。由于 Ni—H—Fe 振动峰的信号只有 0.1/s 的计数量 (或更少)，我们分别采用了 40 min/点和 66 min/点的总时间进行测量才得到了关于 Ni—R(H$_2$/H$_2$O) 和 Ni—R(D$_2$/D$_2$O) 氢酶的核振散射谱图。请注意：为了方便读者直观比较各段上谱峰信号的相对强度，我们这里给出了核振散射原始数据的计数水平，如图中谱峰上下的蓝色数值所示。这些数据基于文献 [30] 的报道，原文献中在 Fe—S 区的信号量是几次不同束线上测量的直接平均值，为的是反映真实的信噪比；而本章中的数据是按同一束线的情况进行了统一放缩，目的是显示不同振动模态之间的比例关系。因此数据与文献 [30] 略有不同。

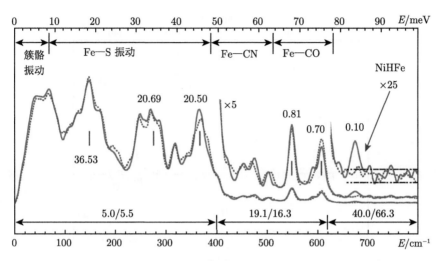

图 10.2　宫崎脱硫小球藻 F (*DvMF*) 镍铁氢酶的核振能谱，以及各谱图区间的信号量示意图

在图 10.2 中，Fe—S 振动的信号 (比如 $20.6\ \mathrm{s}^{-1}$) 约为 Ni—H—Fe 弯曲振动信号 ($0.1\ \mathrm{s}^{-1}$) 的 206 倍，而根据后面将要讨论的模型分子的核振谱图的分析，Ni—H—Fe 弯曲振动估计又将是 Fe—H 键伸缩振动信号的 15~20 倍。这样，Fe—H 键伸缩振动信号将可能只有 FeS 信号的 1/4000，比用简单双原子振子模型估算的信号更微弱。而 Ni—H—Fe 弯曲振动的绝对信号量 ($0.1\ \mathrm{s}^{-1}$) 已经接近了核振散射实验目前的探测极限 (比如 $0.04\ \mathrm{s}^{-1}$)。

10.2　配位化合物中的 Fe—H 键

在开始研究信号极弱的氢酶的 Fe—H 弯曲或伸缩振动之前，让我们先来看一看几个含有 Fe—H 键的配位化合物中的 Fe—H 的核振散射谱图。

10.2.1　$[\mathrm{FeH_6}]^{4-}$

在 $[\mathrm{FeH_6}][\mathrm{MgBr(THF)_2}]_4$ 分子中的 $[\mathrm{FeH_6}]^{4-}$ 离子，大概是 Fe—H 结构含量最大的络阴离子 {图 10.3(a) 插图，参见文献 [23]}，它的 Fe—H 振动信号因此也应该比其他含 Fe—H 结构的配合物要强。虽然 $[\mathrm{FeH_6}]^{4-}$ 离子无论在几何结构还是在电子结构上都与氢酶中心的实际 Fe—H 结构相距甚远，但人们还是对它很有兴趣，并早在 2003 年就测量和发表了它的核振散射谱图 [图 10.3(a)]。这一测量表明了测量和研究 Fe—H 结构的振动谱学的重要性和可能性，以及核振散射谱学在这一领域的崭新应用。

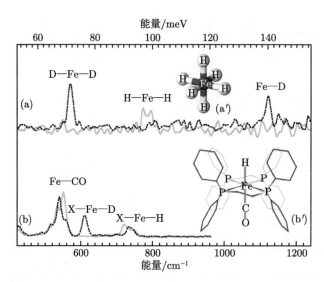

图 10.3　模型配合物 $[Fe(H/D)_6]^{4-}$ (a) 和 (H/D)FeCO (b) 的结构示意图和它们对应的核振散射能谱图。其中，灰色实线为 H 样品，黑色虚线为 D 样品的谱图

由于该离子结构简单，只含有 Fe—H 键，因此它的核振谱图的谱峰结构也比较简单：$400~\text{cm}^{-1}$ 以下的谱峰位置不随 H/D 的置换而变化，因此多为有关于分子骨架的振动或其他大范围的弯曲类振动。因为本章只关心有关 Fe—H 结构的振动模态，图 10.3 仅仅包含了能量在 $400~\text{cm}^{-1}$ 以上的能谱区间。在 $787~\text{cm}^{-1}$ 和 $571~\text{cm}^{-1}$ 两处的谱峰分别对应于与 H—Fe—H 弯曲振动 ν_{4H} 有关的谱峰和与 D—Fe—D 弯曲振动有关的 ν_{4D} 的谱峰。它们的频率位置之比大约为 1.38，非常接近于理论比值 $2^{1/2} = 1.41$。对于 $[FeD_6]^{4-}$，位于 $1122~\text{cm}^{-1}$ 处的谱峰为其 Fe—D 伸缩振动的 ν_{3D} 谱峰。这一位置与早前报道的、由红外光谱测得的 $1138~\text{cm}^{-1}$ 和 $1107~\text{cm}^{-1}$ 的谱峰位置相对应。根据红外光谱，对应于 Fe—H 伸缩振动 ν_{3H} 的谱峰位置应该在 $1514~\text{cm}^{-1}$ 和 $1569~\text{cm}^{-1}$ 附近，但当时人们对于有关 ν_{3H} 的核振散射谱峰的测量没有获得成功。

10.2.2　[HFeCO]

为了拟合氢酶中心的实际结构，人们又推出了如图 10.3(b) 插图所示的、分子式为 $HFe(CO)(dppe)_2$ 的这一相对简单，但又至少具有氢酶活性中心的某些特征的配合物分子 (参见文献 [24])。人们常常将该分子简写为 HFeCO，而将其 D 置换的配合物分子简写为 DFeCO。在 $(dppe)_2$ 中有 4 个 P 原子，它们与 Fe 原子形成一个大致上的赤道平面，而 CO 和 H 分别处于这个赤道平面的上下方，形成六配位的 O_h 结构，与 MbCO 的基本情况相近：只是 MbCO 的赤道上是 4 个 N，这里是 4 个 P。很多氢酶活性中心都含有 Fe—CO 和 Fe—H 的键合结构，而这一模型分子虽然总体上与氢酶活性中心相差较远但至少已经包含了这些 Fe—CO 和 Fe—H 的结构。

在其核振散射谱图 [图 10.3(b)] 中，低中频率的区间内的谱峰多为与 Fe—P 结构相关的伸缩和弯曲振动的模态，我们此处不再细述。位于 719 cm^{-1} 处的谱峰被鉴定为与 P—Fe—H 等弯曲有关的振动模态；而在 DFeCO 中，对应的 P—Fe—D 等弯曲谱峰则红移到 613 cm^{-1} 处。两者频率位置的比值为 1.17, 明显小于 10.2.1 节中的 1.38。这说明：在这些弯曲振动模态中 H/D 同位素位移由于 P 的参与而变得复杂，当然不同分子中的比值也会有很大的不同，不会总是接近 $2^{1/2}$。在 HFeCO 的谱图中，位于 550 cm^{-1} 和 535 cm^{-1} 处的谱峰分别对应于与 Fe—CO 有关的伸缩和弯曲振动，与第 9 章中讨论过的各种氢酶中的 Fe—CO 谱峰能量有较大差别，而与同为 6 配位、总体结构也相近的 MbCO 的核振散射谱图更接近。在 DFeCO 谱图中，这两个 Fe—CO 谱峰基本合并为在 545 cm^{-1} 附近的一个谱峰，显示了 H/D 的存在对 Fe—CO 有着不同的影响，或者不同的耦合。

经过密度泛函计算，可以得到相应的拟合能谱图和各振动模态的动画图。根据这些形象的动画图，我们可以大致这样理解：由于 H 的质量太小，当人们在 Fe—CO 结构中添入 H—Fe 键之后，它对 Fe—CO 的振动影响很小，基本上可以忽略不计；而当人们添入 D—Fe 键后，它对 Fe—CO 的振动会有可观察到的影响，不能忽略。这就是 H/D 交换对 Fe—CO 谱图影响的基本原理，也是在第 9 章中我们可以用 H/D 样品中 Fe—CO 谱峰的变化来间接但有力地推断分子中可能存在 Fe—H/D 结构的依据之一。

10.2.3 镍铁氢酶模型

在研究了一系列结构较为简单的、含 Fe—H 结构的配位化合物分子后，下面的这个模型配合物分子为人们提供了与镍铁氢酶的镍铁中心结构几乎相同的局部结构，我们将之简称为 NiHFe。它的晶体结构如图 10.4(a) 之插图所示：在金属 Fe 的那一侧有着三个 CO 配位，用来近似模拟镍铁氢酶中的两个 CN$^-$ 和一个 CO 的配位结构；在金属 Ni 的那一侧则是由两个 PPh$_2$ 组成的五元螯环相连，与真实氢酶结构中两个半胱氨酸相连的情况有所不同，但至少也是两个端基配位；在 Ni 和 Fe 之间有两个 S 桥和一个 H 桥，其桥联结构与处于 Ni—R 态的镍铁氢酶的中心桥联结构几乎完全一致，成为利用该配位化合物来深入研究真实氢酶的一个亮点，也使得它成为目前拟合研究镍铁氢酶的最佳配合物。这一模型分子还可以用 D 桥来代替 H 桥，从而实现对 Ni—H—Fe 和对 Ni—D—Fe 振动的对比研究。

与其他核振散射谱图类似，这个模型配合物的核振散射能谱包括最低频区的大范围振动，在 100~500 cm^{-1} 区间的、与 Fe—S、Fe—P 有关的弯曲和伸缩的振动，500~620 cm^{-1} 区间与 Fe—CO 伸缩、Fe—C—O 弯曲有关的振动等谱线、谱群。在 620 cm^{-1} 以上的区间则是与 Fe—H/D 或 Ni—H/D 有关 (但与 Fe 的位移有耦合) 的高能振动谱区。为了突出重点，我们这里仅仅讨论 500 cm^{-1} 以上的能谱区间。其中，蓝色实线代表 H 样品的核振谱图，红色虚线代表 D 样品的核振谱图。这些讨论基于文献 [29] 的报道。

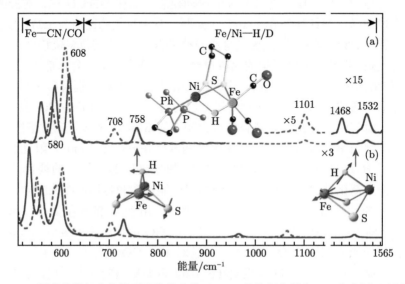

图 10.4　(a) 羰基镍铁氢化物模型配位化合物 NiHFe 的核振能谱和 (b) 密度泛函理论的计算结果；蓝色 = H/红色 = D。上插图为该配合物的晶体结构，下插图为对应于两个特定谱峰的振动模态示意图

出现在 758 cm^{-1} 处的实线谱峰对应的振动模态如图 10.4(b) 的左插图示：它是 H$^-$ 沿着垂直于由 Ni—H—Fe 构成的平面方向的振动，而不是在该平面内的弯曲振动，因此称为摇摆 (wag) 振动。因为 H$^-$ 是处于 Fe、Ni 之间的桥联上，Ni—H—Fe 平面内的弯曲振动模态实际上涉及 Fe—H 的伸缩。根据密度泛函计算，它将会出现在能量高很多的位置上，也就是 Fe—H 的伸缩振动。

对于 D 标记的配合物，出现在 708 cm^{-1} 处的虚线峰并非是有关 Ni—D—Fe 摇摆振动的谱峰，而是以 X—Ni—D 振动为主但与 Fe 的位移有适量耦合的振动模态。虽然图中没有显示，但针对 H 样品的长时间的仔细测量发现在 954 cm^{-1} 处有一个强度大约为 Ni—H—Fe 摇摆振动强度 1/10 的极弱谱峰。这个谱峰就是以 X—Ni—H 振动为主的振动模态，即 708 cm^{-1} 谱峰的 H 样品翻版，而 X—Ni—H/D 两者的谱峰能量比为 954/708 = 1.35，接近 $\sqrt{2}$。而真正有关 Ni—D—Fe 的摇摆谱线可能已经红移到 Fe—CO 区间，与其重合，因而无法对其进行独立测量。如果我们假设它重合于 580 cm^{-1} 或 608 cm^{-1} 处的 Fe—CO 谱峰处，那有关摇摆振动的 H/D 的谱峰位置能量比为 758/580 = 1.30 或 758/608 = 1.25，接近 $\sqrt{2}$。

密度泛函的理论计算和动画图显示可以再次证明：当人们将 H 原子引入到原本没有 H 的镍铁模型配合物时，它对 Fe—CO 的振动状态和核振谱图的影响很小；但当人们将 D 原子取代 H 原子引入之后，它对 Fe—CO 的振动状态和核振谱图有着很明显的影响。对比 H/D 两个配合物的 Fe—CO 能谱结构可以看出，D 对 Fe—CO 有着很强的扰动作用，可以证明 H/D 置换的存在，并间接证明 Fe—H/D 结构的存在。对这一对模型分 NiHFe 和 NiDFe 的密度泛函理论的计算谱图如图 10.4(b) 所示。它在 Fe—CO、Ni—H—Fe 区间与实验谱图高度相似，这是我们能够鉴定该分子中包括 Ni—H—Fe 摇摆振动模态在内的各种振动模态的基础。

在更高的能量区间，位于 1101 cm^{-1} 附近的谱峰为 Fe—D 的伸缩振动峰，而在 1468 cm^{-1} 和 1532 cm^{-1} 处的两个峰为 Fe—H 的伸缩振动峰。配合物 NiHFe 之所以会有两个 Fe—H 的伸缩峰是因为模型化合物分子具有两种变形异构体，对应于硫桥上的两个 C=S=S=C 角度。图 10.4(b) 是密度泛函理论对于其中一个异构体结构的计算能谱，因此它仅仅给出一套 Fe—H 和 Fe—D 的伸缩谱峰：比如计算的 Fe—H 大约位于 1500 cm^{-1}，只有一个谱峰。如果让两个异构体并存，则计算谱中会出现两套有关 Fe—H 和 Fe—D 的计算谱峰。此时，两个 Fe—D 伸缩振动的理论谱峰虽然相距比两个 Fe—H 略近，但仍然明显为两个峰，与实测能谱中有两个 Fe—H 但只有一个 Fe—D 的情况不相同 (此处无图，有兴趣的读者请参阅文献 [29] 中的附录)。尽管在不同的文献中，对为什么实验谱中的 Fe—D 伸缩振动没有出现明显的两个谱峰做了各种各样的 "解释"，但总体来看，我们认为目前并不存在令人信服的统一性解释，此处暂认定为原因不详。

10.2.4 铁铁氢酶模型

虽然已经有许多关于铁铁氢酶模型配合物的报道，但 $[(\mu, k_2\text{-bdt-H})(\mu\text{-PPh}_2)(\mu\text{-H})^{57}\text{Fe}_2(\text{CO})_5]^-$ 是第一个双质子化 (di-protonated) 的铁铁氢酶模型，本章简称为 FeHFeSH，如图 10.5(a') 所示。这一铁铁氢酶模型分子和 10.2.3 节讲到的镍铁氢酶模型分子的核振散射谱图如图 10.5(a)、(b) 所示。相比其他模型配位化合物，它最主要的特点在于不但具有一个 H 桥，在它的 S 桥中还含有一个 SH 的结构，让 S 上的质子 H$^+$ 可以与 Fe 上的 H$^-$ 产生相互作用，来模拟许多铁铁氢酶中存在的 SH 通过 S 桥上的 NH 与 Fe 上的 H$^-$ 间相互作用而产生 H$_2$ 的机理 [图 10.5(c)]。除了铁铁氢酶，SH 与 Fe—H 之间的作用还可以模拟镍铁氢酶活性中心 (d) 和固氮酶的铁钼辅基 (e) 上的反应机理，因此这一模型很有意义。这一模型配合物由台湾化学研究所的江明锡教授首次合成，并在我们的核振散射实验之前对其进行了包括晶体结构、红外光谱和结构密度泛函计算在内的一系列的初步研究。

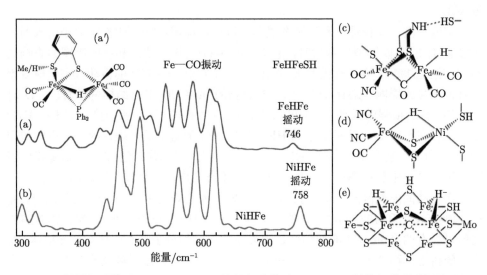

图 10.5   铁铁氢酶模型 FeHFeSH (a) 和镍铁氢酶模型 NiHFe (b) 的核振散射谱图的对比。
(a′) 为 FeHFeSH 的结构示意图；(c)、(d)、(e) 分别为铁铁氢酶、镍铁氢酶和固氮酶的活性中
心结构

这一模型分子的核振散射谱图的低频部分包括一系列的大范围振动、弯曲振动和有关 Fe—S 结构的伸缩振动等，我们在此忽略。图 10.5(a) 在 $400 \sim 520\ cm^{-1}$ 区间的谱线为 Fe—P 结构的伸缩振动；$520 \sim 640\ cm^{-1}$ 区间的谱线为 Fe—CO 的伸缩和弯曲振动；$746\ cm^{-1}$ 处为 Fe—H—Fe 的摇摆振动谱线。相比 NiHFe[图 10.5(b)]，FeHFeSH 的核振散射谱图总体上具有较宽、较分散的谱线结构，在 Fe—CO 区间则存在更多的谱线，这与它含有 2 个 Fe 和 5 个处于不同位置上的 CO 配位的 "多元" 结构有关。该模型分子有两个 Fe 分享一个 H^- 桥和它具有更小的 (Fe—H)/(Fe—CO) 相对组分比例 [1:5，NiHFe 中的 (Fe—H)/ (Fe—CO) 组分为 1:3]，则可能是这里的 Fe—H—Fe 谱峰比 Ni—H—Fe 谱峰具有更弱的摇摆谱线的原因之一。当然，一个谱峰的核振散射强度的大小取决于在某一振动模态中 Fe 的位移量，这里的说法只能定性参考，多数时候人们还是必须进行密度泛函计算。还有，该分子有多种形式的结构和化学异构体并存，比如存在少量的 S-甲基取代 SH 的情况 [图 10.5(a′)]。这些使得它的 Fe—H/D 伸缩振动模态分散和不易测量，我们虽然经过长时间的多次测量，但未能清晰获得 Fe—H/D 的核振散射谱峰。这当然也可以成为 Fe—H—Fe 摇摆振动谱峰强度较小的原因。读者可进一步参考文献 [27] 了解其详细的原因和推测。

表 10-1 列举了几个含 Fe—H 结构的配合物分子的弯曲振动的能量位置、有

关 Fe—H/Fe—CO 的组分比和有关 FeH/Fe—CO 的核振谱峰强度比。这些关于模型配合物的数值对我们下面讨论真实氢酶中的与 FeH 有关的谱线和结构有着重要的参考意义。为了能够简短地表示含义，我们在本章以下部分定义 FeH 来代表有关 Fe—H 结构之间的一切弯曲振动，它包括了端基 H 的 X—Fe—H 和桥基 H 的 X—H—Fe 弯曲振动。除了有特殊说明，以下的 Fe—H 并不代表通常意义上的伸缩振动，同理，FeCO 也被用以表达对 FeCO 结构或 Fe—CO 伸缩或 Fe—C—O 等弯曲振动的总称。

表 10-1　几种含 Fe—H 结构配合物的 Fe—H 弯曲振动谱峰位置和其强度与 Fe—CO 强度之比

样品简称	Fe—H 能量 /cm^{-1}	Fe—H/Fe—CO 组分比	Fe—H/Fe—CO 强度比
$[FeH_6]^{4-}$	787	1:0	1:0
HFeCO	745	1:1	1:4
HFeN$_2$	785		
FeHFeSH	746	1:5	1:9
NiHFe	758	1:3	1:5
NiHFe*	762	1:3	1:5

注：$[FeH_6]^{4-} = [^{57}FeH_6][MgBr(THF)_2]_4$；HFeCO $= [^{57}Fe(H)(CO)(dppe)_4]$；HFeN$_2 = $ *trans*-$[^{57}Fe$ (DMeOPrPE)$_2$(N$_2$)H]$^+$；FeHFeSH $= [(\mu, k_2$-bdt-H)$(\mu$-PPh$_2$)$(\mu$-H)$^{57}Fe_2$(CO)$_5$]$^-$；NiHFe $= [(dppe)Ni(\mu$-pdt) $(\mu$-H/D)^{57}Fe(CO)$_3$]$^+$；NiHFe* $= [(dppe)Ni(\mu$-pdt)$(\mu$-H)Fe(CO)$_2$(Ph$_3$P)]$^+$ (无 ^{57}Fe 标记)。

在自然界的常温、常压条件下，镍铁氢酶催化 H$_2$ 的氧化，铁铁氢酶催化 H$_2$ 的演化产出，单铁氢酶则催化 H$^-$ 的传输；当然也在特定条件下存在反方向的反应。通常，人们需要用不同的模型配合物来模拟每一类的氢酶，但最近日本九州大学小江教授领导的课题组成功地合成了一种含金属 Ni 和 Fe 的模型配合物，而它的三种同素异构体可以分别模拟镍铁、铁铁和单铁这三类氢酶，对它们进行了晶体学、核磁共振、红外、穆斯堡尔谱学的研究，并证实它们具有催化活性 (参见文献 [7])。对这一特殊配合物进行核振散射研究应该也是人们关心的重要课题之一。

10.3　氢酶中 Fe—H 键的可探测性

研究 Fe—H 结构除了对于生物化学具有极为重要的意义外，对 FeH 等极为微弱的谱峰进行实验测量也为研究其他微弱谱峰开辟了探索性的道路。

10.3.1　可测量的最低 ^{57}Fe 浓度

第一个要关心的问题当然是：一个核振散射实验需要至少多高 ^{57}Fe 浓度的样品才行呢？对于实验物理学者来说，答案当然是：浓度越高越好。然而，获得高浓度的生物学样品在生物化学上是一件十分困难的事情。除了实验技术上的具体难度和需要耗费大量的珍贵样品之外，浓度过高的生物样品，其生物活性和化学态的保持将变得十分困难。对于大多数生物化学工作者来说，他们则希望将样品的浓度控制在相对较低的水准，与谱学和物理学研究者的期望正好相反。这样，可以探测到的最低的 ^{57}Fe 浓度就变为一个尤为重要的实际问题。

图 10.6(a) 是作者在 2010 年前后在 SPring-8 的 BL09XU 光束线上获得的多种不同 ^{57}Fe 浓度的蛋白样品的核共振峰强度 (计数/s) 与样品中含有的 ^{57}Fe 的毫摩尔浓度 (mM) 之间的关系图，其线性拟合的斜率系数大约为 $R = 30$，也就是说：浓度为 1 mM 的 ^{57}Fe 样品对应于核共振峰的计数为 30 计数/s 的信号量。由于束线条件的不断改善，现在 R 的数值又有了不小的上升，但本章的讨论依然基于当时的数据。

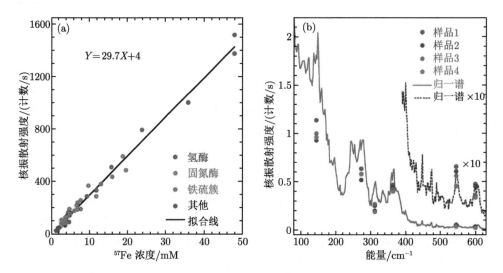

图 10.6　(a) 在 SPring-8 BL09XU 光束线上收集的多种不同浓度的蛋白样品的核共振峰强度 (计数/s) 与样品中含 ^{57}Fe 的毫摩尔浓度 (mM) 之间的关系图；(b) 约 1 mM 的 $DvMF$ 氢酶样品的 Fe—CO 核振散射经归一化处理原始散射谱图和几个平行样品的实际核振散射 (计数/s)

以 $DvMF$ 氢酶样品为例，位于 150 cm^{-1} 附近的 Fe—S—X 的弯曲峰的核振散射强度约为核共振峰的 0.36%；Fe—S 伸缩区的计数约为核共振峰的 0.19%。如果人们的目标是测量这些谱峰，则含有 1 mM ^{57}Fe 的样品分别对应于 0.108 计数/s (= 30×0.36%) 和 0.057 计数/s (= 30×0.19%)。因为多数核振散射实验系统的基础噪声为 0.03~0.05 计数/s，则我们可以说 1 mM 的 ^{57}Fe 浓度大约是探测铁硫簇核振散射信号的最低样品浓度了。

如果是要探测 Fe—CO 等信号更弱的谱线，人们当然需要具有更高 ^{57}Fe 浓度的样品。比如，图 10.5(b) 给出了一个大约 1 mM 的 $DvMF$ (Ni—A) 氢酶 (请注意：因为一个 $DvMF$ 氢酶分子中有 12 个 Fe 原子，此时的 ^{57}Fe 浓度 = 12 mM，而不是 1 mM) 的核振散射谱图的原始数据。在这个样品中，有关 Fe—CO 的 ^{57}Fe 的浓度只有 1 mM。在原始数据中，Fe—CO 谱峰减去谱峰背底后大约有 0.054 s^{-1} 的实际信号量，接近可被探测的临界值 (0.03~0.05 s^{-1})。因此，在这一 $DvMF$ 氢酶样品中，Fe—CO 谱线可被探测到的最低氢酶浓度大约是 1 mM：^{57}Fe—CO 的浓度也是 1 mM，而此时全样品中 ^{57}Fe 的浓度为 12 mM。

以上数据和分析当然还与具体样品的一个分子中或对应的一个目标结构中含有多少个 ^{57}Fe，以及不同的束线条件有关：如当时的光通量为 1.4×10^9 s^{-1}，能量线宽 = 0.9 meV 等。BL09XU 的束线性能在后来获得了部分改进，信号水平总体提高了约 20%，达到 $R = 36$ s^{-1} 左右。再其后，依田芳卓研究员开创了流动型核散射测量装置，使得我们将核振散射实验成功地转移到具有更高光通量的 BL19LXU 束线上，将计数水准在 $R = 36$ s^{-1} 的基础上又提高了 2.6~3 倍 (有浮动)，达到 $R = 94 \sim 108$ s^{-1} 的新高强度。这为细致探测 Fe—CO、Fe—CN，甚至探测 Ni—H—Fe 奠定了实验条件上的基础。

10.3.2　对 Ni—H—Fe 信号量的估计

从过去的实验我们看到：Fe—CO 的信号已经很弱，但 Ni—H—Fe 谱峰比 Fe—CO 谱峰还弱，肯定需要更长的计数时间来进行测量。问题是，人们究竟有没有希望在实验上观察到 Ni—H—Fe 这一微弱的振动谱峰呢？在我们投入大量的机时来完成对 Ni—H—Fe 谱峰的系统搜索之前，人们非常有必要首先估计一下这一谱峰究竟有没有足够的信号量？可不可能被人们测量出来？关于这些估计的原文，请读者参看文献 [30]，我们在如下几个小节中也会给予多处描述。

一个浓度为 1 mM 的、100% 进行 ^{57}Fe 标记的、处于 Ni—R 态的 $DvMF$ 氢酶样品中共有 12 mM 的 ^{57}Fe，以大约 30 计数/(s·mM^{57}Fe) 的核共振谱峰为标准信号量进行计算，可以产生大约 360 计数/s 的共振峰强度；它对应于大约 1.22 计数/s 的 X—Fe—S 弯曲振动信号和大约 0.7 计数/s 的 Fe—S 伸缩振动信号，分别相当于核共振计数的 0.36% 和 0.19%；在同样条件下，Fe—CO 的伸缩、弯曲振动强度大约为 0.06 计数/s，如表 10-2 中的第 3 列。请注意，此处讨论的是处于 Ni—R 态的氢酶谱图。

对于信号量比较大的 Fe—S 等振动，人们可以假定除信号本身之外没有其他背景计数。比如，如果需要获得一个 $S/N = 10$ 的信噪比的 Fe—S 弯曲振动谱峰，人们总计需要 100 个光子的计数 [信号 = N，信噪比 = $N/(N)^{1/2} = (N)^{1/2}$]，或 $100/1.22 = 82$ s/点的总测量时间。如果一幅核振散射能谱图的测量需要有 400 个测量点，则人们需要 $82 \times 400 = 32800$ (s) (或 9.1 h) 的总测量时间。当然，真正的测量时间还必须加上 0.2 ∼ 0.5 s/点的扫描运行时间，也称死区时间 (Dead Time)：如何减少死区时间是每一光束线管理者的重要工作之一。由于 1.22/s 的信号计数率远远高于 0.03/s 左右的系统背景噪声计数率，或者说由系统噪声决定的、可能达到的系统最佳信噪比 (∼1.22/0.03 = 41) 远高于人为设定的统计信噪比 (10)，这时的综合总信噪比基本上等于统计信噪比 (10)。但如果人们是要测量当时计数率仅为 0.06/s 的 Fe—CO 谱峰，若要达到的统计信噪比为 5，则人们至少需要有 $N = 25$ 的信号量，或 25/0.06 = 417 s/点的测量时间。如果是采用均匀扫描测量一具有 400 点的谱图，人们需要 417×400 = 166800 (s) (= 46.3 h) 的总测量时间。这时，为了节约珍贵的机时，人们通常的做法是选定一个较窄的 Fe—CO 目标区间，仅仅对这一窄区间进行长时间的细致扫描，如 15 ∼ 30 s/点，而对其他区间则进行 1 s/点的粗略扫描。

表 10-2　不同浓度的 Ni—R 氢酶样品在不同光束线上的核振能谱各谱峰的计数水准。(s) 表示伸缩振动；(b) 表示弯曲或摇摆振动

振动特征	能量值 /cm^{-1}	实测 1 mM 氢酶 BL09XU (计数/s)		假设 4 mM 氢酶 BL09XU (计数/s)		实测 4.5 mM 氢酶 BL09XU (计数/s)		实测 4.1 mM 氢酶 BL19LXU (计数/s)
共振	0	360	→	1728	→	4492	1701	4458
S—Fe—S(b)	148	1.22	→	5.86	→	15.24	6.01	16.48
Fe—S^b(s)	276	0.71	→	3.41	→	8.87	3.52	8.62
Fe—S^t(s)	365	0.65	→	3.12	→	8.11	3.20	8.54
Fe—CO(s)	545	0.06	→	0.29	→	0.75	0.30	0.81
Fe—CO(b)	600	0.05	→	0.24	→	0.62	0.24	0.70
		↓		↓		↓		
Ni—H—Fe(b)	675	0.012		0.058		0.151	0.050	0.120
背景计数/s	—	0.03		0.03		0.03	0.03	0.03

　　计数率低的 Fe—CO 谱峰的综合信噪比并不由统计误差决定，而主要是由系统背景噪声的计数率决定。核振散射实验系统的背景噪声率应该在 0.01 ∼ 0.05 计数/s。如果该计数率高于 0.05/s (人们有时将计数/s 简单写为 s^{-1}，不写 "计数" 两字)，则实验系统需要进行重新调试。在 BL09XU 上的核振散射系统的背景噪声信号多数时候在 0.03 s^{-1} 左右，我们过去发表的多数文章和本书多处章节均引用 0.03 s^{-1} 作为例。原则上，如果要测量的谱线强度超过这个计数水平的 1.5 倍，我们认为信号就是有可能被探测的，否则认为是无法被探测的。比如，在当时的 BL09XU 束线上，一个浓度为 1 mM 的 *DvMF* 氢酶样品中的 Fe—CO 的振动模态大约有 0.06 s^{-1} 的信号计数率，此时人们可以得到的、由背景噪声率决定的系统的最佳信噪比 $S/N = 0.06/0.03 = 2.0$。即便人们经过再长时间的信号积累，其信号的信噪比也不可能大于这个 $S = 2.0$。但另一方面，人们还是需要有足够长的信号积累时间才能使统计信噪比本身远高于 (或至少明显高于) 这个系统的最

佳信噪比 2.0,使得综合信噪比接近这个 2.0。假如取统计信噪比 $S/N = 5$,则综合信噪比 $= 1/[(1/2.0)^2+(1/5)^2]^{1/2} = 1.86$。假如取统计信噪比 $S/N = 20$,则综合信噪比 $= 1/[(1/2.0)^2+(1/20)^2]^{1/2} = 1.99$,非常接近 2.0,但人们需要 16 倍的测量时间。

在对 Ni—R 氢酶进行实际测量之前,人们无法准确得知 Fe—H—Ni 核振散射谱峰到底有多强或多弱。但人们可以参考模型配合物中 Fe—CO 与 Ni—H—Fe 的相对强度,并从氢酶中的 Fe—CO 的实测强度出发,对氢酶中的 Ni—H—Fe 的谱峰强度进行推测。

首先,在所有与 Fe—H/D 结构有关的伸缩、弯曲振动模态中,有关 Fe—D—X 或 X—Fe—D 等的弯曲振动谱峰具有最强的核振散射信号。然而在多数情况下的模型配合物中,这一类的弯曲振动谱峰会和 Fe—CO 的振动谱峰相耦合、相重叠,因此无法对它们进行单独测量;另外,强度次高的 Fe—H—X 或 X—Fe—H 振动有独立的谱线,其强度大约为 Fe—CO 谱线强度的 1/5。我们如果假定在 Ni—R 氢酶样品中也有同样的比例,那在 1 mM 浓度条件下的 Ni—R 氢酶样品中,Ni—H—Fe 的振动谱峰强度应该为 $0.06/5 = 0.012$ (s^{-1}) (表 10-2 第 3 列下端)。因为这一强度 $0.012\ s^{-1}$ < 系统背景噪声计数率的 $0.03\ s^{-1}$,我们无法在 1 mM 的氢酶样品中观察到与 Ni—H—Fe 有关的振动谱峰。

依田芳卓研究员领导的研究团队于 2010 年前后对 SPring-8 的 BL09XU 束线进行了一系列的小幅改造,使其核振散射的共振峰信号强度增长约 20%: 一是束线上的 HMR 的能量分辨力从 0.9 meV 缩窄到 0.8 meV,而设法将束线的光通量维持在原有水准上,这一改进使得核振散射的峰值信号增加了大约 13% (= 0.9/0.8−1),使得人们更容易辨认谱峰;另一变化就是我们共同努力,成功地控制和降低了核振散射测量中的样品温度,使得样品到探测器单元之间的距离可以适当缩短,从而增加了另外 10% 的核振散射信号量。由此,一个 1 mM 的 DvMF 氢酶应该具有大约 30×12×1.2 = 432 (计数/s) 的核共振信号量,而谱内其他一系列的 X—Fe—S、Fe—CO 等信号的计数水准也都水涨船高,比如:Fe—CO 的信号应该达到 $0.06 \times 1.2 = 0.072(s^{-1})$。即便如此,Ni—H—Fe 的信号量估计为 $0.072\times(1/5)\ s^{-1} = 0.014\ s^{-1}$,它依然明显低于 $0.03\ s^{-1}$ 的背景计数率,依然无法被探测。即便是通过放宽前端狭缝宽度等来适度增加束线辐射强度和核振散射强度,要在当时的样品条件下测量 Ni—H—Fe 仍然是不太可能的。

10.3.3 样品和束线条件的决定性改善

要成功地观测到 Ni—H—Fe 这一振动谱峰,人们必须设法大幅度地提高样品的浓度,或大幅度地提高入射 X-射线的强度,或两者同时提高。比如,一个假设具有 4 mM 的氢酶样品可以让 Ni—H—Fe 的计数率由 $0.014\ s^{-1}$ 提高到 $0.014 \times 4 =$

0.056 (s^{-1})，或如表 10-2 第 4 列所示的 0.058 s^{-1}：这使得它的信号开始大于测量系统的背景噪声率，达到了可被测量的水准，比如最佳 $S/N = 0.058/0.03 = 1.93$。

实验上，从 2012 年开始，由德国马普研究院 Lubitz 教授和东条绪方研究员合作进行的大量研究工作将 $DvMF$ 镍铁氢酶各态样品的浓度从原先的 1 mM 提高到了 4~5 mM。我们对其中一个具有 4.5 mM 浓度的 Ni—R 氢酶样品在 BL09XU 束线上首次成功进行了测量，它的 Ni—H—Fe 在内的各核振散射谱峰强度如表 10-2 的第 6 列所示。不出意外，主要谱峰的测量计数水准与第 4 列中给出的估算水准相接近。

接下来，要测量一个具有 0.058 s^{-1} 水准的核振谱峰至少需要多少时间呢？我们如果选择统计信噪比为 $S/N = 5$，则信号总计数量必须达到 25 (统计误差 = $5 \rightarrow S/N = 5$)。这样，每一个测量点需要 $25/0.058 = 431(s)$ 的测量时间，而在 431 s 的测量过程中，系统的背景噪声总量为 $0.03 \times 431 = 12.9$，这样其测量的综合总误差为 $(5^2 + 12.9^2)^{1/2} = 13.8$，综合信噪比 = $25/(5^2 + 12.9^2)^{1/2} = 25/13.8 = 1.81$，接近由仪器噪声率决定的最佳信噪比 $0.058/0.03 = 1.93$。如果我们选用 $S/N = 10$，则必须将扫描时间增加 4 倍到 1724 s/点。此时，测量导致 100/点的总计数，10/点的统计噪声和 51.6/点的仪器基础噪声。它将这一测量的综合信噪比由 1.81 提高到 $100/(\sqrt{10^2 + 51.6^2}) = 100/52.6 = 1.90$，更接近最佳值 1.93。这再次表明：系统的基础误差决定了人们可以达到的最佳信噪比，而人们还是必须经过很长时间的数据积累才能使得测量的实际信噪比接近这个最佳信噪比。但在实际工作中人们无须做到极致和要求过度，因为那样只会浪费更多的机时，没有实际意义。比如在统计信噪比为 5 时，综合信噪比 1.81 已经接近最佳信噪比 1.93，应该是合理的选择。如果选择 $S/N = 10$ 的测量方案，理论上讲测量效果应该更好，但对总体信噪比的改进很小 $(1.81 \rightarrow 1.90)$，测量时间却要增加 4 倍，得不偿失。总之，如果谱峰的最佳信噪比没有达到一定的水准，一味地增加信号计数时间将不会得到高质量的谱峰。

整个核振散射能谱需要扫描从 -30 meV 到 $+100$ meV 的 130 meV 区间，有大约 481 个实验测量点。如果要对全区间进行均匀扫描，一个让 Ni—H—Fe 谱峰具有 $S/N = 5$ 的搜索性探测实验需要 $431 \times 481 = 207311(s)$，或 57.6 h 的时间。也就是说，只有进行了 57.6 h 的测量后，人们才有可能知道整个谱内是有还是没有这样一个特定的谱峰。如果适度缩窄扫描区间，主要针对 Ni—H—Fe 可能出现的能量区间进行重点测量，而其他地方做快速扫描，则搜索测量的时间大约可以缩短到 24 h。

再者就是要提高 X-射线的光通量。同样位于日本 SPring-8 同步辐射中心的 BL19LXU 束线可以提供能量范围为 7.2 ~ 18 keV、分辨率为 1 eV 的基本光束，覆盖 ^{57}Fe 核共振能量 14.4 keV。其初级单色器 HHLM 输出的、在 14.4 keV 能量处的 X-射线的通量为 2.5×10^{14} 光子/s，是 BL09XU 上 HHLM 输出光通量的 5 倍。这使得该束线的应用面很广：从时间分辨实验到测量特弱的能谱结构等等。当然，它也可以为我们测量氢酶中的 Ni—H—Fe 振动提供必要的 X-射线光通量。然而，由于这一束线并非专用的核散射束线，它没有常设的高分辨单色器 (HRM)，也没有用于核振散射实验的测量装置和辅助设备。这些设备需在机时开始时临时移入到实验棚屋内并进行快速调试。这样的流动的高分辨单色器在最佳条件下可提供相当于 BL09XU 束线大约 4.2 倍的高分辨 X-射线强度，但综合各次核振散射实验的实际情况来看，这个数值通常在 $2.5 \sim 4$ 浮动。在样品处实际测得的核共振峰值计数则为 BL09XU 束线上核共振计数值的 $2.5 \sim 3.4$ 倍。例如，在运用 BL19LXU 对 NiR—H 样品进行的那几次测量中，它的计数/s 为同等样品在 BL09XU 上的计数/s 的 2.6 倍；而在对 NiR—D 样品的那三次测量中，这个比例值为 3.0。

理论上，如果我们将一个具有 4 mM 浓度的、处于 Ni—R 态的 *DvMF* 氢酶样品引入到具有 2.6 倍于 BL09XU 计数的 BL19LXU 束线上进行测量，则其谱图中 Ni—H—Fe 的信号量将从 $0.058 \cdot s^{-1}$ 提高为 $0.058 \times 2.6 = 0.151 (s^{-1})$，最佳信噪比可由原有的 1.93 提高到 5.01，其可测量性和测量的可靠性都大为提高。这一估算结果列于表 10-2 的第 5 列。假如我们此时还是进行一个统计信噪比为 5 的测量，总计数为 25/点的每一个实验点的测量将可在 $25/0.151 = 166 (s)$ 内完成，如果对一个 481 点 (130 meV) 的测量区间进行均匀扫描，实验可以在 $166 \times 481 = 79846 (s)$ 或 22.2 h 内完成。如果适度缩窄重点区间，选用分区间扫描，则针对 Ni—H—Fe 的测量实验有可能在 9 h 左右完成。而此时测量 Ni—H—Fe 的综合信噪比理论上可以达到 $25/[5^2 + (0.03 \times 166)^2]^{1/2} = 25/7.06 = 3.54$，比同样样品在 BL09XU 上测量得到的信噪比 (1.81) 明显要高。当然，$S/N = 3.54$ 与最佳信噪比 (5.01) 还有一些差距，如果人们愿意投入更多的测量时间，则可获得更高的信噪比，比如我们测量的有关 Ni—R 氢酶的 Ni—H—Fe 的综合信噪比大约为 $S/N = 4$。作为比较，我们将一个在 BL19LXU 上测量的具有 4.1 mM 浓度的真实 Ni—R 氢酶的计数列于表 10-2 的第 7 列。注：这里引用的计数为在 BL19LXU 上某一次核振散射测量的结果，其中 Ni—H—Fe 信号 $= 0.12 \ s^{-1}$；而发表的 Ni—H—Fe 计数 $= 0.1 \ s^{-1}$ (图 10.2) 是由两次在 BL19LXU 上的测量和另一次在 BL09XU 上的测量 (Ni—H—Fe 计数 $= 0.06 \ s^{-1}$) 的总平均值。这些测量计数略低于估算计数的 $0.15 \ s^{-1}$，但明显高于系统的背景噪声率 $0.03 \ s^{-1}$，绝对达到了可测量的标准。

10.3.4 Ni—H—Fe 谱峰的搜索区间

因为 Ni—H—Fe 是一个极弱的信号，在还没有获得 BL19LXU 机时的时候，人们必须经过至少 24 h 或更长时间的数据累计，才能完成对一个特定区间的重点扫描，获得或排除 Ni—H—Fe 在此区间的谱峰。因此，相比分析 Ni—H—Fe 的计数水准，知道在哪里进行重点搜索扫描或许更为重要。

那么，人们要在哪里进行搜索呢？由于当时人们还没有测得在任何生物分子中的、有关 Fe—H、X—Fe—H、Fe—H—X 等振动的核振散射能谱、远红外光谱或拉曼散射光谱作为直接的参考，我们只好选择以下两方面的资料作为起点，开始大海捞针的实验过程：一是参考含有 Fe—H 结构的一系列模型配合物分子的核振散射谱图中的 X—Fe—H/D 或 Fe—H/D—X 等弯曲振动谱线的位置；二是参考针对氢酶核振散射的计算谱图。

部分含 Fe—H 结构的模型配合物分子的核振散射谱图如图 10.3~ 图 10.5 所示。结构最简单的 $[FeH_6]^{4-}$ 离子的 H—Fe—H 弯曲振动在 787 cm^{-1} 处 [图 10.3(a)]；结构上最接近氢酶活性中心的镍铁氢酶模型分子的 Ni—H—Fe 在 758 cm^{-1} 处 [图 10.4(a)]；铁铁氢酶模型分子的 Fe—H—Fe 也在 746 cm^{-1} 附近。表 10-1 中列出了一系列配合物中与 FeH 弯曲振动有关的能量位置。这些配合物分子有的是含单金属中心的，有的是含双金属中心的；H 的几何位置有的是在端基位置，有的是在桥联位置。有关详细的分子结构和核振散射能谱图的具体信息，请参见本章后面列出的一系列参考资料，特别是文献 [23-24]。由于全部的模型配合物分子中有关 FeH 弯曲振动的谱峰都在 740 ~ 800 cm^{-1} 的能量区间，我们对处于 Ni—R 氢酶样品中 Ni—H—Fe 弯曲振动的首选搜索区间也因此从这里开始。遗憾的是，我们几次的反复搜索并没有发现任何谱峰。

在推进实验观测的同时，我们的合作者们对 Ni—R 氢酶中 Ni—H—Fe 的振动也进行了一系列的密度泛函的理论推算，试图指导和协助人们对 Ni—H—Fe 的实验搜索。但在那时，几乎全部的密度泛函计算都将估算的谱峰位置指向 800 cm^{-1} 或更高的能量区间，导致我们的实验搜索一路进行到 1000 cm^{-1} 的高能量区间，但仍然是一无所获。而此时，Ni—R 氢酶样品浓度已经超过 4 mM，对应的 Ni—H—Fe 谱峰的估算计数为 0.058 s^{-1}，已经达到了可被测量的限度。看来，在什么能量区间进行细致搜索是问题的关键之一。

10.4 在氢酶中发现 Ni—H—Fe

本节的内容主要基于文献 [30]，对如何发现 Ni—H—Fe 谱峰以及如何确保样品处于正确的化学态等实验问题进行讨论，但也参考了文献 [29] 和其附录。

10.4.1 第一次发现 Ni—H—Fe 谱峰

尽管当时所有的配合物测量谱峰、所有针对氢酶的密度泛函估算和多数科学家的经验判断都一致地认为与 Ni—H—Fe 有关的弯曲振动谱峰应该出现在 720 ~

800 cm⁻¹ 或更高的能量区间，但作为实验测量者的作者还是怀疑 Ni—H—Fe 的
核振弯曲谱峰是否会出现在从未认真搜索过的 (指运用 24 h 实验测量的)、相对
低能的 620 ~ 720 cm⁻¹ 的区间内。在申请和等待具有更高光通量的 BL19LXU
机时的同时，我们决定在 BL09XU 束线上对一个具有 4.5 mM 浓度的 Ni—R 氢
酶样品在这一区间进行长时间的搜索测量。这一决定虽然不符合当时人们的几乎
所有的已知信息，但仔细搜索一下从未搜索过的区间至少是符合实验学逻辑的。

由于当时人们还普遍不认为 Ni—H—Fe 会出现在这一区间，这一测量的选
择当初并不被看好。我们因此选择了对 400 ~ 740 cm⁻¹ 这样一个较大范围进行
10 s/点的均匀扫描。这样，在对 Ni—H—Fe 进行细致搜索的同时，也可以兼顾
对 Fe—CO/CN 区间的谱图进行一次更高水准的精细测量，以取得各方面的平衡，
避免导致那次机时一无所获。

在经过 68 h 的测量之后，我们在 675 cm⁻¹ 附近的确发现了一个小峰，如
图 10.7(a) 所示。希望指出的是：在分析这样的极弱核振散射谱峰时，观察原始

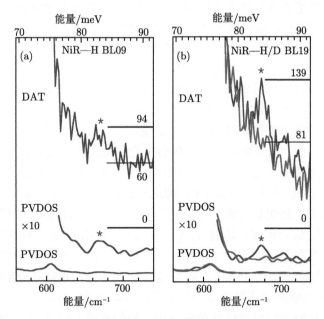

图 10.7　具有 4.1 ~ 4.5 mM 的宫崎脱硫小球藻 F (*DvM*F) Ni—R 镍铁氢酶中 Ni—H—Fe
振动的核振散射能谱图。(a) 在 BL09XU 上测量所得的经 H₂/H₂O 还原的氢酶中 Fe—H—Ni
振动的原始谱图 (上)、PVDOS 谱图 (下) 和 PVDOS×10(中)；(b) 在 BL09XU 上测量所得的
经 H₂/H₂O 还原的 *DvM*F 氢酶中有关 Fe—H—Ni 振动的原始谱图 (上，蓝色) 和经 D₂/D₂O
还原的氢酶样品在同一区间的核振谱图背景 (上，红色)。下半部分为 PVDOS 谱图 (下，
蓝/红) 和 PVDOS×10(中，蓝/红)

数据谱图比观察经过转换的 PVDOS 谱图更可靠。这是因为 PVDOS 图谱经过了转换和平滑处理，某些小峰可能会被抹平，而某些 "保留下来的" 小峰也可能只是尖峰点 (Spike) 经平滑处理后的假峰，并不一定可靠。经过了 680 s/点的总扫描后，它的原始谱图显示在 675 cm^{-1} 处的一谱峰，去除了基线背景计数的纯信号计数率 (不是毛计数率) 大约为 $34/(10 \times 68) = 0.05$ (计数/s)，比 0.058 s^{-1} 的估算值略低，刚刚达到可被探测的水准。在图 10.7(a) 中，它的背景计数率大约为 $60/(10 \times 68) = 0.088(\text{s}^{-1})$，其中只有 $0.03 \sim 0.04$ s^{-1} 为系统本身的背景噪声率，其他的可能来自于 Fe—CO 等谱峰的峰尾背景等。在这 0.088 s^{-1} 的背景计数率中，只有系统噪声率 $0.03 \sim 0.04$ s^{-1} 的那一部分才是背景噪声，其余的都是可以统计的信号 (Fe—CO)，只是我们需不需要罢了。虽然这里的信噪比 S/N 最多只有 $0.05/0.03 = 1.7$，但只要纯信号大于 0.03 s^{-1} 或 0.04 s^{-1}，原则上测量就有效。这无疑是人们第一次在生物分子中直接观测到与 Fe—H 结构有关的振动模态。

10.4.2　进一步确认 Ni—H—Fe 谱峰

这一测量坚定了我们认为 Ni—H—Fe 核振散射谱峰处于 $620 \sim 740$ cm^{-1} 的信心，但还不能因此确定这就是 Ni—H—Fe 谱峰。同时，人们的争论依然没有就此消失。怀疑者的第一个问题是处于 675 cm^{-1} 位置的这个振动谱峰仍然太弱，它是否真实存在还有待于进一步考证。第二个争论则是因该谱峰距离靠 Fe—CO 的振动谱峰太近而将它归咎于与 Fe—CO 有关的谱峰，而不是一个与 FeH 弯曲振动有关的谱峰。然而，我们在镍铁模型分子或是其他含 Fe—CO 和 Fe—H 结构的分子中并没有发现一条类似的 Fe—CO 谱线。

就在该次历史性的发现后不久，我们在 BL19LXU 束线上首次获得了实验机时，并且成功地重复了我们在 BL09XU 上的发现。大约 2.6 倍于 BL09XU 束线的谱峰强度 (以核共振峰为标准) 使得这一微弱的 Ni—H—Fe 谱峰的计数率从被探测的边缘上升到明显可测的 0.12 s^{-1} [$= (139 - 81)/480$，如图 10.7(b)] 和 0.13 s^{-1} [无图]，综合信噪比达到 $S/N = 4$，证实了 675 cm^{-1} 处的这一谱峰为真实谱峰。如果说在 BL09XU 上的测量结果 [图 10.7(a)，信号量 0.05 s^{-1}] 依然让人怀疑的话，那么在 BL19LXU 上测得的核振谱图 [图 10.7(b)，信号量 0.12 s^{-1}] 中 Ni—H—Fe 谱峰的真实性变得一目了然，毋庸置疑。

在另外几次的 BL19LXU 实验机时中，我们利用大约 3 倍于 BL09XU 强度的 X-射线对 4 个 NiR—D 氢酶样品进行了核振散射测量，在上述 Ni—H—Fe 谱峰的同位区间进行了细致扫描 (如 30 s/点)，但我们没有发现任何谱峰。无论是在原始核振图谱 [图 10.7(b)] 中，或是在 PVDOS 谱图 [图 10.7(b) 和图 10.8] 中，NiR—D 谱图中的基线波动与 NiR—H 谱图中的基线波动十分相似。我们一共对 NiR—H 样品进行了 3 次测量 (2 次在 BL19LXU 上，1 次在 BL09XU 上)，对

NiR—D 样品进行了 4 次测量 (1 次在 BL19LXU 上, 3 次在 BL09XU 上), 它们
经过转换得到的 PVDOS 谱图如图 10.8 所示。虽然单次测量的 PVDOS 谱都有
较大的波动, 但 NiR—H 在 675 cm^{-1} 处均有振幅明显超过基线波动的谱峰, 而
NiR—D 在该处没有谱峰, 这样的结论非常清晰。我们对 NiR—D/NiR—H 样品
的对比测量不仅回答了前面的第一个问题: 即 NiR—H 谱图在 675 cm^{-1} 处的确
存在一个明显的谱峰; 实际上它也澄清了第二个问题: 因为 NiR—H 在此处有谱
峰, 而 NiR—D 没有, 这说明其谱峰一定是与 Fe—H 结构有关的谱峰, 而不是仅
仅与 Fe—CO 有关的谱峰。

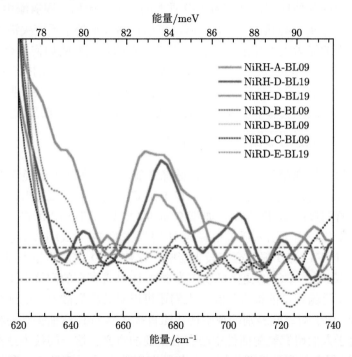

图 10.8   对 NiR—H 氢酶样品的 3 次测量所得的 PVDOS 谱图 (实线) 和对 NiR—D 氢酶样
品的 4 次测量的 PVDOS 谱图 (虚线) 的对比。A、B、C、D、E 代表不同次的实验机时

为了能够合理地比较和加权平均从光通量不一的不同束线上测得的核振散射
能谱图数据, 我们必须定义一个当量扫描时间。由于束线 BL09XU 是一条专用的
核散射光束线, 它具有比较稳定的高分辨 X-射线输出强度, 我们因此选用它作为
我们当量扫描时间的参考点。比如: 在测量 NiR—H 时, BL19LXU 上同样品的
核共振强度为 BL09XU 上的 2.6 倍, 也就是说这时在 BL19LXU 上 10s 的测量
对应于 BL09XU 上 26 s 的测量; 相仿, 在测量 NiR—D 时, 两束线上核共振强
度比为 3:1, 则 BL19LXU 上 10s 的测量相当于 BL09XU 上 30 s 的测量。

经过这样的转换后，针对 Ni—H—Fe 谱峰左右的能量区间：对于 NiR—H 样品的 3 次测量 (1 次在 BL09XU 上，2 次在 BL19LXU 上) 相当于在 BL09XU 上测量了 $(10 \times 68 + 20 \times 24 \times 2.6 + 15 \times 12 \times 2.6) = 2396$(s/点)，三次测量的权重分别为：28%、52%、20%；而对于 NiR—D 样品的 4 次测量相当于对它们在 BL09XU 束线上测量了 $(40 \times 20) + (30 \times 30) + (30 \times 36) + 20 \times 20 \times 3 = 3980$(s/点)。我们对 NiR—D 样品进行了更长时间的测量，是因为要确定没有谱峰比发现谱峰需要更长的测量时间。

测量 Fe—H 结构的核振谱峰对于研究镍铁氢酶、铁铁氢酶、与氢结合的固氮酶或与氢结合的其他铁蛋白都有着十分重要的意义。比如：固氮酶中的 M 簇附近的组氨酸 (H) 被异亮氨酸 (I) 取代后，可以使酶大量处于反应关键态 E_4 态上，使得结合底物的能力大大加强。尽管人们最关心的是固氮酶如何结合 N 的问题，但与 H 结合的固氮酶可以产生相对较为稳定的结构，可作为人们研究固氮酶结合 N 的机理起点。无论在何种生物分子内，测量与 Fe—H 结构有关的振动谱峰都是十分困难的，因此在氢酶中发现 Fe—H—Ni 振动谱峰的工作意义重大。

10.4.3　对 Ni—H—Fe 结构的间接推测

在成功地直接观测到 Ni—H—Fe 谱峰之前，我们实际上已经观测到 NiR—H/D 这一对镍铁氢酶样品在 Fe—CO 和 Fe—CN 区间的核振散射谱图，并发现它们之间有着明显的 H/D 差别，如第 9 章 9.4.2 节和图 9.13 所描述的那样。如前述，这些变化是由于引入质量很轻的 H 对原来的 Fe—CO 振动模态影响甚小，但引入 D 则对 Fe—CO 振动会有较大影响，导致 H/D 谱图明显不同。这些有关由 H/D 引起的 Fe—CO 的变化可以作为表征 H 是否存在的间接但十分可靠的证据。经过密度泛函理论的拟合计算，人们还可以对其核振散射谱的细微差别进行定量地拟合。由于对这些差别的观察往往比直接观察 FeH 弯曲振动要相对容易一些，因此对于人们研究氢酶活性中心有着重要的意义。这一间接方法在文献 [29、35] 的研究过程中起到了重要作用。尤其是在文献 [35] 的实验中，我们尚未直接观察到与 X—Fe—H 有关的振动，但它的 Fe—CO 的特征谱对 H/D 样品有着明显的不同，说明 FeH 结构确实存在。类似间接的观察实例在对氢酶模型配合物分子的核振散射研究中出现过，在对固氮酶和固氮酶模型配合物的核振散射研究中也出现过。比如固氮酶的核振散射谱图中 188 cm^{-1} 处的谱峰代表着铁钼辅基簇骼的非对称呼吸振动模态，但这一谱峰强度的变化却与该簇骼是否结合有 CO、H 等底物有着密切的关系 (第 8 章图 8.10)。尽管固氮酶的 Fe—CO 的核振散射谱线很弱、很难观察，而其中的 FeH 至今尚未观察到，但由于结合了 CO 或 H 会使固氮酶在 188 cm^{-1} 处的谱峰强度有明显的变化，它可以作为固氮酶或铁钼辅基是否结合有底物的间接表征。比如，对于研究 E_4 态的固氮酶，188 cm^{-1} 谱峰的强度变化就可以作为固氮酶是否结合有 H 的根据。

当然，间接表征不能代替直接表征。比如，NiR—H/D 样品中不同的 Fe—CO 可以表征 H/D 是否存在，但对表征 Fe—H 的结构细节则无能为力，这也是我们从前无法准确预测 Ni—H—Fe 的能量位置的原因。同理，固氮酶的 188 cm^{-1} 谱峰强度的变化可以合理表征酶是否结合 CO 或 H 等底物，但对 CO 或 H 在 Fe 上的具体结合结构以及 Fe—CO、Fe—H 的谱峰位置，人们也只能间接猜测，因此很难准确。因此，对 FeH 结构的间接表征应该被视为当人们无法对它实现直接测量时的一种无奈之举。从几篇已发表的文献来看，在 BL19LXU 现有的实验条件下，在浓度达到 4 mM 以上、化学态纯度很高的氢酶样品中，FeH 弯曲振动的核振散射信号有 0.1~0.15 s^{-1} 的计数率，达到可以被直接观测的水准。无法对 FeH 实现直接测量的原因可能很多，其中：多种化学子态和结构异构体的并存导致其谱峰分散是原因之一；化学态本身的产率较低为原因之二。

10.4.4 确保氢酶样品处于 Ni—R 态

我们之所以能够观测到镍铁氢酶中的 Ni—H—Fe，具有高浓度和高纯度的 Ni—R 氢酶样品是不可或缺的关键之一。德国马克斯·普朗克研究院的合作者们利用对酸碱度 (pH 值) 转换的细致控制和对 H$_2$/D$_2$ 活化时间的适度延长，成功地制备了核振散射实验所需的高浓度和高纯度的 NiR—H/D 样品。然而，这些高纯度、高浓度的样品比低浓度的氢酶样品有着更大的不稳定性，制备它们的每一步都必须精密控制。而在样品制成后的储存、运输等每一个环节中，高浓度的氢酶样品也比低浓度的样品更容易变质，我们因此必须采用以下几个步骤来监测和确保样品在制成后、核振散射测量前、测量后的品质一直保持在纯的 Ni—R 态上。

首先，在样品制备完成后，人们要在制备实验样品的研究室运用 FTIR、EPR 等传统的谱学方法对 NiR—H/D 样品进行状态的鉴定。由于 C≡O 振动的谱峰位置可以直接联系到氢酶等生物样品所处的氧化还原态，如 Ni—R1、Ni—C 等等，因此测量 C≡O 振动的红外光谱学是鉴定氢酶样品催化反应态的最常用和最方便的手段之一。比如，图 10.9(a) 就是对其中一组 NiR—H/D 样品进行测量而得到的红外光谱图。图中的 NiR—H 样品 (实线) 中含有 84% 的 Ni—R1 (CO = 1946 cm^{-1})、16% 的 Ni—C (CO = 1962 cm^{-1})，和极少量的 Ni—R2 (CO = 1933 cm^{-1})；而 NiR—D 样品 (虚线) 则几乎 100% 都是 Ni—R1。

通常储存在液氮温度下的氢酶样品不会发生任何变化，因此可以假设这样的样品在核振实验前应该是没有问题的。为了慎重起见，经过核振散射测量的氢酶样品要被送回到制备样品的研究室，再次进行红外谱学对 C≡O 频率的鉴定，如图 10.9(b)。对比图 10.9(a) 和 (b) 可以看出：这些 NiR—H/D 样品在制备完成后和在经过核振散射测量后的样品状态基本没有明显变化，说明这些样品的状态一直保持得很好。

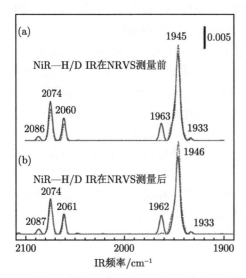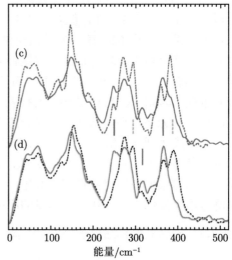

图 10.9　高浓度的 *DvMF* 镍铁氢酶的 NiR—H/D 样品状态的跟踪：(a) NiR—H/D 样品 (实线/虚线) 在刚刚完成制备后的红外谱图；(b) NiR—H/D 样品 (实线/虚线) 在完成核振散射测量后的红外谱图；(c) NiR 样品在核振散射测量时的 FeS 区核振谱图 (实线 = 好的 NiR 样品/虚线 = 意外氧化的 NiR 样品)；(d) NiR(实线) 和 NiA(虚线) 样品在 FeS 区间的核振散射谱图，作为判断样品是否意外氧化的参考

　　除此之外，在样品到达束线，准备对其进行长时间的核振散射测量之前，人们还可以利用核振散射谱学本身，对样品的 FeS 核振散射谱图进行快速测量，并用以判断该 Ni—R 样品是否仍然处于还原态，或是已经被意外氧化。图 10.9(c) 为多数的 Ni—R 样品的代表 (实线) 对比一个由于不明原因而被意外氧化的 Ni—R 样品 (虚线) 的核振散射谱图；作为参考，已知是处于氧化态 Ni—A(虚线) 和处于还原态 Ni—R(实线) 的镍铁氢酶的核振散射谱如图 10.9(d) 所示。我们之所以要选用 FeS 区间进行测量，主要是由于这一区间的核振散射信号很强，可以很快完成鉴定。这样的鉴定测量在 BL09XU 上需要 3~4 次扫描，约 2.5 h 的时间；而在 BL19LXU 束线上，原则上仅需一次测量即可，花费 30~40 min。

　　通过测量 FeS 的核振散射谱只能判定样品是否已经氧化而已，具体细致的态信息则需要人们观察 C=O 或 Fe—CO 的谱图才能正确推测。但是，这样运用 FeS 谱图来粗略鉴定样品的目的主要有两个：一是防止人们花费大量的机时去测量一个样品，而事后却发现该样品已经被意外氧化；二是可以跟踪观察样品在运送途中有无发生变化，或者在测量后发生恢复等更复杂的过程。在我们的工作中，没有发现第二类现象，但的确有两次样品发生有被意外氧化的第一类现象，如图

10.9(c) 的虚线所示。因为这些样品被及时甄别，因此防止了在这些不合格样品上浪费宝贵的机时。这说明在精确的红外谱学跟踪之外，在进行长时间扫描之前对样品的 FeS 核振散射谱图进行快速测量是跟踪样品品质之有效而且不可缺少的程序之一。

10.5 理解镍铁氢酶中的 Ni—H—Fe 结构

前面我们讲述了有关如何探测 Ni—H—Fe 等振动模态的技术性问题。但人们会问为什么我们要如此大费周章地探测这一 Ni—H—Fe 结构呢？虽然 10.1.1 节中已经给出了研究 Fe—H 结构的总体意义，但我们还是希望利用本节和 10.6 节来具体地讲述一下这些 Fe—H 的弯曲振动谱对于研究镍铁氢酶和铁铁氢酶的活性中心结构有哪些具体的意义。

在研究氢酶时，人们最为关心的问题之一就是每一个反应中间态的几何结构和电子结构是什么样的，比如：Ni—R 态镍铁氢酶中的 H 是 H^- 还是 H_2；H 配位是端基配位还是桥联配位；它是在 Ni 上还是在 Fe 上，或是否还出现在其他位置上；是否有质子 H^+ 参与；等等。基于过去的各种研究结果，人们已经有了许许多多有关 Ni—R 的猜想结构。以 $H_2 \longrightarrow H^+ + H^-$ 的催化反应方向为例，图 10.10 给出了其中最为可能的，并且与已知的 Fe—CO 核振谱图相吻合的 6 种猜想结构图，它们包括：

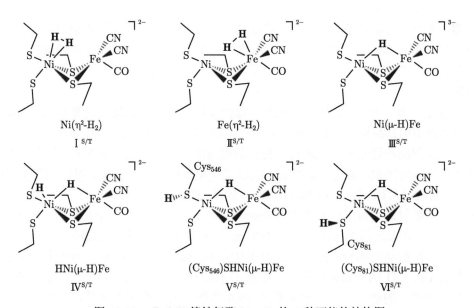

图 10.10 *DvMF* 镍铁氢酶 Ni—R 的 6 种可能的结构图

(I) 以 H_2 形式连接在 Ni 上；

(II) 以 H_2 形式连接在 Fe 上；

(III) 以 H^- 形式连接在 Ni 和 Fe 之间的桥上，形成 H 桥，同时放出 H^+，使得整个活性中心离子由 -2 价变为 -3 价；

(IV) 以 H^- 形式连接在 Fe—Ni 桥上，另外一个 H^+ 连接在 Ni 上，因此整个活性中心的价态不变；

(V、VI) 以 H^- 形式连接在 Fe—Ni 桥上，另外一个 H^+ 连接在与 Ni 相连的半胱氨酸中的 S 上 (V/VI 为 H^+ 在不同位置处)，整个活性中心的价态不变。

概述一下就是：结构 I 和 II 分别为 H_2 分子结合在 Ni 上或 Fe 上；结构 III 为 μ-H 桥联；结构 IV 是在 III 的基础上，又放出一个 H^+，活性中心发生价态改变；而结构 V 和 VI 则是在 III 的基础上，又在 Ni 一边的不同的半胱氨酸上连接了一个 H^+。

其实，这 6 种结构模型只是包括了最可能、最重要的结构。人们用密度泛函理论计算过的 Ni—R 的结构模型无数，单是在文献 [29] (第一次关于 Ni—H—Fe 的文章) 中就有 12 种以上的模型结构被详细计算和讨论过。全部这些猜想结构之间的主要区别只是其中 H^- 本身的位置、出现形式或配位结构的不同，其他有关 Fe—CN、Fe—CO 等的基础结构几乎完全一样。这样，Ni—H—Fe 谱峰出现与否以及在何处出现就对判断和选择 Ni—R 的真实结构至关重要。

对于氢酶分子，由于 FeS 簇和活性中心在结构上相互独立，而 Fe—S 振动与 Fe—CO/Fe—CN/Ni—H—Fe 的振动在能量范围上也几乎无交集，因此它们的谱图无重叠，这使得我们可以仅仅依据 [NiFe] 活性中心的分子结构来对实验测量的、有关 Fe—CN/Fe—CO 和 Ni—H/D—Fe 核振谱图进行密度泛函理论的拟合计算，而无须对整个氢酶分子进行计算，这样就可以大大降低密度泛函分析的运算量。

对处于 Ni—R 态的 *DvMF* 氢酶样品的实验图谱进行密度泛函理论的拟合计算得到图 10.11(参见文献 [29])：其中 (a) 为实验能谱图，(b)、(c)、(d) 为选用不同的 Ni—R 猜想结构进行密度泛函计算得到的理论能谱图，实线代表经 H_2/H_2O 还原处理的样品的图谱，虚线代表经 D_2/D_2O 还原处理的样品的图谱。对比观察 H/D 样品 (也就是对比 H_2/H_2O 和 D_2/D_2O 样品) 的谱图区别可知：位于 549 cm^{-1} 处的核振散射谱线为 Fe—CO 的伸缩振动频率 ν_{Fe-CO}，它是一个独立的、相对尖锐的谱带。在此之前的 454 cm^{-1}、475 cm^{-1} 和 502 cm^{-1} 各处的谱带为 Fe—CO 和 Fe—CN 振动的混合模态。在 H 样品中，590 cm^{-1} 和 609 cm^{-1} 处的两个谱带主要为 Fe—CO 的弯曲振动模态；而在 D 样品中，这两个谱带归一于 609 cm^{-1} 处的一个单一的谱带，这些和本章图 10.4 中所示的模型配合物的核振散射图谱相似。我们可以定性地将 H/D 替换造成的 Fe—CO/Fe—CN 谱区的差异归因于

Fe—CO/Fe—CN 振动与 Ni—H—Fe 和与 Ni—D—Fe 振动有着不同的耦合而致，也可以形象地将其解释为是质量极轻的 H 原子的引入对 Fe—CO/Fe—CN 振动几乎没有影响，而 D 原子的引入则对 Fe—CO/Fe—CN 振动有影响。

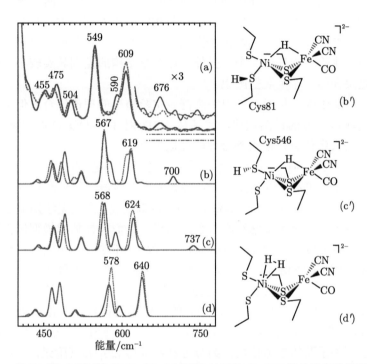

图 10.11　经 H_2/H_2O(实线) 和 D_2/D_2O(虚线) 处理的 *DvMF* 样品的实验核振散射谱图 [(a)，蓝色 = H 样品/红色 = D 样品] 和运用密度泛函理论计算得出的谱图 (b)，(c)，(d)

通过对比 Ni—R 测量能谱和一系列针对各种猜想结构的密度泛函计算谱图中 Fe—CO、Fe—CN、Ni—H—Fe 的位置和谱形分布，并对比 H/D 能谱之间的差别，人们可以从繁多的猜想结构中确定出最可能的、真正的 Ni—R 结构。

在图 10.11 中，我们从图 10.10 的结构图中仅仅选取了第 VI、V 和 I 三种结构作为代表，并将针对它们的密度泛函计算能谱分别示于图 10.11(b)、(c)、(d)。当然，运用比较简单的简正模态分析也可对实验谱图进行拟合计算和推断，但由于密度泛函理论属于从头开始的量子计算，不涉及任何经验参数，其计算结果的可信度自然会更高。通过对比可以看出：由图 10.10 中的结构 VI 经密度泛函计算得到的核振能谱 [图 10.11(b)] 与实验能谱最为相像，这些相像包括在 Fe—CO、Fe—CN 区间的整体相像度和在 Ni—H—Fe 能量位置上的接近程度；结构 V 的计算能谱与实验能谱的差别也很小，但 Ni—H—Fe 的位置略远，因此被认为不如

Ⅵ 有可能; 结构 Ⅰ 的计算能谱则与实验测得的能谱的差距很大, 则该模型被排除。其中模型 Ⅰ 最大的差距就是它的理论能谱没有成功地计算到 Ni—H—Fe 的振动谱峰。在图 10.10 中的 6 个猜想结构中, 只有呈现 μ-H 桥联的 (Cys81)SHNi(μ-H)Fe[图 10.11(b′)] 和 (Cys546)SHNi(μ-H)Fe [图 10.11(c′)] 这两个结构给出了比较好的理论拟合, 其他结构的理论拟合都与实验能谱差别较大。尽管图 10.11(b)比 (c) 更接近实验谱图, 但这两个结果可能都是 Ni—R 结构的合理猜测结构, 至少目前还不能排除其中任何一个。另外, 这两个结构的差别其实较小, 区别仅仅在于 H$^+$ 是接在哪一个半胱氨酸上。

虽然密度泛函的分析没有给出完全符合实验谱形的理论拟合, 但至少可以半定量地重复测量所得的谱图规律, 尤其是 H/D 对 Fe—CO 谱形的影响和 Ni—H—Fe 谱峰的大致位置可以得到合理的理论拟合。

其中, 谱峰 Ni—H—Fe 是否存在是密度泛函拟合是否可以推测 Ni—R 结构细节的关键。我们可以这样设想一下: 假如人们的核振散射只能测量到 Fe—CO, 没有获得任何有关 Ni—H—Fe 谱峰的信息。也就是说, 人们无法知道 Ni—H—Fe 谱峰的具体位置, 甚至不知它存在与否。这样, 人们选择猜想模型结构的任务就只能落在对 Fe—CO、Fe—CN 谱峰形状的考察上。但这几个模型 (甚至还有更多的模型) 都能给出大致相似的 Fe—CO 和 Fe—CN 谱峰, 差别不大, 因此很难准确地拟合出 Ni—R 的真正结构, 当然也无法预测 Ni—H—Fe 的谱峰位置。在我们实验测得 Ni—H—Fe 谱峰之前, 当时的密度泛函计算给出该谱峰的位置是在 800 cm^{-1} 以上。因此, 在实验上测得 Ni—H—Fe 谱峰为最终推定 Ni—R 的真实结构提供了至关重要的参考依据。细节可参考资料 [29] 和其附录。

根据密度泛函的拟合计算, 在 675 cm^{-1} 处的 Ni—H—Fe 振动模态是如图 10.4 左下插图所示的 H$^-$ 沿着垂直于由 Ni—H—Fe 组成的平面的方向运动的摇摆振动, 而不是在面内的弯曲振动。如前面 10.2.3 节中提到的, Ni—H—Fe 的平面内弯曲振动, 因为包含有类似 Fe—H、Ni—H 伸缩的运动在内, 其能量位置要比 675 cm^{-1} 高很多, 我们在对镍铁氢酶的实验测量中尚未能发现。作为参考, 镍铁氢酶模型分子中的 Ni—H—Fe 摇摆振动在 758 cm^{-1} 处, 而与 Ni—H 伸缩振动相耦合的 Ni—H—Fe 面内弯曲振动则在 954 cm^{-1} 处, 位置高出 200 cm^{-1}, 它的谱峰强度只有离面摇摆振动强度的 1/10 左右, 信号十分微弱, 在目前的样品浓度和实验测量条件下, 人们还无法对它进行观测。而与 Fe—H 伸缩振动相耦合的 Ni—H—Fe 面内弯曲振动则在能量更高的 1568 cm^{-1} 和 1632 cm^{-1} 两处, 位置高出摇摆振动 (758 cm^{-1}) 近 800 cm^{-1}, 更是无法测量 (文献 [30])。

至于处于 Ni—R 态的活性中心的电子结构, 它的 Fe 已经被前人的许多实验认定为始终是处于低自旋的 Fe(Ⅱ); Ni 的氧化态为 Ⅱ, 但它有 $S = 0$ 和 $S = 1$ 两种电子自旋态的可能。目前我们发表的工作仍然引用多数科学家认为的 $S = 0$ 的低自旋结果,但也有不少的实验和计算工作支持 $S = 1$ 的高自旋 Ni(II)。假如是改为引用高自旋态的 Ni(II) 对核振散射谱进行密度泛函计算,其拟合结果也不会与假定低自旋的拟合有太大的差别。因此 Ni(II) 的真实自旋态实际上目前无法定论,而目前能测量到的 Ni—H—Fe 核振散射谱学还无法鉴定这一问题。

当然,若能测量全部的与 Fe—H/D 有关的振动模态 (包括 Fe—D 和 Fe—H 的伸缩振动模态),并全面展开对它们的密度泛函的计算拟合,那将会是一件完美的工作。因为 Fe—H/D 的伸缩模态没有任何重叠的谱峰,而且能量位置很高,因此它对界定 H 在 Ni—R 氢酶中出现的具体结构会有更加灵敏的作用。但 Fe—H/D 的伸缩模态的核振散射信号将会十分微弱,很难测量。由模型分子的核振散射能谱可知:有关 Fe—D 伸缩振动的谱峰强度约为 Ni—H—Fe 弯曲振动的 1/5;Fe—H 伸缩谱峰强度约为 Ni—H—Fe 谱峰的 1/15~1/20。因此,对这些振动模态的实验测量还需要等待具有更高强度的入射 X-射线、更高浓度的样品、更低背景噪声率的核振散射系统等实验条件的出现。正如在其他领域的工作一样,人们总是在利用越来越优越的工作条件去完成越来越困难的任务。

10.6 理解铁铁氢酶中的 X—Fe—H 结构

10.6.1 反应中间态 H_{hydH}^+ 的萃取

酶在作用过程中有着许多的反应中间态,如镍铁氢酶中的 Ni—Si、Ni—C、Ni—R 都是活性的反应中间态。它们犹如奔跑中的骏马,一个瞬间有一个态。人们要想研究这些反应中间态,或必须使用高速的跟踪测量方法,如停流谱学法 (Stop-Flow Spectroscopy) 对其进行动态测量;或必须能够萃取基本上处于某一单一反应中间态的、相对稳定的实验样品,再对其进行静态测量。要萃取具有稳定中间态的样品,最常见的几种手段包括:① 适度调控酸碱度 (pH 值),干扰酶的动力学过程,使得它的结构倾向于较多地停留在某个中间态上,并萃取;② 制备突变种,选用不同的氨基酸来置换位于活性中心附近某些关键位点上的氨基酸单元,以此来强行干扰酶的动力学过程,使得它的结构可以基本停留在某个反应中间态上,并萃取;③ 先制备与反应活性中心结构相同的模型分子,再设法植入到酶分子之中,实现生物聚合合成 (Maturation)。由第三种方法合成的生物体其中心结构可以保证制备为人们所希望的特定结构,等于样品实际上完全处于某一反应中间态上。尽管这样的样品不一定具备生物活性,但它们对谱学研究十分有用。

虽然在方法①和②中,具体的酸碱度和具体的突变氨基酸的选择对于不同的生物样品是不同的,但这两种方法具有普遍适用性,也就是:原则上,任何类型的生物分子都可以如此操作。而方法③因为必须首先化学合成具有中心结构的配合物分子,并且能够成功掌控生物聚合合成过程,它往往仅适用于少数酶的分子。

铁铁氢酶之所以可以进行这样的生物聚合合成，原因之一是它的 $[2Fe]_H$ 子簇仅仅通过一个半胱氨酸与一个特殊的 $[Fe_4S_4]_H$ 子簇相连，其他的都是无机配体 (包括 S 桥)，与生物分子链上的氨基酸机体无关。这样的结构比较容易进行人为的生物合成，并在生物合成过程中植入模拟配合物分子作为中心的起点。我们下面将要讨论的 ODT 突变种就是采用这种生物聚合合成方法制备的铁铁氢酶样品 (参见文献 [31])，它的 Fe—H 结构具有一个端基 H^-，而不是桥联 H^-。这也是人们第一次在铁铁氢酶中观察到有关 X—Fe—H 的弯曲振动谱峰。

比如莱茵衣藻氢酶 *Chlamydomonas reinhardtii* HydA1 (简称 *Cr*HydA1) 的铁铁氢酶的生物合成过程涉及 Hyd-G、Hyd-E、Hyd-F 和 Hyd-A 这几个酶分子。Hyd-G 用于合成 $[Fe_4S_4]$ 簇，可能包括 $[Fe_4S_4]_H$ 子簇；Hyd-E 合成 $[Fe_4S_4]$、$[Fe_3S_4]$、$[Fe_2S_2]$ 等簇；以上两者联合起来又可以合成 $[2Fe]_H$ 子簇；Hyd-F 可以传输 $[2Fe]_H$ 子簇；Hyd-A 则最后将各个簇和子簇组装为完整的铁铁氢酶分子。人们对铁铁氢酶的这些生物合成过程已经认识得很详细，可资利用。我们可以将预先制备好的、具有特殊结构的突变种的 $[2^{57}Fe]_H$ 簇骼植入 Hyd-F 酶中；而在 Hyd-G、Hyd-E 等酶中使用 ^{56}Fe 培养其他簇和子簇的生长；最后将它们一起加入到 Hyd-A 酶中，就可人为地合成具有预定结构和预定状态的铁铁氢酶分子，并且仅仅用 ^{57}Fe 标记它的 $[2Fe]_H$ 簇骼，其他部分不做标记。

有的铁铁氢酶，如 *Cr*HydA1，本身只由一个 $[Fe_4S_4]_H$ 和一个 $[2Fe]_H$ 组成，也就是只含有 H 簇。这样的氢酶样品非常适合于进行各种谱学的研究。图 10.12 中给出了用配位化合物 $[^{57}Fe_2(ODT)(CO)_4(CN)_2]_2$ 作为铁铁中心的替代结构植入到 *Cr*HydA1 铁铁氢酶内的生物化学合成过程，其具体过程如上段所示。其中，(a) 代表配位化合物 $[^{57}Fe_2(ODT)(CO)_4(CN)_2]_2$ 的结构；(b) 代表由此配位化合物植入而合成的 *Cr*HydA1 铁铁氢酶中心结构。所以 (a)→(b) 共同展示了上面描述的生物合成过程；(c) 代表如此合成的铁铁氢酶的突变种中的 $[2Fe]_H$ 结构。实际上它是成功地将原来 S 桥上的活性位点 NH 配体用 O 配体取代了，由此合成了该铁铁氢酶的 ODT 突变种。这一 NH→O 的置换方案阻断了质子 H^+ 的转运链，使得我们可以将样品稳定在一个称为 H^+_{HydH} 的反应中间态上；作为对比，(d) 则代表野生菌铁铁氢酶中含有 NH 的 $[2Fe]_H$ 结构。

在 ODT 突变种中，由于 H^+ 的转移过程被阻断，氢酶很容易停留在中间态 H^+_{HydH} 上，稳定不变。因此，虽然铁铁氢酶的 ODT 突变种失去了原来的反应活性，但却为人们研究反应中间态 H^+_{HydH} 的谱学和结构特征，特别是它的 Fe—H 结构特征提供了不可或缺的实验替代品。而在含有 ADT 桥的野生菌原生态铁铁氢酶样品中，由于中心结构处于不断反应变化的过渡态，较难稳定萃取出大量的单一态样品，并对其 Fe—H 结构进行研究。当然人们后来还是运用其他方法获取了较好的原生态样品，并进行了测量。

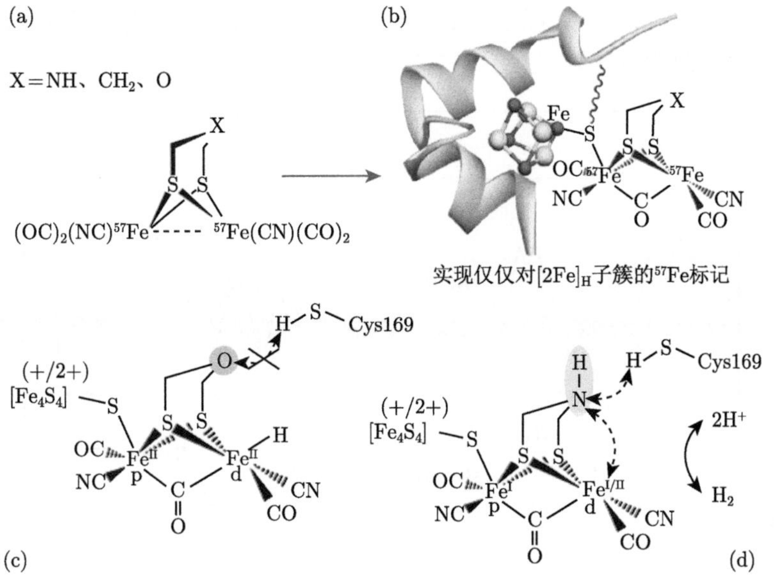

图 10.12 (a) 合成的 $[^{57}Fe_2(ODT)(CO)_4(CN)_2]_2$ 配位化合物的结构示意图; (b) 从 (a) 出发, 生成仅仅将 $[2Fe]_H$ 标记为 ^{57}Fe, 并且将野生菌铁铁氢酶中的 NH 活性位点置换为 O 的 ODT 突变种铁铁氢酶的生物合成过程示意图; (c) ODT 突变种铁铁氢酶中的 $[2Fe]_H$ 结构示意图。这样的 ODT 结构容易形成具有稳定 Fe—H 端基结构的中间态 H^+_{HydH}; (d) 原生态铁铁氢酶中的 $[2Fe]_H$ 结构示意图。请注意对比图 (c) 和 (d) 中的红色和绿色阴影区, 以及对 H^+ 传递路径的影响

　　生物合成过程和部分标记这些操作的可能性使得人们对铁铁氢酶的核振散射谱学的研究要比对镍铁氢酶的研究容易一些。即使是对于如巴氏梭菌 *Clostridium pasteurianum HydA* I (简称 *Cp*I) 那样含有多个、多种 FeS 簇骼的复杂的铁铁氢酶分子, 人们也实现了仅仅将 H 簇的 6Fe 标记为 ^{57}Fe, 而对其他的 FeS 簇骼不做标记, 使得 Fe—CN/Fe—CO 结构在核振散射谱图中比较突出。

　　另一方面, 因为镍铁氢酶的中心结构与生物机体中的 4 个半胱氨酸 (S) 相连, 包括 Ni 和 Fe 之间的两个 S 桥也是由两个半胱氨酸提供的, 这使得人们至今还无法实现对它的生物合成和有选择的 ^{57}Fe 标记。另一方面, 人们也一直设法从生物机体上切除含有全部 FeS 簇的小基, 而只保留含氢酶中心的大基。

10.6.2 ODT 突变种的 Fe—H 结构

　　由于 *Cr*HydA1 铁铁氢酶或它的突变种只有一个 H 簇, 没有其他的 FeS 簇骼, 本身就只有 6 个 Fe 原子。而在我们的样品中, 只有 $[2Fe]_H$ 是被 ^{57}Fe 标记的。这样, FeS 振动模态所占的比例将大幅度下降, 使得微弱的 Fe—CN/Fe—CO 振动和更微弱的 X—Fe—H 弯曲振动等核振散射信号的比例比前面讲过的镍铁氢酶的

情形要突出、清晰得多，如图 10.13 所示 (参见文献 [31])。箭头表示 X—Fe—H/D
弯曲特征谱峰的能量位置。

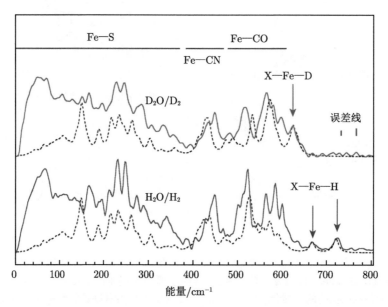

图 10.13　D₂O/D₂ (红) 和 H₂O/H₂ (蓝) 处理的 ODT 铁铁氢酶突变种的实验核振散射谱图
和运用密度泛函理论计算得出的谱图 (黑虚线)。箭头表示 X—Fe—H/D 弯曲振动的能量位置

　　与其他氢酶的核振能谱类似，$400\ cm^{-1}$ 之前的振动模态多为与 FeS 结构有
关的振动模态或大范围、弱作用的极低能量的振动模态。尽管在 OTD 样品中没
有经 ^{57}Fe 标记的独立的 FeS 簇，但两个桥联上的 S 原子与 Fe 原子之间的振
动依然属于这一范围；$400 \sim 610\ cm^{-1}$ 为与 Fe—CN/Fe—CO 有关的振动模态；
而再往后的 $672\ cm^{-1}$ 和 $725\ cm^{-1}$ 两处为与端基 H 有关的 X—Fe—H 弯曲振
动模态。在镍铁氢酶的核振散射能谱中，谱峰主要为 FeS 信号，如图 10.2 所示：
其中 Ni—H—Fe 摇摆振动的核振散射信号量为 FeS 弯曲振动信号量的 0.27% 左
右，Fe—CO 为 FeS 的 2.2%。而在仅仅标记 $[2^{57}Fe]_H$ 的铁铁氢酶的核振散射谱
图 10.13 中，X—Fe—H 的信号量接近 FeS 的 10%，而 Fe—CO 已经与 FeS 谱
峰强度基本等量，非常突出。当然，这只是它的相对强度，X—Fe—H 弯曲峰的
绝对强度依然是在 $0.1\sim0.2\ s^{-1}$ 的数量级。

　　在此处，我们可以清晰地观察到两个弯曲振动模态：在 $672\ cm^{-1}$ 处的振动为
垂直于 X—Fe—H 平面的摇摆振动，它与 $DvMF$ 镍铁氢酶中的 Ni—H—Fe 摆动
振动在谱峰性质上一致，在能量位置上也相差不大 ($672\ cm^{-1}$ 和 $675\ cm^{-1}$)；而
与 $DvMF$ 镍铁氢酶不同的是 ODT 铁铁氢酶在 $727\ cm^{-1}$ 处还有另外一个核振谱
峰，它对应于在 X—Fe—H 平面内的弯曲振动。这是由于铁铁氢酶中的 Fe—H 结

构是端基结构，而非桥基结构，因此它的面内弯曲振动 X—Fe—H 要比桥基 Ni—H—Fe 的面内弯曲振动容易得多。包括 ODT 突变种在内的几个 CrHydA1 铁铁氢酶都有 X—Fe—H 面内弯曲振动的核振散射谱峰，而且它们振动的谱峰强度大致相等。

在 D_2O/D_2 条件下制备的样品在同样的位置上不具有这些谱峰，说明以上两个谱峰的确是与 Fe—H 结构有关系的谱峰。代表 X—Fe—D 面内弯曲振动的谱峰位于 625 cm^{-1} 处，略微高于 Fe—CO 的谱线位置，但清晰可分辨。能量位置更低的 X—Fe—D 的离面摇摆振动则完全没在 Fe—CO 的群峰之中。但 D_2O/D_2 样品的核振谱图在 564 cm^{-1} 处的强度有明显的增强，因而可以推测为摇摆振动大致的谱峰位置。经过对比 $400 \sim 800$ cm^{-1} 区间的 H/D 谱图变化，以及对比 ^{57}Fe—H/D 密度泛函的计算谱图，我们确认 ODT 突变种中存在两个 X—Fe—H 振动模态的结论。这些有关 FeH 的弯振动曲谱峰具有 $0.1 \sim 0.2$ s^{-1} 的核振散射信号，而有关 FeD 的弯曲谱峰则具有更高的信号水准，它们均高于实验系统的基础噪声率。

这是人们在铁铁氢酶中第一次确定 X—Fe—H 谱峰的存在和它们的具体能量位置，也是在生物分子中由振动谱学观察到 Fe—H 结构的第二次，意义重大。这些谱峰位置与酶所处的中间态和其 H 的结合细节有着紧密而灵敏的关系，是研究催化反应中间态结构和催化反应机理的重要依据。

10.6.3 多种铁铁氢酶的 Fe—H 结构比较

为了能够更加清晰地观察有关 X—Fe—H 的振动谱图在不同铁铁氢酶样品中的变化规律，我们忽略其他部分，仅仅将图 10.13 中关于 X—Fe—H/D 弯曲振动的部分转到图 10.14(a) 中，并加上对应的振动模式示意图 (上插图)，并与处于原生态 WT(b) 和 C169S 突变种 (c) 的 CrHydA1 铁铁氢酶的同部分的核振散射谱图进行比较。详情请参见文献 [31-33]。和前面的讨论一样，蓝线代表 H_2/H_2O 样品的核振散射谱图，红线代表 D_2/D_2O 样品的谱图。

对比 ODT 突变种，原生态的 CrHydA1 氢酶的偶氮桥联二硫酸盐 (ADT) 中含有 NH，是 H$^+$ 转移链上的重要一环，因此 H$^+$ 会与 X—Fe—H 结构产生相互作用，如图 10.12(d) 所示的那样。这样，有关 X—Fe—H 振动的两个谱峰的位置，尤其是面内弯曲振动的能量位置将会与节点为 O 的 ODT 突变种氢酶有所不同。这一结果也为密度泛函理论计算所准确推测，并为核振散射实验测量所证实 [对比图 10.14(b) 和 (a)]。这一对比说明了 ADT 桥在铁铁氢酶催化反应和在 X—Fe—H 结构的形成过程中有着重要的作用。在含 ADT 结构的原生态氢酶中，H$^+$ 是源源不断地向 X—Fe 处转移，并不断生成 X—Fe—H，是个动态过程，因此它比较难萃取。但我们的合作者通过控制酸碱度等常规手段，实现了较高产率的萃取。

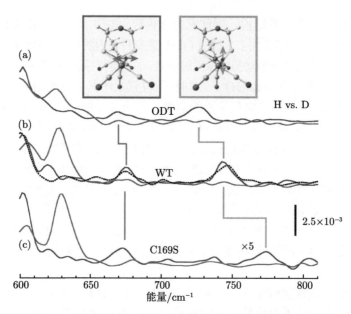

图 10.14　主图为经由 H_2/H_2O(蓝线) 和 D_2/D_2O(红线) 还原处理的、处于生物合成的 ODT 突变种 (a)、原生态 (b) 和 C169S 突变种 (c) 中的 CrHydA1 铁铁氢酶样品的实验核振散射谱图。图 (b) 中黑虚线代表原生态 DdHydAB 铁铁氢酶 (H_2/H_2O) 的核振散射谱图。两个上插图为 X—Fe—H 的离面摇摆振动 (左) 和 X—Fe—H 的面内弯曲振动 (右) 的示意图。箭头指示 H/D 原子的运动方向

　　如果将原生态 CrHydA1 铁铁氢酶在 169 位置处的半胱氨酸 (C) 置换为丝氨酸 (S)，导致其与 H 簇相邻的官能团从—SH 变为—OH，则会极大地改变 H^+ 的传递路径。人们发现：与原生态 CrHydA1 氢酶相比，C169S 氢酶的催化活性有着显著降低，这可能是官能团—SH→—OH 的改变使得 H^+ 向 H 簇的转移效率变低所致。而由于影响了 H^+ 的转移，这种突变也能够协助捕获较为稳定的氢化物中间体 X—Fe—H。对比 3 种 CrHydA1 样品的核振散射谱图 [图 10.14(a)~(c)] 可以看出：不同突变种具有大致相同的离面摇摆的振动能量，都在 670 ~ 675 cm^{-1}。这可能是因为 NH 中 H^+ 的传输路径基本上是在 Fe—Fe—H 的面内进行的，它与 Fe—H 在垂直于这个面上的摇摆振动的关系较小。但它们在面内的弯曲振动的能量位置上有着完全不同的振动能量。例如，原生态样品 (WT) [图 10.14(b)] 的面内弯曲振动在 744 cm^{-1} 处，而 ODT 突变体的同个谱峰在 727 cm^{-1} 处 (b)，C169S 突变体在 772 cm^{-1} 处 (b)，跨度达到 45 cm^{-1}。这说明 NH 中 H^+ 的传输与 Fe—H 的面内弯曲振动存在着很明显的相互作用。根据密度泛函的计算，面内弯曲谱峰蓝移和相关的 Fe—H 键更强可能是由于 C169S 中的—OH 与活性中心中的—NH 的作用比—SH 与—NH 的作用更强所引起的；这使得 Fe—H 具有更强的化学键。能够实现对这些细节的观察凸显了核振散射谱学在研究有关生物

分子中 Fe—H 结构的详细信息方面所具有的巨大潜力。比如，我们将核振散射谱学和密度泛函计算结合起来对图 10.14 进行的系统分析得出：即使是距离 > 5 Å 的氨基酸交替 (C→S) 也会影响到 CrHydA1 中的 Fe—H/D 结构和结合键能。

通过控制酸碱度等环境条件，我们还可以在原生态的硫酸盐脱硫弧菌铁铁氢酶 *Desulfovibrio desulfuricans* (简称 DdHydAB) 中产生和萃取出足够产率的中间态 H_{HydH}^+ 样品，并且与原生态 CrHydA1 铁铁氢酶样品的情形进行比较，观察具有同一中间态、相同活性中心结构的两种氢酶的异同。文献 [32] 给出了它们的核振散射谱图及分析。尽管 DdHydAB 与 CrHydA1 中含有的 FeS 簇数量不同，但它们的活性中心 H 簇的结构是一样的，都是由一个 $[2Fe]_H$ 子簇通过半胱氨酸与特殊的 $[Fe_4S_4]_H$ 子簇相结合的结构，也都可以实现对 $[2^{57}Fe]_H$ 子簇的选择性标记。同为原生态的两种酶的活性中心结构，尤其是它们的 Fe—H 结构应该相同，因此人们可以预计它们有相同的 X—Fe—H 核振散射谱峰，与图 10.14(b) 的情形一致：黑虚线谱线 (代表 DdHydAB) 与蓝实线谱线 (CrHydA1) 有着基本一致的 X—Fe—H 核振散射谱峰位置和线形。这再次说明：关键的结构和谱学特征往往由局部的配位结构所决定，在大体上完全不同的两种酶中完全有可能存在相同的局部结构和相同的谱学特征。

前面已经讲过，传统振动谱学对于 Fe—H 结构的测量十分困难，因此至今未见关于在生物分子中直接用传统振动谱学测量 Fe—H 结构的报道。虽然说核振散射有着同位素甄别性等一系列的特殊优越性，但它对 Fe—CN/Fe—CO 等振动的谱学测量还没有完全突破利用红外对 C≡N、C≡O 的测量可以跟踪 Fe—CO 的局部配位结构的基本格局。直到有关对 Fe—H 结构的核振散射测量取得成功，这一方法才真正全面地突破了传统振动谱学对生物分子活性中心研究的基本格局，成为可以确定某些从前无法确定之结构的特殊谱学，比如：对镍铁氢酶中 Fe—H 谱峰的发现就推知了一系列结构细节和对应的催化反应机理细节，从几个最可能的密度泛函分析模型中得出基本唯一的结构，将人们对于镍铁氢酶的研究推向一个新的高度。相信在不远的将来，科学家们将会得到更多有关不同氢酶、不同反应中间态和不同突变体中的 Fe—H 结构的谱学数据，而获得这些位置上分立的谱峰数据将会大大推动人们对于氢酶中间态结构的确立和具体功能的细致探索，并有可能在氢酶的应用上取得新的结果。最后，氢酶中 Fe—H/D 伸缩振动的测量将对氢酶活性中心结构的研究有着更大的意义，但这需要今后在光源和样品方面取得重大突破才有可能实现。

参 考 资 料

有关氢经济、氢酶或金属–氢振动的一般性文献：

[1] Abe J O, Popoola A P I, Ajenifuja E, et al. Hydrogen energy, economy and storage: review and recommendation. Int J Hydrogen Energ, 2020, 44: 15072-15086

[2] Staffell I, Scamman D, Abad A V. The role of hydrogen and fuel cells in the global energy system. Energy Environ Sci, 2019, 12: 463-491

[3] Greening C, Boyd E. Editorial: microbial hydrogen metabolism. Front in Microbio, 2020, 11: 1-4

[4] Lubitz W, Ogata H, Rüdiger O, et al. Hydrogenases. Chem Rev, 2014, 114: 4081-4148

[5] Ogata H, Lubitz W, Higuchi Y. Structure and function of [NiFe] hydrogenases. J Biochem, 2016, 160: 251-258

[6] Ogata H, Nishikawa K, Lubitz W. Hydrogens detected by subatomic resolution protein crystallography in a [NiFe] hydrogenase. Nature, 2015, 520: 571-574

[7] Ogo S, Kishima T, Yatabe T, et al. [NiFe], [FeFe], and [Fe] hydrogenase models from isomers. Sci Adv, 2020, 6(24): eaaz8181

[8] Artero V, Berggren G, Atta M, et al. From enzyme maturation to synthetic chemistry: the case of hydrogenaes. Acc Chem Res, 2015, 48: 2380-2387

[9] Jones A K, Sillery E, Albracht S P, et al. Direct comparison of the electrocatalytic oxidation of hydrogen by an enzyme and a platinum catalyst. Chem Commun, 2002, 2002: 866-867

[10] Artero V, Fontecave M. Some general principles for designing electrocatalysts with hydrogenase activity. Coord Chem Rev, 2005, 249: 1518-1535

[11] Dey S, Das P K, Dey A. Mononuclear iron hydrogenase. Coord Chem Rev, 2013, 257: 42-63

[12] Thauer R K, Klein A R, Hartmann G C. Reactions with molecular hydrogen in microorganisms: evidence for a purely organic hydrogenation catalyst. Chem Rev, 1996, 96: 3031-3042

[13] Schuchmann K, Chowdhury N P, Müller V. Complex multimeric [FeFe] hydrogenases: biochemistry, physiology and new opportunities for the hydrogen economy. Front in Microbio, 2018, 9: 2911: 1-22

[14] Wittkamp F, Senger M, Stripp S T, et al. [FeFe]-Hydrogenases: recent developments and future perspectives. Chem Commun, 2018, 47: 5921-6076

[15] Peters J W, Schut G J, Boyd E S, et al. [FeFe]- and [NiFe]-hydrogenase diversity, mechanism, and maturation. Bba-Mole Cell Res, 2015, 1853: 1350-1369

[16] Evans R M, Brooke E J, Wehlin S A M, et al. Mechanism of hydrogen activation by [NiFe] hydrogenases. Nature Chem Bio, 2016, 12: 46-50

[17] Senger M, Mebs S, Duan J, et al. Stepwise isotope editing of [FeFe]-hydrogenases exposes cofactor dynamics. PNAS, 2016, 113: 8454-8459

[18] Qiu S, Li Q, Xu Y, et al. Learning from nature: understanding hydrogenase enzyme using computational approach. WIREs, 2019, DOI: 10.1002/wcms.1422

[19] Schnieders D, Tsui B T H, Sung M M H, et al. Metal hydride vibrations: the trans effect of the hydride. Inorg Chem, 2019, 58: 12467-12479

[20] Sakamoto M. Studies of hydrogen vibrations in transition metal hydrides by thermal neutron transmissions. J Phys Soc Jpn, 1964, 19: 1862-1866

[21] Springer T. Investigation of vibrations in metal hydrides by neutron spectroscopy. Hydrogen in Metals, 2005, 2005: 75-100

[22] de Graaf S, Momand J, Mitterbauer C, et al. Resolving hydrogen atoms at metal-metal hydride interfaces. Sci Adv, 2020, 6: eaay4312

有关 Fe—H 结构或氢酶的核振散射谱学的文献：

[23] Bergmann U, Sturhahn W, Linn D E, et al. Observation of Fe—H/D modes by nuclear resonant vibrational spectroscopy. J Am Chem Soc, 2003, 125: 4016-4017

[24] Pelmenschikov V, Guo Y S, Wang H X, et al. Fe—H/D stretching and bending modes in nuclear resonant vibrational, Raman and infrared spectroscopies: comparisons of density functional theory and experiment. Faraday Trans, 2011, 148: 409-420

[25] Wang H X, Guo Y S, Kamali S, et al. X-ray detection on Fe—H vibrations. MRS Series, 2010, 1262: W07-10

[26] Pelmenschikov V, Gee L B, Wang H X, et al. High-frequency Fe—H vibrations in bridging hydride complex characterized by NRVS and DFT. Angew Chem, 2018, 57: 9367-9371

[27] Gee L B, Pelmenschickov V, Wang H X, et al. Vibrational characterization of a diiron bridging hydride complex—a model for hydrogen catalysis. Chem Sci, 2020, 11: 5487-5493

[28] Carlson M R, Gray D, Richers C P, et al. Sterically stabilized terminal hydride of a diiron dithiolate. Inorg Chem, 2018, 57: 1988-2001

[29] Ogata H, Kraemer T, Wang H X, et al. Hydride bridge in [NiFe]-hydrogenase observed by nuclear resonance vibrational spectroscopy. Nature Commun, 2015, 6: 7890

[30] Wang H X, Yoda Y, Ogata H. A strenuous experimental journey searching for spectroscopic evidence of a bridging nickel-iron-hydride in [NiFe] hydrogenase. Synchrotron Rad, 2015, 22: 1334-1344

[31] Reijerse E J, Pham C C, Pelmenschikov V, et al. Direct observation of an iron-bound terminal hydride in [FeFe]-hydrogenase by nuclear resonance vibrational spectroscopy. J Am Chem Soc, 2017, 139: 4306-4309

[32] Pelmenschikov V, Birrell J A, Pham C C, et al. Reaction coordinate leading to H_2 production in [FeFe]-hydrogenase identified by nuclear resonance vibrational spectroscopy and density functional theory. J Am Chem Soc, 2017, 139: 16894-16902

[33] Pham C, Wang H X, Mishra N, et al. Nuclear resonant vibrational spectroscopy for observation of Fe—H/D bending modes in hydrogenases and nitrogenases. SPRING-8/SACLA Information, 2017, 22: 104-109

[34] Pham C C, Mulder D W, Pelmenschikov V, King P W, et al. Terminal hydride species in [FeFe]-hydrogenases are vibrational coupled to the active site environment. Angew Chem, 2018, 57: 10605-10609

[35] Birrell J A, Pelmenschikov V, Mishra N. Spectroscopic and computational evidence that

[FeFe] hydrogenases operate exclusively with CO-bridged intermediates. J Am Chem Soc, 2020, 142: 222-232

[36] Gee L B, Wang H X, Cramer S P. NRVS for Fe in biology: experiment and basic interpretation. Methods in Enzymol, 2017, 599: 409-425

[37] Kamali S, Wang H X, Mitra D, et al. Observation of the Fe—CN and Fe—CO vibrations in the active site of [NiFe] hydrogenase by nuclear resonance vibrational spectroscopy. Angew Chem, 2013, 52: 724-728

[38] Wang H X, Ogata H, Lubitz W, et al. A dynamic view of [NiFe] hydrogenase by means of nuclear resonance vibrational spectroscopy. SPRING-8 Research Frontiers, 2012. http://www.spring8.or.jp/pdf/en /res_fro/12/080-081.pdf

[39] Schilter D, Pelmenschikov V, Wang H X, et al. Synthesis and vibrational spectroscopy of ^{57}Fe-labeled models of [NiFe] hydrogenase: first direct observation of a nickel-iron interaction. Chem Commun, 2014, 50: 13469-13472

[40] Kuchenreuther J M, Guo Y S, Wang H X, et al. Nuclear resonance vibrational spectroscopy and electron paramagnetic resonance spectroscopy of Fe^{57}-enriched [FeFe] hydrogenase indicate stepwise assembly of the H-cluster. Biochem, 2013, 52: 818-826

[41] Gilbert-Wilson R, Siebel J, Adamska-Venkatesh A, et al. Spectroscopic investigations of [FeFe] hydrogenase maturated with $[Fe_2^{57}(adt)(CN)_2(CO)_4]^{2-}$. J Am Chem Soc, 2015, 137: 8998-9005

[42] Boral D K, Hu Y L, Thiess S, et al. Between photocatalysis and photosynthesis: synchrotron spectroscopy methods on molecules and materials for solar hydrogen generation. J Electron Spectrosc, 2013, A190: 93-105

第 11 章 展望：新应用、新谱学、新光源

我们在第 7~11 章详细介绍了核振散射谱学在生物化学和配位化学研究中，特别是在对生物金属中心的研究中的一系列具体应用，展示了该谱学方法的优越性和对生物化学问题的适用性。在本章中，我们将首先综述一下另外一种振动散射谱学方法，也就是 X-射线振动散射能谱学的一些应用。接着，再讨论和展望一下核振散射谱学和其他几种新型的核散射谱学方法的发展方向，并在最后一节介绍新一代的同步辐射光源和它们可能给各种谱学研究带来的机遇和挑战。因此，本章以新应用、新谱学、新光源的介绍作为本书的结束语。由于是展望，本章后面引用的文献数量较多，我们因此按它们所属的学科分类分段列出，以便读者查阅。请注意，我们引用的文献主要是围绕我们需要讨论的话题，其选择并不一定是最先进的工作，也不一定包括了全部最重要或最具代表性的工作。

11.1 X-射线振动散射谱学的应用和展望

我们之所以在本章才来叙述 X-射线振动散射谱学 (以下简称 IXS 谱学或 IXS) 的应用实例，是因为本书最为关心的议题是：在生物金属中心或它们的模型配位化合物中有关金属–配体间的振动谱学问题，也就是光学波的问题；而 IXS 谱学在这方面尚未获得广泛应用，还基本上属于前期探索的范围。但我们之所以在本书中保留了对这一谱学方法的原理 (第 3 章) 和应用 (本节) 的介绍，除了它是理解高能 X-射线散射概念和核振散射谱学方法的必要台阶之外，这一谱学方法在配位化学和生物化学研究中的应用也已经达到了可以实际操作和探索的门槛，属于一种正在或者开始发挥潜力的新型谱学方法。现在正是我们学习、积累相关知识，探索相关问题的时候。而且，通过它与核振散射谱学和其他振动谱学的对比，读者对它们各自的优势和制约因素也可以有较好和较全面的认识。

11.1.1 IXS 谱学对声学波的研究

虽然本书的重点是研究金属配位中心的振动问题和研究光学波，但 IXS 谱学这一方法最主要的优越性在于它可以研究样品的能量散射和动量散射之间的色散关系曲线，而不仅仅是用来研究能态密度函数。这样，色散关系和声学波往往是该谱学方法最为重要的应用项目，我们的介绍也首先从这方面的工作开始展开。

相变是原子在整个晶体中的有序排列与单个原子热运动的无序倾向之间相互

竞争而由一种排列过渡到另一种排列的现象。在单个原子无序热运动的不断作用下，当温度、压力等外界条件达到某一临界状态时，晶体就会从一种有序状态转变为另一种有序状态，出现新相体。不同相体之间的过渡必将经过一个相对无序的状态，这些过程必将影响到晶体原子的热振动状态，因而肯定会影响到晶体的振动谱图，包括 IXS 谱图。而代表大范围内原子相互作用的声学波的状态以及变化在对相变的研究中显得尤为重要。

同中子散射等其他现代谱学手段一样，IXS 谱学首先是被应用于研究合金样品或一些结构相对简单的化合物样品。简单化合物 MgB_2 为近 20 年来备受关注的超导材料之一，它的超导临界温度高达 39 K，是结构简单的化合物中温度最高的。对于如图 11.1(a) 所示的两个 E_{2g} 振动模态，人们发现：它们的色散曲线会在超导转换温度附近变得更加非对称，它们的能谱谱线宽度也会明显加宽。这些现象称为振动模态的软化，它的出现标志着晶体中原子有序排列的对称性开始下降，晶体正在发生从有序到无序、由旧相到新相的转变。这样，超导材料的相变温度 T_c、晶体声子的色散关系曲线、能态密度函数等在某一假设的超导机理中有着特定的相互关系，而这些理论上推断的关系则可以用 IXS 谱学的实验测量来进行确定或者否定。图 11.1(b) 展示了超导材料 MgB_2 由 IXS 谱学获得的色散关系

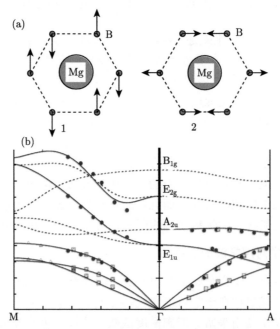

图 11.1　(a) 超导材料 MgB_2 晶体中两个相互正交的 E_{2g} 振动模态 (Mg 原子在两个振动模态中固定不动)；(b) MgB_2 晶体的 IXS 色散关系曲线图

图。迄今为止，IXS 谱学已经成功地测量和研究了大量类似的常规超导材料和临界温度 T_c 在液氮温度以上的高温超导材料，包括人们熟知的钇钡铜氧超导体。在更广的范围内，该谱学已经在对金属、合金、半导体、氧化物、超导体、石墨、高压金刚石等的相变或其他声子活动的研究中取得了丰硕成果。它们的色散关系各式各样，绝非图 11.1(b) 和几段文字可以概括。限于篇幅，我们不一一列举，有兴趣细致研究的读者可参见本章参考资料 [1-12] 或上网查找更多 IXS 文献。这里，我们可以指出的是：声学波表征大范围内晶体振动和它的传播规律，是研究相变的好工具。

比如，在高压和超高压工艺方面，人类已经能够在实验室内实现与地心处一样大小的人造压力。这样先进的实验环境开辟了崭新的研究和产业领域，例如：对于金属氢和人工合成金刚石的研究。但由于超高压实验腔的限制，高压样品的尺寸往往很小，这样要求入射 X-射线的光斑也要很小。因此，同步辐射具有的高准直性和小光斑为此类谱学研究提供了实验上的可能性，成为以同步辐射为基础的 IXS 技术最主要的优越性之一。

在对生物分子的研究方面，Liu 等在 2005 年第一次运用 IXS 谱学对 DNA 分子的声子波进行了研究，他们发现溶液中 $MgCl_2$ 的浓度对 DNA 声子波衰减有很大的影响。2008 年，Liu 等发表了他们对溶菌酶和牛血清白蛋白进行的 IXS 谱学研究。分子动力学理论和中子散射实验已经表明许多水合球状蛋白有一个大约在 $T_D = 220$ K 处的 "阈值温度"：当环境温度高于这个温度时，被冷冻的蛋白质生物活性会急剧恢复上升 (这也是多数生物样品会储存于 -80 ℃ 冰箱内的根据)。IXS 实验发现水合球状蛋白的色散曲线在临界温度 T_D 处开始呈明显的非对称状，能谱峰也明显变宽。这是因为蛋白的生物活性与大范围的原子运动状态相关，因此其生物活性上升时，蛋白的声学波状态会有明显的改变，类似于 MgB_2 晶体的相变过程。这是人类对蛋白质分子 "相变" 过程的第一次 IXS 谱学测量。

11.1.2　IXS 谱学对光学波的研究

上面两项针对生物分子的 IXS 实验还都是针对生物分子的主体骨架结构的声学波的研究。而声学波一般具有相对较强的散射强度，实验上较为可行。

运用 IXS 谱学来研究生物分子活性中心或是其模型配合物的金属配位结构自然也是科学家们长期追求的目标。但与相变的情形不同，人们此时需要关注的是金属–配体间的配位关系及其变化，也就是要研究代表一个原始晶胞内各个原子之间振动的光学波。由于生物分子或配位化合物的金属浓度较合金或简单化合物样品中的金属浓度要低得多，而光学波的散射强度通常又要比声学波的散射强度更低，这样使得研究光学波的 IXS 谱学要比研究声学波的 IXS 谱学在实验测量上难得多，目前尚未见到有关生物分子金属中心的 IXS 谱学研究的报道。

在研究真正的生物金属中心之前，人们会希望首先研究一下结构相对简单同时对称性又较高的配位化合物样品，如 $[NEt_4][FeCl_4]$。它的分子量为 328，Fe 元素 (原子量 56) 的含量重量比为 17%，阴离子本身是对称性很高的四面体结构。对它的研究可以为今后直接研究生物金属中心提供必要的可行性探索和方向性指导。有关这一工作的实验过程、结果讨论等详细内容，请有兴趣的读者查阅参考本章后的文献 [12] 及其附录，我们下面将就其 IXS 谱图本身做一个简单的综述。我们的这一实验是在 SPring-8 同步辐射中心的 BL35XU 光束线上进行的 (能量 = 21.8 keV，能量分辨率 = 1.5 meV)，但 APS 官网显示它至少也有三条束线可以进行类似的 IXS 测量，ESRF 和 Petra-Ⅲ 也有类似的束线可以从事 IXS 研究。

如前述，IXS 谱学的主要优势之一是它可以被用来研究动量转移量和能量转移量间的相互影响，也就是色散关系。尽管光学波的波谱通常着眼于研究能态密度函数，而非色散关系，但我们还是可以从图 11.2 中看到：具有不同动量转移量 (也就是在不同散射方向 θ_S) 的散射能谱图在 Cl—Fe—Cl 弯曲谱线和 Fe—Cl 伸缩谱线两处的相对强度上有着很大的不同，而且其变化也不是简单的单调变化关系。当 $2\theta_S$ 从 15° 增加到 27° 时，Fe—Cl 谱峰的相对强度急剧增加，而当 $2\theta_S$ 继续增加到 45° 时，其强度反而下降。由于配合物的 IXS 光学波信号依然较小，需要很长时间对它进行测量计数，因此人们尚无法在一次实验机时中验证很多的 $2\theta_S$ 实验点。但这里的谱图变化规律依然可以告诉我们：具有较宽的 $2\theta_S$ 测量范围对 IXS 实验是十分重要的。假如人们在一个只能测量到 $2\theta_S = 27°$ 的系统上对 $[NEt_4][FeCl_4]$ 样品进行 IXS 测量，则可能会得出 Fe—Cl 的相对强度随 $2\theta_S$ 单调上升的错误结论。同理，如果我们能有更多的机时来测更多的实验点，我们也许会观察到在 $2\theta_S = 0° \sim 27°$ 的区间内已经存在 Fe—Cl 强度的复杂变化，而并不一定是单调上升。当然，密度泛函计算等理论工作也有着十分重要的指导作用，而并非对每一点都必须进行实验测量。

请读者注意，我们的 4 个散射谱图中有两个不同的参数：$2\theta_S$ 角和 χ 角。角度 $2\theta_S$ 是代表 X-射线能谱分光仪位置的测量角度，即样品上的散射角，它对应着具有不同动量转移量的散射过程，例如：$2\theta_S = 15°$、27°、45° 分别对应于动量转移量 $Q = 2.88\ \text{Å}^{-1}$、$5.15\ \text{Å}^{-1}$、$8.43\ \text{Å}^{-1}$ 的散射实验。不同探测器单元的横向位置之间也存在很少量的动量转移量之差 ($\sim 0.48\ \text{Å}^{-1}$)。由于配合物 $[NEt_4][FeCl_4]$ 的信号水平还是较低，图 11.2 中的各谱图均为 12 个探测器单元信号的全平均谱图，未利用探测单元之间的动量差。角度 χ 是样品台的定向转角，它表征的是晶体样品的放置方向。换句话说：在不同 $2\theta_S$ 处测量的是具有不同动量转移量的 IXS 谱图，而在不同 χ 处测量的则是在不同样品方位条件下的谱图，两者概念完全不同，请勿混淆，它们的谱图间也无法进行混合比较。图 11.2(b) 对应于一个相同的散射角度 $2\theta_S = 27°$，但不同的样品方向角的散射情况：相比 $\chi = 0$ 处的 IXS 谱图

(实线)，在 $\chi = 45°$ 处的谱图 (虚线) 的 Fe—Cl 振动的相对强度减少到前者的一半。这说明晶体方向的不同对 IXS 的测量结果是有影响的，尽管这与动量转移量无关。有关更详细的分析和解读，请读者参阅文献 [12] 和其附录。

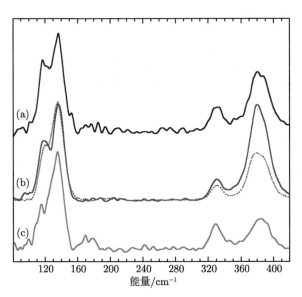

图 11.2　在不同散射角 $2\theta_S$ 条件下测量的 [NEt$_4$][FeCl$_4$] 晶体样品的 IXS 散射谱图。(a) 为 $(\chi, 2\theta_S) = (0, 45)$；(b) 为 $(\chi, 2\theta_S) = (0, 27)$(实线) 和 $(45, 27)$(虚线)；(c) 为 $(\chi, 2\theta_S) = (0, 15)$。其中，$2\theta_S$ 是与动量转移量有关的散射角；而 χ 是与样品方位有关的晶体定向转角

11.1.3　IXS 谱学和其他谱学的对比

在图 11.3 中，我们将配合物分子 [NEt$_4$][FeCl$_4$] 的 IXS 能谱图与先前已经获得的核振散射能谱图、远红外吸收 (IR) 光谱图、拉曼散射 (Raman) 光谱图进行了对比，结果发现：首先，因为 IXS 能谱学没有特定的同位素甄别性，相比核振散射谱学是个缺点。但也正因为如此，它原则上可以用于测量任何元素的任何一个振动模式，基本没有选律的限制。比如在图 11.3 中，IXS 谱图包含经红外、拉曼和核振散射方法测量的全部振动模式，而其他谱学方法都是各自只能测量一部分的振动模式。因此，这一点反过来成为 IXS 谱学的主要优越性之一。比如：在一个铁钼辅基 (FeMo-co，参见第 8 章) 中有 7 个 Fe，核振散射虽然对 ^{57}Fe 有甄别性，但它是 7 个 ^{57}Fe 的平均效应，加上还有 P 簇和铁蛋白中的多个 ^{57}Fe，不太具有真正的针对性。而 Mo 原子在固氮酶二聚体中只有两个，因此对 Mo-X 振动的测量对研究铁钼辅基的配位结构具有很强的针对性。由于这样的原因，IXS 谱学正好弥补了核振散射谱学在这方面的不足。

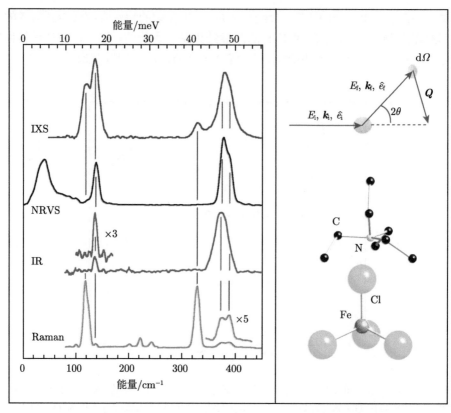

图 11.3　由上至下：[NEt$_4$][FeCl$_4$] 分子的 IXS 谱图 (蓝)、核振散射谱图 (黑)、红外吸收谱图 (红) 和拉曼散射谱图 (绿) 的对比。IXS 谱图具有其他谱学方法探测的全部谱线的集合。右侧为 IXS 散射测量的动量关系示意图 (上) 和 [NEt$_4$][FeCl$_4$] 的分子结构示意图 (下)

　　在信号的可测量性方面，[NEt$_4$][FeCl$_4$] 样品在 Fe—Cl 的伸缩振动处的 IXS 信号水平约为 1 s^{-1}。尽管这一信号较弱，尚不如核振散射谱学的水准，但它依然远超出 IXS 系统可探测的灵敏度极限 (在 ~0.05 s^{-1} 数量级)。按照金属含量百分比的推测，人们已经可以用 IXS 谱学直接测量一些分子量较小、同时样品浓度极高的生物分子了。举例说，玉红氧还蛋白的分子量为 6 kDa 左右，在浓度极高的样品中，它的金属 (Fe) 重量浓度约为 1%，要比目前的 [NEt$_4$][FeCl$_4$] 样品 (~17%) 低一个数量级，估计计数水准在 ~0.06 s^{-1}，刚刚到达可被探测的边缘。虽然这一比喻并不一定十分正确，但由于光学波代表的振动主要是以金属为中心的晶胞内振动，因而金属的含量对这些模态的 IXS 信号强度有一定的代表性和可推测性。随着光束强度的不断改善，相信科学家们有能力在不远的将来可以真正实现对如玉红氧还蛋白等小生物分子样品的 IXS 测量。当然，人们对于固氮酶、氢酶等大生物分子的 IXS 测量还差之尚远。但从固氮酶中提取的铁钼辅基的分子量只有

1055 Da，如果我们假设它与溶剂 NMF(分子量 59) 的摩尔比为 1:25，则在这样萃取的铁钼辅基溶液中 Mo(原子量 = 96) 的重量比约为 3.7%，相当于配位化合物 [NEt$_4$][FeCl$_4$] 分子中 Fe 含量的 22%。这样，它的 IXS 测量的计数水准估计在 0.2 s^{-1} 左右，应该达到了可测量的范围。当然，可研究的生物分子应该会越来越多。

最后，我们在这一 IXS 谱学测量中使用的入射 X-射线的光通量为 10^{10} 光子数/s 数量级，[NEt$_4$][FeCl$_4$] 样品中 Fe—Cl 伸缩谱线的信号量为 1 s^{-1}；而在核振散射谱学中，其入射 X-射线的光通量在 10^9 光子数/s 量级，Fe—Cl 信号量为 10 s^{-1}。这样，IXS 谱学不仅具有较差的探测灵敏度，而且单位辐射剂量可以测得的能谱信息量也远远小于核振散射谱学，只有大约 1%。这一点使得核振散射谱学在对生物分子的研究中具有更大的吸引力。

11.2 核振散射谱学的展望

我们回过头来再次讨论一下核振散射谱学的前景。本章参考资料 [13-26] 描述了一些较为特殊的议题，尤其是关于非 ^{57}Fe 同位素的核振散射谱学。而有关 ^{57}Fe 的核振散射谱学的原理，请参见第 4 章后的文献；有关 ^{57}Fe 的核振散射谱学的应用，请参见第 7~10 章后的一系列文献。

11.2.1 进一步提高现有的信噪比

对生物分子的测量和研究是一个系统工程。由于生物分子的谱学信号通常很弱，提高入射强度、提高样品浓度、设法扩大探测空间角和降低系统的噪声水准缺一不可：前三者是为了提高信号量，最后一项是为了降低系统噪声，共同提高信噪比。提高入射强度的问题留到衍射极限环一节一并讨论，本节将着眼于对样品浓度和其探测环境的讨论。

多数专用核散射光束线在很长一段时间内具有的高分辨 X-射线通量在 1.4 ~ 4×10^9 光子/s 量级。参见我们在第 10 章 10.3.1 节和 10.3.2 节的讨论，以过去 SPring-8 的 BL09XU 束线上的 1.4×10^9 光量子/s 为例，如果以测量信号较强的 Fe—S 振动为目的，则可探测的 ^{57}Fe 的最低浓度为 1 mM (毫摩尔浓度)；如果是运用具有 4×10^9 光量子/s 的其他束线，其 ^{57}Fe 的最低浓度可以降低到 0.35 mM。如果是要测量诸如氢酶中的 Fe—CO 和 Fe—CN 等振动信号，由于 CO 和 CN 仅仅与分子中的一个 Fe 原子相连接，此时整个分子的最低浓度需要 0.5 ~ 1.5 mM，也就是与 Fe—CN/Fe—CO 有关的那个 ^{57}Fe 的浓度需要达到 0.5 ~ 1.5 mM。在具有 4×10^9 光量子/s 光通量的束线上，当样品浓度达到 4 mM 以上时，人们甚至能够测量到信号极为微弱的 Ni—H—Fe、X—Fe—H 等含 H 的弯曲振动模态。

因此，能够制备得到浓度很高的生物样品是这些核振散射测量可以获得成功的最关键的原因。

然而，从蛋白分子的生物活性和反应功能上考虑，生物学家往往希望样品的浓度是越低越好，与物理学家或能谱学工作者的要求恰恰相反。过度浓缩常常会导致样品发生意外的氧化还原、分解或其他不希望的化学反应，对于处于亚稳状态的过渡态样品则更是如此。这样，实验样品应该在生物活性、样品稳定性等生化要求和高浓度、高纯度等谱学要求之间取得一个合理的平衡，也就是并非一定需要操作到极限浓度。从目前发表的文章来看，氢酶的样品浓度可以较为容易地达到 4 mM 或更高的水准，而固氮酶的样品浓度则很难达到 1 mM，难易程度大不一样。当然，固氮酶具有比氢酶更大的分子量是主要原因之一。

晶体样品除了具有方向性以外，因为它们没有溶剂，往往有着很高的纯度和很高的浓度。因此，采用晶体样品或多晶体叠加的样品来进行核振散射测量也是获得高信号量的途径之一。当然，在现有条件下，人们或者需要获得足够体积的晶体样品，或者需要运用足够小的 X-射线光束。

除了浓度之外，样品的纯度和产率也是一个重要问题，尤其是对于那些处于亚稳中间态的样品。这些样品很难用一般的化学方法生成，或者生成了也很难稳定萃取。比如，镍铁氢酶的 Ni—L 中间态只能通过对 Ni—C 态或 Ni—CO 态样品进行原位的可见光光解而得到。我们曾经进行过几种生物样品的光解实验，比如有关固氮酶加 CO 的光解结果已经发表，在第 8 章中也做过讨论。原位电解的核振散射实验也备受科学家们的重视，但操作上目前尚有致命困难，这是因为冷冻固体基本无法进行电解而室温样品基本无法进行核振散射测量。无论如何，对采用原位光化学或原位电化学方法生成的生物过渡态样品进行核振散射谱学研究肯定是将来该谱学的发展方向之一。

在给定光源、给定样品浓度和给定探测系统的条件下，样品离探测器的距离越近，探测的立体角就越大，核振能谱的信号水平也就越高，这是常识。然而，拉近样品-探测器距离这一操作也并不十分容易。这是因为，如果样品离处于室温的冷阱窗口太近，则会导致样品温度急剧上升。因而，至少对于生物分子来说，能谱的信号水平和样品温度之间也需要进行平衡考虑。这些内容主要基于文献 [25] 的工作，在第 4 章的 4.4.5 节也讲述过，这里不再重复细节。由于我们成功地控制了样品的实际温度，让我们在 SPring-8 的 BL09XU 束线上实现了样品表面到雪崩光电二极管探测单元的最近距离可以推进到 3 mm 左右，并可保证样品温度在 $50 \sim 70$ K。在某些其他的核振散射束线上，它们的样品-探测器距离实际上较远，比如 $5 \sim 6$ mm，个别地方由冷阱结构决定的距离甚至一度长达 50 mm。当然，各束线有各自的综合考虑，我们无从评论，但太远的样品-探测器距离将严重影响对微弱信号的测量，从核振散射谱学用户的角度来说应该设法改善。如果能将雪崩二极管探测单元置于冷阱系统中,则可使样品–探测器的距离获得进一步缩短,因此这一方法也开始受到实验科学家们的重视。但它实施起来问题同样很多,其中之一就是目前这样的操作会导致其雪崩二极管探测器的寿命大为缩短,无法推广。

如果能够在样品中添加发光剂,将特定能量的 X-荧光转化为光学荧光,然后再用廉价和具有更大面积的探测器 (如 CCD) 来进行探测,人们就可以灵活掌握样品–探测器间距,同时又可以保持较大的探测空间角。但可能由于各种实际问题,这方面的工作并未见报道。

现行核振散射实验系统的基础噪声水准基本在 $0.05\ \mathrm{s}^{-1}$ 以下,如 SPring-8 的 BL09XU 和 BL19LXU 目前的基础噪声水准经常在 $0.03 \sim 0.04\ \mathrm{s}^{-1}$。在核振散射实验中,有这样一个几乎为零的基础噪声水准是保证人们可以通过延长测量时间来不断提高信噪比,从而实现对微弱信号进行测量的关键之关键。具有超低噪声水准的实验系统不仅可以在一定程度上弥补光源强度的不足,甚至比拥有高强度的光源本身更为重要。比如,如果在现有光源水准下能够获得具有甚至小于 $0.01\ \mathrm{s}^{-1}$ 的噪声水准,则所获得的信噪比会有几倍的提高,可被探测到的最低 ^{57}Fe 浓度也因此会降低为原来的几分之一;另一方面,如果在光源强度提高的同时带来系统噪声水准的升高,则强光源对提高信噪比的意义将大打折扣;再者,如果系统的噪声水准超过 $0.05\ \mathrm{s}^{-1}$,人们就被迫下调雪崩二极管的增益 M,设定更窄的工作时区 t,并适当调节能量的选择范围等来尽可能多地降低基础噪声,使其回到 $0.05\ \mathrm{s}^{-1}$ 或以下的水准;而这些方案实际上也同时降低了所测量的信号水准。因此,系统的噪声水准通常决定人们可以选择什么样的增益 M 和其他参数,决定了信噪比。

如第 4 章所述,这里提到的基础噪声通常包括从不规则的同步辐射电子簇而来的、由于错误的时间位置而被错误地纳入弛豫信号积分范围的瞬间散射计数;少量探测器的暗电流;无法屏蔽的高能宇宙射线带来的计数。要进一步降低系统的噪声水平,人们也要从这三个噪声源一一入手考虑,比如:对于仪器本身的暗电流,人们只能寄希望于将来可以获得更好的探测器和相关电子辅助设备;对于少量从同步辐射环带来的不规则电子簇引起的错误计数,人们可以通过对同步辐射环束团纯度的提高来达到进一步的减少,也可以让探测器的计数在时间上进行更严格的限制来加以适度控制;对于源自宇宙射线的个别不规则计数,如果谱学信号较强,人们可以用软件在能谱图中粗略去除,如第 6 章介绍的拉曼散射谱学那样。对于微弱信号的测量,则可以采用同步检波器严格剔除在宇宙射线出现时的任何信号计数,因而彻底排除宇宙射线的影响。这些工作都是由束线上的负责人来研究解决的,用户通常无须参与。但用户如果知道这些选择方案的存在,就可以在需要时提出来与束线负责人共同讨论,并共同推动解决。

11.2.2　核振散射对其他同位素的研究

除了适用于测量 ^{57}Fe 核振散射研究的装置之外，适用于测量其他穆斯堡尔同位素的、具有 1 ~ 3 meV 能量分辨率的高分辨单色器和核振散射测量系统已经存在。相关的谱学工作也有很多已经发表。其中，对 ^{119}Sn 和 ^{151}Eu 的核振散射或其他核散射工作开展得最多。如我们在 4.5 节和表 4-2 讨论过的那样，几乎全部专用的核散射光束线都至少具有对 ^{57}Fe、^{119}Sn 和 ^{151}Eu 这三种同位素的研究能力。图 11.4 左边是铕铁普鲁士蓝分子 K[Eu(Ⅲ)Fe(Ⅱ)(CN)$_6$](a) 和 Eu$_2$O$_3$ 样品 (b) 中的 ^{151}Eu 同位素的核振散射谱图。在图中，这两个样品的分子结构不同，使得它们的核振散射谱图也不相同。

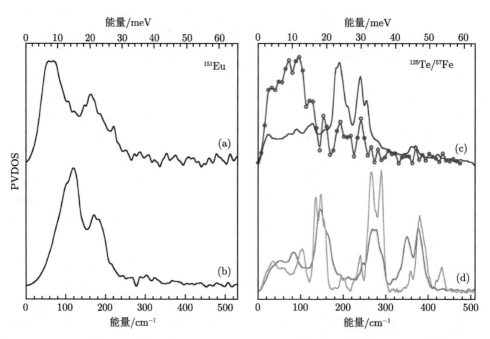

图 11.4　[KEu(Ⅲ)Fe(Ⅱ)(CN)$_6$] (a) 和 Eu(Ⅲ)$_2$O$_3$ (b) 中 ^{151}Eu 同位素的核振散射谱图；针对同一个 [^{57}Fe$_4$^{125}Te$_4$] 样品中的 ^{57}Fe[(c)，蓝线] 和 ^{125}Te[(c)，红线和红圈] 的核振散射谱图。作为对比，(d) 为两个较为类似的 [^{57}Fe$_4$S$_4$] 样品中 ^{57}Fe 的核振散射谱图

Cramer 教授领导的合作课题组最近用 ^{125}Te 同位素取代了 S，制备了配位化合物分子 (Et$_4$N)$_3$[^{57}Fe$_4$^{125}Te$_4$(SPh)$_4$]，并对同一样品中的 ^{57}Fe 和 ^{125}Te 分别在 SPring-8 的 BL19LXU 和 Petra-Ⅲ 的 P01 束线上进行了核振散射测量。^{125}Te 的核跃迁能量在 35.5 keV 处，比 ^{57}Fe 高；上态半衰期为 2.1 ns，比 ^{57}Fe 短得多。这些都是使得 ^{125}Te 的核振散射信号比 ^{57}Fe 要低很多。即便是去除了这些实验

因素，^{125}Te 的能态密度函数 PVDOS 谱在 Fe—Te 振动上的强度也比 Fe—S 振动的强度明显要低，这是因为 ^{125}Te 比 ^{57}Fe 重很多，同一振动模态中的原子位移量较多地发生在 ^{57}Fe 上；而其 FeTe 簇的刚性较 FeS 簇为低也是强度较小的原因之一。然而，我们还是发现 ^{57}Fe、^{125}Te 两者代表的同样的振动模态基本上重合 [图 11.4(c)]，并与 DFT 的计算结果相吻合 (无图)，更多的细节请读者参阅文献 [15]。这样的对比测量使人们可以对分子中一些关键的 FeS 结构中的 S 进行局部的 ^{125}Te 替换，并从 ^{57}Fe 和 ^{125}Te 两个方面进行全方位的研究，这对研究 FeS 类生物样品意义重大。对比图 11.4(d) 中的两幅有关 [Fe$_4$S$_4$] 簇的核振散射谱图中 Fe—S 振动的谱峰位置，Fe—Te 的振动频率明显较低，这当然也是因为 ^{125}Te (原子量 125) 有着比 S (原子量 32) 高得多的原子质量，也与 FeTe 簇比 FeS 簇具有更弱的刚性有关。

在核散射实验起步比较早的 ESRF 的 ID18、APS 的 03ID、SPring-8 的 BL09XU 等束线上，它们研究的同位素范围比较广，比如包括 ^{57}Fe、^{119}Sn、^{151}Eu、^{149}Sm、^{161}Dy、^{121}Sb、^{125}Te、^{129}Xe、^{83}Kr、^{40}K 等等，如表 11-1 所示。当然，人们对于这些同位素中的大部分仅仅进行了无反冲的核共振散射实验，而不一定进行了有反冲的核振动散射实验。最新建成的 Petra-III 的 P01 核散射束线也是从 ^{57}Fe 的核散射谱学入手的，但现在已经涵盖 ^{57}Fe、^{125}Te、^{119}Sn、^{121}Sb、^{193}Ir 等多种同位素的核散射工作。有兴趣的读者可以浏览各束线的官网。对于非专用型的束线和核散射测量系统，如在 SPring-8 的 BL9LXU 束线上的核振散射实验，它们一般仅用于测量 ^{57}Fe。这是因为临时搭建高分辨单色器和核振散射测量系统需要具有相对较多的经验积累，因此人们仅仅选择应用面大的同位素进行研究。

表 11-1　几条典型的核散射束线上目前可以测量的同位素一览表

同步辐射束线	E/GeV	发散角/(nm·rad)	可以研究的同位素
ESRF/18ID	6	4	^{57}Fe、^{151}Eu、^{119}Sn、^{149}Sm、^{161}Dy、^{121}Sb、^{125}Te、^{129}Xe
APS/16ID	7	3.1	^{57}Fe
APS/03ID	7	3.1	^{57}Fe、^{151}Eu、^{119}Sn、^{83}Kr、^{161}Dy
SPring-8/BL09XU	8	3.4	^{57}Fe、^{151}Eu、^{119}Sn、^{149}Sm、^{40}K
SPring-8/BL11XU	8	3.4	^{57}Fe、^{121}Sb、^{149}Sm、^{40}K、^{158}Gd
SPring-8/BL19LXU	8	3.4	^{57}Fe
Petra-III/P01	6	1	^{57}Fe、^{125}Te、^{119}Sn、^{121}Sb、^{193}Ir

　　对不同的同位素进行核振散射研究的实验条件主要有以下几点不同。首先，不同的同位素具有不同的核共振跃迁能量，人们必须选用具有不同衍射晶面的晶体来组建适应于各自核跃迁能量的高分辨单色器。比如：研究 ^{151}Eu 同位素的核跃迁需要在 21.541 keV 附近进行，而不是在 14.414 keV 附近进行：这样的单色器不仅现在已经存在，而且它还具有更为优越的能量分辨率。

　　其次，由于不同的同位素具有不同的核衰变周期，因此人们必须选用具有不同时间间隔的脉冲 X-射线来照射样品。具体来说，这是通过选用不同的同步辐射注入模式来实现的：请参见 4.4.2 节的表 4-1。当然，人们也要设定不同的核电子学参数来萃取与这些同位素核散射有关的弛豫信号。

　　利用同步辐射作为光源对某个新的同位素进行核振散射实验需要经过几个步骤：首先，人们要利用有 10 ~ 50 meV 中等线宽的高分辨单色器对从未进行过核散射实验的同位素样品的核共振散射峰位置进行大致搜索。本书的两位作者就曾参加过在 SPring-8 的 BL09XU 束线上进行的、在 63.9 keV 附近对 ^{157}Gd 的核共振跃迁位置进行的搜索性测量。

　　其二是对已经测得共振能量位置的同位素进行核前向散射实验，获得共振核散射谱，并获取准确的共振能量位置。比如，Cramer 课题组对大约位于 67 keV 处的 ^{61}Ni 进行的核前向散射谱学实验就是一例，本章的 11.3 节将对此工作有较多的介绍。

　　第三是制备具有 < 3 meV (< 24 cm^{-1}) 能量分辨率的单色器来满足对振动散射的测量，并进行具体的核振散射实验。当然，< 3 meV 只是最低要求，能量分辨率应该是越高越好。由于需要平衡考虑光通量和能量分辨率，1 meV 左右的能量分辨率通常为实验者所青睐。还有就是不同的振动模态具有不同的线宽要求，如果人们能制备几套线宽不同的高分辨单色器可供选择，则最为理想。

11.2.3　核振散射对非穆斯堡尔核的测量

　　利用核振散射的原理和装置来测量 IXS 谱，从而实现对不含穆斯堡尔核的一般分子的振动模态进行测量也是科学家们感兴趣的研究方向之一。如果人们在核振散射的实验装置上略做改动，在探测器前面放置 α-^{57}Fe 的箔片，这样就只有严格符合 14.414 keV 能量的核荧光射线才能到达探测器而被探测到，如图 11.5 所示。如果我们扫描入射 X-射线的能量，就可以将这样的核振散射实验装置转化为可以测量任何振动模态的 IXS 谱的装置，并用它测量任何样品，而不用管它是不是含有某种穆斯堡尔同位素的核跃迁。它的基本原理与第 3 章介绍的 IXS 相当，这里的 α-^{57}Fe 箔片相当于单色度极高的能谱分光仪，它选择单一的散射能量，而入射射线的能量可以通过高分辨单色器来进行扫描，而两者的能量差值或散射过程的能量转移量等于样品中的振动跃迁。

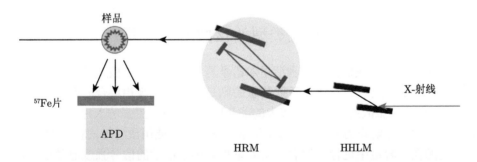

图 11.5 利用核振散射原理对不含穆斯堡尔核的振动模态进行测量的装置示意图

用于核振散射的入射 X-射线强度要比用于测量普通 IXS 振动散射的束线强度低一个数量级左右，而测量的样品本身又不具有核共振效应，因而信号强度通常很低。而且，能够透过 α-^{57}Fe 箔片的射线能量很窄，又要损失掉不少的信号强度。虽然这样的装置可以测量任意样品、任意振动模态，但以上这些因素使得这种特别的 IXS 测量方法无法与核振散射方法或者普通的 IXS 散射方法相比，不具有竞争力。

我们之所以要在此提一下这一谱学方法，除了考虑到方法介绍上的完整性之外，更主要的是考虑到它有可能成为核振散射的能量校准方法的选项之一。到目前为止，我们参与过的多数核振散射实验通常采用配合物 $(Et_4N)[FeCl_4]$ 中的 Fe—Cl 伸缩峰 ($380\ cm^{-1}$) 来对 $0 \sim 500\ cm^{-1}$ 范围内的 X-射线能量进行校准，同时假定其他范围也具有同样的能量校准系数。在这一范围内，人们可以用作能量校准的样品还很多，各家的选用略有不同。在能量略高的 $600\ cm^{-1}$ 附近的能量区间，人们可采用 $[MgFe(CN)_6]^=$ 等样品来进行校准。$[MgFe(CN)_6]^=$ 不仅在大约 $600\ cm^{-1}$ 处有一个十分突出的 Fe—CN 尖峰，而且它在室温条件下依然是一个尖峰，因此十分受核振散射谱学用户的欢迎。但 $[Mg^{57}Fe(CN)_6]^=$ 样品不存在商业来源，麻烦之一是它的合成必须使用 NaCN 或 HCN 等剧毒化学品。

对于能量更高的振动区间，如在 $800\ cm^{-1}$ 附近的 Fe^{4+}—O 的伸缩或与 Fe—H 有关的弯曲/摇摆振动谱峰、$1150\ cm^{-1}$ 附近的 Fe—D 伸缩振动谱峰、$1450\ cm^{-1}$ 以上的 Fe—H 伸缩振动谱峰等，可作为能量校准的 ^{57}Fe—X 谱峰和样品目前还不存在。除了要有较为突出的谱峰结构之外，能量校准样品还必须有长期稳定的化学性能和能够反复使用，并且最好可以在室温、常压等条件下保存等等，选择范围极为有限。这样，寻找不需要含穆斯堡尔核的普通配合物或化合物分子作为能量校准样品就成了人们的目标之一。而人们如果选用此处介绍的 IXS 方案进行能量校准，则在 $600 \sim 2000\ cm^{-1}$ 内有许多涉及 C、N、O 的振动模态可资选用，请参看第 6 章的图 6.1。在这样的能量校准之后，人们可以很快地回到常规的测量状态，继续核振散射的测量。

11.3　其他类型的核散射谱学简介

在第 4 章中，我们讲述了穆斯堡尔谱学测量的是与原子核超精细分裂有关的无反冲的核散射过程，而核振散射测量的则是与振动能级相耦合的有反冲的核散射过程。由于核振散射需要扫描较大的能量区间，需要有更强的入射 X-射线，人们必须选择同步辐射作为光源，而穆斯堡尔谱学则有可能用放射性同位素 (如 ^{57}Co) 作为光源在实验室中进行。然而，实验室穆斯堡尔谱学的信号强度通常还是比较低的，将它用于研究生物样品还是比较困难的；其次，可供选择的放射性同位素种类也比较有限，这大大限制了人们可测量的同位素或核跃迁的种类。

同步辐射具有许多优越性 (第 1 章 1.2 节)，如：它具有高强度、高亮度，因而有可能大大提高穆斯堡尔谱的信号水准；它的能量可以在大范围内选择，因而原则上适合于研究各种穆斯堡尔同位素的核跃迁；它的辐射具有时间结构，因而除了在能量域上进行测量外还有可能在时间域上进行研究；它具有高准直性，因而可以研究具有相干性质的核前向散射；而较小的同步辐射光斑使得样品的需要量大大减少，进而可以将穆斯堡尔谱学拓展到对在超高温、超低温、超高压、强磁场等一系列极端环境的测量和对精贵样品的测量中。这样，虽然从原理上说穆斯堡尔谱学可以在实验室进行，但同步辐射射线还是可以为穆斯堡尔谱学带来更大的可能性和更广的应用范围。

回顾历史，因为散射截面较大，信号量较高，同步辐射一开始是被用于研究电子对 X-射线的散射或衍射规律的。但同步辐射的优越性使得人们长久以来也在设法将其用于对包括穆斯堡尔谱学在内的一系列核散射的研究中，并于 1974 年正式提出了这样的研究方向；1985 年，人们第一次在同步辐射束线上成功地观测到由原子核散射产生的，而不是由电子散射产生的布拉格衍射，这为人们后来用同步辐射研究核散射能谱学奠定了基础；1991 年，时间域测量的核前向散射谱学实验在同步辐射束线上首次获得成功，并很快被确立为同步辐射穆斯堡尔谱学的标准方法；在稍后的时间里，完全类似于实验室穆斯堡尔谱学的、在能量域上进行测量的同步辐射核前向散射谱学方法也获得了成功。这些实验将同步辐射正式带入到一系列的核散射谱学的研究之中。本章文献 [27、28] 是与实验室穆斯堡尔谱学有关的文献，而文献 [29-44] 是与同步辐射束线上的穆斯堡尔谱学相关的文献。

11.3.1　时间域的核前向散射谱学

在同步辐射束线上进行的穆斯堡尔谱学通常称为核前向散射谱学。和实验室穆斯堡尔谱学一样，它有许多重要的应用，这当然也包括对生物分子的研究。比如对于镍铁氢酶，^{57}Fe 的核前向散射谱学可以测量全部 ^{57}Fe 同位素的平均效应，

而 ^{61}Ni 的核前向散射谱学更可以对氢酶中唯一的 Ni 金属中心进行定点测量。通过获得的化学位移 δ、电四极分裂 Δ 和磁分裂 H 等核的超精细结构参数，人们可以研究在穆斯堡尔核周围的配位环境等化学结构和穆斯堡尔核本身的电子自旋态等电子结构。

实验室穆斯堡尔谱学都是在能量域上进行直接测量的。因为由放射源产生的核辐射的本征线宽极窄 (如 ^{57}Co 的辐射线宽为 4.7 neV)，辐射能量可以通过控制放射性同位素源相对于样品的运动速度，依据多普勒效应来精细调节。相比之下，同步辐射的单色性相较于极窄的放射性同位素线宽明显为差，高分辨单色器通常只能达到 1 meV 量级的能量分辨率。另一方面，由于同步辐射射线是具有时间结构的脉冲射线，人们因此可以在时间域上进行核前向散射谱学的测量和研究，这是实验室穆斯堡尔谱学所做不到的。而且，这样的实验在原则上仅需要 10 meV 左右的能量分辨率已经足够。因此，时间域上的核前向散射谱学在同步辐射环上首先获得成功并很快成为同步辐射穆斯堡尔谱学的标准方法。

在时间域上进行核前向散射谱学测量的理论基础可以简述如下。如果原子核的上态只有一个能级，那么核衰变的时间曲线就是一条标准的指数衰减曲线，如图 11.6(a) 所示；但如果存在分裂的子能级，那么两个上态能级对同一个有一定能量宽度的脉冲射线进行散射，两束衰变的散射射线之间会产生相互干涉，就会在总体的衰变指数曲线上生成有起伏的叠加曲线。如果起伏曲线具有夸张的大信号，则其综合衰变信号如图 11.6(b) 所示。

为了明了，我们给出一个具体例子。假设上态有两个子能级，它们分别对应于能量 $\hbar\omega_1$ 和 $\hbar\omega_2$，能量差为 $\hbar\Delta\omega$，如图 11.6(c) 所示。假设两个子能级上强度的衰变函数分别为 $P_1(t)$ 和 $P_2(t)$，如果这两个光束是完全相互独立的，不相干的，则综合衰变强度为

$$
\begin{aligned}
P(t) &= P_1 + P_2 \\
&= \left| \sqrt{\lambda} \mathrm{e}^{-(\lambda t/2)} \mathrm{e}^{-(\mathrm{i}t\omega_1/2)} \right|^2 + \left| \sqrt{\lambda} \mathrm{e}^{-(\lambda t/2)} \mathrm{e}^{-(\mathrm{i}t\omega_2/2)} \right|^2 \\
&= 2\lambda \mathrm{e}^{-\lambda t}
\end{aligned}
\tag{11-1}
$$

也就是说，加和后的强度是一个纯粹的指数衰变函数，类似于图 11.6(a)。然而，我们这里的两个光束并非两个独立无关辐射源，而是源于同一个入射脉冲，也就是说它们之间有同步性和相干性，如同图 11.6(d) 所示的双狭缝光学干涉原理那样。此时，两者的叠加一定是波函数的叠加，而不是强度间的简单叠加。由于波函数是有相位的，因而两波之间会产生相干：

$$
P(t) = |\psi_1 + \psi_2|^2
$$

$$=\mid \sqrt{\lambda}\mathrm{e}^{-(\lambda t/2)}\mathrm{e}^{-(\mathrm{i}t\omega_1/2)}+\sqrt{\lambda}\mathrm{e}^{-(\lambda t/2)}\mathrm{e}^{-(\mathrm{i}t\omega_2/2)}\mid^2$$

$$=4\lambda\mathrm{e}^{-\lambda t}\cos^2\left(\frac{\Delta\omega t}{2}\right) \tag{11-2}$$

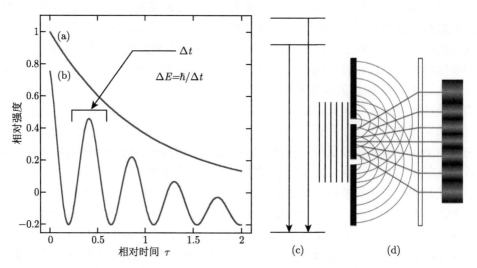

图 11.6　(a) 假设具有单能级核上态的某同位素之时间域的信号衰减示意谱图；(b) 假设具有双能级核上态之时间域的信号衰减示意谱图：量子拍；(c) 具有双能级上态的核跃迁示意图；(d) 传统的双狭缝光学干涉原理和干涉条纹示意图

　　此时的曲线除了指数衰减外，还多了一个 $\cos^2(\Delta\omega t/2)$ 的振荡项，如图 11.6(b) 显示的那样。当然，实际上的信号多是在很强的指数衰减曲线上有一些较弱的波动。而无论波动强弱，这些时间曲线的峰宽 (Δt) 与两个子能级的能量间隔 (ΔE 或 $\hbar\Delta\omega$) 之间是符合不确定原理的，也就是说 $\Delta E \sim \hbar/\Delta t$。因而，从时间曲线的峰间距就可以求取出两子能级间的能量差。由于这样的原因，这一谱学方法有时也被称为时间差值谱学。这些由上态子能级衰变信号间的相干带来的起伏曲线称为量子拍，英文为 Quantum Beat。我们可以形象地将它们理解为两个能级跃迁之间相互竞争的关系，但它的本质是由不确定原理 $\Delta E\Delta t \geqslant \hbar$ 来决定的。作为对照参考的图 11.6(d) 中的双狭缝光学相干现象也是由不确定原理 $\Delta p\Delta x \geqslant \hbar$ 决定的。有关不确定原理的描述，请读者查阅 2.1 节的极简量子力学介绍或参考其他量子力学书籍。

　　以上讲述的当然是最简单的情况。在实际体系中，较为复杂的多态子能级结构将会产生更加复杂、不规律、相互重叠的量子拍结构，人们因此必须采用拟合计算给以理清，而无法像上面那样直观读取。另外，以上讨论的结果是假设对极薄样品进行测量取得的数据。对于正常的、具有一定厚度的样品的测量还会带来在量子拍之外附加的起伏曲线，人们将之称为动态拍 (Dynamic Beat)。两种拍的混合将为数据分析带来进一步困难，但人们现在已经解决了这些问题，而且从分解出来的量子拍中可以获得化学位移 δ、电四极分裂 Δ 和磁分裂 H 等核能级的超精细结构参数；而从分解出来的动态拍中可以得到与样品刚性有关的兰姆·穆斯堡尔 (Lamb-Mössbauer) 因子，一举两得。

用于测量时间域的核前向散射谱学的单色器一般只需具有 10 meV 左右的能量分辨率，但如果运用 1 meV 左右的单色器将会使得人们更容易发现核共振信号，更易于操作。用于实验测量的装置在原理上很直接，如图 11.7(a) 所示。具有 meV 能量分辨率的 X-射线在经过样品前向散射之后，直接到达雪崩光电二极管探测器。在对生物分子的研究方面，表 11-2 列举了利用这一方法对部分含 ^{57}Fe 的铁硫蛋白和固氮酶分子进行测量而得到的化学位移 δ 和电四极分裂 Δ 等参数，有兴趣了解更多细节的读者可以进一步参见文献 [45] 的报道。关于时间域核前向散射谱学的其他工作可参看文献 [29-33]。

除了具有较强的信号外，核前向散射还具有很强的方向性和动量守恒性，使得它可以被用于测量相干的散射过程，这与非共振 IXS 有相似之处，成为该谱学的另外一个亮点。正是由于含有相干作用，核前向散射谱才具有起伏状时间谱图，而在侧向测量的核振散射谱表征的是经过核共振吸收后的弛豫散射过程，相干性完全消失，因而没有这样的起伏。

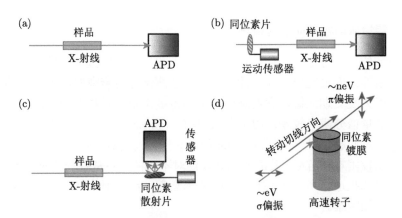

图 11.7　运用同步辐射测量核前向散射谱学的实验原理示意图：(a) 用于测量时间域谱学的实验装置示意图；(b) 具有 neV 分辨率的、用于测量能量域谱学的实验装置之一示意图；(c) 具有 neV 分辨率的、用于测量能量域谱学的实验装置之二示意图；(d) 用于产生 μeV 能量扫描范围的高速旋转装置示意图

表 11-2　　穆斯堡尔实验测得的部分铁硫蛋白和固氮酶分子的化学位移 δ 和电四极分裂 Δ 值

	核前向散射 (Nuclear Forward Scattering, NFS)			穆斯堡尔谱 (Mössbauer)		
	$\delta^*/$(mm/s)	$\Delta E_Q/$(mm/s)	%	$\delta^*/$(mm/s)	$\Delta E_Q/$(mm/s)	%
氧化态 2Fe	−0.014(3)	0.566(4)	53	0.272(7)	0.52(1)	50
铁氧还蛋白				0.274(8)	0.75(1)	50
Rc FdVI		0.728(7)	47	0.26	0.62	50
				0.28	0.76	50
氧化态 4Fe	—	1.475(2)	25	0.42(1)	1.40(1)	25
铁氧还蛋白				0.43(1)	1.13(7)	25
*Pf*DI4C Fd	−0.007(2)	1.289(3)	25	0.42(1)	0.84(1)	25
				0.41(1)	0.54(1)	25
	0.012(2)	1.099(3)	25	0.42(1)	1.50(6)	25
				0.43(2)	1.20(3)	25
	−0.042(2)	0.634(2)	25	0.42(2)	1.10(9)	25
				0.42(2)	0.66(1)	25
氧化态铁蛋白	—	1.150(2)	85	0.44(1)	1.23(2)	60
				0.44(4)	0.89(4)	40
	−0.02(2)	0.87(1)	15	0.45	1.22	75
				0.44	0.83	25
钼铁蛋白	0.28(1)	0.28(2)	13	0.69(2)	3.02(2)	13[g]
	0.209(7)	0.77(2)	42	0.64(2)	0.81(2)	42
	0.18(3)	1.28(6)	5	0.64(4)	1.37(4)	5
	—	0.72(1)	40	0.40(3)	0.76(3)	40

11.3.2　能量域的核前向散射谱学

时间域的谱学方法具有信号较强，能量无须过度、细致调谐等优点，但它也存在其局限性。而最突出的局限性就是它无法测量上态衰变时间不够长的一些同位素核：因为衰变期太短，它们难以满足测得多个量子拍振荡的要求，使得转化后得到的能量谱分辨率较差。由于 ^{57}Fe 具有 143 ns 的 $1/e$ 衰变期，测量这样的样品自然不是问题，但 ^{61}Ni 只有 7 ns 的半衰期，人们对 ^{61}Ni 在时间域上进行测量则明显比较困难。当然，其测量也并非绝对不可能，还是有一些对 ^{61}Ni 时间域谱学的测量和报道。^{125}Te 只有 2.1 ns 的半衰期，因此对 ^{125}Te 在时间域上进行测量则会更加困难。

这样，建立同实验室穆斯堡尔谱学完全一样的、在能量域上进行直接测量的核前向散射谱学，是从事核散射研究的同步辐射工作者长期探索的目标之一。我们在第 3、4 两章中已经分析指出，任何散射实验都需要精确地测得入射射线和散射射线的能量。但仅仅依靠高分辨单色器目前还不可能达到 neV 量级的能量分辨率。在传统的穆斯堡尔谱学实验中，人们是通过让放射源本身做来回往复的直线运动来微调射线的能量的。在现行的同步辐射实验中则可以让经过高分辨单色器的 X-射线固定在一个能量位置上 (线宽 $1 \sim 10$ meV), 再让一片如 α-^{57}Fe 或是 ^{61}Ni 的金属同位素箔片前后往复地运动来缩小和扫描入射射线的能量, 从而产生线宽在 neV 量级的入射 X-射线。用这样的 X-射线来扫描照射样品, 并测量样品在不同能量上的透射率, 就可以得到穆斯堡尔能谱图。此时, 入射能量的位置由运动的同位素片来选定, 而散射能量的界定则由吸收线宽极窄的样品的核共振跃迁本身来完成, 无须额外的能谱仪。这一同步辐射实验的装置如图 11.7(b) 所示, 对应的 X-射线强度线形 (Profile) 的变化过程大致如图 11.8(a1)→(a2)→(a3) 的顺序所示。

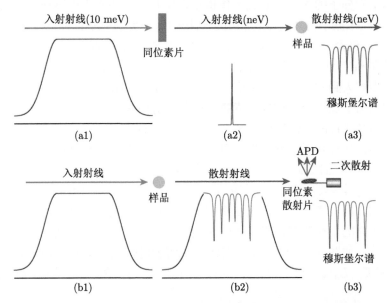

图 11.8 (a1)→(a3) 在运用如图 11.7(b) 所示的实验装置进行能量域核前向散射谱学测量的过程中, X-射线之强度线形的变化过程; (b1)→(b3) 在运用如图 11.7(c) 所示的实验装置进行能量域核前向散射谱学测量的过程中, X-射线之强度线形的变化过程

另外, 还有一种略微不同的实验装置, 如图 11.7(c) 展示。在这一装置中, 人们先让具有 $1\sim10$ meV 线宽的 X-射线直接照射样品并产生核前向透射散射, 经样品散射的 X-射线依然是有 $1\sim10$ meV 线宽的 X-射线, 但它已经包含了样品吸收散射的特征线形了; 图 11.8(b1)→(b3) 给出了一个假设具有很强吸收散射信号的谱学测量过程。在图 11.7(c) 中, 在探测器之前, 可移动的同位素箔片作为散射体, 对经过样品散射的 X-射线进行二次散射, 选择将具有特定能量的、线宽为 neV 的二次散射的射线投射到雪崩光电二极管探测器上进行测量。此时, 样品作为吸收体, 而同位素散射片 (也称箔片) 作为散射体, 散射的具体能量由同位素箔

片的移动速度来确定，这精确决定了探测器获取的光子的能量。而样品核前向吸收散射的强度则由二次散射的强度来表征。这一装置可以大大降低探测器达到饱和的可能性，这对于研究如 ^{61}Ni 等上态衰变期短、散射线较宽，而透射背景强度又较高的生物样品的核前向散射实验显得十分重要和必要。此时，测量过程中 X-射线线形的变化如图 11.8(b1)→(b2)→(b3) 所示。文献 [34-45] 中介绍了有关这一射谱学方法的基础工作和一些相关的应用。

对于含 ^{61}Ni 的测量，最早是对含 ^{61}Ni 的纯金属和镍铁尖晶石 (^{61}NiO·Fe$_2$O$_3$) 等浓度很高的小分子样品进行了一些探索性的测量，近些年来开始对含 ^{61}Ni 的纳米粒子、特殊磁性材料和含 Ni 锂电池等进行了研究。与此同时，有关含 ^{61}Ni 的化学和生物分子的探索性研究工作也正在展开。这些都为将该技术应用于研究镍铁氢酶中 Ni 原子的几何结构和电子结构的这一大的科学目标逐步奠定了基础。文献 [39-44] 包含了一些对 Ni^{61} 的核前向散射谱学的研究结果。

除了在 neV 范围内研究核前向散射外，人们也希望将核散射在能量上的扫描范围进一步扩大到 μeV 范围。我们知道，对于 meV 量级的大范围扫描，人们已经成功地制造出了适用于各种同位素核散射的高分辨单色器，它们用光学元件来实现分光、调光的目的，最佳分辨率至少接近 0.2 meV。对于 neV 范围的扫描，人们可以让同位素片相对于样品做往复运动，运用多普勒原理来调谐能量。但如果要实现 μeV 量级的扫描范围，同时能具有 neV 量级的能量分辨率，则有一定的难度。运用单色器很难实现 neV 量级的能量分辨率，而如果运用多普勒效应进行能量位移调制，同位素金属片还无法稳定、精确地达到很高的平移速度。因为转动可以实现较高的平稳速度，于是人们想到了运用高速转动来达到较大的能量位移的这一方法，如图 11.7(d) 所示。在这一装置的几何关系下，能量调谐量 (ΔE) 与原有入射能量 (E_0)、转子转动速度 (ω)、转子半径 (r)、光速 (c) 之间的关系如下：

$$\Delta E = (\omega r/c)E_0 \tag{11-3}$$

在通常的几何尺寸下，通过大约 $\omega = 200$ Hz 的转动，人们就可以实现在 μeV 量级范围内进行能量扫描的需求。

在此转动装置中，其 ^{57}Fe 等同位素的表面散射是正交散射，也就是说：它将原来水平方向的 σ 偏振射线转化为垂直方向的 π 偏振射线。这样，如果人们对入射和散射射线都进行严格的偏振滤波，则可以充分过滤掉直接入射的、具有 σ 偏振的射线，从而得到纯粹的、能量经过调谐的 π 偏振射线。

当然，除了采用高速转子来获取能量调制外，人们还可以利用具有零背底散射的高质量 FeBO$_3$ 晶体来构建具有 neV 分辨率的单色器：这一工作已经在 SPring-8 获得成功 (文献 [37])，其单色器可以达到 15.4 neV 的能量分辨率和 1.2×10^4 s^{-1} 的光通量，原则上可用于测量 ^{57}Fe 同位素的穆斯堡尔谱学。由于这样窄的能量选择使得大部分的入射射线沦为背景，因此晶体本身必须具有几乎为零的背底散射才能使得这类单色器可以正常运行。因此，这样的单色器的选择范围十分有限，目前不具备普遍性。

综上所述，neV 范围的能量扫描多由同位素滤波片的平动来实现；μeV 范围的能量扫描多由表面镀有同位素膜的转子的高速转动来实现；而 meV 范围的能量扫描则由光学分光单色器来完成。

无论是时间域还是能量域的谱学方法，核前向散射的一个特点就是它可以进行同位素微观分布的显微成像。这里从文献 [38] 引用一个演示性的 ^{57}Fe 显微成像的实验结果，它的空间分辨率是 10 nm，如图 11.9(a) 所示。原则上，这一技术可以被直接应用到对 ^{57}Fe 或其他穆斯堡尔同位素在动物肌肉等各种生物样品中的显微分布的测量，是研究和开发新型医疗造影剂的十分重要的辅助研究手段。图 11.9(b)、(c) 还展示了两个陨石样品中的 ^{57}Fe 同位素的分布 (图片取自网络)。

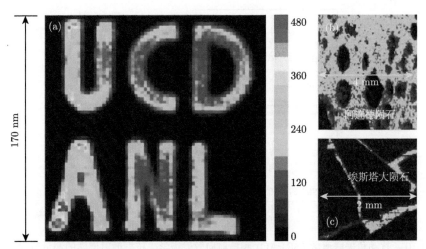

图 11.9 ^{57}Fe 同位素的穆斯堡尔谱微观平面分布照片：(a) 纳米 ^{57}Fe 涂层的人工刻字 (参考资料 [38])；(b)、(c) 两种陨石样品的 ^{57}Fe 同位素分布

11.3.3   扰动角关联谱学

核前向散射谱学研究的是样品的核上态子能级对入射 X-射线的相干散射，其探测器本身或者探测器前的二次散射体是置于入射 X-射线的几乎正前方，如图 11.7(a)、(b)、(c) 所示的那样，因而得其名。那么，在垂直入射 X-射线方向的侧向上，类似于测量核振散射的位置是否也可以用来测量样品的核参数呢？答案是肯定的，扰动角关联谱学就是其中一例。扰动角关联谱学的英文简称为 SRPAC，突出它是运用同步辐射 (SR) 为光源的谱学。它测量的目的与核前向散射相似，但

不同之处在于：核前向散射测量的是相干散射，方向是在入射射线前方一个很小的立体角范围内；而扰动角关联谱学测量的是非相干的散射，其信号在全空间的 4π 立体角内分布，类似于核振散射。人们因此通常选择在与入射射线相垂直的侧向上对其进行测量，如图 11.10。虽然它同核振散射的实验装置类似，但两种谱学的目的却完全不同，扰动角关联谱学测量的不是振动模式，而是类似于穆斯堡尔谱学中的核精细结构，也就是 11.3.2 节中讨论的核前向散射谱学。

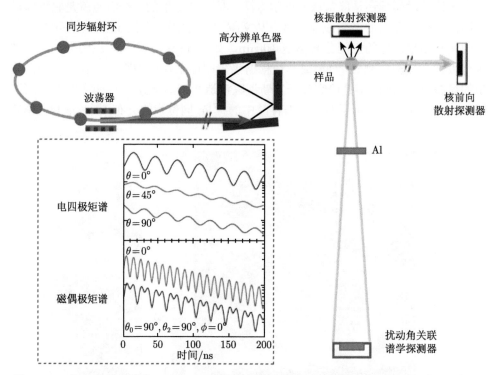

图 11.10　扰动角关联谱学 (SRPAC) 和核前向散射谱学、核振散射谱学的测量原理示意图。左下插图为由电四极矩和磁偶极矩产生的扰动角关联散射的理论谱图

　　读者可能已经从图 11.10 中注意到：扰动角关联谱学与核振散射谱学的测量也不完全相同，前者要在探测器前放置一片 Al 过滤片。这是因为只有 ^{57}Fe 的核荧光本身才含有扰动角关联谱的信号，Al 过滤片的作用就是要将其已经转换为 Kα 的 X-荧光 (6.3 keV) 的强度过滤掉，而仅仅让位于 14.4 keV 处的核荧光信号到达探测器。对于其他同位素的测量，其核荧光的能量位置不同，箔片的选择当然也应该不同，但原理是一致的。图 11.10 实际上给出了核前向散射、核振散射和扰动角关联散射三种实验方案的对比示意图。

　　除了扰动角关联散射是在 4π 空间分布以外，弹性的瑞利散射也是在 4π 空间内分布的。虽然单位空间角内的瑞利散射比核前向的散射要小很多，但它比扰动角关联散射要大得多，应当尽可能降低其贡献。因此，对扰动角关联散射的测量一般不选在核共振的能量位置上进行，而是多选在离核共振大约 10 meV 的位置上进行。此时，虽然扰动角关联谱的信号也会变小，但由于没有了共振散射带来的强大背景，信噪比应该会变得更好。

扰动角关联散射的信号强度要比核前向散射低很多，也要比核振散射低很多。首先，如上所述，它不是共振散射。其次，它的信号在空间的分布是各向不同的，因此人们必须在一个较小的空间角范围内对其进行探测，而且是越小越好，而不是像核振散射那样在尽可能大的空间角范围内进行探测。就是在最为粗略的空间角范围内进行测量，估计它的信号强度也只有核振散射空间角的大约 1/4。再次，只有核荧光本身具有扰动角关联散射信号，而过滤掉转化为 Kα 辐射的 X-荧光使得余下的信号量仅仅占全部 X-荧光量的大约 1/10。而且雪崩光电二极管探测器对 14.4 keV 处的核荧光的探测灵敏度也仅为对 6.3 keV 处 Kα 的 X-荧光之探测灵敏度的 1/3。以上这些因素已经使得扰动角关联谱学的信号强度最多仅有核振散射信号的 1%左右。最后，扰动角关联谱学必须使用单电子簇的同步辐射运行模式，假如同步辐射环没有恰好的单电子簇运行模式，那么选用替代模式可能导致只有部分辐射强度可以得到运用，使得其信号强度会进一步下降。

那么，人们为什么还要探索这一信号十分微弱的谱学方法呢？首先，因为它是单核散射，散射效果与无反冲效应无关，因此人们研究这一谱学方法的最早动力在于它可以用来测量兰姆·穆斯堡尔因子很低的软物质，如液体样品。但我们在这里关注这一方法的原因则在于它具有很强的针对性。比如，扰动角关联谱学可以选在某一特定振动模式的能量位置上进行测量，则可以获得仅仅与那个振动模式有关的同位素核的核参数。比如，在对镍铁氢酶的研究中，人们如果在离核共振 10 meV 处的能量位置上测量扰动角关联谱，它的信号将涵盖氢酶中全部的 ^{57}Fe 同位素，没有具体的针对性。同理，如果是测量 ^{57}Fe 的核前向散射谱学或核振散射谱学，其效果也是多个 ^{57}Fe 同位素核的平均信号。但如果人们选择在对应于 Fe—CO 振动的 609 cm^{-1} (76 meV) 处进行扰动角关联散射谱学的测量，则它的信号将仅仅来源于与镍铁中心中的那个与 Fe—CO 有关的特殊的 ^{57}Fe 同位素有关的核精细结构，与其他的 ^{57}Fe 无关，具有很强的针对性。请注意，凡是信号微弱的谱学方法往往都有着很好的针对性，更加具有应用潜力。文献 [45-56] 为与扰动角关联谱学有关的参考资料，其中绝大部分是与同步辐射有关的扰动角关联谱学文献。

由于总体的信号水准尚低，在目前条件下，扰动角关联谱学还无法对生物分子进行直接测量。作为基础，科学工作者们已经成功地将它运用到对如镍铁晶尖石 ^{61}NiO·^{57}Fe$_2$O$_3$ 和配位化合物 ^{57}Fe$_2$(S$_2$C$_3$H$_6$)(CO)$_6$ 的研究上。

11.3.4   核灯塔效应和核探测技术

原子核的散射具有比电子散射慢得多的衰变规律，核上态的半衰期大部分在 1 ~ 1000 ns，而电子散射在 fs 量级。对于那些衰变时间在 100 ns 或以上的同位素核进行测量，现行的探测器和电子系统完全可以胜任。但对于如 ^{61}Ni (7 ns)、^{187}Os (3 ns)、^{125}Te (2.1 ns) 这些快速衰变的同位素核，时间域的测量基本上难以完成，而在多数情况下人们被迫转向能量域的测量。然而能量域的测量具有明显小得多的信号水平和其他许多不利因素，人们因此希望继续探索能够用时间域的谱学方式来测量具有短衰变期的同位素的核散射。以 ^{125}Te (2.1 ns) 为例，即便是对核振散射这样的积分测量，如果时间分辨率可以从 1 ns 提高到 0.5 ns，则积分区间可以从 1 ns 增加到 1.5 ns，区间扩大 50%，积分信号量将有大幅度增长。这样，在现有的电子器件还无法达到 0.1 ns 时间分辨率的时候，利用核灯塔效应 (Nuclear Lighthouse Effect) 进行核散射探测的别样方法就应运而生了。

引自文献 [57-60] 对这一新技术的描述，一个典型的、利用核灯塔效应进行核散射测量的装置和基本概念如图 11.11 所示。在这样的装置中，一束入射的 X-射线照射到高速旋转的样品表面，发生这样的核散射过程：在样品上产生散射的 X-射线随着样品的旋转而不断偏转，在经过特定的弛豫时间 t 之后，其核散射从 $\theta = \omega t$ 的特定方向上出射，其中 ω 为样品旋转的角速度。形象地说，这有点像雨伞旋转甩水一样，虽然它们的理论出发点完全不同。

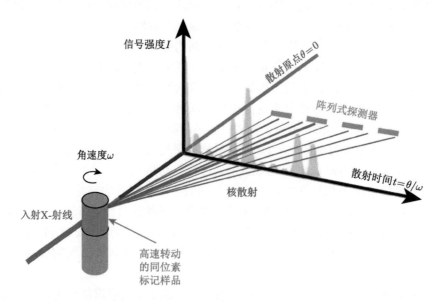

图 11.11   利用核灯塔效应测量核散射过程的装置和基本原理示意图

在这里, 我们必须强调指出的是: 虽然这一核灯塔效应方法好像与图 11.7(d) 中描述的高速转子有些相像, 两者在技术原理上是两个完全不同的概念。首先, 图 11.7(d) 中的转子实际上是一种在光束线上产生 neV 线宽之 X-射线的单色器: 一个前置装置, 而图 11.11 中描述的转子则是样品本身, 而不是前置装置; 第二, 图 11.7(d) 的高速旋子是用来微量调谐入射能量的, 而图 11.11 的装置则是通过旋转样品本身将经过不同衰变时间的散射射线 "甩" 到不同角度的位置上, 目的是从时间上分辨测量散射的 X-射线; 第三, 因为同样的原因, 图 11.7(d) 的装置被用于能量域的测量, 而图 11.11 的装置则是服务于时间域的测量。由于是被用于时间域的核前向散射等测量, 在利用核灯塔效应测量核散射时, 人们无须选用 neV 线宽的 X-射线, 甚至也无须 1 meV 线宽的 X-射线, 而只需 10 meV 的线宽即可。

因为经过样品散射的 X-射线依被散射后时间点的不同而被 "甩" 到不同的角度位置上, 人们就可以用如 CCD 一类的普通探测器来进行测量: 这些探测器既不需要具有能量分辨率, 也不需要具有时间分辨率, 而只需要简单的空间分辨率。又因为可以轻易地避开正前方的、高强度的弹性散射等, 探测器也不会饱和, 因此人们不需要具有超高速读出功能的电子元器件。在现有转速条件下, 人们可以很容易地获得 1 ns 甚至 0.1 ns 的时间分辨率, 而且只要加快转速、增加散射的测量距离, 达到更高的时间分辨率在原理上也没有问题。这样, 这一实验方案可以将时间域的测量拓展到对 ^{61}Ni、^{187}Os、^{125}Te 等衰变时间较短的同位素核的测量上。

更为重要的是它将时间差转化为空间差的特点对于在同步辐射上测量核散射具有重大的前瞻意义。众所周知, 人们通常需要同步辐射具有特定的时刻结构来测量特定的核散射: 同步辐射脉冲到达的时刻为时间零点, 同步辐射脉冲的时间间隔必须要大于核散射的衰变时间。在今后的衍射极限环中, 电子簇的排列肯定会更加密集, 由其产生的 X-射线脉冲的间隔因此可能会小于许多同位素核的衰变周期, 比如小于 ^{57}Fe 的 $1/e$ 衰变期 (143 ns), 从而使得通常的核散射测量方法变得困难。在图 11.12 中, 我们假设某个同位素核的上态的 $1/e$ 衰变期为 100 ns。如果入射的脉冲 X-射线 (红色尖峰) 的时间间隔为如图 11.12(a) 和 (b) 之间的 100 ns 或以上, 那么人们可以对由脉冲 (a) 和 (b) 产生的核散射的时间信号 (蓝色的指数衰减曲线) 进行分别分析, 互不干扰; 但如果假设脉冲 X-射线的间隔为 50 ns, 那么如图 11.12(b)~(d) 所示的几个核散射的时间信号 (蓝色的指数衰减曲线) 就会出现部分重叠, 实验无法正常进行。为了避免信号在时区上的重叠, 人们可能不得不缩短对每一个脉冲在时间域上的测量时间, 或用高速快门剔除部分入射 X-射线脉冲。而这些操作都会降低最终获得的总信号量。

而如果采用核灯塔效应来进行核测量, 则无论同步辐射脉冲何时到达样品, 散

射过程的零点时间 $t = 0$ 总是对应于 $\theta = 0$ 的位置，而在经过一定时间 t 散射之后，其射线总是会被 "甩" 在具有同一个角度 θ 的位置上。这些散射的时间点与入射 X-射线何时到达样品无关，与 X-射线具有的时间结构也无关，而仅仅与从 X-射线接触样品时开始算起的时间差 t 有关。这样，区分不同时间差 t 的散射信号的任务由区分散射 "灯光" 的方向角 θ 来完成。这相当于：将图 11.12 中的 4 个不同入射时间到达的脉冲 (红色尖峰) 和由其产生的核散射信号 (蓝色的衰变曲线) 一起全部位移到同一个时间位置上，然后再将它们相加。这一方法的概念十分新颖，它的特点使得人们可以在提供密集脉冲的 X-射线，甚至是连续波的 X-射线的衍射极限环上能够继续进行各种核散射的实验研究。

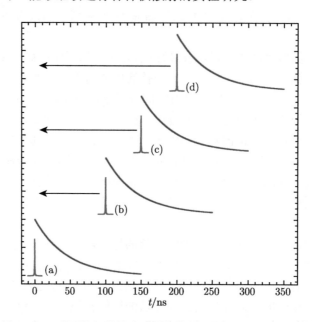

图 11.12　　利用核灯塔效应测量核散射的信号形成过程示意图

当然，由于这一实验要求对样品本身进行高速转动，并且对样品的平整度、散光性等都有较为苛刻的要求，目前它仅仅被用于研究开发其测量方法本身，而在应用方面上还没有太大意义。

11.4　下一代光源的展望：衍射极限环

追求更高的辐射强度和亮度总是建造同步辐射光源或是其他任何光源的首要任务，自由电子激光装置在这方面可以说达到了顶峰。光或辐射的亮度定义为单位面积、单位发散角和 0.1% 能带宽度内光或射线的强度。自由电子激光装置具

有极高的瞬间亮度 [平均达到 10^{33} 光子数/(s·mm²·mrad²·0.1%BW)]、极短的脉冲宽度 (fs 量级)、可以真正在全频区间内连续调谐的辐射能量：这些是当今任何一种气体、液体、固体激光器所不具备的，也是任何一种现有的同步辐射环无法达到甚至比拟的。有人将它划归为第四代同步辐射光源，也有人认为它应该属于新型的激光光源，而不属于同步辐射光源。我们利用 11.4.1 节的篇幅首先简单介绍一下自由电子激光装置这一光源顶峰的状况，再转入介绍具有衍射极限性能的同步辐射环。

11.4.1 自由电子激光装置

自由电子激光的现象于 1971 年被首次观察到，自由电子激光器于 1975 年开始研制，并在 20 世纪 80 年代的美国星球大战计划的影响下得到迅速推进。在向民品的转化过程中，整个项目又逐步分化为以追求不断小型化的实验室自由电子激光器和追求超高性能的大型自由电子激光装置这两大方面。自由电子激光装置是结构上为直线加速器的大科学设施，主要是采用一个长达 300 m 或更长的波荡器来实现电子与辐射射线之间的相互干涉，让电子将其动能不断地传递给辐射的射线，从而使其辐射的强度得到不断增大，产生可选择的全频激光辐射，包括 X-射线波段的激光辐射。21 世纪以来，美国、德国、日本、俄国等都先后推出自己的大型自由电子激光装置。其中，美国的 LCLS 具有的辐射脉冲可以短至 $2 \sim 4$ fs，为现有第三代同步辐射光源之脉冲宽度的 10^{-5}，即十万分之一；它的峰值亮度达到 10^{34} 光子数/(s·mm²·mrad²·0.1%BW)，至少是第三代同步辐射光源亮度的 10^9 倍，即十亿倍；而其射线的能量为 280 eV $\sim$ 10 keV，涵盖了软、硬 X-射线的基本能量范围。

在此大潮中，上海软 X-射线自由电子激光装置 (SXFEL) 已经建成，它是中国第一台 X-射线相干光源，其最短波长可达 2 nm (620 eV)。这台基于 1.5 GeV C 波段高梯度电子直线加速器的激光装置包含 1 条种子型自由电子激光束线、1 条自放大自发辐射束线以及 5 个实验站等。此外，上海硬 X-射线自由电子激光装置也于 2018 年 4 月在上海张江开工建设，预计 2025 年建成。这些装置将为物理、化学、生命科学、材料科学、能源科学等多学科提供高分辨成像、超快过程探索、先进结构解析等多种尖端研究手段，形成多学科交叉的先进科学研究平台。

自由电子激光装置在工业和科学研究中的应用还有很多，特别是 fs 量级的超快实验可以研究的问题包括：化学键断裂瞬间的原子是如何运动的？光致辐射损伤的反应通道是怎样的？当然也包括其他极快速的泵浦–探针实验等。总体而言，这些应用大多是利用自由电子激光辐射的两大特征：超高的亮度和超短的辐射脉冲。

它的实验过程的最大特点就是单脉冲实验，即：一个脉冲的 X-射线对单个样品滴的测量就可以完成一套晶体学数据点的收集或一幅如 X-荧光谱等响应能谱图的测量。尽管样品在测量后的辐照损伤十分严重，但人们可以在样品遭到破坏之前的瞬间一次性完成对全部数据的测量。除超快这一特点之外，如图 11.13 或文献 [61] 中所示的晶体衍射实验和 X-荧光能谱实验与其他普通的同步辐射实验在原理上基本无二。

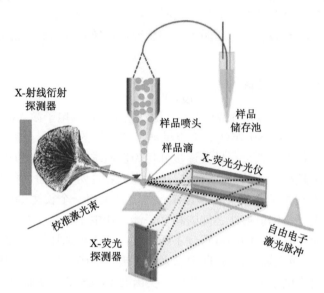

图 11.13　利用自由电子激光射线测量晶体学衍射和 X-荧光能谱图的实验原理示意图

　　如若确实需要重复实验，人们就必须提供另外一滴样品和另外一个激光 X-射线脉冲，再进行一次测量。此时，旧的样品滴已经完全被强大的辐照破坏掉了，而且也已经流过了射线照射区，归于回收池。用一个形象的比喻，这相当于人们可以在炸药爆破山体的最初瞬间，用超高速摄影机完整地记录下山体形变的具体过程。如果需要重复观测，人们就必须另选一座山头，重新进行爆破实验了。

　　当然，大型的 X-射线自由电子激光装置的应用远远不止以上的例子，它正在为材料科学、信息科学、生命科学、环境科学和非线性光学等许多前沿科学带来革命性的推动。有关其装置和应用的更多工作，请参见文献 [61-76]。

11.4.2　衍射极限环

　　尽管作为光源亮度顶峰的自由电子激光装置的性能的确非常优越，但其应用面还是比较窄的：在结构上，由于它是直线加速器类型，光束线只有寥寥几条。作为对比，一个现行的第三代高能同步辐射环上可以有 60 条左右的光束线；在实验类型上，目前自由电子激光装置也主要集中于单脉冲的衍射实验或 X-荧光能谱学等响应能谱学实验，样品在实验后即告报废。对于需要能量扫描的吸收、散射等更为常用的谱学实验来说，用它作为光源反而显得不太方便。因此，如何升级或改造现有的第三代同步辐射环，进一步提高亮度，或建造性能更高的新一代同步辐射环依然是大多数同步辐射工作者和同步辐射用户最为关心的问题。

在同步辐射环上，决定平均亮度 $B_{\mathrm{ave}}(\lambda)$ 的是电子束在水平方向上的发射度 ε_0，而 ε_0 则与同步辐射环上转弯磁体的数目 N_{d} 的三次方成反比，即 $\varepsilon_0 \sim 1/N_{\mathrm{d}}^3$。人们因此可以安装更多的转弯磁体组来维持电子做圆周运动，降低运行电子在每组磁体上一次转弯的转角 θ_{d}。这样可以大大降低电子束在水平方向上的发射度 ε_0，从而大大提高同步辐射的平均亮度 $B_{\mathrm{ave}}(\lambda)$。这样的方案虽然对射线总体辐射强度没有什么影响，但它的发散角可以大大减少，辐射的亮度因此得以大大提高。虽然以上讲的 ε_0 是指电子束的发射度，但辐射的发射度也是与之相关的。在观察现有同步辐射环的时候，读者们可能已经注意到：凡是几何尺寸较大、转弯磁体数目较多的第三代同步辐射环经常具有较低的发射度。而那些从早期小环直接改造而成的高能环，由于需要强行转弯，每次转弯角度 θ_{d} 较大，通常导致它们拥有较高的水平发射度。

在增加转弯磁极数目的升级版储存环上，除了亮度的提高外，每一电子簇的几何尺寸也将大大缩小，使之进一步接近辐射波长的尺寸，使 X-射线和电子束之间具有比普通波荡器更好的相干度，产生更加相干的 X-射线。这在某种程度上类似于 11.4.1 节讲到的自由电子激光装置，只是相干程度较为低一些罢了。如果想要建造成真正接近光学衍射极限的、发射度极小的同步辐射储存环，人们需要在环上安装相当大量的转弯磁极。除了数目很多以外，还要求每一个磁体必须做到足够小，同时还能具有足够高的磁场强度。由于磁体已经可以被设置在真空管线之内，无论是单元磁体的尺寸还是单元磁体间的缝隙现在都可以做得很小，同时新的真空技术又可以使得这些小的缝隙能够保持合理的真空度，以满足环和束线的要求。只有解决了这些相关的工程技术问题之后，衍射极限环的建设才成为可能。将现有的同步辐射环改造为衍射极限环或准衍射极限环的任务包括对弯铁的置换、对弯铁排布阵列 (Lattice)、加速器系统、加速器技术、注入系统、束流测量系统的全面更新和共同改造。当然，除了环本身的结构需要调整之外，人们还需要在转弯磁体之间的直线段上选用更密、更好的波荡器来协助输出亮度更高、斑点更小的 X-射线。

衍射极限环的标准为其电子束流的水平发射度小于 0.1 nm·rad。即便是准衍射极限环，其电子束流发射度也要达到或大致达到 1 nm·rad。文献 [77-86] 为有关衍射极限环方面的报道。

目前被公认为达到衍射极限或准衍射极限标准的同步辐射环包括瑞典的 MAX IV 环、巴西的 SIRIUS 环、法国的 ESRF-EBS 新环，它们已经建成或基本建成并开始向用户开放。其中，ESRF-EBS 新环在完全升级后的水平发射度将达到 0.133 nm·rad。另外还有许多性能更高的、真正意义上的衍射极限环正在积极计划之中，同时也有许多现有的第三代同步辐射环为达到或接近衍射极限环的标准正在考虑升级换代，如图 11.14 所示。请注意，该图数据多数截止于 2016 年的报道，现在还有更多。比如，美国的 APS-U 和 ALS-U 已经开始升级建设。

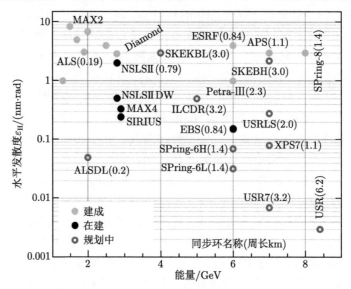

图 11.14　部分已经建成 (灰色)、在建 (黑色) 和规划之中 (圆圈) 的同步辐射环的电子能量 (GeV) 和水平发散度 (ε_H) 数据图。它们包括衍射极限环 (0.1 nm·rad)、准衍射极限环 (1 nm·rad) 和部分性能较高的现存第三代同步辐射环 (< 10 nm·rad)

国内同步辐射的建设和研究工作虽然起步较晚，但进展很快。具有高标准的第三代光源——上海光源 (SSRF) 的一期工程已于 2009 年 9 月正式向用户开放，并已取得一大批重要的科技成果。包括 16 条各式光束线的二期工程正在进行。它具有 3.5 GeV 的电子储存能量，排世界第五位，仅次于四大高能同步辐射环，因此它也具备若干高能 X-射线能谱实验的条件。但由于受到电子储存环能量、亮度和时间结构等的诸多限制，尚无法开展核散射实验或 IXS 散射实验。于 2019 年开工建设的 (北京) 高能同步辐射光源 (HEPS) 的主要参数为 6 GeV 的储存环电子能量和 1.4 km 的环周长。该光源届时将成为世界上 5 大高能同步辐射光源之一，为在国内建设高分辨 X-射线束线和研究核散射或 IXS 散射谱学提供基础条件和支撑平台。

11.4.3　同步辐射环带来的机会和挑战

由衍射极限环提供的同步辐射的亮度和相干性将会有大幅度的提高，可为各类谱学实验提供亮度更高、斑点更小、准直性和相干性更高的 X-射线。这将为各学科的理论研究、应用研究以及多种前沿技术开发带来许多新的契机。由此可能带来的新型科学研究可能包括：具有更高空间分辨率的显微成像实验；需要更高时间分辨率的反应动力学测量；需要更精细能量分辨率的分光实验；等等。更小的光斑和更具准直性的光束还将它带入更广泛的用途。当然，衍射极限环虽然具有比现行第三代同步辐射环高得多的平均亮度，但它的峰值亮度还是要比具有 fs 量级时间宽度的自由电子激光脉冲差得多。这样，人们通常考虑让两种最新型的光源建设在同一同步辐射中心里：衍射极限环有许许多多、各式各样的光束线，用以进行各式各样的能谱学和晶体学的研究；而自由电子激光装置则可以专门进行一些要求 fs 时间分辨率的，或是对单滴样品进行单脉冲测量的特殊实验。

对于我们在第 3 章和本章 11.1 节中讨论的 IXS 散射实验来说，虽然衍射极限环的总体光通量不会比第三代同步辐射环有明显的提高，但更小的光斑和更好的准直性将大大提高光束在高分辨单色器上的通过效率和输出通量，使得最终到达样品的高分辨 X-射线具有更高的准直度和更高的射线通量；当然，这样的入射射线又将导致更准直的散射射线，以及它在分光能谱仪上获得更高的输出通量；最终，到达探测器上的 IXS 信号量可望有 $1 \sim 2$ 个数量级的提高。由于 IXS 谱学实验不需要具有特定时间间隔的脉冲辐射，则衍射极限环对于它来说基本上全为正面，而唯一的缺点可能就是射线亮度太高，可能增加样品辐照损伤的速率，必须考虑如何避免或控制。

对于各种核散射的测量来说，由亮度、准直性的改善而带来的好处基本上与上述情况相同。随着现有同步辐射环升级为衍射极限环，加之环上插入件、单色器和其他 X-射线光学元、组件性能的不断提高，估计用于核散射实验的高分辨 X-射线强度可能会有一个数量级或更多的提高。这将使得在目前条件下尚有困难的一些核散射测量变为可能。这些测量包括对某些重要而十分微弱的振动模态的研究，如对氢酶中 Fe—D 伸缩振动甚至 Fe—H 伸缩振动的测量；或对某些浓度极低的活性生物分子中间态的研究，如对甲烷单加氧酶 (MMO 酶) 中的 Q 中间态的测量。

由于衍射极限环具有的性能可以使高分辨 X-射线具有更高的光通量，搭建具有更高能量分辨率 (如 $0.1 \sim 0.2$ meV) 的核振散射光束线也为更多的实验科学家所追求，并已在多个同步辐射中心进行规划或建设。具有超高能量分辨率的束线将使得人们可以对某些特殊的振动模态和配位结构进行更加细致的研究。

光束斑点的不断缩小或聚焦，使得人们可以对体积很小的生物晶体样品进行各种谱学测量。比如，人们能够得到的生物分子的晶体体积通常小于 0.1 mm^3；而目前的核散射束线的光束斑点依然较大 (比如 1×0.6 mm^2)，因此对晶体样品的测量效率还是很低，意义不大。但随着具有衍射极限性能的同步辐射环的出现，光束斑点将可能获得大幅优化，缩小到 0.1×0.1 mm^2 以下，因而可以有效地对生物晶体样品进行测量。而因为它有着很高的纯度和很高的浓度，如果光束斑点小于样品，则晶体样品可以显著提高各种谱学的信号量。

同样，极小的光斑还使得人们可以对包括超高压、超高温、超低温和超强磁场环境下通常样品池空间必须很小的系统进行有效的测量，本章末尾列出的文献中就包括一些对高压样品的核振散射和其他核散射的研究。细小的 X-射线光斑还有利于进行穆斯堡尔谱学成像、核振散射谱学成像的研究，以及对珍稀样品的测量，从而不断扩大各种核散射谱学的应用面。

随着高分辨 X-射线强度的提高，探测器的饱和度也成为问题的焦点之一。因为每一个探测器单元的饱和计数率是差不多的，为了避免饱和，采用单元面积较小，但探测单元数较多的多单元阵列式探测器来取代大面积的单一单元探测器是今后测量各种核散射谱学的重要选项之一。目前，在多数核散射光束线上已经采用了阵列式探测器。多数阵列单元数在 $4 \sim 8$，但 16、32，甚至 100 以上单元的阵列探测器也在人们的设想和规划之中。

可以灵活移动的高分辨单色器和可临时搭建的核散射束线是核散射谱学的一个重要的发展方向。比如，在日本 SPring-8 的 BL19LXU 线上原本没有高分辨单色器，人们因而无法在此进行核散射实验。但它具有数倍于其他束线的初级 X-射线强度，让人们可以测量更加微弱的信号。如第 4 章所述，为了实现在 BL19LXU 上测量核振散射谱学的目标，依田研究员首次创建了可以临时搭建、调试的机动型的高分辨单色器和机动型的核振散射测量系统，让人们利用 BL19LXU 进行核振散射实验的愿望成为现实，同时也为人们灵活使用其他非专用束线指明了方向。但缺点之一是临时搭建和调试整个核振散射束线需要 $36 \sim 48$ h 的工作时间。由于衍射极限环的性能相比现有环大大提高，新的机时将变得更加紧俏，如何避免占用较长的机时来搭建束线将成为这一类临时核谱学测量亟待解决的问题之一。

我们知道，任何核散射谱学的测量方法都依赖于使用具有特定时间结构的脉冲 X-射线，而衍射极限环的工作基础决定了电子簇的簇数要尽可能多，电子簇的时间间隔要尽可能小，两者的最佳工作条件很难取得一致。由于这样的原因，在理想的衍射极限环上进行核散射测量，尤其是针对衰变期较长的同位素进行核散射测量就变得困难了。因而衍射极限环的发展方向受到核散射实验工作者的特别关注。他们希望在考虑衍射极限这一大目标的同时，新一代的同步辐射环能兼顾考虑保留合理的时间结构，让核散射实验能够继续进行。或者说，希望在较好的衍射极限性能和较长的脉冲时间间隔这两者之间取得平衡，而非一味地追求衍射极限。新落成的 Petra-III 同步辐射环的发射度为 1 nm·rad，是一个典型的准衍射极限环。值得注意的是，它依然保留了两种脉冲间隔超过 150 ns 的运行模式，可以直接用于对 ^{57}Fe 等长衰变周期的同位素的核散射实验。

再比如，其中一种可行的折中方案是将用于测量 ^{57}Fe 同位素的电子簇间隔由原来的 150 ns 左右缩短为 75 ns 左右。针对这 75 ns 间隔的脉冲辐射，人们可以采用高速快门选用其中一半的 X-射线脉冲来进行各种相干的核散射实验。这时，总射线强度在理论上下降为原来的 1/2。但由于衍射极限环的束线发散度极低，波荡器和两级单色器等光学元件的光通率会大大提高，使人们得到的、到达样品的 X-射线强度可能还是会高于现有的核散射束线，其总体测量效果应该比现行的核散射实验效果要好。而针对核振散射等非相干类的核散射实验，人们基本上可以在衍射极限环上继续进行。只是那时，信号的积分间隔必须设定在 75 ns 以内，因而每一脉冲带来的积分信号量下降。但由于脉冲数目加倍，加之同步辐射总体性能的提高，最终的核振散射信号量也应该比现在更好。

目前，有许多个衍射极限环或准衍射极限环正在建设、规划，包括正在建设的 (北京) 高能同步辐射光源 (HEPS)。在高能环中，如果辐射的时间结构得以适度保留，提高的整体性能可以帮助生物化学工作者研究接近真实反应状态的低浓度样品或 Fe—H/D 伸缩振动等微弱的谱学信号，这些将大大推进核振散射谱学在生物化学中的实际应用，并可能带来新的突破。作为核散射谱学的用户，我们希望和呼吁在规划建造任何衍射极限环的时候，能够考虑到核散射研究的需要，保留适当的电子簇时间结构和在新光源上建设核散射光束线的选项。

如果人们选择仅仅考虑衍射极限环超低发射度的要求，其电子簇和同步辐射脉冲的时间结构将变得很短、很密，那么许多正常的核散射实验，特别是有关 ^{57}Fe 同位素的核散射实验将无法按现行的实验方案进行。此时，开发利用核灯塔效应进行核散射测量的方法或将是在严格的衍射极限环上继续进行核散射研究的唯一希望。

11.4.4 全书结语

正如我们在前言中所述的那样，研究生物化学问题的核振散射谱学、IXS 谱学或其他现代同步辐射谱学涉及多个学科和多个技术领域，而这充分体现出同步辐射中心在组织包括物理学、化学、生物学、技术工艺学和各种相互交叉的新型学科进行综合研究中的中心作用和关键角色。今后，同步辐射中心将成为多学科综合研究的中枢，样品、用户，甚至特殊的专用设备可以从各地而来，而参与数据分析的理论工作者可以运用互联网远程对数据提出较快的解读，甚至运用密度泛函等理论拟合在实验过程中对结果进行修正性预测，并远程指导进一步的实验工作。原则上，对一些技术上成熟的同步辐射实验 (比如晶体学测量)，用户甚至无须亲自前往同步辐射中心，而可以通过自动化遥控对已经由束线工作人员协助装入测试台的样品实施远程控制和测量。当然，核振散射或 IXS 散射实验目前尚不属于这种成熟的谱学实验，实验中出现的问题还是很多、很复杂，用户还是必须亲自前往特定的光束线进行测量。一个合作的研究组内的工作人员可以来自不同课题组，不同单位，甚至不同国家，各人在研究方向、谱学方法、实验类型、辅助技能等方面通常是各有侧重，相互补充；面对新出现的从物理、光学、谱学、机械到生化等一系列特殊的理论问题或技术问题，人们可以通过多学科、多单位，多层次的横向合作来逐步解决，既无须大而全，也无须一挥而就。但一个研究团队中至少应有一名能够从物理学、化学、生物学、实验技术等多个层面较为全面地了解特定同步辐射谱学的总体技术路线图的科研人员，这是人们能够顺利推进有多学科、多单位，甚至多国科研人员参与的联合研究的关键。本书从同步辐射用户的角度，以两种先进的高能射线的振动散射能谱学为例，用较为浅显的语言叙述了同步辐射谱学和生物化学方面的学术内容，尝试着拉近同步辐射工作者与生物化学研究者之间的距离，希望为培养具有综合知识的同步辐射应用人才，并为提倡大跨度的多学科联合研究尽一点微薄的力量。

参 考 资 料

文献导读：有关 IXS 谱学方法和装置的文献，请参见第 3 章后的文献；有关核振散射谱学方法和装置的文献，请参见第 4 章后的文献；有关核振散射谱学应用的文献，请参见第 7~10 章后的文献。

有关 IXS 散射谱学应用的文献：

[1] Baron A Q. High-resolution inelastic X-ray scattering I: context, spectrometers, samples, and superconductors // Jaeschke E, Khan S, Schneider J, Hastings J. Synchrotron Light Sources and Free-Electron Lasers. Cham: Springer, 2016.

[2] Baron A Q. High-resolution inelastic X-ray scattering II: scattering theory, harmonic phonons, and calculations // Jaeschke E, Khan S, Schneider J, Hastings J. Synchrotron Light Sources and Free-Electron Lasers. Cham: Springer, 2016.

[3] Said A H, Sinn H, Toellner T S, et al. High-energy-resolution inelastic X-ray scattering spectrometer at beamline 30-ID of the Advanced Photon Source. J Synchrotron Rad, 2020, 27: 827-835

[4] Rueff J P. An introduction to inelastic X-ray scattering // Beaurepaire E, Bulou H, Scheurer F, et al. Magnetism and Synchrotron Radiation. Springer Proceedings in Physics, 133. Berlin, Heidelberg: Springer, 2010

[5] Alarco J A, Chou A, Talbot P C, et al. Phonon modes of MgB_2: super-lattice structures and spectral response. Phys Chem Chem Phys, 2014, 16: 24443-24456

[6] Burkel E. Phonon spectroscopy by inelastic X-ray scattering. Rep Prog Phys, 2000, 63: 171

[7] Rueff J P, Shukla A. Inelastic X-ray scattering by electronic excitations under high pressure. Rev Mod Phys, 2010, 82: 847

[8] Shi Y, Benjamin D, Demler E, et al. Superconducting pairing in resonant inelastic X-ray scattering. Phys Rev B, 2016, 94: 094516

[9] Said A H. Inelastic X-Ray Scattering Studies in Lithium and Metal Ammonia Solutions. Dissertations (1135). Kalamazoo Western Michigan University, 2004. https://scholarworks.wmich. edu/dissertations/1135/

[10] Liu Y, Berti D, Faraone A, et al. Inelastic X-ray scattering studies of phonons in liquid crystalline DNA. Phys Chem Chem Phys, 2004, 6:1499-1505

[11] Liu D Z, Chu X Q, Lagi M, et al. Studies of phononlike low-energy excitations of protein molecules by inelastic X-ray scattering. Phys Rev Lett, 2008, 101:135501

[12] Dong W, Wang H, Olmstead M, et al. Inelastic X-ray scattering (IXS) of a transition metal complex ($FeCl_4^-$)—vibrational spectroscopy for all normal modes. Inorg Chem, 2013, 52: 6767-6769

有关非 ^{57}Fe 同位素的核振谱学的文献：

[13] Litvinskii L L. Correlation of channels of elastic and inelastic neutron scattering by heavy nuclei at energies ≤ 100 keV. At Energy, 1992, 72: 274-277

[14] Bi W, Zhao J, Lin F J, et al. Nuclear resonant inelastic X-ray scattering at high pressure and low temperature. J Synchrotron Rad, 2015, 22: 760-765

[15] Wittkamp F, Mishra N, Wang H, et al. Insights from ^{125}Te and ^{57}Fe nuclear resonance vibrational spectroscopy: a [4Fe-4Te] cluster from two points of view. Chem Sci, 2019, 10: 7535-7541

[16] Kobayashi H, Yoda Y, Shirakaw M, et al. ^{151}Eu nuclear resonant inelastic scattering of Eu_4As_3 around charge ordering temperature. J Phys Soc Jpn, 2006, 75: 034602: 1-6

[17] Giefers H, Koval S, Wortmann G, et al. Phonon density of states of Sn in textured SnO under high pressure: Comparison of nuclear inelastic X-ray scattering spectra to a shell model. Phys Rev B, 2006, 74: 094303

[18] Houben K, Jochum J K, Couet S, et al. The influence of phonon softening on the superconducting critical temperature of Sn nanostructures. Sci Reports, 2020, 10: 5729

[19] Chen B, Li Z, Zhang Z, et al. Hidden carbon in Earth's inner core revealed by shear softening in dense Fe_7C_3. PNAS, 2014, 111: 17755-17758

[20] Delbridge B, Ishii M. Seismic wave speeds derived from nuclear resonant inelastic X-ray scattering for comparison with seismological observations. Minerals, 2020, 10: 331

[21] Dauphas N, Hu M Y, Baker E M, et al. SciPhon: a data analysis software for nuclear resonant inelastic X-ray scattering with applications to Fe, Kr, Sn, Eu and Dy. J. Synchrotron Rad, 2018, 25: 1581-1599

[22] Bessas D, Sergueev I, Merkel D G, et al. Nuclear resonant scattering of synchrotron radiation by ^{187}Os. Phys Rev B, 2015, 91: 224102

[23] Mitsui T, Masuda R, Kitao S, et al. Nuclear resonant scattering of synchrotron radiation by ^{158}Gd. J Phs Soc Jpn, 2005, 74: 3122-3123

[24] Alexeev P, Leupold O, Sergueev I, et al. Nuclear resonant scattering from ^{193}Ir as a probe of the electronic and magnetic properties of iridates. Sci Rep, 2019, 9: 5097

[25] Wang H X, Yoda Y, Kamali S et al. Real sample temperature: a critical issue in the experiments of nuclear resonant vibrational spectroscopy on biological samples. J Synchrotron Rad, 2012, 19:257-263

[26] Wang H X, Yoda Y, Dong W B, et al. Energy calibration in nuclear vibrational spectroscopy: observing small spectral shifts and making fast calibrations. J Synchrotron

Rad, 2013, 20: 683-690
穆斯堡尔谱学和核前向散射谱学文献：

[27] Munck E. Mössbauer spectroscopy of proteins: electron carriers. Methods Enzymol, 1978, 54: 346-379

[28] Yoo S J, Angove H C, Papaefthymiou V, et al. Mössbauer study of the MoFe protein of nitrogenase from *Azotobacter vinelandii* using selective [57]Fe enrichment of the M-centers. J Am Chem Soc, 2000, 122: 4926-4936

[29] Gerdau E, de Waard H. Nuclear Resonant Scattering of Synchrotron Radiation. New York: Kluwer Academic Publishers, 1999.

[30] Shvyd'ko Y V, van Burck U, Potzel W, et al. Hybrid beat in nuclear forward scattering of synchrotron radiation. Phys Rev B, 1998, 57: 3552-3561

[31] Vanburck U, Siddons D P, Hastings J B, et al. Nuclear forward scattering of synchrotron radiation. Phys Rev B, 1992, 46: 6207-6211

[32] Baron A Q R, Chumakov A I, Ruffer R, et al. Single-nucleus quantum beats excited by synchrotron radiation. Europhys Lett, 1996, 34: 331-336

[33] Shvyd'ko Y V. MOTIF: evaluation of time spectra for nuclear forward scattering. Hyperfine Interact, 2000, 125: 173-188

[34] Mitsui T, Hirao N, Ohishi Y, et al. Development of an energy-domain [57]Fe Mössbauer spectrometer using synchrotron radiation and its application to ultrahigh-pressure studies with a diamond anvil cell. J Synchrotron Rad, 2009, 16: 723-729

[35] Seto M. Energy domain Mössbauer spectroscopy using synchrotron radiation. SPring-8 8 Research Frontiers, 2009: 84-85

[36] Seto M, Masuda R, Higashitaniguchi S, et al. Synchrotron-Radiation-Based mossbauer spectroscopy. Phys Rev Lett, 2009, 102: 217602

[37] Mitsui T, Seto M, Kikuta S, et al. Generation and application of ultrahigh monochromatic X-ray using high-quality [57]FeBO$_3$ single crystal. J Soc App Phys, 2007, 46: 821-826

[38] Yan L, Zhao J, Toellner T S, et al. Exploration of synchrotron mössbauer microscopy with micrometer resolution: forward and a new backscattering modality on natural samples. J Syn Rad, 2012, 19: 814-820

[39] Gee L B, Lin C Y, Jenney F E, et al. Synchrotron-based nickel Mössbauer spectroscopy. Inorg Chem, 2016, 551: 6866-6872

[40] Ramalho M A F, Gama L, Antonio S G, et al. X-Ray diffraction and mossbauer spectra of nickel ferrite prepared by combustion reaction. J Mater Sci, 2007, 42: 3603-3606

[41] Gutlich P, Hasselbach K M, Rummel H, et al. [61]Ni Mössbauer-spectroscopy of magnetic hyperfine interaction in nickel spinels. J Chem Phys, 1984, 81: 1396-1405

[42] Masuda R, Kobayashi Y, Kitao S, et al. [61]Ni synchrotron radiation-based Mössbauer spectroscopy of nickel-based nanoparticles with hexagonal structure. Sci Reports, 2016, 6: 20861

[43] Sobolev A V, Glazkova I S, Akulenko A A, et al. [61]Ni nuclear forward scattering study

of magnetic hyperfine interactions in double perovskites A_2NiMnO_6 (A = Sc, In, Tl). J Phys Chem C, 2019, 123: 23628-23634

[44] Segi T, Masuda R, Kobayashi Y, et al. Synchrotron radiation-based [61]Ni Mössbauer spectroscopic study of $Li(Ni_{1/3}Mn_{1/3}Co_{1/3})O_2$ cathode materials of lithium ion rechargeable battery. Hyperfine Interact, 2016, 237: 7

扰动角关联散射谱学文献：

[45] Guo Y S, Yoda Y, Zhang X, et al. Synchrotron radiation based nuclear resonant scattering: applications to bioinorganic chemistry // Sharma V K, Klingelhofer G, Nishida T. Mössbauer Spectroscopy: Applications in Chemistry, Biology, Industry, and Nanotechnology. Wiley, 2013, 20: 614-619

[46] Mahnke H E. Introduction to PAC/PAD. Hyperfine Interact, 1989, 49: 77-102

[47] Hemmingsen L, Sas K N, Danielsen E. Biological applications of perturbed angular correlations of gamma-ray spectroscopy. Chem Rev, 2004, 104: 4027-4062

[48] Sergueev I, van Bürck U, Chumakov A I, et al. Synchrotron-radiation-based perturbed angular correlations used in the investigation of rotational dynamics in soft matter. Phys Rev B, 2006, 73: 024203.

[49] Rohlsberger R. Coherent Elastic Nuclear Resonant Scattering in Nuclear Condensed Matter Physics with Synchrotron Radiation—Basic Principles, Methodology and Applications. Berlin: Springer, 2004: 67-180

[50] Sergueev I, Leupold O, Wille H C, et al. Hyperfine interactions in Ni-61 with synchrotron-radiation-based perturbed angular correlations. Phys Rev B, 2008, 78: 214436

[51] Ruffer R. Nuclear resonant scattering into the new millennium. Hyperfine Interact, 2002, 141: 83-97

[52] Sergueev I, van Bürck U, Chumakov A I, et al. SRPAC—a new method to study hyperfine interactions and dynamics in soft matter. Phys Rev B, 2000, 73: 024203: 1-12

[53] Zacate M O, Jaeger H. Perturbed angular correlation spectroscopy—a tool for the study of defects and diffusion at the atomic scale. Defect and Diffusion Forum, 2011, 311: 3-38

[54] Dattagupta S. Synchrotron radiation-based perturbed angular correlation (SRPAC)-an application to glass transition. Rad Phys Chem, 2004, 70: 511-514

[55] Strohm C, Sergueev I, van Bürck U. Synchrotron-radiation–based perturbed angular correlations from [119]Sn. EPL, 2008, 81: 52001

[56] Chuev M A. Mössbauer spectra and synchrotron-radiation-based perturbed angular correlations in special cases of rotational dynamics in fluids. J Exp Theor Phys, 2006, 103: 243-263

运用核灯塔效应进行核测量的文献：

[57] Roth T, Leupold O, Wille H C, et al. Coherent nuclear resonant scattering by [61]Ni using the nuclear lighthouse effect. Phys Rev B, 2005, 71: 140401

[58] Röhlsberger R. Resonant X-ray scattering from a rotating medium: the nuclear light-house effect. Hyperfine Interact, 2000, 126: 425-429

[59] Röhlsberger R, Toellner T S, Quasta K W, et al. The nuclear lighthouse effect: a new tool for high-resolution X-ray spectroscopy. Nucl Instrum Meth A, 2001, 467-468: 1473-1476

[60] Röhlsberger R, Quast K W, Toellner T S, et al. Observation of the 22.5-keV resonance in ^{149}Sm by the nuclear lighthouse effect. Phys Rev Lett, 2001, 87: 047601

自由电子激光装置的文献：

[61] Bergmann U, Yachandra V, Yano J. X-Ray Free Electron Lasers: Applications in Materials, Chemistry and Biology. RSC Publishing. 2017: 001-463. DOI: 10.1039/978178262 4097.

[62] Kern J, Alonso-Mori R, Tran R, et al. Femtosecond X-ray spectroscopy and diffraction of photosystem II at room temperature. Sci, 2013, 340: 491-495

[63] McNeil B, Thompson N. X-ray free-electron lasers. Nature Photon, 2010, 4: 814-821

[64] Kim, K J, Huang Z R, Lindberg R. 同步辐射与自由电子激光—相干 X 射线产生原理. 黄森林, 刘克新, 译. 北京: 北京大学出版社, 2018. ISBN：9787301298992

[65] 赵振堂，王东. 更亮与更快：X 射线自由电子激光的前景与挑战. 物理, 2015, 44: 456-457

[66] 赵振堂，冯超. X 射线自由电子激光. 物理, 2018, 47: 481-490

[67] 赵振堂，王东，殷立新. 上海软 X 射线自由电子激光装置. 中国激光, 2019, 46: 0100004: 1-10

[68] SLAC 国家加速器实验室. X 射线自由电子激光试验装置. 中国科学院院刊, 2019, 34: 102-105

[69] 姚德强，张荣光. 自由电子激光在生物学中的应用. 生命的化学, 2014, 34: 592-595

[70] 姜伯承，邓海啸. 自由电子激光. 科学, 2012, 64: 13-16

[71] Varro S. Free Electron Lasers. 1995. https://www.intechopen.com/books/free-electron-lasers

[72] Adams B, Aeppli G, Allison T, et al. Scientific opportunities with an X-ray free-electron laser oscillator. 2019. arXiv: 1903.09317v2

[73] Shenoy G K, Röhlsberger R. Scientific opportunities in nuclear resonance spectroscopy from source-driven revolution. Hyperfine Interact, 2008, 182: 157-172

[74] Zhou G, Decker F J, Ding Y, et al. Attosecond coherence time characterization in hard X-ray free-electron laser. Sci Reports, 2020, 10: 5961: 1-8

[75] Christie F, Lutman A A, Ding Y, et al. Temporal X-ray reconstruction using temporal and spectral measurements at LCLS. Sci Reports, 2020, 10: 9799: 1-8

[76] Sobolev E, Zolotarev S, Giewekemeyer K, et al. Megahertz single-particle imaging at the European XFEL. Commun Physics, 2020, 3: 97: 1-11

衍射极限储存环的文献：

[77] 焦毅，徐刚，陈森玉，等. 衍射极限储存环物理设计研究进展. 强激光与粒子束, 2015, 27: 276-281

[78] Eriksson M, van der Veen J F, Quitmann C, et al. Diffraction-limited storage rings—a window to the science of tomorrow. J Synchrotron Rad, 2014, 21: 837-842

[79] Hettel R. DLSR design and plans: an international overview. J Synchrotron Rad, 2014, 21: 843-855

[80] Nagaoka R, Bane K L F. Collective effects in a diffraction-limited storage ring. J. Synchrotron Rad, 2014, 21: 937-960

[81] Denesa P, Schmittb B. Pixel detectors for diffraction-limited storage rings. J Synchrotron Rad, 2014, 21: 1006-1010

[82] Schmitt T, de Groot F M F, Rubenssonc J E. Prospects of high-resolution resonant X-ray inelastic scattering studies on solid materials, liquids and gases at diffraction-limited storage rings. J Synchrotron Rad, 2014, 21: 1065-1076

[83] Wolski A. Low-emittance storage rings. 2015. arXiv: 1507.02213

[84] Eberhardt W. Synchrotron radiation: a continuing revolution in X-ray science—Diffraction limited storage rings and beyond. J Electron Spectrosc, 2015, 200: 31-39

[85] Hettel R. Perspectives and challenges for diffraction limited storage ring light sources. Proceedings of PAC 2013, Pasadena, CA USA, 2013: 19-23.
http: //accelconf.web.cern.ch/AccelConf/pac2013/talks/moyab1_talk.pdf

[86] Liu L, Westfahl H, Jr. Towards Diffraction Limited Storage Ring Based Light Sources. Proceedings of IPAC2017, Copenhagen, Denmark, 2017.
https: //inspirehep.net/files/c5dbd06dfd7c968ef73e0990d5180fa9

[87] George S J, Webb S M, Abraham J L, et al. Synchrotron X-ray analyses demonstrate phosphate-bound gadolinium in skin in nephrogenic systemic fibrosis. Brit J Dermatology, 2010, 163: 1077-1081